中华经典名著

全本全注全译丛书

李继闵◎译注

九章算术（附海岛算经）

中華書局

图书在版编目(CIP)数据

九章算术:附海岛算经/李继闵译注. —北京:中华书局,2023.2(2024.11重印)
(中华经典名著全本全注全译丛书)
ISBN 978-7-101-16080-2

Ⅰ.九… Ⅱ.李… Ⅲ.①数学-中国-古代②《九章算术》-译文③《九章算术》-注释 Ⅳ.O112

中国国家版本馆CIP数据核字(2023)第006758号

书　　名	九章算术(附海岛算经)
译 注 者	李继闵
丛 书 名	中华经典名著全本全注全译丛书
责任编辑	李丽雅
装帧设计	毛　淳
责任印制	陈丽娜
出版发行	中华书局 (北京市丰台区太平桥西里38号　100073) http://www.zhbc.com.cn E-mail:zhbc@zhbc.com.cn
印　　刷	北京盛通印刷股份有限公司
版　　次	2023年2月第1版 2024年11月第3次印刷
规　　格	开本/880×1230毫米　1/32 印张17½　字数550千字
印　　数	16001-21000册
国际书号	ISBN 978-7-101-16080-2
定　　价	46.00元

目录

前言

一　《九章算术》的历史地位与研究价值

《九章算术》(以下亦称《九章》)是国际学术界早已公认的中国古代东方数学的代表作,古今中外对这一历来被视为"算经之首"的数学典籍的学习与探讨是数学史研究的永恒话题。

早在20世纪三十年代,日本著名数学与数学史家藤原松三郎就曾在一次关于"东洋数学史"的学术演讲中,发表过极为精辟的见解:研究东洋数学史,首先要研究中国数学的发展史;而要研究中国数学史,则必须从研读《九章算术》开始。[①]

19世纪八十年代,英国科学技术史专家李约瑟(Joseph Terence Montgomery Needham)在他的《中国科学技术史》这部巨著的篇首中写道:至于远东的文明、特别是其中最古老而又最重要的中国文明对科学、科学思想和技术的贡献,直到今天还仍然为云翳所遮蔽,而没有被人们所认识。"远东"这个名词本身,就说明了欧洲人有一种根深蒂固的偏

---

①业师刘书琴教授早年东渡日本,投师藤原先生门下,曾聆听先生的精彩演讲。这段话便是根据他的回忆记录的。

见,甚至连那些怀有良好意愿的欧洲人,也很难排除这种偏见。[①]

我国著名数学家吴文俊先生在1990年发表的《关于研究数学在中国的历史与现状》中预言道:《九章》与“刘注”所贯串的机械化思想,不仅曾经深刻影响了数学的历史进程,而且对数学的现状也正在发扬它日益显著的影响。它在进入21世纪后在数学中的地位,几乎可以预卜。[②]

《九章算术》与《几何原本》是大约同一时代的东、西方数学成就的总结。早在七八十年以前,日本数学史家小仓金之助就把《九章算术》与《几何原本》(以下亦称《原本》)相提并论,认为《九章》是“中国的欧几里得”。[③]作为古代东、西方数学的代表作,《九章》与《原本》在数学发展史上的产生与流传确有许多相似之处。

然而当人们把中国古代科技发展的史实与近代科学的产生相联系而思索时,便萌生了一个使人困惑不解的问题:近代自然科学为何不发生在中国?这就是举世瞩目的“李约瑟难题”。为寻求问题的答案,一种似是而非的推论颇为流行:近代自然科学未能发生在中国,是因为中国传统数学没有发展成近代数学;中国古代传统数学未能发展成近代数学,乃是由于中国传统数学本身的弱点所决定的。

所谓中国传统数学的弱点,质言之即指中国古代数学没有形成如同古希腊数学那样的公理化演绎体系。长期以来,西方学者视古希腊学术为人类科学及科学思想的根源。欧几里得的《几何原本》被奉为几何学的“圣经”;为《几何原本》所建立的由定义、公理、定理、证明构成的演绎系统,成为近代数学推理论证的典范。尤其从20世纪三十年代始法国的布尔巴基(Bourbaki)学派提出了用结构这一概念来贯串整个数

① 见李约瑟《中国科学技术史》第一卷导论,第一章序言。

② 见吴文俊《关于研究数学在中国的历史与现状》。《自然辩证法通讯》,1990年第4期,37—39页。

③ 小仓金之助,《支那数学社会性》,《改造》,1933年1月;收入小仓金之助《数学史研究》第一辑。

学，并以其鸿篇巨制《数学原理》对数学发展产生了巨大影响。直至“李约瑟难题”提出的20世纪五十年代，布尔巴基的影响已波及整个数学界。在当时的历史条件下，以西方数学公理化体系为“标准”去评判中国传统数学的短长，从中找出某些“弱点”与“缺陷”，用以论证中国传统数学之所以未能发展为近代数学的原因是不足为怪的。这种“拘泥于西方数学的先入之见”的论证，自然最终无法摆脱“西方中心论”的偏见。

关于“东方数学的算法体系”的观点之提出，是近年来中国数学史研究的重大成就；与此相应，人们对于公理化体系与方法的意义与局限性，也开始了冷静的思索。

由《九章算术》研究而引起的对古代东、西方数学体系的比较，是一个极有意义的论题。事实上，在整个数学科学发展的历程中，始终存在着算法与演绎两种倾向，它们代表着东、西方数学传统的基本特征。回溯数学发展的历史，我们就会发现：数学的发展并非始终是演绎倾向独霸天下，而总是算法倾向与演绎倾向交替取得主导地位。古代巴比伦和埃及式的原始算法，被希腊式的演绎几何所接替；而在中世纪希腊数学衰落之时，算法倾向在中国、印度等地区继续繁荣，以至17、18世纪在欧洲产生无穷小算法时期；19世纪以来，随着分析的严格化运动，演绎倾向再度兴起，它在比古希腊高得多的水准上远远超越几何学的范围而扩展到数学的其他领域，成为现代数学的中流砥柱。[①]吴文俊先生在《关于研究数学在中国的历史与现状》中总结道：“世界古代数学分为东、西方两大流派。古代西方数学是以古希腊欧几里得《几何原本》为典范的公理化演绎体系；古代东方数学则是以我国《九章》及其刘徽注为代表的机械化算法体系。在世界数学发展的历史长河中，这两种体系互为消长，交替成为主流，推动着这门学科不断向前进展。”

20世纪中叶以来，随着电子计算机的出现，计算技术不仅在社会生

① 参见李文林《算法、演绎倾向与数学史的分期》。《自然辩证法通讯》，1986年第2期。

活中的作用显著提高,也使数学的发展产生了根本性变革,与公理化演绎体系大相径庭的机械化算法体系随之兴起,它已越来越为数学家所认识和重视。当人们开始注意算法史的研究之时,数学史家才深刻地认识到,那种肇始于古代中国而不同于古希腊传统的东方数学,正是典型的机械化算法体系。以《九章算术》为代表的机械化算法体系,在经过明代以来近几百年的相对消沉之后,由于电子计算机的兴起而重新活跃起来。近年来,不少著名的数学家纷纷转向计算机代数、计算性几何一类新兴学科。一个令人惊喜的成就是几何定理证明的机械化。20世纪七十年代末期,著名数学家吴文俊先生从中国数学史研究领域转入数学机械化领域,在短短的几年间便获得了突破性进展。他所创立的机器证明理论在国际上被誉为"吴方法",不仅被成功地应用于初等几何、微分几何、非欧几何等领域,而且迄今已证明了大量的数学定理,并使自动推理研究应用于高科技的诸多领域。追溯这一方法的来源,吴文俊解释说:"(它)直接导源于我国传统数学的思维方式,也就是从公元前1世纪成型的《九章算术》开始经祖冲之到元代大数学家朱世杰形成的以解方程为特色的机械算法体系。"

另一重要的《九章》史实表明,作为近代数学主要标志的微积分学,并非希腊演绎数学传统的发展,而是东方算法传统胜利的产物。东方数学的算法精神早在文艺复兴时期前就通过阿拉伯人传播到欧洲,并为欧洲学者所吸收。微积分学的发展史表明,从16世纪中期开始的一百多年间,为解决力学与几何学等领域提出的一系列实际问题,许多大数学家都致力于寻求这种特殊的"无穷小算法",而并不注意算法的证明。这种倾向一直延续到18世纪末。"极限的概念,作为微分学的真正基础,对于希腊头脑来说完全像是一个外国人。"[1]然而,极限的方法作为中算传统数量观与数系理论的自然发展,早已为刘徽在圆面积与角锥体积计

---

①见Scott,A history of mathematics,1958。

算中成功地运用。[①]在微积分的创造过程中起着重大作用而为西方学者盛称的所谓卡瓦列里（Cavalieri）原理，事实上早已为古代中算家所应用并为刘徽、祖暅成功地应用于球积计算，它于中算当称之为“刘祖原理”。中国古代数学的研究证明，我国古代早已“具备了西欧17世纪发明微积分前夕的许多条件，不妨说我们已经接近了微积分的大门”[②]。

研究数学史的目的在于“古为今用”“以史为鉴”。用现代数学的观点研究《九章算术》始于20世纪初。对《九章》的早期研究，主要是日本数学史家三上义夫[③]（1875—1950）、小仓金之助[④]（1885—1962），美国数学史家D. E.史密斯[⑤]（D. E. Smith，1860—1944）及F.卡约黎（F. Cajori，1859-1930）[⑥]，我国数学史家李俨[⑦]（1892—1963）、钱宝琮[⑧]（1892—1974）等人的工作，当以中日学者的贡献称著。20世纪五十年代以后，苏联与东欧各国对《九章算术》及刘徽注的研究得以

①参见李继闵《东方数学典籍〈九章算术〉及其刘徽注研究》。

②由于篇幅原因，这里不能详细阐述《九章》在数量观、实数系，以及极限论上的重大贡献，感兴趣的读者可参阅李继闵《〈九章算术〉导读与译注》。

③三上义夫于1910年出版的《中日数学之发展》第一部分介绍中国古代数学，有专章论述《九章》及《海岛算经》。他的《中国算学之特色》（1926）、《数学史丛话》（1933）及博士论文（1933）中对《九章》及刘徽注都有出色的专题研究。

④小仓金之助于1933年发表博士论文《中国数学的社会性》，其副标题为“通过《九章算术》看秦汉时代的社会状态”。

⑤ D. E. Smith，与三上义夫合著《日本数学史》（1914），又于1925年出版著名的两卷本《数学史》，都对《九章算术》作了评介。

⑥ F. Cajori于1922年出版其名著《数学史》，在介绍中国古典数学概貌中，对《九章算术》有简短说明。

⑦李俨《中国数学源流考略》（1919）、《中国数学史大纲》（1928）、《中国算学史》（1936）以及《中算史论丛》1—4册（1935）都对《九章》有所论述。

⑧钱宝琮《九章问题分类考》（1921）、《方程算法源流考》（1921）、《中国算术中之周率研究》（1923）、《〈九章算术〉盈不足术流传欧洲考》（1927）等文是他早期研究《九章》的代表作。

展开。A. Л.尤什凯维奇(А.л.ющкевиц)[①]和Э. И.别辽兹金娜(Э. И. Ьерезкина)[②]等苏联数学史家的工作占据着显要的地位。与此同时,美国与西欧对《九章》与"刘注"的研究亦日趋深入。英国科学史家李约瑟[③](1900—1995)和他的合作者王铃[④](1917—1994)是其中的杰出人物。李约瑟的《中国科学技术史》的数学章,是当时西方世界中唯一的一本系统论述中国古代数学的专册。对中国古代数学的成就及其在世界数学史上的地位做出较为客观公允的评述。书中列举了十进位位值制记数法、圆周率计算、贾宪三角形与高次数字方程求根法等中算家的卓越成就,来说明在宋元时期以前中国人在数学的许多领域处于领先于欧洲的地位。另外,西方学者在某些方面也取得了值得称赞的成就。丹麦学者华道安(D. B. Wagner)关于"刘徽阳马术注"和"刘徽、祖暅之论球积"的研究[⑤],就是其中显著的例证。

特别值得注意的是20世纪后半期以来,《九章算术》先后被译成多种文字出版。继1956年王铃将《九章算术》译为英文之后,1957年Э.И.别辽兹金娜将它译成了俄文,1968年K. Vogel把《九章算术》译为德文,1975年大矢真一与清水达雄各自发表了《九章》的日文译本。但遗憾的是上述各译本都未翻译刘徽的注释。1978年日本的朝日新闻

---

① A. Л.尤什凯维奇的著名论文《中国学者在数学领域中的成就》(1955)对《九章》在代数学的成就有详细的评述。他的《中世纪数学史》(1961)有近20页篇幅介绍《九章》及刘徽注的一些工作。

② Э.И.别辽兹金娜于1957年将《九章算术》译成俄文;她的专著《中国古代数学》(1980)中有相当多的篇幅论述《九章》及其刘徽注的成就。

③ 李约瑟在1959年出版了《中国科学技术史》的第三卷,其中前168页为数学部分,书中对《九章算术》有较详细的论述。

④ 王铃于1956年把《九章算术》译成英文在英国出版,并同时发表了《〈九章算术〉和汉代期间的中国数学史》一书。

⑤ 见D.B.Wagner, An Early Chinese Derivation of the Volume of a Pyramid: Liu Hui, Third Century A. D., Historia Mathematica, 6 (1979), pp. 164—188.及Liu Hui and Tsu Keng-chih on the Volume of a Sphere, Chinese Science pp. 59—79.

社出版的《科学名著》第二册《中国天文学·数学集》收入了川原秀成所译的《九章算术》日文版,它是首个包括刘徽注在内的完整的《九章算术》的外文译本。(另有1999年出版的沈康身的英文译本,2004年出版的林力娜(Karine Chemla)的法文译本。)

对比近代关于《九章》与《原本》的研究进程,无疑《九章》的研究起步较晚,亦不如《原本》研究之广泛、深入。然而20世纪七十年代后期兴起的"《九章》热",却大有后来居上之势。由于现代计算机所需数学的方式方法,正与《九章》传统的算法体系若合符节,因此《九章》的研究更加具有重大的现实意义。《九章算术》内容博大精深,与《几何原本》相比确有许多优胜之处。"若把《原本》比《算数》,此中翘楚是《九章》。"①

二 《九章算术》的篇章结构及风格特点

任何一个民族的科学文化都有其发生发展的历史渊源,因而表现出迥然不同的风格与特色。数学在古希腊哲学体系中占有重要的地位。古希腊的哲学具有重视抽象、崇尚逻辑、追求理想的传统。受这种传统思想的影响,古希腊的数学家尤其注重数学的推理论证,追求理论的系统完美。于是自然形成了其数学研究的传统:一切数学结论必须根据明确规定的公理以无懈可击的演绎法推导出来。经过几代数学家的努力,最终由欧几里得《几何原本》的公理化体系构建了西方数学理论的"范式"。着重抽象概念与逻辑思维,以及概念与概念之间的逻辑关系,以定义、公理、定理、证明构成其表达形式。与古希腊形成鲜明的对照,中国先秦诸子的思想则多具有注重实践、推崇经验、讲求实用的倾向。无论是儒家内在的人文主义还是道家传统的自然主义,虽然也具有思辨性与逻辑性,但它更偏重于直觉和经验的因素。对中国古代数学有深刻影

① 见严敦杰为《九章算术汇校本》所作序言诗句。

响的墨家学说,它一方面促进了数学逻辑因素的发展,另一方面墨家所代表的手工艺者阶层注重生产实践的思想体系也会带来数学技术化的倾向。法家管仲把“计数”列为他的“七法”之一,强调计算与数学对于社会生活的重要性,其着眼点也在于把它看作是成就任何一件大事的必要手段。如此的先秦时期思想与文化形成了中算家的科学传统:从各个不同的实际应用领域中抽象出具有普遍意义的数学问题与模型,经过分析提高而提炼出一般的原理、原则与方法,运用这些基本的数学原理构造其求解的简捷而能行的机械化算法。与这一独特的算法体系相适应,我国传统数学乃是由问、答、术、注、草等几个彼此相关联的项目构成其独特的表达形式。《九章算术》表达的这种数学机械化算法体系,可以说是与《几何原本》异其旨趣的东方数学理论的“范式”,形成了欧几里得《几何原本》纯粹数学的公理化体系与中国古代《九章算术》应用数学的机械化算法体系的鲜明对比。

(一)篇章结构与理论系统

《九章算术》是以应用问题解法集成的体例编纂成书的。全书246个题目按其应用范围与解题方法划分为九章,按应用领域来分科,具有浓厚的“应用数学”的色彩。《九章》中的每一类题目之下又包含着若干条目的内容。《九章》本文一般由三部分组成:一是“问”;二是“答”;三是“术”。除本经之外,传本还有后世学者的注释。在《九章》以后的历代算经大都遵循它的这种体例,有的还增加了演草、比类、演段等项目。

作为《九章》篇章名称的方田、粟米、衰分、少广、商功、均输、盈不足、方程、勾股,代表了中国传统数学的分科。它肇源于古老的《周礼》“九数”,这与汉末郑玄《周礼注》之说相合:“九数:方田、粟米、差分、商功、均输、方程、赢不足、旁要;今有重差、勾股。”“方田”,以御田畴界域,即是应用于田亩地域大小丈量的数学分科,大致是最初的测地学。“粟米”,以御交质变易,即是应用于谷物之类商品交易的数学分科,当属古代的商业数学。“衰分”,以御贵贱禀税,即是应用于粮食、税收等经济管理部门的数学分科，当属古代的经济数学。“少广”，以御积幂方圆，是处理几何学中面积与体积类问题的计算，广泛应用于多种学科，如测地学。“商功”，以御功程积实，即是应用于工程管理部门的数学分科，当属古代的工程数学。“均输”，以御远近劳费，即是应用于赋税徭役摊派方面的数学分科，当属古代的管理数学。“盈不足”，以御隐杂互见，是一种线性插值算法，通过两次假设获得的数据，求取两个未知量。“方程”，以御错糅正负，它是由“程禾”发展而来，即是应用于谷物测产方面的数学分科，似乎属于古代的农用数学了。至于“勾股”，以御高深广远，它是由古老的旁要发展而来；旁要，从旁腰取，即是应用于布点测量的数学分科，也就是古代的测量学了。

然而，按应用领域分科并不意味着这种数学就没有理论系统，《九章算术》便具有其内在独特的理论结构。其特点就在于它是以基本的算法与数学模型为其理论构成单位；而这各种各样的算法又以为数不多的基本原理或法则为“纲纪”，贯串成一个完整的算法理论体系。

《九章》全书246问分属于53种算法。其实，《九章》的章名亦是一种基本算法的名称。

方田章主要讲各种图形面积的计算，它以方田即直田面积算法为基础，采用割邪补直、化圆为方、以直代曲等直观性方法，将各种图形化为方田算得其面积的精确或近似数值。因此方田术即为本章的基本算法。由于度量精密化的要求而产生的分数算法，也作为一个完整的数学基本内容附置于全书的首章之中。

粟米章的基础为“粟米之法”，即依各种谷物的交换率而相互推求的比例算法，古称“今有术”。由此引导出计算物品单价的经率术；进而讨论单价的近似整值与贵贱物价的分配，发展出颇为独特的其率术与反其率术。

衰分，即按比例分配，它是古代应用相当广泛的基本算法。衰分讨论成正比关系的量，而返衰则讨论成反比关系的量。在衰分章中化返衰为列衰,即将正、反比关系统一处理,两者化归同一算法。

少广章讨论的问题与方田章相逆,即由已知面积反求边长或周长。由正方形面积求边,由圆(球)之积求周(径),则为开平方或开立方算法。开方本于除法,它是除数待定条件下的除法。少广即是由除法到开方的运算理论。

商功是讨论各种柱、锥、台体的求积,其中心是阳马术(即四棱锥体积计算),它奠定了中算家多面体体积理论的基础。

均输术是由正、反比关系复合而成分配问题之解法,它作为衰分术之发展而广泛用于徭役分配与调节运输。

盈不足章讲双假设法及其实际应用,它最终归结为“盈不足”“两盈、两不足”“盈适足、不足适足”三种模式的计算。

“方程”术相当现今线性方程组的矩阵解法,其中行列相加减自然地推广到正负数的范围。

勾股章的前部分是讲解勾股形的各种算法,它是其后部分勾股测量的理论根据。

《九章》的数学体系表现为算法的集合,这些算法前后关联、井然有序,反映出算法理论发展的来龙去脉。如果将《原本》的理论结构称做“逻辑链”的话,那么《九章》的理论结构当称之为“算法链”。自然“逻辑链”前因后果关系显然;而“算法链”的联结纽带却很隐蔽。联结“算法链”的纽带主要是数学的基本原理与法则,即“算之纲纪”;贯穿《九章》各部分算法的一条总纲便是率的运算法则。

“凡数相与者谓之率。”比率是古代算家最常见的数量关系。用以表示一组比率的数可以“粗者俱粗,细者俱细”,从而可以“乘以散之,约以聚之,齐同以通之”。比率的这种基本运算性质被中算家化为筹式的演算规则,成了贯串《九章》算法理论的一条总的纲纪。

《九章》中形形色色的数学应用问题都可以通过分析其中数量间的比率关系,最终用“今有术”,即四项比例算法求得问题的解答。《九章》

中所建立的列衰、返衰、均输、盈朒、方程等各种筹算模式，皆以比率关系为基础。《九章》中数与式的演算差不多都可以归结为比率的遍乘、通约与齐同。在古代算家对于数量关系，即“势”的认识中，把比率看成一切。正如《九章算术》所反映出来的，宇宙之内，天地人物，似乎无一不是比率关系：天圆地方，而圆、方以三、四为率；物物交换，以率相通；得禄出税，依爵次衰分，而列衰，相与率也；徭役摊派，均而输之，而均输者，以行道日约户数为衰，乃衰分之别术也；形与形间，以率相关，圆台之于方台，圆方之率也；“丸居立方，十六分之九也”。凡此种种，天地、人际、物际、形际之间，“其相与之势”（即关系）无一不可用率来表示。虽然在《九章算术》“盈不足”章中，中算家已经遇到了数量间更为复杂的（高次与超越）“关系”，但是他们都毫不例外地将其当作比率关系而用盈不足术去处理。即使对几何量的考察也以比率关系为根本，不仅方圆、周径之率为中算家所特别关注，而且勾股不失本率原理代替了西方的相似形理论成为几何测量的基础，甚至整数勾股弦的一般公式也是用比率的形式来表述的。

中国古代传统数学理论是一种“纲目结构”，纲举目张：目是组成理论之网的眼孔；纲是联结细目的总绳。《九章》以术为目，以率为纲，即是依算法划分理论单元，而用基本的数量关系把它们联结成一个整体。

（二）问题类型与数学模式

众所周知，要应用数学去处理实际问题，首先要把现实问题数学化。由现实问题到数学模型是一个抽象的思维过程，中国传统数学以寻求应用问题的一般解法为宗旨，因而从现实问题中抽象出一般的数学模式并设计出求解的机械化算法，这就构成了中国古算的基本框架。《九章算术》中的数学问题具有典型性，它们往往是现实生活中应用相当广泛的一类问题的代表，经过数学加工、提炼，成为一种特定的数学模型，问题的解法亦具有示范性，有举一反三之效。这与古希腊丢番图的《算术》“几乎没有得出求解的普遍法则”是大不相同的。

例如“方程”就是古代描述多元一次关系的数学模式，它标志着两千年前中算家在发展数学模式化方面所达到的高度。古代的“方程”即是用算筹布列成的数码方阵，每行上列诸数为物率，最下列之数为总实，其行数适与物数相等，它相当于现代多元线性方程组的增广矩阵。盈不足术是古代解一般数学应用问题的别开生面的算法，传入西方被称之为“双假设法”。这种方法的基本思想是，通过两次假设试验将实际应用问题转化为盈朒类数学模型，从而运用相应类型的机械化算法求解，即“现实问题→数学形式化→数学解答”的数学处理过程。

在中国古算中类似于盈不足术这样，用简单的趣味问题来描述一类数学模型是屡见不鲜的。《孙子算经》中的“物不知数”问，是古代著名的一次同余问题的数学模型，它来源于天文测算，古历法中的上元积年推算是它的现实原型。中国古代数学一开始便同天文历法结下不解之缘。在中国数学史上最有影响的“算经十书”，其中最早的《周髀》就是一部天文数学著作。中算史上许多具有世界意义的杰出成就是来自历法推算的。举世闻名的“大衍求一术”(一次同余式组解法)产生于历法上元积年推算；由于推算日月、五星行度的需要，中算家创立了“招差术”(高次内插法)；而由于选择历法数据的要求，历算家发展了分数近似法。[①]历法中的算法与太乙术数之类一样，被称为“内算”，秘不外传。正因为如此，流传现今的历代《律历志》中，一般只有历法数据而无算法。[②]不过，历法中的各种算法无疑都能在《九章》中找到它们的理论根源。

(三)中算的构造性与几何算术化的特点

《九章》中的题目可谓“有问必答”，它是中国古代传统数学表达方

①参见李继闵《调日法源流考》《中算家的分数近似法探究》《通其率考释》等论文。

②秦九韶《数书九章序》云：“今数之书，尚三十余家。天象历度，谓之缀术；太乙、壬甲，谓之三式，皆曰内算，言其秘也。《九章》所载，即《周官》九数，系于方圆者为里术，皆曰外算，对内而言也。其用相通，不可歧二。”

式中不可或缺的组成部分。一般说来，一个问题给出一组数值解，对于不定分析问题则给出多组解。从现代数学的观点来看，这种“有问必答”正反映了构造数学的主要特征。西方传统数学的公理化方法是非构造性的，这种非构造性观点，往往着眼于数学对象的存在性、唯一性和可能性等问题的讨论，而不大关心如何具体求出解答，或将能行的方法付诸有效的实现。构造性观点则要求用有限的方法将所需的数学对象构造出来。这两种观点的根本差异在于对数学对象存在性的不同理解。按照构造性的观点，为了证明存在一个具有性质P的事物X这样的断言，我们必须找出一个有限的方法来构造X，以及找出一个有限的方法来证明X具有性质P。[①]与此截然不同，按公理化方法所做的“纯粹的存在性证明”，即是一个事物X的“存在性”是通过采用指出假设“X不存在”就会导致矛盾的归谬法来证明的。[②]在纯粹的理论研究中，有许多问题一时难以给出构造性处理，而首先讨论其存在性、可能性等问题，自然是有意义的。但是问题最终的解决并付诸实用，还应当是构造性的。

《九章算术》中的答案都是由已知的数据按术文给出的算法，经有限步骤的运算而求得的。答案中虽然只列出数值解的数字，但从注释文字可以看出，中算家对于解的存在性与唯一性等问题是有所讨论的。事实上在“方程”求解的过程中，古代算家不可避免地要遇到有解无解，有唯一组解或多组解的不同情况，并且从演算中总结出存在性与唯一性的条件。在这方面刘徽的“九章注”有明确的记述。中算家虽然对于各类应用问题解的性质与构造具有相当深入的认识，但更专注于构造出此类问题求解的一般算法程序。中算“方程术”程序之科学合理，剩余定理构造之精妙完美，都堪称古代构造数学之典范。

①参见Douglas Bridges，Ray Mines，《什么是构造数学?》。

②按照构造性的观点，这种证明只是“表明X不可能不存在，但并未给出寻找X的方法”。甚至构造数学之极端主张不能接受逻辑的排中律。

《九章算术》采用的"有问必答"表达方式，也反映出中国传统数学几何算术化的特点。纯数学是以现实世界的数量关系与空间形式为其研究对象的。中国古代数学包含有丰富的几何内容，中算家在面积、体积和勾股理论方面取得了卓越的成就。然而，与古代希腊几何学迥然不同，中国古代的图形研究表现为数量的计算，它以长度、面积和体积等度量为主要对象，而一般不注重图形性质与位置关系的研究，甚至中国古代几何学不讨论角的性质与度量。几何对象的度量化，使中算"以算为主"的特点得以充分展现。虽然形数结合一般表现为几何方法与代数方法的相互渗透，但中国传统数学中几何算术化始终成为一种主要倾向。在中算家看来，一切几何对象都是可以计算的，几何的结论也可表现为几何对象间的数量关系，因而常常用其擅长的算法来解几何问题，这与古代希腊往往用几何作图的方法来处理代数问题正好相反。如果说古希腊几何学的主要方法是逻辑论证，那么中国古代几何学的基本手段就是数量计算。

（四）算法机械化与寓理于算的特点

中国古代数学称为"算术"，其本义是运用算筹的技术。算筹是我国古代特有的计算工具，它起初是人们随处可取的竹木细枝，后来发展为形制规整、做工精致的骨牙算筹。中国传统数学自始至终都与算器的应用密不可分，对算器有明显的依赖性，以致可以用"筹算"二字来代表中国古代的数学。中国古代从未有过西方那样的笔算；后来算经中的演草也只是筹算推演过程的简要书面记录。算筹是在计算机发明以前我国所独创并且是最有效的计算工具。①

由于《九章》并非一部算术的启蒙读物，因此它对记数法没有专门的论述。关于筹算制度较早的记载见于《孙子算经》："凡算之法，先识

① 参见李继闵《东方数学典籍〈九章算术〉及其刘徽注研究》，以及论文《十进位值制记数与筹算起源初探》。

其位。一从十横，百立千僵，千十相望，万百相当。”[1]它强调算筹记数纵横相间与位值制原则。筹码记数有纵横二式；它从1至9的数码依次摆成下列形状：

纵式 𝍠 𝍡 𝍢 𝍣 𝍤 𝍥 𝍦 𝍧 𝍨

横式 𝍩 𝍪 𝍫 𝍬 𝍭 𝍮 𝍯 𝍰 𝍱

个、百、万……等位上的数码用纵式；十、千……等位上的数码用横式；筹码无“零”的符号，而用空位表示。例如“30745”记为“𝍢 𝍦𝍬𝍤”。筹算记数除了纵横相间与空位表“零”之外，在本质上与现今通行的阿拉伯数字记法没有什么不同。纵横相间有利于辨认数位，以空位表“零”对于算器记数并不是缺点。[2]

中国古代的筹算决不限于单纯的数值计算，而是发展了一套内容十分丰富的“筹式”演算。中算家不仅利用筹码所在不同的“位”来表示不同的“值”，发明了十进位位值制记数法，而且还利用筹在算板上的各种相对位置关系来表示各种特定的数量关系，用以描述某种类型的实际应用问题。演算对象由“数”发展到“式”，即由数量进到数量关系的研究，后者具有更为一般的代数的性质。中国古代的筹式本身就具有代数符号的一般性的品格，是一种特殊的代数系统。[3]

“术”是中国传统数学表达方式的核心部分。它记述解决所提出的一类问题的普遍方法，实际上就相当于现在计算机科学中的“算法”，在简单的情形下也相当于一个公式或一个定理。术文的内容通常包括如何布筹列式以及对筹式施行的演算程序。如果说算筹是电子计算机的“硬件”，那么中国古代的“算术”就是程序设计的“软件”。中国的筹算

---

① 其后的《夏侯阳算经》有更为详细的记述：“一从十横，百立千僵，千十相望，万百相当。满六已上，五在上方，六不积算，五不单张。”

② 参见李继闵《东方数学典籍〈九章算术〉及其刘徽注研究》。

③ 李约瑟认为，“实际上，它是一种‘修辞的’和位置的代数学”（见《中国科学技术史》卷三）。

不用运算符号，无须保留运算的中间过程，只要求通过筹式的逐步变换而最终获得问题的解答。因此，中国古代数学著作中的“术”，都是用一套一套的“程序语言”所描写的程序化算法。各种不同的筹式都有其基本的变换法则和固定的演算程序，中算家善于运用演算的对称性、循环性等特点，将演算程序设计得十分简捷而巧妙。①

“寓理于算”，可以说是中国传统数学理论在表现形式上的一个特点。中算家经常将其依据的算理蕴涵于演算的步骤之中，起到“不言而喻，不证自明”的作用。例如，《九章》中的“方程术”，由于将“方程”的每行视为一组比率（所谓“令每行为率”），于是施行于行列之间的乘除、并减运算便成为比率性质的自然应用，而消元求解的道理也就不言而喻了。②此外，算经中篇目的划分、题序的安排，一般也都或多或少地体现出其理论归属或内在的逻辑联系。

如果说西方数学公理化体系贯串一条明显的逻辑链，容易为人们所掌握，那么中国古算的机械化算法体系这种“隐蔽的”理论结构便难于为后世学者所认识。因此，研读《九章》的数学表达方式与理论结构极其重要。正所谓“《九章》翘楚宜详览，‘算术’精微总根源”！

三 《九章算术》的作者、注者及流传版本

《九章》与《原本》是大约同一时代的东、西方数学成就的总结。由于年代久远，这两部划时代数学巨著成书的确切年代均已无法断定。《九章》的成书年代曾是中国数学史研究的一大争鸣问题，众说纷纭，以早期钱宝琮主张的“东汉初年成书说”颇具影响。然而，近年来综合中国数学史的深入研究与考古发掘秦汉简帛的整理断定，魏人刘徽关于《九章算

①参见李继闵《从“演纪之法”与“大衍总数术”看秦九韶在算法上的成就》。
②参见李继闵《东方数学典籍〈九章算术〉及其刘徽注研究》。

术》源流的叙述是有据而可信的。[①]《九章》并非一人一时之作，它集从西周迄秦汉我国古代数学之大成。作为我国古代流传至今的最早一部算经，《九章》是由先秦之遗残经西汉数学家张苍（约公元前250—前152）、耿寿昌（公元前1世纪中叶）等人几番删补而在西汉中期始成定本的。

中国古代数学由于其表达方式与早期书写条件的限制，数学的理论与原理未能诉诸文字，主要靠口授师传。自东汉以来，研习与注释《九章算术》者蜂起，他们或口授，或笔传，师弟相承，世代不绝，代有其人[②]，魏晋间人刘徽便是此中杰出的代表。他于魏陈留王景元四年（263）前后所撰的《九章算术注》成为不朽的传世之作。《九章》所采用的“问、答、术”的表达方式，显于“法”而隐于“理”，其中蕴涵的深邃的数学思想与精湛的数学理论只有通过刘徽的注释才得以阐明。而且，与《九章》的经文相比，刘徽的注释语句简略，用字深奥，内容博大精深。

关于刘徽的身世履历、生卒年代均无可详考。根据文献记载推断刘徽为魏晋间人，于263年前后注释《九章算术》[③]。由于他在生前没有显赫的社会地位，因此《晋书》中未能为之立传，据此今人推断刘徽是一位“布衣数学家”。《宋史·礼记》记载，北宋末算学祀典中刘徽曾被追封为“淄乡男”；另外，淄川临近渤海，而刘徽著有测望海岛的《海岛算经》一卷；由此推测他是现今山东淄川（今属山东淄博）一带人。也有文章考证认为祀典中对刘徽的封号是按其籍贯而来的，淄乡在今山东滨州邹平县境内，由此推断刘徽祖籍在今山东邹平，为汉淄乡侯的后代。[④]

---

①参见李继闵《东方数学典籍〈九章算术〉及其刘徽注研究》；郭书春《汇校九章算术》；李学勤《〈汇校九章算术〉跋》；莫绍揆《有关〈九章算术〉的一些讨论》。

②在古代注释《九章》著称于世者有：东汉刘洪（2世纪中叶）、徐岳（2世纪末）；三国阚泽（3世纪中叶）、刘徽；南北朝祖冲之、祖暅父子（5世纪）；唐初李淳风（7世纪）；北宋贾宪（11世纪）；南宋杨辉（13世纪）等。

③参见李继闵《东方数学典籍〈九章算术〉及其刘徽注研究》。

④见郭书春《关于〈九章算术〉及其刘徽注》《刘徽祖籍及其思想》。

刘徽是中国古代杰出的数学家,在中算史上有着重要的地位,他最重要的贡献就是注释《九章算术》。刘徽所撰写的《九章算术注》(以下亦称《九章注》)十卷与《九章重差图》一卷,是中国数学史上划时代的著作。《九章算术注》十卷到唐代演变为《九章算术注》九卷与《海岛算经》一卷,《九章重差图》可惜在宋代已经失传。刘徽的《九章算术注》自问世以来便一直受到后世学人的推崇,被视为研习《九章》所必读。

刘徽的学术贡献可以概括为三大项:注《九章》,撰"重差",创"割圆"。如果说第一项主要是对前贤学术传统的继承与阐发,那么后两项当归之为刘徽个人的发展与创新了。

刘徽是集前人之大成者,《九章注》中固然不乏其个人的独创,但其中的基本原理与论证方法大多还是前人已经有的。从理论的总体上看,刘徽注最杰出的成就便是它揭示出《九章算术》是一个"以率为纲"的算法理论体系。刘徽注"以率为纲",用比率来解释《九章》中的各种算法,使其算理显豁而自然,收到了"纲举目张"之效。虽然,比率理论决非刘徽之首创,不过从留传后世的文献看,阐发得最为系统精辟的当推刘徽注了。

从传统几何学方面看,刘徽注的又一杰出成就在于它提炼出关于图形的基本数学原理,用以论证《九章》中的度量几何学公式。"出入相补"原理是对明显几何事实的概括,刘徽注用"出入相补"来论证《九章·方田》中各种简单直线形的面积公式。用"方"的分割来说明开方术的演算步骤,其根据仍在"出入相补"。虽然出入相补原理不能归之于刘徽所首创,但刘徽在应用这一原理方面有其发展与创新,其对整数勾股弦公式的几何论证就是精彩的一例。[①]他将多面体体积计算转化为其中所含立方个数的计算,从而实现了几何的算术化,其关键在于证明基本几何体之间的简单倍数关系,刘徽注运用极限观念完成了这一理论的严格证明。

---

①参见李继闵《刘徽对整勾股数的研究》。

截面原理素为中算家所熟悉与应用，成为中国古算求积理论的重要基础，刘徽与祖暅对这一原理都有广泛而精妙的应用。叠线成面，叠面成体乃是中算家传统的几何观念。对截面原理最成功的应用乃是关于球体积的计算。刘徽凭借对截面原理的深知与对图形性质的谙熟，发明了“牟合方盖”为球积公式的探求设计出正确的方案。可惜他功亏一篑未能计算出“方盖”之积，这一永载史册的创造最后由南北朝时代的祖暅最终完成。

刘徽的第二个学术贡献是撰“重差”。汉代的重差术其时似已失传，经过他的反复探究，终于“辄造重差，并为注解，以究古人之意，缀于勾股之下”。他的《海岛算经》原是作为《九章注》的延展部分撰写的，唐初才另本单行。《九章注·序》中以大半篇幅论述“重差”的意义及其由来，足见刘徽对它的重视。刘徽将源于窥天之重差施之于测地，类推衍化发展成《海岛》九术，把古代测量技术推向一个高峰。其重差造术之根据在于勾股比率，以两个差率代替勾、股之率是其中的关键。[①]“而且，重差理论中以量长代替角的测量的这一方法所隐含的以多次简易测量代替较难测量的原理，在现代的各种技术问题上可能还是有现实意义的。”[②]

“割圆术”是《九章》中最长的一条注释，它用以论证“圆田术”，即圆的面积公式，并由此推算出较为精密的圆周率。刘徽术最可宝贵的创新在于“割圆拼方”与极限方法的运用。割圆拼方是刘徽割圆术的基本思想，他从中算家所熟悉的六觚，即圆内接正六边形出发，逐次等分圆周，将圆裁为边数依次倍增的觚形，而它又可以移补成半觚周为从、边心距为广的长方形。显然这种割圆拼方是一个近似的过程，圆面积在裁割中是有所失的，但当割圆为觚达到极限时，作为边心距与半径之差的

---

①参见李继闵《从勾股比率论到重差术》；梅荣照《刘徽的勾股理论——关于勾股定理及其有关的几个公式的证明》。

②引自吴文俊《我国古代测望之学重差理论评介，兼评数学史研究中某些方法问题》。

“余径”便消失为零。于是边心距伸展为半径,半觚周伸展为半圆周,以半径为广、半周为从的长方形便与圆面积相等。这便是刘徽用极限方法证明圆积公式的过程大要。此外,刘徽依割圆所得筝形中所含小勾股弦与圆径、觚面之关系,列出依次计算边心距及余径,觚面与觚幂的循环递推程序,并由此逐步算得一百九十二觚之幂,从而推出圆周率$\frac{157}{50}$,进而又“以率消息”得到更精确之圆率$\frac{3927}{1250}$。把“割圆术”列为刘徽三大学术贡献之一,足见数学史界对此项古代出色创作的推崇。

唐初以后,《九章》不仅作为国家颁行的主要数学教科书为莘莘学子传诵研习,而且远传朝鲜、日本及南亚诸国。明代中叶以后,随着中国传统数学的衰微,《九章》与刘徽注的内容已鲜为人知。自清代中叶戴震、李潢等以来对《九章》的整理与研究,实际上已经属于数学史的范畴了。

《九章算术》在我国历经两千多年辗转抄录、翻刻,其版本流传情况已不可详考。早在北宋元丰七年(1084)便有官家秘书省刻本,而流存迄今的最早善本是南宋嘉定六年(1213)鲍澣之在汀州的翻刻本(简称“南宋本”或“鲍刻本”)①。明代永乐六年(1408)编成的《永乐大典》,在“算”字条下分类抄录了《九章算术》的内容(简称“大典本”)②。南宋末年数学家杨辉的《详解九章算法》是《九章》的另一种版本,它“录经、注原文于前,而以其所撰题解、释注、比类、图说分附各条之后”(简称“杨辉本”)③。南宋本、大典本和杨辉本是《九章》流传迄今的三个明代以

①此书清初藏南京黄虞稷家,现藏上海图书馆。1980年文物出版社原式影印,收入《宋刻算经六种》。

②《永乐大典》散失,“算”字条下仅存卷16343—16344两卷,现存英国剑桥大学。1960年中华书局影印的《永乐大典》包括上述两卷在内。

③清代嘉定毛岳生家藏残本《详解九章算法》“石研斋抄本”一部。1842年宜稼堂主人郁松年刻刊《宜稼堂丛书》时收入该书。1932年商务印书馆出版《丛书集成(初编)》亦收入该书。

前的古本，可惜皆残缺不全。南宋本仅存方田、粟米、衰分、少广、商功五章；大典本现已大部分散佚；杨辉本只保存了商功、均输、盈不足、方程、勾股这后五章的内容①。

清代以来广为流传的《九章算术》的几个版本，主要是经著名学者戴震（1724—1777）辑录校勘的。清乾隆三十八年（1773）开四库全书馆，戴氏充《四库全书》纂修及分校官。次年，他从《永乐大典》中抄集《九章算术》九卷，并做了一番校勘工作，从而在辑录校注大典本的基础上，形成了四库全书本（简称"四库本"，成于1784年）②和武英殿聚珍版本（简称"殿本"，初刊于1774年）③《九章算术》。后者几经翻刻，并逐渐掺入了他人的校改，虽仍冠以"武英殿聚珍版"的名号，但前后各版多有不同④。1684年常熟汲古阁主人毛扆从南京黄虞稷处借得半部南宋本《九章算术》，影雕成汲古阁本《九章算经》⑤。1776年孔继涵得到汲古阁本，尔后成为戴震先后校订屈刻本和孔刻本的根据。屈刻本即乾隆四十一年（1776）常熟算家屈曾发刊刻的《九章算术》与《海岛算经》的合刊本，题称"豫簪堂藏版"。孔刻本即曲阜孔继涵刻《九章算术》，它是微波榭本《算经十书》之一。戴震校订屈、孔二氏的刻本大约是在1776年仲秋至1777年春他逝世之前。⑥此后依据微波榭本翻刻的《九章算术》有

①其中商功缺第1～7问，第20～27问和刍童术；均输缺第26问。

②《四库全书》于1789年抄完七部，分贮于文渊等七阁。后来文源阁（北京圆明园）、文汇阁（扬州）、文宗阁（镇江）毁于战火；文澜阁（杭州）毁一部分，后又补齐。今存文渊阁（北京故宫）、文津阁（承德）、文溯阁（沈阳）藏本。文津阁本现藏北京国家图书馆，文渊阁本现藏台湾。

③经乾隆下诏对《四库全书》择其应刊刻者令镌版通行，后又批准改用木活字版印刷。因嫌活字版名称不雅，钦定为"聚珍版"。

④其中有乾隆间福建影雕聚珍版初版、1893年又据李潢《九章算术细草图说》修改而成的"补刊本"、1899年广州的广雅书局本、1936年排印的《丛书集成初编》本等。

⑤这个影宋的残本《九章算术》于乾隆中转入清宫，作为天禄琳琅阁藏书，今存故宫博物院。1932年由该院影印为《天禄琳琅阁丛书》的一种。

⑥此据郭书春的考证。

南昌梅启照的《算经十书》本和商务印书馆的《万有文库》本、《四部丛刊》本,等等。

在戴震之后,著名算家李潢(? —1812)以微波榭本为蓝本,撰成《九章算术细草图说》,在戴氏工作的基础上又校正了许多错误文字,并对难读的部分作图说、演细草。其中采用了李锐、戴敦元等人的校订稿的一部分,沈钦裴于李潢去世后遵嘱代为校算编辑,付梓前又做了个别的校正。李潢本后来亦多次被翻刻,是19世纪颇有影响的一个《九章》版本。

20世纪六十年代,钱宝琮以恢复唐代立于学官的刘、李注本《九章算术》为宗旨,根据《天禄琳琅丛书》本和宜稼堂本《详解九章算法》,重新校点而收入中华书局出版的《算经十书》之中,成为20世纪中出现的第一个新的《九章算术》校勘本(简称"钱校本")。1983年科学出版社出版了白尚恕的《〈九章算术〉注释》(简称"白注本"),它以钱校本为蓝本,参考各家之说,用通俗语言、近代数学术语对《九章》及刘、李注文详加注释。1991年仲夏,在本书初稿写成之后又见到了郭书春的汇校本《九章算术》,不久又得见白尚恕的《九章算术今译》(简称"今译本")。这些著作作为《九章算术》的新版本,对于提高古算典籍整理的水平和推动《九章》及刘注研究向深层次发展无疑都产生了积极的作用。

刘徽《九章算术注》原序

【题解】

刘徽是《九章算术》成书后第一个重要的注释者。魏晋之后，所有《九章算术》的版本，都采用了刘徽的注释。刘徽在《九章算术》之前写了本篇序言，后世的所有版本也都予以收录。

刘徽的序言首先说明了《九章算术》的版本来源。《九章算术》的基本框架，源于周公的“九数”。秦始皇焚书坑儒后，西周流传的《九章算术》经文散乱缺失。西汉时期，经过张苍与耿寿昌的编辑、校补，大体上形成了后世流传的《九章算术》的版本。

接着，刘徽陈述了他注释《九章算术》的两条主要原则。

其一，“事类相推，各有攸归”。《九章算术》是一部问题集，针对一些同类的问题，会设计一个算法，称之为“术”。这些“术”看起来似乎是孤立的，但是，就其数学本质而言，很多“术”的构造原理是相同的。例如，《九章算术》的很多算法，都是建立在“率”这个更基本的概念之下构造出来的。刘徽注的一个重要的贡献，是深刻地揭示了不同算法间所共同拥有的基本原理。

其二，“析理以辞，解体用图”。《九章算术》的所有“术”，基本上都是算法的陈述，没有给出这些“术”的构造原理或证明过程。刘徽针对几乎所有的重要的“术”，都采用逻辑语言与模型图解，补充给出了严格、清晰的推导或证明,如割圆术、开方术、阳马术等。

刘徽序言的最后一个部分,主要阐述了他自己在数学上的一个重要的创建,即“重差术”。为了说明“重差术”的应用,刘徽撰写了《重差》一卷,作为《九章算术》的第十卷,缀于“勾股”之后。唐代李淳风编辑《算经十书》时,将《重差》作为算经之一种独立成书,因《重差》的第一问是测算海岛的高远,因之命名为《海岛算经》。

昔在包牺氏始画八卦[①],以通神明之德[②],以类万物之情[③],作九九之术[④],以合六爻之变[⑤]。暨于黄帝神而化之[⑥],引而伸之[⑦],于是建历纪[⑧],协律吕[⑨],用稽道原[⑩],然后两仪四象精微之气可得而效焉[⑪]。记称隶首作数[⑫],其详未之闻也。按周公制礼而有九数[⑬],九数之流,则《九章》是矣。

【注释】

①包(páo)牺氏:即伏羲氏,古代传说中的三皇之一,风姓。相传其始画八卦,又教民渔猎,取牺牲以供庖厨,因称庖牺。亦作“伏犧”“伏戏”。《周易·系辞下》:“古者包犧氏之王天下也,仰则观象于天,俯则观法于地……于是始作八卦。”包,通“庖”。八卦:《周易》中的八种具有象征意义的基本图形,每个图形用三个分别代表阳的“—”(阳爻)和代表阴的“--”(阴爻)符号组成。名称是:乾(☰)、坤(☷)、震(☳)、巽(☴)、坎(☵)、离(☲)、艮(☶)、兑(☱)。《易传》作者认为八卦主要象征天、地、雷、风、水、火、山、泽八种自然现象,并认为乾、坤两卦在八卦中占有特别重要的地位,是自然界和人类社会一切现象的最初根源。八卦中,乾与坤、震与巽、坎与离、艮与兑是四个矛盾对立的形态。传说周文王将八卦互相组合,又得六十四卦,用来象征自然现象和社会

现象的发展变化。

②神明之德：即由神灵显示出的事物变化的规律或人应遵守的行为法则。神明，旧指神祇，也指人或物的精灵怪异。《左传·襄公十四年》："爱之如父母，仰之如日月，敬之如神明，畏之如雷霆。"德，与道同为中国哲学的一对范畴。道，指事物运动变化所必须遵循的普遍规律或万物的本体；德，用作具体事物从"道"中所得的特殊规律或特殊性质。《礼记·曲礼上》："道德仁义，非礼不成。"注："道者通物之名，德者得理之称。"

③万物之情：指宇宙间一切事物的情状与势态。《周易·序》："《易》之为书，卦爻彖象之义备而天地万物之情见。"万物，统指宇宙间的一切事物。《周易·乾》："大哉乾元，万物资始。"情，情况，情态。

④九九之术：指乘除算法或泛指一般算法。九九，乘法口诀。古代是从"九九八十一"开始，故称"九九"。其起源甚早，至迟于春秋齐桓公时已有。李籍《九章算术音义》："术者，有所述也。《前汉·梅福传》：'臣闻齐桓之时有以九九见者，桓公不逆欲以致大也。'师古曰：'九九算术若今《九章》《五曹》之辈。'《隋书·经籍志》：'《九九章术》二卷，杨淑撰。'"《周髀算经·卷上》注曰："九九者，乘除之原。"

⑤六爻之变：指六爻之变化或变动。爻，《周易》卦之画曰爻。六十四卦中，每卦六画，故称"六爻"。如乾卦之☰，坤卦之☷。《周易·系辞上》："变化者，进退之象也。刚柔者，昼夜之象也。六爻之动，三极之道也。"又云："象者，言乎象者也。爻者，言乎变者也。"

⑥神而化之：使之变化得高深莫测。神，奇异莫测；异乎寻常。《周易·系辞上》："阴阳不测之谓神。"韩康伯注："神也者，变化之极妙万物而为言，不可以形诘者也。"

⑦引而伸之：使之延展推广。引，开弓。伸，展开；伸直。《周易·系

辞上》:“引而伸之,触类而长之。”许慎《说文解字·叙》:“引而申之,以究万原。”

⑧历纪:一说是指日月运行轨道的分纪。《黄帝内经·素问·三部九候论》:“上应天光星辰历纪,下副四时五行贵贱。”注曰:“历纪谓日月行历法天,二十八宿三百六十五度之分纪也。”二说是指历数纲纪。《汉书·律历志上》:“故自殷周皆创业改制,咸正历纪,服色从之。”历,历法;推算岁时节候的方法。《大戴礼记·曾子天圆》:“圣人慎守日月之数,以察星辰之行,以序四时之顺逆,谓之历。”

⑨律吕:音乐术语,“六律”“六吕”的合称,即十二律。《汉书·律历志上》:“律十有二,阳六为律,阴六为吕。律以统气类物,一曰黄钟,二曰太族,三曰姑洗,四曰蕤宾,五曰夷则,六曰亡射。吕以旅阳宣气,一曰林钟,二曰南吕,三曰应钟,四曰大吕,五曰夹钟,六曰中吕。”

⑩稽:考核、查考。原:本原,根本。

⑪两仪:指天、地或阴阳。《周易·系辞上》:“是故易有太极,是生两仪。”孔颖达疏:“不言天地而言两仪者,指其物体;下与四象(金、木、水、火)相对,故曰两仪,谓两体容仪也。”四象:一说指春、夏、秋、冬四时;二说指水、火、木、金布于四方;三说指太阴、太阳、少阴、少阳。其说法不一。《周易·系辞上》:“两仪生四象,四象生八卦。”精微之气:指作为世界本原的精气。精微,精细隐微。《礼记·中庸》:“故君子尊德性而道问学,致广大而尽精微,极高明而道中庸。”气,中国哲学概念。通常指一种极细微的物质,是构成世界万物的本原。东汉王充《论衡·自然》:“天地合气,万物自生。”精气,中国哲学术语。《周易·系辞上》:“精气为物,游魂为变。”孔颖达疏:“云精气为物者,谓阴阳精灵之气,氤氲积聚而为万物也。”精气(有时单称“精”)“下生五谷,上为列星”,被一

些学者认为是世界的本原（见《管子·内业》等篇）。东汉王充《论衡·论死》："人之所以生者，精气也。"认为精气是构成人体的物质。

⑫隶首：人名，相传为黄帝之臣。《史记·历书》："盖黄帝考定星历。"唐司马贞《索隐》："按《系本》及《律历志》黄帝使羲和占日，常仪占月，臾区占星气，伶伦造律品，大桡作甲子，隶首作算数，容成综此六术而著《调历》也。"《系本》即《世本》，为先秦史料丛编。记三皇五帝至春秋间事，为先秦史官记录和保存的部分历史档案资料。约写定于战国末年，经秦汉人整理，记事亦延至秦及汉初。宋时已佚。隶首作数源于此书记载而为许多文献、典籍所辗转传抄。

⑬九数：西周国子学习的"六艺"之一。《周礼·地官司徒》："保氏掌谏王恶。而养国子以道。乃教之六艺：一曰五礼，二曰六乐，三曰五射，四曰五驭，五曰六书，六曰九数。"郑玄注引郑众云："九数：方田、粟米、差分、少广、商功、均输、方程、赢不足、旁要。"即是说"六艺"中之"九数"，包括九个细目，与后来《九章》的九个章名相类。

【译文】

上古有包牺氏最早画八卦，用来通解神灵的道德，用来类推万物的情状，创作九九之术，用来符合六爻的变化。到了黄帝之时便神化之，引伸之，于是创建历纪，协调律吕，用以考核道之本原，然后两仪四象、精微之气可以取得证验。有记载说隶首作数，但它的详情却不得而知。按照周公创作《周礼》而有"九数"，这"九数"之流传，即是现今的《九章》。

往者暴秦焚书[①]，经术散坏[②]。自时厥后，汉北平侯张苍[③]、大司农中丞耿寿昌皆以善算命世[④]。苍等因旧文之遗残，各称删补[⑤]。故校其目则与古或异，而所论者多近语也。

【注释】

①暴秦焚书:秦始皇三十四年(前213),博士淳于越反对封建主义中央集权的郡县制,要求根据古制,分封子弟。丞相李斯加以驳斥,主张禁止儒生以古非今,以私学诽谤朝政。秦始皇采纳李斯的建议,下令:焚烧《秦记》以外的列国史记;对不属于博士官的私藏《诗》《书》和诸子百家书(除医药、卜筮、种树之书外)等一律限期烧毁;谈论《诗》《书》的处死;以古非今的灭族;禁止私学,欲学法令的以吏为师。这便是史称的"焚书"。

②经术:经学、儒术。《后汉书·儒林列传》:"及光武中兴,爱好经术,未及下车,而先访儒雅,采求阙文,补缀漏逸。"

③北平侯张苍:据《史记·张丞相列传》记载,张苍(?—前152),经历了秦汉两个朝代。"(苍)阳武人也,好书律历,秦时为御史,主柱下方书。""明习天下图书计籍;又善用算律。"西汉王朝建立后,在汉高帝主持下,由萧何定律令,张苍定历法及度量衡程式。据《汉书》记载,张苍于汉高祖六年(前201)封北平侯,迁为计相。吕后八年(前180)为御史大夫,文帝四年(前176)为丞相。

④大司农中丞耿寿昌:耿寿昌在汉宣帝时期(前73—前49)为大司农。曾向宣帝提出"近籴漕关内之谷"的建议,并下令在边郡设立"常平仓",宣帝下诏"赐爵关内侯"。他在天文学上主张浑天说,甘露二年(前52)他奏"以圆仪度日月行,考验天运状"。著有《月行帛图》二百三十二卷,《月行度》二卷,他精通数学,特别擅长关于工程方面的计算。曾主持建造杜陵。

⑤因旧文之遗残,各称(chèn)删补:根据遗留下来残缺的旧文,各自做适当的删补。因,依据。《商君书·更法》:"各当时而立法,因事而制礼。"称,适合;相符。

【译文】

往昔残暴的秦王朝焚书，致使经学著作散失、损坏。从此之后，汉代北平侯张苍、大司农中丞耿寿昌都以擅长算术而闻名于世。张苍等人依据旧文的遗漏残缺的情况，各自适当地进行删补。所以校对其细目则与古代或许有不同之处，而所讲述的内容大多还是接近当时的用语。

徽幼习《九章》，长再详览。观阴阳之割裂[①]，总算术之根源，探赜之暇[②]，遂悟其意。是以敢竭顽鲁[③]，采其所见，为之作注。事类相推，各有攸归；故枝条虽分而同本干者，知发其一端而已[④]。又所析理以辞[⑤]，解体用图[⑥]，庶亦约而能周[⑦]，通而不黩[⑧]，览之者思过半矣[⑨]。且算在六艺，古者以宾兴贤能[⑩]，教习国子[⑪]。虽曰九数，其能穷纤入微[⑫]，探测无方[⑬]。至于以法相传，亦犹规矩度量可得而共[⑭]，非特难为也。当今好之者寡，故世虽多通才达学，而未必能综于此耳。

【注释】

①观阴阳之割裂：观察事物分裂成阴阳相对立的两个方面。阴阳，中国哲学的一对范畴。阴阳之原意指日光的向背，引申为气候的冷暖。古代思想家看到一切现象都有正反两方面，就用阴阳这个概念来解释自然界两种对立和相互消长的势力。《周易·系辞上》："一阴一阳之谓道。"把阴阳交替看做宇宙的根本规律。割裂，割开；从整体中分割出若干部分。三国魏曹冏《六代论》："割裂州国，分王子弟。"

②赜（zé）：幽深玄妙。《周易·系辞上》："探赜索隐，钩深致远。"探赜索隐，探索幽深莫测，隐秘难见的道理。暇：空闲。此为余暇之意。

③敢竭顽鲁：刘徽的自谦之词，意即"勇于竭尽聪明才智"。竭，尽，

用完。顽鲁，愚昧鲁钝。汉王符《潜夫论·考绩》：“群僚举士者，或以顽鲁应茂才，以桀逆应至孝……名实不相副，求贡不相称。”

④发其一端：发生于同一根源。端，开头，《孟子·公孙丑上》：“恻隐之心，仁之端也。”引申为缘由。又通耑。耑，发端。《说文解字》：“耑，物初生之题也。上象生形，下象其根也。”段玉裁注：“题者，额也。人体额为最上，物之初见，即其额也。古发端字作此，今则端行而耑废，乃多用耑为专矣。”

⑤析理以辞：用逻辑的判断来剖析算理。辞，我国古代逻辑名词，指命题（判断）。战国时后期墨家提出了“以辞抒意”的论点。荀子也提出了“辞也者，兼异实之名以论一意也”的说法，认为辞（判断）是结合两个不同的“实”的名（概念）来论断一个意义。

⑥解体用图：用图形来分解几何体。刘徽提出用逻辑推理与图形解析来阐明算法原理。图，用线条、颜色描绘的事物形象。体，几何学上具有长阔厚三度的形体。

⑦庶：幸而，希冀之词。亦：助词。约：简单，简略。周：周到，周密。

⑧黩：轻慢。

⑨思过半：大部分已领悟。《周易·系辞下》：“知者观其彖辞，则思过半矣。”

⑩宾兴：周代的举贤之法。乡大夫自乡小学荐举贤能而宾礼之，以升入国学。

⑪国子：公卿士大夫的子弟。

⑫纤：细小。微：细小，幽深。《周易·系辞下》：“君子知微知彰。”

⑬无方：犹无常，谓没有固定的方向、处所或范围。《周礼·春官·男巫》：“冬堂赠，无方无筭。”《注》曰：“无方，四方为可见。”《礼记·檀弓上》：“左右就养无方。”又《礼记·内则》：“博学无方。”

⑭规：校正圆形的用具。《诗经·小雅·沔水序》郑玄笺：“规者，正圆之器也。”引申指画圆。甲骨文中，规字写作，象征一手执规

作画图的姿式。矩：古代画方形的用具，就是现在的曲尺。《周髀算经·卷上》："圆出于方，方出于矩。"甲骨文矩写作匚，征象曲尺。度：计量长短的标准。《汉书·律历志上》："度者，分、寸、尺、丈、引也。"量：计量多少的器具。《汉书·律历志上》："量者，龠、合、升、斗、斛也，所以量多少也。"

【译文】

刘徽自幼学习《九章》，年长以后又仔细研读。观察阴阳的区分，概括算术的本源，在探讨幽深与玄妙之余，于是领悟其真谛。因此敢于竭尽愚昧鲁钝，搜集所见，为之作注解。事物按其类别相互推求，便各有所归属；所以枝条虽分而本干相同的，可知它们发生于同一根源。进而用文辞来分析其原理，用图形来解剖其结构，希望做到虽简约而能周全，既全面又不浮泛，使阅读者能领悟其大半。算术作为"六艺"之一，在古代以宾兴之法选拔贤才能人，教导贵族子弟。虽然称之为"九数"，它却既能穷尽纤毫之细微，又能探测无边无涯之辽阔。至于以现成的算法相传授，也就犹如规、矩、度、量众人都可以得到一样，并非特别难办的事。当今喜好算术的人太少，所以世上虽有很多通才达学之士，但未必能够治理于此道啊！

《周官》大司徒职①，夏至日中立八尺之表，其景尺有五寸，谓之地中②。说云："南戴日下万五千里③。"夫云尔者，以术推之。

【注释】

①《周官》：又称《周官经》，即《周礼》。儒家经典。经古文学家认为周公所作，后人有所附会；经今文学家认为成书于战国，或以为西汉末刘歆所伪造；近参以周秦铜器铭文定为战国作品。其是搜集周王室官制和战国时代各国制度，添附儒家政治思想，增减排比

而成的汇编。全书共有《天官冢宰》《地官司徒》《春官宗伯》《夏官司马》《秋官司寇》《冬官司空》等六篇。《冬官司空》早佚,汉时补以《考工记》。有东汉郑玄《周礼注》等。大司徒:官名。《周礼·地官》大司徒,主管教化的官,为六卿之一。职:执掌,主管。

②夏至日中立八尺之表,其景尺有五寸,谓之地中:夏至日正午立八尺标竿,其影长为一尺五寸,称为"地中"。夏至,二十四节气之一。每年6月22日前后太阳到达黄经90°(夏至点)开始。崔灵恩《三礼义宗》:"夏至为中者,至有三义:一以明阳气之至极,二以明阴气之始至,三以明日行之北至。故谓之至。"此日阳光几乎直射北回归线,北半球白昼最长。日中,正午。表,测量日影的标竿。景,影的本字。地中,大地的正中。孙诒让《周礼正义》:"地中者,为四方九服之中也。"

③说云:指郑玄《周礼注》中文字。南戴日下万五千里:南戴日下距离地中一万五千里。南戴日下,地面中央之南正值日下之处,即指太阳在地平面上的垂直投影点。戴日,值日之下。《尔雅·释地》:"岠齐州以南,戴日为丹穴。"

【译文】

《周官》大司徒之职记载,夏至日正午立8尺长的标竿,它的影长1尺5寸,称之为"地中"。其注称:"南戴日下距离地中一万五千里。"其所以这样说,是用算法推求的。

按《九章》立四表望远及因木望山之术[①],皆端旁互见[②],无有超邈若斯之类。然则苍等为术犹未足以博尽群数也。徽寻九数有重差之名[③],原其指趣乃所以施于此也。凡望极高、测绝深而兼知其远者必用重差[④],勾股则必以重差为率,故曰重差也[⑤]。立两表于洛阳之城,令高八尺。南北各尽平地,同日度其正中之景[⑥]。以景差为法,表高乘表间为实，实如法而一，所得加表高，即日去地也⑦。以南表之景乘表间为实，实如法而一，即为从南表至南戴日下也⑧。以南戴日下及日去地为勾、股，为之求弦，即日去人也。以径寸之筒南望日，日满筒空，则定筒之长短以为股率，以筒径为勾率，日去人之数为大股，大股之勾即日径也⑨。

【注释】

①立四表望远：指《九章算术》卷九勾股第[9-22]题立四表测量木之远近的算法。因木望山：指卷九勾股第[9-23]题依靠大树测量山高的算法。

②端：正。旁：偏，邪。端与旁相对，表示地面上位于高处之观测目标的正下方和邪下方的两点，它们分别是目标在地面上之正投影和观测点。如因木望山中的"山脚"即是所谓的"端"；而"树根"处即是所谓的"旁"。互见，互相遇见。此作互相连通解，即可以测量距离。如因木望山题可测得山去木53里。

③九数：古算法名。汉郑玄《周礼·地官司徒·保氏》九数注引汉郑众《周礼注》："九数：方田、粟米、差分、少广、商功、均输、方程、嬴不足、旁要；今有重差、夕桀、钩股。"重差：重测取差之意，即重复地进行勾股测量，取两次观测对应之差为比率来进行推算。详见下文刘徽对重差的解释。

④望：向远处看。此作观测解。极高：高之至极。绝深：深之至极。此种高度或深度的测量，无法直接度量观测目标在地面上的投影至观测点的水平距离。换句话说，在观测中推算高或深的同时，还要推求目标的远近。故云"而兼知其远者"。知，使人知道的意思。对于这类端旁不能互见，在求高深的同时兼求远近的问题，就必须使用重差术。

⑤勾股则必以重差为率,故曰重差也:其勾股则必取重差作为比率,所以称之为“重差”。重差术是由简单勾股测量的旁要术发展而来的。如因木望山,即旁要的典型,其推算之理论根据是,

勾:股=勾率:股率

而重差则不同,代替勾或股而考虑其前后观测之差,即依据

前后勾之差:股=勾差率:股率

⑥正中之景:即表在正午之日影。正中,谓日当天之中,指正午时分。《淮南子·天文训》:“(日)至于昆吾,是谓正中……至于悲谷,是谓餔时。”

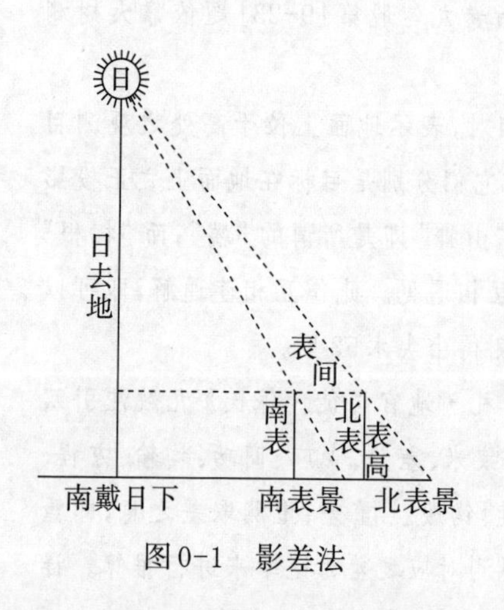

图0-1 影差法

⑦以景差为法,表高乘表间为实,实如法而一,所得加表高,即日去地:如图0-1所示,在水平地面上立南北两表,以观测正午之日影。景差,即南北表影之差。法,除数。表间,南北两表之间隔(距离)。实,被除数。实如法而一,用除数去除被除数。日去地,即太阳到地面之距离。此即给出计算日去地的公式:

$$日去地=\frac{表高\times表间}{北表景-南表景}+表高$$

其中,以(日去地-表高)为股,以表高为股率。以日下至南表为前勾,则南表景为前勾率;以日下至北表为后勾,则北表景为后勾率。于是表间即为前后勾之差,而景差即为勾差率。于是

前后勾之差:股=勾差率:股率

即是

表间:(日去地-表高)=(北表景-南表景):表高

它表明日高公式的“重差”之涵义：“则勾股必以重差为率。”

⑧以南表之景乘表间为实，实如法而一，即为从南表至南戴日下也：此给出南表至南戴日下计算公式：

$$南表至南戴日下=\frac{南表景\times表间}{北表景-南表景}$$

⑨以径寸之筒南望日，日满筒空，则定筒之长短以为股率，以筒径为勾率，日去人之数为大股，大股之勾即日径也：由重差术得日高及南戴日下，据勾股定理，可得人去日

$$人去日=\sqrt{日去地^2+南戴日下^2}$$

再用竹筒观日，便可计算日径，如图0-2所示

$$日径=\frac{大股\times勾率}{股率}=\frac{人去日\times筒径}{筒长}$$

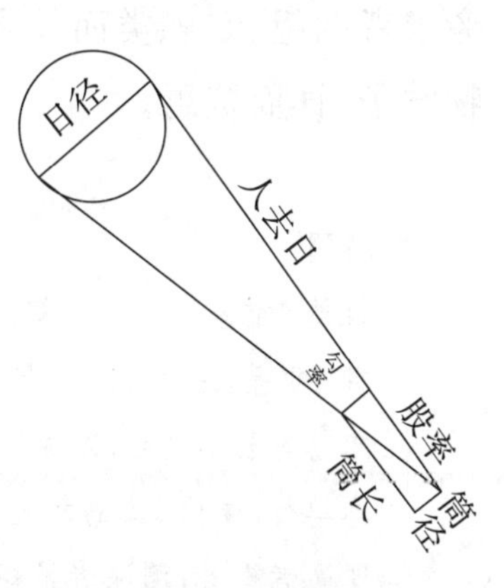

图0-2　测量日径

【译文】

按《九章算术》中的“立四表望远”及“因木望山”之类的算法，都是端旁之点可以直接测量的情形，而没有像测量日之高远这样超远而渺茫的一类测算方法，如此看来张苍等人的造术也未能广博到包罗无遗的程度。刘徽探求“九数”中有重差的名目，推究其宗旨乃是为了应用于此。凡是观测极高、测量绝深而兼求其远的，必用“重差”算法，其勾股则必取重差作为比率，所以称之为“重差”。在洛阳城立南北二标竿，其高皆为8尺。假设南北二标竿在同一地平面上，在同一天日中正午时度量日影。取影差作为除数，表高乘表间作为被除数，所得之商加表高，即是“日去地”之数。若用南表的影长乘表间作为被除数（除数同上），用除数去除被除数，即是从南表到南戴日下的

距离。以南戴日下及日去地分别作为勾、股两边,而求对应的弦,即得“日去人”之数。取直径为一寸的竹筒向南观测太阳,筒孔正好被太阳所充满,则规定筒之长度为股率,取筒的直径为勾率,日去人之数作为大股,而大股所对应的勾就是太阳的直径。

虽夫圆穹之象犹曰可度,又况泰山之高与江海之广哉!徽以为今之史籍且略举天地之物,考论厥数,载之于志,以阐世术之美。辄造《重差》,并为注解,以究古人之意,缀于勾股之下①。度高者重表;测深者累矩;孤离者三望;离而又旁求者四望②。触类而长之③,则虽幽遐诡伏,靡所不入。博物君子,详而览焉。

【注释】

①辄造《重差》,并为注解,以究古人之意,缀于勾股之下:即刘徽编撰《重差》一卷,并附有注释,阐述古人之原意,列于《九章算术》末卷勾股章之后,以弥补《九章算术》之不足。唐初将《重差》另本单行,遂称《海岛算经》。辄,即。

②度高者重表;测深者累矩;孤离者三望;离而又旁求者四望:刘徽将《海岛》九问概括为四种类型。测“无远之高”用重表法,如望海岛;测“无广之深”用累矩法,如望深谷。重表与累矩皆只需测望两次。如果观测目标无所依傍,孤离无着,就必须观测三次,如望松生山上;要是观测目标不仅孤离无着,而且需旁求他处,就必须观测四次,如岸望清渊。

③触类而长之:触类旁通,引而申之。语出《周易·系辞上》:“引而申之,触类而长之。”触类,触逢同类。长之,使之增长、推广之意。

【译文】

天之圆穹尚且说可以度量，又何况泰山之高及江河之广呢！刘徽依据现今的史籍并略举天地间之实物为例，考证与辨析其数理，而述诸于文字，以阐发世人所造算法之美妙。于是创作《重差》，并作注解，以探讨古人之原意，补充在勾股章之下。欲度量高度者用重表法；测量深度者用累矩法；被观测物“孤离”无着者须观测三次；孤离而又旁求者须观测四次。触类旁通，引而申之，那么即使幽深遥远而又奇异隐蔽的目标，也没有不能测算的。博学多识之士，当详加审读。

卷一　方田以御田畴界域

【题解】

方田，是正方形与长方形田地的统称，刘徽注称“以御田畴界域”，即解释本章主要处理土地田亩与边界区划问题。所涉及的土地形状除正方形和长方形外，还有三角形、梯形等多边形图形。因为“方田术”是计算平面多边形乃至一般曲边形面积的基础，所以本章以“方田”命名。春秋末期开始实行“履亩而税”的租税制度改革后，政府对土地精确测算有了迫切的需求，而土地丈量正是土地面积计算的基础。在实际生活中，土地边界长度通常带有奇零部分，以带分数形式表示，在面积计算中就会涉及分数的运算，因此在古代数学分类中，将图形面积计算和分数四则运算问题归于方田。本章共38题。

第1～4题通过计算长方形田地面积问题给出“方田术”，即长方形面积计算法，并说明田地面积单位步、亩、里、顷的换算关系。《九章算术》原文及刘徽注中都没有试图对方田术予以证明，表明方田术是计算平面图形面积的公理，换句话说，方田术可以看作是对面积的一种定义。

第5～24题讨论分数计算方法，包括约分、求两数的最大公约数、分数加法与减法、比较两分数大小、求分数的平均数、分数除法与乘法等算法。

方田术和分数四则运算法则是解决其后14个图形面积应用问题的

基础，涉及圭田（三角形）、邪田（直角梯形）、箕田（等腰梯形）、圆田、宛田（类似于球冠的曲面形）、弧田（弓形）、环田（圆环形）等田地面积的计算。

刘徽对圭田、邪田和箕田公式采用“出入相补”原理进行证明。所谓出入相补原理，是指一个平面图形经过有限次的切割，通过平移或旋转重新拼合，其面积保持不变。刘徽将圭田、邪田和箕田按出入相补方法转换为方田，利用方田术得到相应图形面积的正确公式。

“圆田术注”是刘徽注《九章算术》中最长的一段文字，是中算史上流传后世的名篇，其创造性地用极限思想和割圆术证明了圆面积公式，首创了计算圆周率的完整程序，求出圆周率近似值$\frac{157}{50}$，史称“徽率”，并写下了圆周率$\frac{3\,927}{1\,250}$的推算大要。圆田术注无论是对圆面积公式的证明还是对圆周率的计算，都是划时代的成就。

在进行田地边界测量时，不可避免地会碰到土地高低起伏或边界形状不规则等复杂地形，因此宛田、弧田和环田是实际应用中需要处理的曲边形面积问题，刘徽论证了这三种图形面积公式的近似性。在微积分没有发明之前，不可能获得这三种图形正确的面积公式，而刘徽注中蕴涵着化曲为直、无限逼近的思想方法，对于解决曲边形问题是十分宝贵的。

[1-1] 今有田广十五步①，从十六步②。问为田几何？

答曰：一亩。

[1-2] 又有田广十二步，从十四步。问为田几何？

答曰：一百六十八步③。图从十四，广十二④。

方田术曰⑤：广从步数相乘得积步。此积谓田幂⑥。凡广从相乘谓之幂⑦。臣淳风等谨按：经云“广从相乘得积步”，注云

“广从相乘谓之幂”,观斯注意,积幂义同。以理推之,固当不尔。何则?幂是方面单布之名[8],积乃众数聚居之称[9]。循名责实[10],二者全殊。虽欲同之,窃恐不可。今以凡言幂者据广从之一方[11];其言积者举众步之都数[12]。经云“相乘得积步”,即是都数之明文。注云“谓之为幂”,全乖积步之本意。此注前云“积谓田幂”,于理得通。复云“谓之为幂”,繁而不当。今者注释存善去非,略为料简[13],遗诸后学[14]。

以亩法二百四十步除之[15],即亩数。百亩为一顷。臣淳风等谨按:此为篇端,故特举顷、亩二法。余术不复言者,从此可知。一亩田,广十五步,从而疏之[16],令为十五行,即每行广一步而从十六步。又横而截之,令为十六行,即每行广一步而从十五步。此即从疏横截之步,各自为方[17],凡有二百四十步,为一亩之地步数正同。以此言之,即广从相乘得积步,验矣。二百四十步者,亩法也。百亩者,顷法也。故以除之,即得。

【注释】

①广:宽。步:长度单位。《九章章术》及刘徽注皆用秦制1步=6尺。

②从(zòng):即“纵”,长。

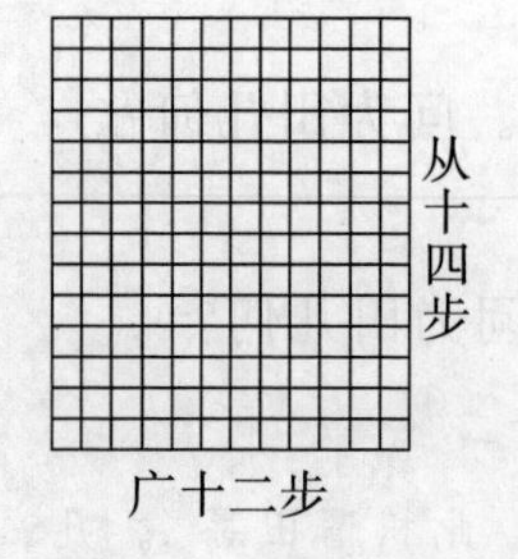

图1-1 计算方田

③步:应释为平方步。古代未严格区分长度与面积单位的名称,而将步、平方步皆统称为步。

④图从十四,广十二:依注文所说,原有附图而今亡佚。依清人李潢《九章算术细草图说》补绘如图1-1所示,广十二步,从十四步,相乘,得一百六十八平方步。

⑤方田术:即长方形面积算法。术,原为学术、技

术、方法。在古算书中，术就是计算法则，包含公式、定理等。

⑥此积谓田幂：以此长与宽之乘积来规定方田之面积。幂，古体字作“冖”。《说文解字》称：“冖，覆也。从一下垂也。”幂的原义为覆盖。《周礼·天官·幂人》：“祭祀，以疏布巾幂八尊，以画布巾幂六彝。”幂，又解作“巾”。《仪礼·公食大夫礼》：“簠有盖幂。”总之，幂的原意是遮盖器物所用的布。在古算书中，幂用来表示面或面积；现代数学术语中，幂是乘方所得之数的称谓。

⑦凡广从相乘谓之幂：是说凡长宽相乘则称之为幂（面积）。这反映出中算家的面积定义，实质上是“直积测度”的概念。即将二维的测度（面积）直接定义为两个一维测度（线段长度）之乘积。

⑧幂是方面单布之名：“幂”原是方形薄巾的名称。方面单布，即方形薄布（巾）。

⑨积乃众数聚居之称：“积”是对多个相同数累加的称谓。众数聚居，即若干个相同的数累加。

⑩循名责实：按其名而求其实，要求名实相符。名实，中国哲学的一对范畴，指辞、概念（或名称）和实在。

⑪凡言幂者据广从之一方：幂是由它的一边伸展而成。这与《说文解字》的解释“从一下垂也”相近。方，古算称长方形之边为“方”。据，根据。据广从之一方，即由宽或长之一边伸展而成面。幂既是方形薄布，则布由经、纬线编织而成；以“幂”来作面的称谓已包含着叠线成面的意思。

⑫其言积者举众步之都（dōu）数：积乃是指示它所含面积单位（平方步）之总数。举，提出。都，全。都数，即总数。举众步之都数，即指出所包含平方步之总数。

⑬略为料简：稍加甄别。料简，度量选择；也泛指对一切事物的整理择别。

⑭遗诸后学：遗留给后世学者去完成。这里指关于“幂”和“积”的

涵义的辨析留待后人去评说。李淳风批评刘注将“幂”与“积”的概念混同。在他看来,“积”是数与数相乘,乃是数的运算结果,而“幂”(面)是反映几何量的概念,二者完全不同。其实,李氏并不理解刘徽思想的深刻性。刘徽和《九章算术》的作者一样,从数与几何量的统一观出发,将面积直接定义为长宽之积,便可从直线的度量自然导出面积的度量理论,而且刘徽以“幂”“积”相通,既可视面为线所叠成,又可划分为面积单位计算。这就蕴涵了面积的可加性和以盈补虚的原理,成为古代面积理论的基础。

⑮亩法:即由平方步化为亩时所用之除数240,故云“亩法二百四十步”。同样,“顷法”即是由亩化为顷所用之除数100。法,即除数。

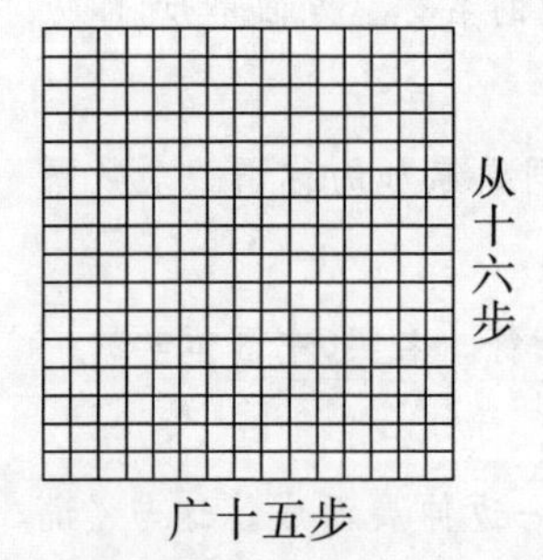

图1-2 240(平方)步为1亩

⑯从而疏之:即沿着纵向划分为若干段。疏,雕刻,划分。从,即纵。

⑰从疏横截之步,各自为方:即以步长沿纵横两个方向来划分,使之成为一个个小正方形。按此,便可将一亩之地竖分横截为如图1-2所示的240个平方步。由此验证“长宽相乘得面积”,即1亩=15×16=240平方步。

【译文】

[1-1] 已知长方形田宽15步,长16步。问田的面积是多少?

答:1亩。

[1-2] 又知长方形田宽12步,长14步。问田的面积是多少?

答:168平方步。方田图长14,宽12。

方田算法:长方形之长与宽的步数相乘得其面积平方步数。这个“积”说的是方田的面积。凡长宽相乘称为“幂”。李淳风按:经文说“长宽相乘得面积”，徽注说“长宽相乘称为幂”，由此看来此注认为，“积”与“幂”意义相同。然而从道理上推敲，便不恰当了。何以这样说？“幂”是表述方形薄布的名词，“积”是对数目累加的称谓。按其名而求其实，二者就完全不同了。若硬要说它们意义相同，恐怕是不合适的。一般说来所谓“幂”是由它的长或宽一边伸展而成；而所谓“积”则是它所含面积单位（平方步）之总数。经文说“长宽相乘得面积”，即是“总数”的明文记述。徽注说“称之为幂”，完全违背了“积”一词的本义。注文前面说“积说的是方田”，在道理上讲得通。后面又说“称之为幂”，那就繁而不当了。而今作注解应当“存善去非”，这里只是稍作甄别，而更详细深入的辨析则留待后世学者去完成了。

以亩法240平方步除所得面积平方步数，即为亩数。100亩为1顷。李淳风等按：在本章的开始，特列举亩、顷面积单位换算之二法。其余的算法可由此推知，不必多讲。面积为1亩的长方田，宽15步，沿纵向划分，使之为15行，即每行宽1步而长16步。又沿横向划分，使之为16行，即每行宽1步而长15步。这样以步长竖分横截，使各自成小正方形，共计240平方步，这正等于一亩之地的平方步数。由此说来，长宽相乘得面积，获得了验证。240步，为“亩法”。100亩，为“顷法”。以亩法去除面积步数即得亩数，而用顷法去除面积亩数即得顷数。

[1-3] 今有田广一里，从一里。问为田几何？

答曰：三顷七十五亩。

[1-4] 又有田广二里，从三里。问为田几何？

答曰：二十二顷五十亩。

里田术曰[①]：广从里数相乘得积里。以三百七十五乘之[②]，即亩数。按此术广从里数相乘得积里。方里之中有三顷七十五亩，故以乘之，即得亩数也。

【注释】

①里田术:即化平方里数为亩数的算法。里田,以里为度量单位的方形田。

②以三百七十五乘之:秦制1里=300步=1 800尺,故1平方里=90 000平方步;于是,1平方里=$\frac{90\,000}{240}$亩=375亩,即3顷75亩。当由平方里数求亩数时,应“以三百七十五乘之”。

【译文】

[1-3] 已知长方形田宽一里,长一里。问田的面积多少?

答:3顷75亩。

[1-4] 又知长方形田宽二里,长三里。问田的面积多少?

答:22顷50亩。

里田算法:宽与长之里数相乘得面积之平方里数。用375乘平方里数,即亩数。按此算法,宽与长的里数相乘得面积之平方里数。由于1平方里中有3顷75亩,所以用375乘平方里数,便得亩数。

[1-5] 今有十八分之十二。问约之得几何?

答曰:三分之二。

[1-6] 又有九十一分之四十九。问约之得几何?

答曰:十三分之七。

约分 按约分者,物之数量,不可悉全,必以分言之[①]。分之为数,繁则难用。设有四分之二者,繁而言之,亦可为八分之四;约而言之,则二分之一也。虽则异辞,至于为数,亦同归尔[②]。法实相推[③],动有参差[④],故为术者先治诸分[⑤]。

术曰:可半者半之[⑥];不可半者,副置分母、子之数,以少减多,更相减损[⑦],求其等也[⑧]。以等数约之。等数约之,即除也。其所以相减者,皆等数之重叠,故以等数约之[⑨]。

【注释】

①物之数量,不可悉全,必以分言之:事物的数量,不可能尽是整数,必然要使用分数来表示。悉,全部。全,即整数。分,即分数。

②虽则异辞,至于为数,亦同归尔:虽然用语不同,然而它们的数值是完全相同的。异辞,用语不同。同归,结局相同,在此即指结果一样。

③法实相推:由于算筹本身代表什物个数(即整数),故而古代筹算凡涉及分数的算法都化为一对法与实,它们被视为二整数的比率来相互推算,这就叫做“法实相推”。法,即除数。实,即被除数。

④动有参差(cēn cī):是说在演算中,数有精粗繁简之不同。参差,原意为长短、高低不齐;这里用以形容数的表示精粗、繁简不一。动,动作;这里指运算过程。

⑤为术者先治诸分:设计算法首先要考虑化简各个分数。为术,即造术,设计算法。治,处治,此处为化简。

⑥可半者半之:即分子、分母为偶数时用2约简。可半者,可以用2约的数,即偶数。古代算书中又作“耦者半之”,意义相同。

⑦以少减多,更相减损:以小数去减大数,余数逐次递减。辗转相减,以求最大公约数。更相减损,即辗转相减算法。

⑧求其等也:在辗转相减过程中,直至出现相等的余数为止,它即是最大公约数,故称为等数。等,即等数,现今称之为最大公约数。

⑨其所以相减者,皆等数之重叠,故以等数约之:这句话包含着两层意思。一是说由于分子与分母皆是最大公约数的整倍数,因而余数亦都是最大公约数的整倍数,在辗转相减中它们递次减小,必然经有限次交互相减后使约数缩小而等于(分母与分子的)最大公约数。二是说,用最大公约数去除分子、分母,使约得最简分

数。刘徽注言简意赅,一句话道出了论证辗转相减求最大公约数以及约分方法的要点。

【译文】

[1-5] 设有分数$\frac{12}{18}$。问约分得多少?

答:$\frac{2}{3}$。

[1-6] 又有分数$\frac{49}{91}$。问约分得多少?

答:$\frac{7}{13}$。

约分　按约分之为用,但凡物的数量,不可能尽是整数,必然要用分数来表示。然而分数之表示,若过于繁杂便难以运用。譬如设有$\frac{2}{4}$,繁复地说,也可以表示成$\frac{4}{8}$;简单地表示,则成为$\frac{1}{2}$。虽然用语不同,至于它们的数值,却是相同的。分数是由除数与被除数相互推算而决定的,其表示有精粗繁简之不同,所以设计算法首先得处置(简化)各种分数。

算法:分子、分母均为偶数者用2约简;否则,将分母、分子之数另在它处列置,然后以小数减大数,辗转相减,求它们的最大公约数。用最大公约数去约简分子与分母。所谓"用最大公约数去约简",即是用它去分别除分母、分子。其所以辗转相减,是因为被减数、减数和余数皆是最大公约数的整倍数,所以用最大公约数去约简分子、分母。

[1-7] 今有三分之一,五分之二。问合之得几何?

答曰:十五分之十一。

[1-8] 又有三分之二,七分之四,九分之五。问合之得几何?

答曰:得一、六十三分之五十。

[1-9] 又有二分之一，三分之二，四分之三，五分之四。问合之得几何？

答曰：得二、六十分之四十三。

合分[1]臣淳风等谨按：合分者，数非一端，分无定准[2]，诸分子杂互，群母参差[3]，粗细既殊，理难从一[4]。故齐其众分[5]，同其群母[6]，令可相并，故曰合分。

术曰：母互乘子[7]，并以为实[8]，母相乘为法[9]，母互乘子；约而言之者，其分粗；繁而言之者，其分细[10]。虽则粗细有殊，然其实一也。众分错杂，非细不会[11]。乘而散之，所以通之[12]。通之则可并也。凡母互乘子谓之齐，群母相乘谓之同[13]。同者，相与通同[14]，共一母也；齐者，子与母齐，势不可失本数也[15]。方以类聚，物以群分[16]。数同类者无远；数异类者无近[17]。远而通体者，虽异位而相从也；近而殊形者，虽同列而相违也[18]。然则齐同之术要矣。错综度数，动之斯谐，其犹佩觿解结[19]，无往而不理焉。乘以散之，约以聚之，齐同以通之，此其算之纲纪乎[20]。其一术者[21]，可令母除为率，率乘子为齐。实如法而一[22]，不满法者[23]，以法命之[24]。今欲求其实，故齐其子。又同其母，令如母而一。其余以等数约之，即得。所谓同法为母[25]，实余为子[26]，皆从此例。其母同者，直相从之。

【注释】

①合分：分数相加。合，并。

②数非一端，分无定准：数的由来并非出自一端（根源），分数之分母的选取也没有固定不变的标准。端，头绪，缘由。

③诸分子杂互，群母参差：这些分数的分子各种各样，分母有大有

小。杂互,互相不同,彼此混杂。参差,这里指数的大小不等。

④粗细既殊,理难从一:分数粗细各异,自然难以相加成一数。粗细,分数的分母表示将“单位”分割所得的份数,所以,若分母较小,则说此分数“粗”,而分母较大,则说此分数“细”。从一,即相加成一数。从,跟随,引申为加并。古算所谓相从相消,即相加相减。

⑤齐其众分:就是以诸分母与诸分子交互相乘,使分子与分母扩大相同的倍数而保持各分数之值不变。齐,指分子与分母同步增长。

⑥同其群母:即取诸分母之相乘积为公分母。

⑦母互乘子:即以此分母去乘彼分子。互乘,交互相乘。

⑧并以为实:即将诸乘积相加之和作为被除数。并,相加。

⑨母相乘为法:以诸分母相乘之积作为除数。

⑩约而言之者,其分粗;繁而言之者,其分细:分数的分母数小意味着将“单位”等分得粗疏;分母数大则表示将“单位”等分得细密。约,简单,在此指分母较小。繁,复杂,这里指分母较大。

⑪众分错杂,非细不会:对于异分母分数,若不化为更细密的分数来表示,即扩大分母以倍数,就不能使它们相加。会,合,聚合,这里指相加。细,指“单位”的细分,即扩大分母以倍数。

⑫乘而散之,所以通之:用同乘一数的办法来扩大分子、分母,因而得以通分。之,在此指分母或分数。散,分散,与“聚”相对,表示扩大之意。

⑬凡母互乘子谓之齐,群母相乘谓之同:齐同术为古算比率理论中的重要法则,它包含齐与同两个方面。刘徽在此注中仅就分数的齐同,即通分来解释它的意义。他从运算的形式(步骤)上来解释齐同:分母与分子交互相乘叫做“齐”;诸分母相乘叫做“同”。

⑭相与通同:彼此相通,无所阻滞。相与,相交往,共同。通,贯通;由此端至彼端,中无阻隔。

⑮势不可失本数也：即分子与分母的相比关系保持其比值不变。势，情势，引申为关系。这里指分子与分母的相比关系。

⑯方以类聚，物以群分：语出自《周易·系辞上》，意谓各种事物皆按其种类聚集在一起。

⑰数同类者无远；数异类者无近：刘徽依分母的大小将分数分类，视同分母者为同类数。类，种类。远，疏远；近，亲近。以远、近比喻数之间关系的密切与否，即是否可以相加相减。

⑱远而通体者，虽异位而相从也；近而殊形者，虽同列而相违也："通体"与"殊形"指分数的表达形式是否为同分母分数。这里的远与近相对，指数与数之间按大小顺序排列位置相距之远近，或数值相差的大小。相从，相加；相违，不相干，不可相加。

⑲觿（xī）：古代解扣的用具，用象骨制成，形如锥。也用为佩饰，故称佩觿。

⑳算之纲纪：即算术的基本法则。纲纪，法则，纲要。引申为基本法则。

㉑其一术者：另一种算法。

㉒实如法而一：原意是以"法"去除"实"，若"实"中每有一个等于"法"的数就记个"一"。此相当于现今所谓以除数去除被除数而求其商数。

㉓不满法者：指相除不尽所得余数。

㉔命之：即命分。

㉕同法：即"法"之数，因为它得自齐同术中的"同"的演算步骤，故称为"同法"。徽注中又简称之为"同"。

㉖实余：即以法除实不尽所得之余数。

【图草】

[1-8] 题求$\frac{2}{3}$、$\frac{4}{7}$、$\frac{5}{9}$的和。

1.依合分术演草如下。

(1)齐同。

子2 4 5 母3 7 9	→	$2\times7\times9=126$　$4\times3\times9=108$　$5\times3\times7=105$ $3\times7\times9=189$

列置诸分母、子之数;母互乘子,又母相乘。

(2)实如法而一,命分。

$$\frac{126+108+105}{189}=\frac{339}{189}=1\frac{150}{189}=1\frac{50}{63}$$

2.此题依"其一术"演草如下。

(1)齐同。

子　2　4　5 母　$3\times7\times9=189$ 乘率 $\frac{189}{3}=63,\frac{189}{7}=27,\frac{189}{9}=21$	→	$2\times63=126$ $4\times27=108$ $5\times21=105$

令母除为率;　　　　　　　　　　率乘子为齐。

(2)实如法而一,命分,与前合分术同。

【译文】

[1-7]设有分数$\frac{1}{3}$,$\frac{2}{5}$。问相加得多少?

答:$\frac{11}{15}$。

[1-8]又有分数$\frac{2}{3}$,$\frac{4}{7}$和$\frac{5}{9}$。问相加得多少?

答:$1\frac{50}{63}$。

[1-9]又有分数$\frac{1}{2}$,$\frac{2}{3}$,$\frac{3}{4}$和$\frac{4}{5}$。问相加得多少?

答:$2\frac{43}{60}$。

分数相加　李淳风等按：分数相加的意义在于，数之由来非自一端，分母的选取也没有固定标准，分子多种多样，分母有大有小，分数的繁简不同，难以自然相加。所以要在保持分数的值不变的条件下，化异分母为同分母，使之能够相加，因而便有称为“分数相加”的算法。

算法：以诸分母与诸分子交互相乘，所得诸乘积相加之和作为被除数，而以诸分母相乘之积作为除数，以诸分母与诸分子交互相乘；若其分母较小，则说此分数“粗”；其分母较大，则说此分数“细”。一个分数的表示法虽有粗细之不同，其实它们代表同一个数值。在众多分数其分母又各不相同的情形时，如果不采用更细的分数记法（扩大分母）就不能使它们相加。所以用相乘而扩大分母的办法，去通分。分母相同便可以相加了。凡是以诸分母与诸分子交互相乘的运算称之为“齐”，而诸分母相乘的运算称之为“同”。“同”的涵义是，彼此相通有一个共同的公分母；“齐”的涵义是，分子与分母同步增长（扩大相同倍数），分数的值不会改变。各种事物，都是按种类聚集在一起的。数若同类就无所谓“远”；数若异类也就无所谓“近”。同分母分数即使相差甚远，分子的数位不同也可以相加；异分母分数即使大小相近，排列在一起也互不相干。这样一来齐同术实在太重要了。各种错综不一的量数，只要施行这种演算便可以统一起来，它好像用佩觿去解开结扣，所到之处没有不成功的。对分子、分母同乘以一数以“散分”，同除以一数以“约分”，用齐同之术来“通分”，这就是分数作为一组比率运算的基本法则。另一种齐同的算法是，可以令公分母除以每个分母的商数为“乘率”，而把乘率乘以对应分子的运算叫做“齐”。**以除数去除被除数，若除之不尽，则以余数为分子、除数为分母得一分数**。为求被除数，故对诸分子施行“齐”的演算步骤。又求得公分母，用它作除数。然后以最大公约数约简，即得诸分数之和。所谓以除数为分母，余数为分子，皆由此得来。**若诸分数之分母相同，则可以用分子直接相加。**

[1-10] 今有九分之八，减其五分之一。问余几何？

答曰：四十五分之三十一。

[1-11] 又有四分之三,减其三分之一。问余几何?

答曰:十二分之五。

减分[1]臣淳风等谨按:诸分子、母数各不同。以少减多,欲知余几,减余为实,故曰减分。

术曰:母互乘子,以少减多,余为实,母相乘为法,实如法而一。母互乘子者,以齐其子也。以少减多者,子齐故可相减也。母相乘为法者,同其母也。母同子齐[2],故如母而一,即得。

【注释】

①减分:已知大小二分数求其差,即分数相减。

②母同:分母化为同分母。子齐:分子与分母扩大相同的倍数。

【译文】

[1-10] 设有分数$\frac{8}{9}$,减去$\frac{1}{5}$。问余数多少?

答:$\frac{31}{45}$。

[1-11] 又设分数$\frac{3}{4}$,减去$\frac{1}{3}$。问余数多少?

答:$\frac{5}{12}$。

分数相减 李淳风等按:二数分子、分母各不相同。以小数去减大数,要求余数多少,它以相减之余数作为被除数,所以称之为“减分”。

算法:以分母与分子交互相乘,所得小数减大数,余数作为被除数,而以分母相乘为除数,以除数去除被除数。分母与分子交互相乘,是为使分子能与分母扩大相同倍数。以小数减大数,是因为分子已与分母扩大相同倍数故可以相减。分母相乘为除数,是因为它是公分母。分母化成公分母而分子又与分母扩大了相同倍数,所以用分母作除数,即得所求。

[1-12] 今有八分之五，二十五分之十六。问孰多？多几何？

答曰：二十五分之十六多；多二百分之三。

[1-13] 又有九分之八，七分之六。问孰多？多几何？

答曰：九分之八多；多六十三分之二。

[1-14] 又有二十一分之八，五十分之十七。问孰多？多几何？

答曰：二十一分之八多；多一千五十分之四十三。

课分①臣淳风等谨按：分各异名②，理不齐一③，校其相多之数④，故曰课分也。

术曰：母互乘子，以少减多，余为实；母相乘为法；实如法而一，即相多也。臣淳风等谨按：此术母互乘子，以少分减多分，与减分义同。唯相多之数，意与减分有异。减分者求其余数有几，课分者以其余数相多也⑤。

【注释】

①课分：比较分数之大小。课，试验，考核；引申为比较。

②异名：即异类，指分母、分子之数不相同。

③齐一：等同于一数，即两数相等。

④校（jiào）：比较。相多之数：即大小二数的相差、多出之数。

⑤以其余数相多也：以余数作为比较二数大小的“多出之数”。余数是由已知的较大数减去较小数而得的；而“多出之数”（相多），是指事先未知孰大孰小的二数之差数。在二者通分之后便可判断大小而求出余数，这个余数也就是“相多”。

【译文】

[1-12] 设有分数$\frac{5}{8}$和$\frac{16}{25}$。问哪个分数大？多出多少？

答：$\frac{16}{25}$大；多出$\frac{3}{200}$。

[1-13] 又设分数$\frac{8}{9}$和$\frac{6}{7}$。问哪个分数大？多出多少？

答：$\frac{8}{9}$大；多出$\frac{2}{63}$。

[1-14] 又设分数$\frac{8}{21}$和$\frac{17}{50}$。问哪个分数大？多出多少？

答：$\frac{8}{21}$大；多出$\frac{43}{1050}$。

分数比较　李淳风等按：两个分数的分母、分子各不相同，自然此二数一般不会相等，比较互相多出之数，所以叫作分数的比较。

算法：以分母与分子交互相乘，而以所得较小数减较大数，其余数作为被除数；又以分母相乘所得为除数；以除数去除被除数，即得多出之数。李淳风等按：此法则以分母与分子交互相乘，所得小数以减大数，这算法与分数相减的步骤相同。只是"多出之数"，与"分数相减"的意义不一样。分数相减是求已知较大数减去较小数的余数，而分数比较则是以余数作为"多出之数"。

[1-15] 今有三分之一，三分之二，四分之三。问减多益少①，各几何而平？

答曰：减四分之三者二，三分之二者一，并以益三分之一，而各平于十二分之七。

[1-16] 又有二分之一，三分之二，四分之三。问减多益少，各几何而平？

答曰：减三分之二者一，四分之三者四，并以益二分之一，而各平于三十六分之二十三。

平分[②] 臣淳风等谨按：平分者，诸分参差，欲令齐等[③]，减彼之多，增此之少，故曰平分也。

术曰：母互乘子，齐其子也。副并为平实[④]，臣淳风等谨按：母互乘子，副并为平实者，定此平实立限[⑤]，众子所当损益，如限为平[⑥]。母相乘为法。母相乘为法者，亦齐其子，又同其母。以列数乘未并者，各自为列实；亦以列数乘法。此当副并除之列数为平实[⑦]，若然则重有分[⑧]，故反以列数乘同齐[⑨]。臣淳风等谨按：问云所平之分多少不定，或三或二，列位无常。平三者置位三重[⑩]，平二者置位二重。凡此之例，一准平分不可预定多少，故直云列数而已。以平实减列实，余，约之为所减。并所减以益于少，以法命平实，各得其平。

【注释】

①减多益少：减损大数，增补小数，以求平均之意。

②平分：分数平均，即求几个分数的算术平均。

③齐等：全都相等。齐，完全。

④副并：即另置诸乘积之和。副，附带，此处作另置解。平实：平均数之分子。

⑤定此平实立限：确定此“平实”之数为（各数分子的）标准。立限：原意为立一个限度，即立一个“标准”。

⑥如限为平：即诸分子皆与此“标准”相一致，就算达到平均。平，平均。

⑦此当副并除之列数为平实：本来按“平实”（平均数之分子）的意义，应规定$\frac{\text{副并}}{\text{列数}}$为“平实”。副并，指上文中所说另置的“诸乘积

之和”。

⑧重有分：即分子（或分母）中含有分数，也就是现今所谓的“繁分数”。

⑨故反以列数乘同齐：即为了避免出现繁分数，所以反而以列数去乘各分母、分子。这种方法在筹算中经常使用。因为筹码本身仅代表自然数，分数被表示为一对法与实的比率；所以为保持法与实皆为整数，在筹算中以一数去除“实”的演算常用该数去乘“法”，这相当于用此数同乘分子、分母。这也就是古算中所谓的“实里有分，法里通之”。同齐，在此指分母与分子。

⑩平三：求三个分数的平均数。

【图草】

[1-16]题依平分术演草如下。

求平均分数：$\left(\frac{1}{2}+\frac{2}{3}+\frac{3}{4}\right)\div 3=?$

(1)通分。

子数	母数
1	2
2	3
3	4

→

12+16+18=46（副并）

1×3×4=12
2×2×4=16
3×2×3=18 }（未并者）

2×3×4=24 →

列置分母、子之数；　母互乘子，副并，母亦相乘；

46（平实）

12×3=36
16×3=48
18×3=54 }（列实）

24×3=72 →

46÷2=23
36÷2=18
48÷2=24
54÷2=27

72÷2=36

反以列数(3)乘同齐；　以等数(2)约之。

（2）增减，以求其平。

$\frac{27}{36}-\frac{23}{36}=\frac{4}{36}$（减）；　　$\frac{24}{36}-\frac{23}{36}=\frac{1}{36}$（减）；

$\frac{18}{36}+\left(\frac{4}{36}+\frac{1}{36}\right)=\frac{23}{36}$（平分）

【译文】

[1-15] 设有分数$\frac{1}{3}$，$\frac{2}{3}$和$\frac{3}{4}$。问若减损大数以增补小数，增减之数各为多少才能使它们皆等于其平均值？

答：从$\frac{3}{4}$中减去$\frac{2}{12}$，从$\frac{2}{3}$中减去$\frac{1}{12}$，又以$\frac{2}{12}$、$\frac{1}{12}$之和加于$\frac{1}{3}$，则此三数均等于其平均值$\frac{7}{12}$。

[1-16] 又设分数$\frac{1}{2}$，$\frac{2}{3}$和$\frac{3}{4}$。问若减损大数以增补小数，增减之数各为多少才能使它们皆等于其平均值？

答：从$\frac{2}{3}$中减去$\frac{1}{36}$，从$\frac{3}{4}$减去$\frac{4}{36}$，又以$\frac{1}{36}$、$\frac{4}{36}$之和加于$\frac{1}{2}$，则此三数均等于其平均值$\frac{23}{36}$。

分数平均　李淳风等按：所谓分数平均，各分数大小不一，要使它们彼此全都相等，则减少较大数，以增加较小数，所以称为分数平均。

算法：将诸分数的分子、分母各自排成一列并以诸分母交互去乘诸分子，为使分子与分母扩大相同倍数。将各列乘得之积相加另置为平均数之分子（称为“平实”），李淳风等按：“以诸分母交互去乘诸分子，将各列乘得之积相加作为平均数之分子”，即规定此平均数之分子为诸分数分子的“标准”，各数分子的增减，皆以与此标准相一致为“平均”。以诸分母相乘为除数。“诸分母相乘为除数”，即在分子与分母同步增长条件下，化为同分母分数。以列数去乘各列分子，作为该列的新分子（称为“列实”）；同样又以列数去乘“法”为新分母。这里本应以“诸分母去交互相乘诸分子所得各列之积相加”然后以“列数”

除之作为“平均数之分子”,但这样便可能使分子也成为分数,所以反以“列数”同乘分子、分母。李淳风等按:题设中要作平均的分数之个数并不确定,或者三个或者两个,排成的列数也不固定。求三个分数的平均排成三层,求两个分数的平均排成两层。一般说来,分数平均问题中不能限定分数的个数,所以只能不确切地称之为“列数”。以“平实”去减各较大的“列实”,所得余数,与分母约简即为(大数)应减之数。将所减各数之和增加于较小数使各列分子皆为“平实”,以平实为分子相应除数为分母,皆得平均分数。

[1-17]今有七人,分八钱、三分钱之一。问人得几何?

答曰:人得一钱、二十一分钱之四。

[1-18]又有三人、三分人之一,分六钱、三分钱之一、四分钱之三。问人得几何?

答曰:人得二钱、八分钱之一。

经分[①]　臣淳风等谨按:经分者,自合分已下,皆与诸分相齐,此乃直求一人之分。以人数分所分,故曰经分也。

术曰:以人数为法;钱数为实;实如法而一。有分者通之[②]。母互乘子者齐其子,母相乘者同其母。以母通之者,分母乘全内子[③]。乘全则散为积分[④],积分则与分子相通,故可令相从。凡数相与者谓之率[⑤]。率者,自相与通[⑥]。有分则可散,分重叠则约也[⑦]。等除法实,相与率也[⑧]。故散分者,必令两分母相乘法实也。重有分者同而通之。又以法分母乘实,实分母乘法,此谓法实俱有分,故令分母各乘全内子,又令分母互乘上下。

【注释】

①经分:即由众人之所分而求一人之所分,也就是分数相除。经,通

"径"。李籍《九章算术音义》:"《释名》曰:经者,径也。"李注:"此乃直求一人之分。以人数分所分。"

②通之:即通分。古代"通分"的意义广泛,它包含着率的相通约简一类演算。古人将分数视为法与实一对比率。若法与实含有分数(相当于现今的繁分数),便要进行一系列相通约化的运算。首先是"分母乘全内子"(相当于化带分数为假分数),其次是同乘一数以去掉法与实中的分母,最后约简法与实为最简整数之比率。这全部演算过程称之为"通"或"通率",亦即"通分"。

③分母乘全内(nà)子:即将分母乘以整数部分的结果并入分子内。这就是所谓的"以母通之",它相当于现今的化带分数为假分数的算法。内,通"纳",纳入之意。

④乘全则散为积分:即是说以分母乘整部则将它扩散成"积分"的形式。积分,凡分数之分子是由分母乘以整数而得者,称之为积分。

⑤凡数相与者谓之率:凡是数与数之间有相比关系者,就称它们为(比)率。相与,相关,在此指相比。

⑥率者,自相与通:意思是,作为"率"的一组数,自然是彼此对应相当的。通,指比率关系中数与数的对应相当。

⑦分重叠则约也:意思是凡是"重叠"的分数(即可表示为$\frac{ad}{bd}$的分数)便要约简(即化为$\frac{a}{b}$)。分重叠,是说当分子、分母有公因数时,它们可看成公因数的重叠。

⑧相与率:原为相关数的比率,在此则指用一组最简的(既约)整数表示的比率。

【图草】

[1-18]题依经分术演草如下。

求$\left(6\frac{1}{3}+\frac{3}{4}\right)\div 3\frac{1}{3}=?$

(1)以母通之(母乘全内子)。

	实数	法数
全	6	3
子	1　3	1
母	3　4	3

→

	实		法
全	6		3
子	1×4=4	3×3=9	1
母		3×4=12	3

→

列置法、实之数；　　母互乘子，母亦相乘；

	实	法
子	4+9+12×6=85	1+3×3=10
母	12	3

→

分母乘全内子；

(2)散分。

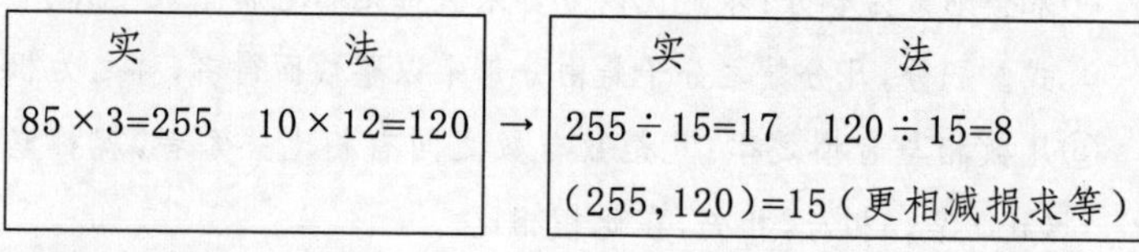

令两分母相乘法、实；　　以等数(15)约之。

(3)命分。

$17 \div 8 = 2\frac{1}{8}$

【译文】

[1-17]设有7人，分钱$8\frac{1}{3}$钱。问每人得多少？

答：每人得$1\frac{4}{21}$钱。

[1-18]又设有$3\frac{1}{3}$人，分钱$6\frac{1}{3}+\frac{3}{4}$钱。问每人得多少？

答：每人得$2\frac{1}{8}$钱。

分数相除　李淳风等按：所谓“分数相除”，从分数相加以下的各种法则，皆要对诸分数作通分演算,此“分数相除”则是直接求一人所分之数。由众人之所分求一人之所分,故称为“经分”。

算法:以人数为除数;钱数为被除数;以除数去除被除数。若除数与被除数中有分数则应通分约简。以分母去交互相乘分子意在使分子与分母扩大相同倍数,诸分母相乘意在化诸分母为同分母。所谓“以母通之”,是指以分母乘整数部分再加分子。以分母乘整数部分则是将其扩大而化为“积分”,此“积分”与原分子的分母相同,所以可相加为一数。凡数与数之间有相比关系者就称它们为“率”。所谓“率”,自然是彼此对应相当。其中若有分数则可同乘一数而去分,若有公因数则可同除以一数而约简。用最大公约数分别去约除数(法)和被除数(实),就得一组最简的相关比率。因而为了去掉法与实的分母,就必须用法与实的两个分母去分别乘除数与被除数。**繁分数的情形同样通分约简。**又可以说分数相除的法则是以除数的分母去乘被除数的分子作为分子,以被除数的分母去乘除数的分子作为分母,这里讨论的是除数与被除数皆由分数和整数两部分组成的情形,所以先以分母乘整数部分再加分子,然后用除数、被除数的分母互乘被除数、除数的分子(即得所求的商)。

[1-19]今有田广七分步之四,从五分步之三。问为田几何?

答曰:三十五分步之十二。

[1-20]又有田广九分步之七,从十一分步之九。问为田几何?

答曰:十一分步之七。

[1-21]又有田广五分步之四,从九分步之五。问为田几何?

答曰:九分步之四。

乘分[①] 臣淳风等谨按:乘分者,分母相乘为法,子相乘为实,故曰乘分。

术曰：母相乘为法；子相乘为实；实如法而一。凡实不满法者而有母子之名[2]，若有分以乘其实而长之，则亦满法乃为全耳[3]。又以子有所乘，故母当报除[4]。报除者，实如法而一也。今子相乘则母各当报除[5]，因令分母相乘而连除也。此田有广从，难以广谕。设有问者曰：马二十四，直金十二斤。今卖马二十四，三十五人分之，人得几何？答曰：三十五分斤之十二。其为之也，当如经分术，以十二斤金为实，三十五人为法。设更言马五匹，直金三斤。今卖四匹，七人分之人，得几何？答曰：人得三十五分斤之十二。其为之也，当齐其金、人之数，皆合初问，入于经分矣[6]。然则分子相乘为实者，犹齐其金也[7]。母相乘为法者，犹齐其人也[8]。同其母为二十，马无事于同，但欲求齐而已[9]。又马五匹，直金三斤，完全之率。分而言之，则为一匹直金五分斤之三。七人卖四马，一人卖七分马之四。分子与人交互相生，所以言之异，而计数则三术同归也[10]。

【注释】

①乘分：即分数相乘。

②实不满法：被除数不足除数，即被除数小于除数。不满，不足、不够。

③若有分以乘其实而长之，则亦满法乃为全耳：若对被除数乘以分母而使其增大为分母之整倍数，则可大于除数而得整数商。全，完全。此指整数商。分，分数，在此专指分母。古代以分母为“分”，如“叾”，即四分之一，作四分。

④以子有所乘，故母当报除：对分子以其分母相乘（于是化分数为整数，即分子），（为了保持原数值不变）所以亦应以其分母相除。报，回复。结合上文，这段话的意思是，为了计算分数相乘

$\frac{b}{a}\times\frac{d}{c}$,先以分母乘之$\left(\frac{b}{a}\times\frac{d}{c}\right)\times a\times c=\frac{ab}{a}\times\frac{dc}{c}=b\times d$,化为整数相乘,然后为保持值不变再以分母除之$bd\div(a\times c)$,即得$\frac{bd}{ac}$。这样,分数相乘的法则便可如下说明:

$$\begin{aligned}\frac{b}{a}\times\frac{d}{c}&=\left(\frac{b}{a}\times\frac{d}{c}\right)\times(a\times c)\div(a\times c)\\&=\left(\frac{b\times a}{a}\times\frac{d\times c}{c}\right)\div(a\times c)\\&=(b\times d)\div(a\times c)\end{aligned}$$

⑤今子相乘则母各当报除:既然(由于乘以分母而化分数相乘为整数相乘)以分子相乘,(为了使乘积之值不变)亦应反以各个分母相除。报除,报之以除,即反以之相除。

⑥当齐其金、人之数,皆合初问,入于经分矣:"齐其金、人之数",即"同其二马,齐其金人"的简略说法。古代比率的"齐同"算法,由"马5,金3"和"马4,人7"两组比率,分别同乘4和5,化为"马20,金12"和"马20,人35"。这就将问题化成:"设20匹马值金12斤。现今卖马20匹,35人均分,每人得金多少?"这便与起初的问题完全一样,可以用"分数相除"的法则求解。故云:"皆合初问,入于经分矣。"

⑦然则分子相乘为实者,犹齐其金也:由上文所见,分子相乘("金3"乘"马4")为被除数,这相当于对金之数施行(与马之数)扩大相同倍数(即"齐")的演算步骤。

⑧母相乘为法者,犹齐其人也:同样,由上文所见,分母相乘("人7"乘"马5")为除数,这相当于对人之数施行(与马之数)扩大相同倍数(即"齐")的演算步骤。

⑨同其母为二十,马无事于同,但欲求齐而已:这个问题若依"经分术"入算,则是$\frac{3}{5}\div\frac{7}{4}$,此过程可看作通分,化为同分母20,故

云“同其母为二十”。而从比率的观点来看，在这个“齐同”的过程中，同其二马没有实际的意义，故可省去而不必写出，只须计算“齐”的步骤。此即所谓“马无事于同，但欲求齐而已”。

⑩分子与人交互相生，所从言之异，而计数则三术同归也：徽注以三种不同方式设问与求解。一是经分（金12除以人35）；二是比率齐同“马5，金3”与“马4，人7”，化为“马20，金12”与“马20，人35”）；三是乘分（以1匹马值$\frac{3}{5}$斤乘以1人卖马$\frac{4}{7}$匹），其中马数、金数与人数间的关系表述方式不同，然而三种方法计算的结果完全相同。

【译文】

[1-19] 已知长方形田宽$\frac{4}{7}$步，长$\frac{3}{5}$步。问田的面积多少？

答：$\frac{12}{35}$平方步。

[1-20] 又知长方形田宽$\frac{7}{9}$步，长$\frac{9}{11}$步。问田的面积多少？

答：$\frac{7}{11}$平方步。

[1-21] 又知长方形田宽$\frac{4}{5}$步，长$\frac{5}{9}$步。问田的面积多少？

答：$\frac{4}{9}$平方步。

分数相乘　李淳风等按：所谓“分数相乘”，即以分母相乘作为除数，以分子相乘作为被除数，所以称为“分数相乘”。

算法：以分母相乘为除数；分子相乘为被除数；以除数去除被除数。凡被除数小于除数时则得一分数，但若以分母乘被除数使其增大，则可使其为除数之整倍数而得整数商。假若以分母去乘其分子，（为保持值不变）因而也应以分母报以相除。报以“相除”，就是将分母作除数去进行除法运算。现已化分数相乘为分子相乘则分母各自应报以“相除”，所以令分母相乘而作连除。这里是以已知田的宽和长而求面积为例子，难以使人理解分数相乘的意义。假若有人提问：设马20匹，值金12斤。现今卖马20匹，35人均分，每人得金多少？答：$\frac{12}{35}$斤。此题的求解，当和分数相除一样，以12斤金为被除数，35人为除数。假若问题换一种提法：设马5匹，值金3斤。现今卖马4匹，7人均分，每人得金多少？答：每人得金$\frac{12}{35}$斤。它的求解当用“齐同”之术，使“齐”其金、人之数，化成问题的前一种提法，便以人数除金数而获解。然而分子相乘为被除数，相当于“齐”其金数。分母相乘作为除数，相当于齐其人数。这相当于（分数$\frac{3}{5}$和$\frac{7}{4}$）化为同分母20，同分母分数相除与分母无关，故只须“齐”其分子相除。又马5匹，值金3斤，是用整数来表示的比率。若以分数表示，则为每匹马值金$\frac{3}{5}$斤。7人卖4匹马，每人卖马$\frac{4}{7}$匹。这里作为分子的金数与作为分母的人数同马匹之数交叉错互，说法虽不相同，但在运算的道理上这三种方法是完全一致的。

[1-22] 今有田广三步、三分步之一，从五步、五分步之二。问为田几何？

答曰：十八步。

[1-23] 又有田广七步、四分步之三，从十五步、九分步之五。问为田几何？

答曰：一百二十步、九分步之五。

[1-24] 又有田广十八步、七分步之五，从二十三步、十一分步之六。问为田几何？

答曰：一亩二百步、十一分步之七。

大广田[①]　臣淳风等谨按：大广田者，初术直有全步而无余分，次术空有余分而无全步，此术先见全步复有余分，可以广兼三术，故曰大广。

术曰：分母各乘其全，分子从之，“分母各乘其全，分子从之”者，通全步内分子，如此则母子皆为实矣。相乘为实；分母相乘为法；犹乘分也。实如法而一。今为术广从俱有分，当各自通其分。命母入者还须出之②。故令分母相乘为法，而连除之。

【注释】

①大广田：即长宽皆为带分数的方田，是生活中较常遇到的情形。大广，最普遍的。广，普遍。

②命母入者还须出之：由于通分内子运算中施行以分母相乘，而后分数相乘时则将分子相乘，这事实上是先进行散分（化分为整）扩大了倍数，所以必须用分母连除使之还原。此即一“入”一“出”。这个“出之”，即下文所谓“故令分母相乘为法，而连除之”。入，进入；由外到内，在古代算书中用以表示作某种运算。出，与入相反，用以表示与“入”相反的逆运算。在这里“入”代表相乘，“出”则表示相除。

【图草】

[1-22]题依“大广田术”演草如下。

(1)以母通之。

	广	从
全	3	5
子	1	2
母	3	5

→

	广	从
全	3	5
子	1+3×3=10 母入之	2+5×5=27 母入之
母	3	5

列置广、从之数；　　　通分内子（母入之）。

(2)乘分。

广乘从得长方田面积：

$$(10\times 27)\div(3\times 5)=\frac{270}{15}=18\ (\text{平方步})$$

母出之

【译文】

[1-22] 已知长方形田宽$3\frac{1}{3}$步，长$5\frac{2}{5}$步。问田的面积多少？

答：18平方步。

[1-23] 又知长方形田宽$7\frac{3}{4}$步，长$15\frac{5}{9}$步。问田的面积多少？

答：$120\frac{5}{9}$平方步。

[1-24] 又知长方形田宽$18\frac{5}{7}$步，长$23\frac{6}{11}$步。问田的面积多少？

答：1亩$200\frac{7}{11}$平方步。

边长为带分数的方田。李淳风等按：所谓"大广田"，起初的方田算法中田的边长只有整数而无奇零分数，其次的乘分算法中田的边长为真分数，现在的算法中田的边长为带分数，它包括着前两种算法，所以称为"大广"。

算法：各以分母乘它的整数部分，再加分子，"各以分母乘它的整数部分，再加分子"，即是化带分数为假分数的"通分内子"算法，这样一来则分子、分母皆包含于被除数之内了。**然后相乘作为被除数；以分母相乘作为除数；**这如同分数相乘一样。**以除数去除被除数。**本算法中田的长宽都为带分数，应各自通分（化为假分数）。凡令分母相乘的还应以分母相除。所以令分母相乘为除数，而作连除计算。

[1-25] 今有圭田广十二步①，正从二十一步②。问为田几何？

答曰：一百二十六步。

[1-26] 又有圭田广五步、二分步之一，从八步、三分步之二。问为田几何？

答曰：二十三步、六分步之五。

术曰:半广以乘正从。半广者[3],以盈补虚为直田也[4]。亦可半正从以乘广[5]。按半广乘从,以取中平之数[6]。故广从相乘为积步。亩法除之,即得也。

【注释】

①圭(guī)田:即圭形田,上尖而下平,大致为现今所谓的三角形。李籍《九章算术音义》说:"圭田者,其形上锐,有如圭然。"《九章算术》《五曹算经》《夏侯阳算经》等所论圭田皆有术无图。《五曹》圭田题有从步,且云一头有广步,一头无步。《夏侯阳》圭田注云:"三角之田",皆以圭田为三角形田。元代朱世杰《四元玉鉴》(1303)中"锁套吞容"第十四问所设圭田是等腰三角形。明代程大位《算法统宗》所述圭形外,尚有斜圭形一种。清人屈曾发《数学精详》注明圭形是两等边三角形,斜圭形是不等边三角形。据《九章算术》刘徽注的论证并不限于等腰三角形;又从中算家"积线成幂"的传统观点来看,三角形的面积仅与底和高的长度有关,而与形之斜正无涉。因此,可以认为唐代以前的圭田乃泛指三角形,从明清以后才有圭形与斜圭形之分。圭,古代帝王、诸侯举行隆重仪式时所用的玉制礼器,上尖下方。其形制大小因爵位及用途不同而异。

②正从:即与广相垂直方向的长度,也就是现今所谓的底边上的高。从,即"纵"。纵、横相对,横即广。南北为纵,东西为横。古人测量平面图形,一般只量纵、横两个方向之长度。

③半广:即底边长度之半。

④以盈补虚为直田也:就是用割补法(亦称"出入相补"原理)将三角形化为长方形。依徽注推之,其割补方法大致如图1-3所示。以盈补虚,即以多余部分填补不足部分。盈,多余;虚,不足。直田,长方形田。

④半正从以乘广：刘徽注给出三角形面积的另一计算公式，即

$$三角形面积=\frac{高}{2}\times宽$$

它反映了另一种割补方法，如图1-4所示。

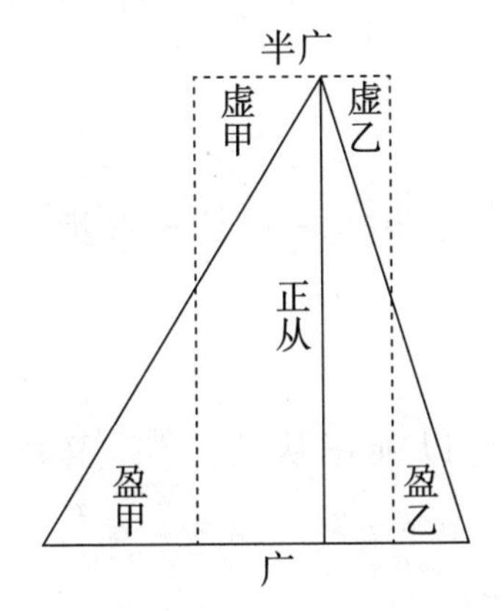

图1-3　半广者，以盈补虚为直田

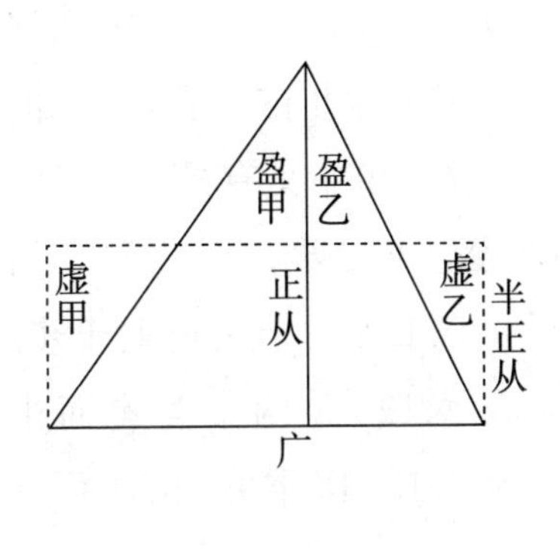

图1-4　半正从以乘广

⑥按半广乘从，以取中平之数：三角形上锐而下钝，其面可看作由上下宽度不同的横线叠积而成。计算三角形面积，若按宽度大处计算则失之于多，而若按宽度小处计算则又失之于少。“半广”恰是宽度的平均值，故以它作为宽度计算面积是适当的，刘徽注文扼要说明此理。

【译文】

[1-25] 已知三角形田底宽12步，高21步。问田的面积多少？

答：126平方步。

[1-26] 又知三角形田底宽$5\frac{1}{2}$步，高$8\frac{2}{3}$步。问田的面积多少？

答：$23\frac{5}{6}$平方步。

三角形田面积算法：一半底宽乘以高。其所以取一半底宽，乃是“以盈补虚”成一长方形之缘故。也可以用一半高乘以底宽来计算。按一半底宽乘以高，

是取中间的平均数为底宽。所以(按长方形田)宽乘长得面积的平方步数。若再以“亩法”(每亩240平方步)除之,即得亩积数。

[1-27] 今有邪田[①],一头广三十步[②],一头广四十二步,正从六十四步。问为田几何?

答曰:九亩一百四十四步。

[1-28] 又有邪田,正广六十五步[③],一畔从一百步[④],一畔从七十二步。问为田几何?

答曰:二十三亩七十步。

术曰:并两广若袤而半之[⑤],以乘正从若广[⑥]。又可半正从若广,以乘并,亩法而一。并而半之者,以盈补虚也[⑦]。

【注释】

①邪田:方田的四方(边)之中若有一方不正,就称之为邪田,即直角梯形田。邪,通“斜”,不正。

②一头:直角梯形的底边横放时,称它的上、下底各为“一头”,如图1-5所示;而此时称它的高为正从。

③正广:直角梯形的底边竖放时,称它的高为正广,如图1-6所示。

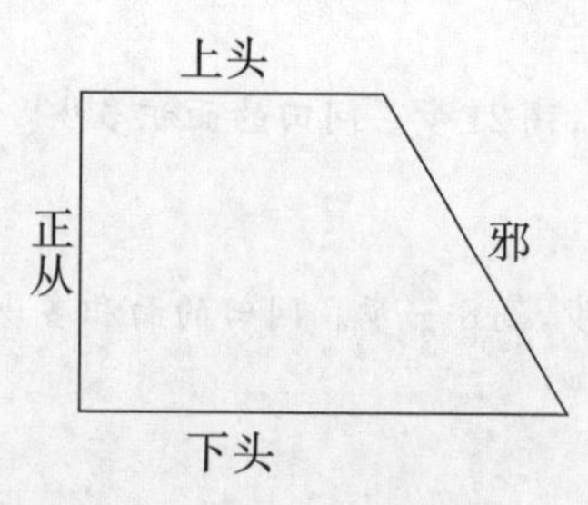

图1-5 直角梯形底边横放时的各边名称

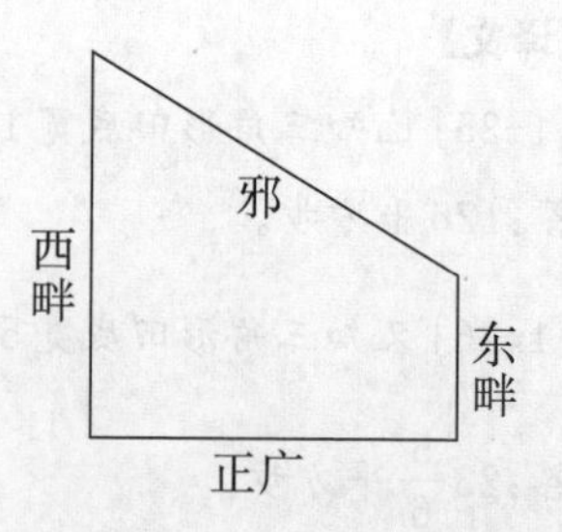

图1-6 直角梯形底边竖放时的各边名称

④一畔：直角梯形的底边为纵向时，称它的上、下底各为一“畔”，如西畔、东畔，以别左、右。

⑤两广若袤：即两头或者两畔（随上、下底横竖方向不同而定）。若，或者。

⑥正从若广：即正从或者正广，也就是梯形之高在不同方向上之称谓。

⑦并而半之者，以盈补虚也：即直角梯形割补一角拼成长方形，其一边为上、下底和之一半，如图1-7所示。

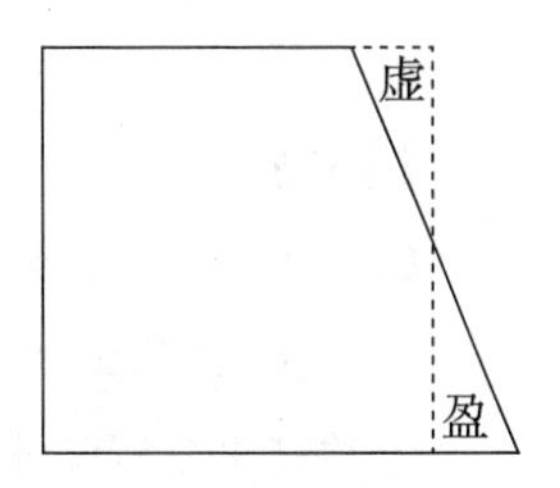

图1-7　直角梯形的以盈补虚法

【译文】

[1-27] 已知直角梯形田，上底宽30步，下底宽42步，高64步。问田的面积多少？

答：9亩144平方步。

[1-28] 又知直角梯形田，高65步，下底100步，上底72步。问田的面积多少？

答：23亩70平方步。

直角梯形田面积算法：上、下底和的一半，乘以高。或者高之一半，乘以上、下底之和，然后以每亩240平方步除之即田之亩数。取上、下底之和的一半，乃是以盈补虚的意思。

[1-29] 今有箕田①，舌广二十步②，踵广五步③，正从三十步。问为田几何？

答曰：一亩一百三十五步。

[1-30] 又有箕田，舌广一百一十七步，踵广五十步，正从一百三十五步。问为田几何？

答曰：四十六亩二百三十二步半。

术曰:并踵舌而半之,以乘正从。亩法而一。中分箕田则为两邪田,故其术相似④。又可并踵舌,半正从以乘之⑤。

【注释】

①箕田:是一象形名称,其形状大体为等腰梯形。李籍《九章算术音义》:"箕田者,有舌有踵,其形哆哆,有如箕然。"刘徽注下文称:"中分箕田则为两邪田。"故释箕田为等腰梯形是适当的。《五曹算经》《夏侯阳算经》俱有箕田术而无附图。后者注称箕田为:"一头广,一头狭。"当泛指一般梯形。宋元以来之算书改"箕田"名为"梯田"。中算家从"叠线成幂"的观念出发,视箕田为一些横线叠积而成,自然只须度量其上、下底及高即可确定面积,而无须考虑梯形的斜正。所以箕田术即一般梯形面积计算法则也是可以的。箕,扬米去糠的器具;簸箕。

②舌广:指梯形之较长底边的长度。舌,是箕口的宽展部分。

③踵广:指梯形之较短底边的长度。踵,箕底的收缩部分。

④中分箕田则为两邪田,故其术相似:中分等腰梯形为两直角梯形,则由直角梯形面积公式,可以导出类似的等腰梯形的面积公式,如图1-8所示。

$$
\begin{aligned}
\text{等腰梯形面积} &= 2\times\text{直角梯形面积}\\
&= 2\times\left[\frac{1}{2}(\text{直角梯形上底}+\text{直角梯形下底})\times\text{高}\right]\\
&= \frac{1}{2}(\text{等腰梯形上底}+\text{等腰梯形下底})\times\text{高}
\end{aligned}
$$

⑤又可并踵舌,半正从以乘之:这里徽注提出箕田面积的另一计算公式:

$$\text{等腰梯形面积}=\frac{\text{高}}{2}\times(\text{上底}+\text{下底})$$

它是以盈补虚而得到的，如图1-9所示。

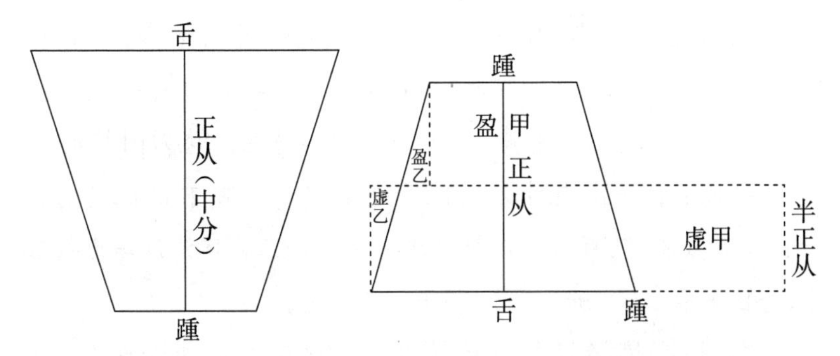

图1-8　中分箕田为两邪田　　　　图1-9　等腰梯形的以盈补虚法

【译文】

[1-29] 已知等腰梯形田，长底边20步，短底边5步，高30步。问田的面积多少？

答：1亩135平方步。

[1-30] 又知等腰梯形田，长底边117步，短底边50步，高135步。问田的面积多少？

答：46亩232$\frac{1}{2}$平方步。

等腰梯形田面积算法：上下底之和的一半，以高相乘。以每亩240（平方）步除之得田积亩数。中分等腰梯形便得两个直角梯形，所以二者面积计算方法相同。又可以用上、下底之和，乘以二分之一高来计算。

[1-31] 今有圆田，周三十步，径十步。臣淳风等谨按：术意以周三径一为率，周三十步，合径十步。今依密率，合径九步、十一分步之六。问为田几何？

答曰：七十五步。此于徽术，当为田七十一步、一百五十七分步之一百三。臣淳风等谨依密率，为田七十一步、二十二分步之一十三。

[1-32]又有圆田,周一百八十一步,径六十步、三分步之一。臣淳风等谨按:周三径一,周一百八十一步,径六十步、三分步之一;依密率,径五十七步、二十二分步之一十三。问为田几何?

答曰:十一亩九十步、十二分步之一。此于徽术,当为田十亩二百八步、三百一十四分步之一百一十三。臣淳风等谨依密率,为田十亩二百五步、八十八分步之八十七。

术曰:半周半径相乘得积步。按半周为从,半径为广[①],故广从相乘为积步也。假令圆径二尺。圆中容六觚之一面,与圆径之半,其数均等[②],合径率一而觚周率三也[③]。又按为图[④],以六觚之一面乘半径,四分取二,因而六之,得十二觚之幂[⑤]。若又割之,次以十二觚之一面乘半径,四分取四,因而六之,则得二十四觚之幂[⑥]。割之弥细,所失弥少[⑦]。割之又割,以至于不可割,则与圆合体,而无所失矣[⑧]。觚面之外,犹有余径[⑨]。以面乘余径,则幂出弧表[⑩]。若夫觚之细者[⑪],与圆合体,则表无余径。表无余径,则幂不外出矣。以一面乘半径,觚而裁之,每辄自倍[⑫]。故以半周乘半径而为圆幂[⑬]。此以周径,谓至然之数[⑭],非周三径一之率也。周三者,从其六觚之环耳。以推圆规多少之觉,乃弓之与弦也[⑮]。然世传此法,莫肯精核。学者踵古,习其谬失。不有明据,辩之斯难。凡物类形象,不圆则方。方圆之率,诚著于近,则虽远可知也。由此言之,其用博矣。谨按图验,更造密率。恐空设法,数昧而难譬。故置诸检括[⑯],谨详其记注焉。割六觚以为十二觚术曰:置圆径二尺,半之为一尺,即圆里六觚之面也。令半径一尺为弦,半面五寸为勾,为之求股。以勾幂二十五寸减弦幂,余七十五寸。开方除之,下至秒忽[⑰]。又一退法，求其微数[18]。微数无名者以为分子，以十为分母，约作五分忽之二[19]。故得股八寸六分六厘二秒五忽、五分忽之二。以减半径，余一寸三分三厘九毫七秒四忽、五分忽之三，谓之小勾。觚之半面又谓之小股，为之求弦。其幂二千六百七十九亿四千九百一十九万三千四百四十五忽，余分弃之。开方除之，即十二觚之一面也[20]。割十二觚以为二十四觚术曰：亦令半径为弦，半面为勾，为之求股。置上小弦幂，四而一，得六百六十九亿八千七百二十九万八千三百六十一忽，余分弃之，即勾幂也。以减弦幂，其余开方除之，得股九寸六分五厘九毫二秒五忽、五分忽之四。以减半径，余三分四厘七秒四忽、五分忽之一，谓之小勾。觚之半面又谓之小股，为之求小弦。其幂六百八十一亿四千八百三十四万九千四百六十六忽，余分弃之。开方除之，即二十四觚之一面也。割二十四觚以为四十八觚术曰：亦令半径为弦，半面为勾，为之求股。置上小弦幂，四而一，得一百七十亿三千七百八万七千三百六十六忽，余分弃之，即勾幂也。以减弦幂，其余，开方除之，得股九寸九分一厘四毫四秒四忽、五分忽之四。以减半径，余八厘五毫五秒五忽、五分忽之一，谓之小勾。觚之半面又谓之小股，为之求小弦。其幂一百七十一亿一千二十七万八千八百一十三忽，余分弃之。开方除之，得小弦一寸三分八毫六忽，余分弃之，即四十八觚之一面。以半径一尺乘之，又以二十四乘之，得幂三万一千三百九十三亿四千四百万忽[21]。以百亿除之，得幂三百一十三寸、六百二十五分寸之五百八十四[22]，即九十六觚之幂也。割四十八觚以为九十六觚术曰：亦令半径为弦，半面为勾，为之求股。置次上弦幂，四而一，得四十二亿七千七百五十六万九千七百三忽，余分弃之，则勾幂也。以减弦幂，其余，开方除之，得股九寸九分七厘八毫五秒八忽、十分忽之九。以减半径,余二厘一毫四秒一忽、十分忽之一,谓之小勾。觚之半面又谓之小股,为之求小弦。其幂四十二亿八千二百一十五万四千一十二忽,余分弃之。开方除之,得小弦六分五厘四毫三秒八忽,余分弃之,即九十六觚之一面。以半径一尺乘之,又以四十八乘之,得幂三万一千四百一十亿二千四百万忽。以百亿除之,得幂三百一十四寸、六百二十五分寸之六十四,即一百九十二觚之幂也。以九十六觚之幂减之,余六百二十五分寸之一百五,谓之差幂[23]。倍之,为分寸之二百一十,即九十六觚之外觚田九十六,所谓以弦乘矢之凡幂也[24]。加此幂于九十六觚之幂,得三百一十四寸、六百二十五分寸之一百六十九,则出于圆之表矣[25]。故还就一百九十二觚之全幂三百一十四寸,以为圆幂之定率[26],而弃其余分。以半径一尺除圆幂,倍之得六尺二寸八分,即周数。令径自乘为方幂四百寸,与圆幂相折,圆幂得一百五十七为率,方幂得二百为率。方幂二百,其中容圆幂一百五十七也。圆幂犹为微少。按弧田图令方中容圆,圆中容方,内方合外方之半[27]。然则圆幂一百五十七,其中容方幂一百也。又令径二尺与周六尺二寸八分相约,周得一百五十七,径得五十,则其相与之率也[28]。周率犹为微少也。晋武库中汉时王莽作铜斛,其铭曰:"律嘉量斛[29],内方尺而圆其外,庣旁九厘五毫[30],幂一百六十二寸,深一尺,积一千六百二十寸,容十斗。"以此术求之,得幂一百六十一寸有奇,其数相近矣[31]。此术微少,而觚差幂六百二十五分寸之一百五[32]。以十二觚之幂为率,以率消息,当取此分寸之三十六,以增于一百九十二觚之幂以为圆幂,三百一十四寸、二十五分寸之四[33]。置径自乘之方幂四百寸,令与圆幂相通约,圆幂三千九百二十七,方幂得五千。是为率,方幂五千中容圆幂三千九百二十七；圆幂三千九百二十七中容方幂二千五百也。以半径一尺除圆幂三百一十四寸、二十五分寸之四，倍之得六尺二寸八分、二十五分寸之八，即周数也。全径二尺，与周数通相约，径得一千二百五十，周得三千九百二十七，即其相与之率[34]。若此者，盖尽其纤微矣。举而用之，上法为约耳。当求一千五百三十六觚之一面，得三千七十二觚之幂，而裁其微分，数亦宜然，重其验耳[35]。臣淳风等谨按：旧术求圆，皆以周三径一为率。若用之求圆周之数，则周少径多。用之求其六觚之田，乃与此率合会耳。何则？假令六觚之田，觚间各一尺为面，自然从角至角，其径二尺可知。此则周六径二，与周三径一已合。恐此犹以难晓，今更引物为喻。设令刻物作圭形者六枚，枚别三面，皆长一尺。攒此六物悉使锐头向里，则成六觚之周，角径亦皆二尺。更从觚角外畔围绕为规，则六觚之径尽达规矣[36]。当面径短，不至外规。若以径言之，则为周六尺，径二尺，面径皆一尺。面径股不至外畔，定无二尺可知[37]。故周三径一之率，于圆周乃是径多周少。径一周三，理非精密。盖术从简要，举大纲略而言之。刘徽将以为疏，遂乃改张其率。但周径相乘数难契合。徽虽出斯二法[38]，终不能究其纤毫也[39]。祖冲之以其不精，就中更推其数。今者修撰，捃摭诸家[40]，考其是非，冲之为密。故显之于徽术之下，冀学者之所裁焉。

又术曰：周径相乘，四而一。此周与上觚同耳[41]。周径相乘各当以半，而今周径两全，故两母相乘为四，以报除之。于徽术以五十乘周，一百五十七而一，即径也；以一百五十七乘径，五十而一，即周也。新术径率犹当微少。据周以求径，则失之长；据径以求周，则失之短。诸据见径以求幂者，皆失之于微少；据周以求幂者，皆失之于微多[42]。臣淳风等按依密率,以七乘周,二十二而一即径;以二十、二乘径,七而一即周。依术求之即得。

又术曰:径自相乘,三之,四而一。按圆径自乘为外方。三之,四而一者,是为圆居外方四分之三也。若令六觚之一面乘半径,其幂即外方四分之一也。因而三之,即亦居外方四分之三也。是为圆里十二觚之幂耳。取以为圆,失之于微少。于徽新术,当径自乘,又以一百五十七乘之,二百而一。臣淳风等谨按密率,令径自乘,以十一乘之,十四而一,即圆幂也。

又术曰:周自相乘,十二而一。六觚之周其于圆径,三与一也。故六觚之周自相乘为幂,若圆径自乘者九方,九方凡为十二觚者十有二,故曰十二而一,即十二觚之幂也。今此令周自乘,非但若为圆径自乘者九方而已。然则十二而一,所得又非十二觚之类也。若欲以为圆幂,失之于多矣[43]。以六觚之周自乘,十二而一可也。于徽新术,直令圆周自乘,又以二十五乘之,三百一十四而一,得圆幂[44]。其率[45]:二十五者,圆幂,三百一十四者,周自乘之幂也。置周数六尺二寸八分,令自乘得幂三十九万四千三百八十四分,又置圆幂三万一千四百分,皆以一千二百五十六约之,得此率。臣淳风等谨按:方面自乘即得其积。圆周求其幂,假率乃通[46]。但此术所求,用三一为率。圆田正法,半周及半径以相乘。今乃用全周自乘,故须以十二为母。何者?据全周而求半周,则须以二为法,就全周而求半径,复假以六以除之。是二、六相乘,除周自乘之数。依密率以七乘之,八十八而一。

【注释】

①按半周为从，半径为广：按刘徽注之意，圆之面积等于一个长方形之面积，此长方形以圆周之半为长，以半径为宽。这从下文割圆拼方的论述中得到证实。所以，圆田可化为方田来计算。

②圆中容六觚（gū）之一面，与圆径之半，其数均等：作圆内接正六边形，它的一边之长与半径之数相等。六觚，即正六边形。觚，棱角。面，边。

③率：比率、比数。古代圆周率用两个比数来表示。

④又按为图：刘徽注原有附图，此图的内容为割圆为十二觚幂图与割圆为二十四觚幂图。为，是。

⑤以六觚之一面乘半径，四分取二，因而六之，得十二觚之幂：由圆内接正六边形的一边乘半径所得方形之面积推求圆内接正十二边形的面积，将此方幂四分，如图1-10所示，每分即为一顶点在圆心，两腰为半径，底为十二觚之一面的圭形。在圆的六分之内包含两个这样的圭形，故曰“取二”。要计算全圆，便当“因而六之”，即乘以6。

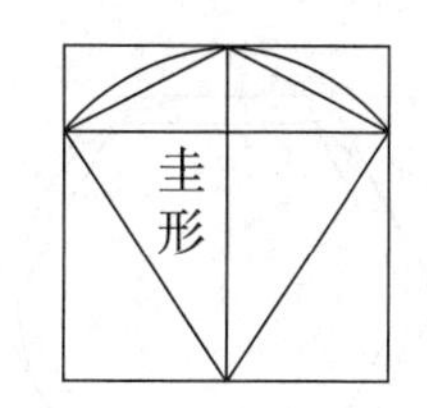

图1-10　四分取二

⑥次以十二觚之一面乘半径，四分取四，因而六之，得二十四觚之幂：十二觚之一面乘半径所得为长方形，将其四分，如图1-11所示，每分则为一顶点在圆心，两腰为半径，底为二十四觚之一面的圭形，而在六分之一圆内包含这样的圭形共四个，故需“取四”。求全圆内所含圭形则再“因而六之”。

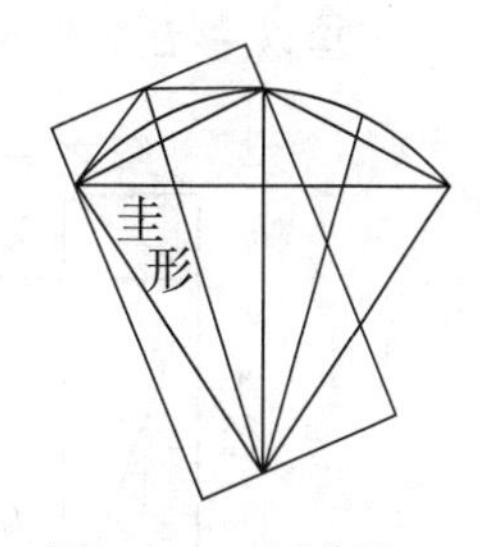

图1-11　四分取四

⑦割之弥细，所失弥少：将内接正多边形的边分割得越小，则它与外

接圆的面积之差就越少。弥,更加。所失,指割圆拼方时所割弃的面积,即圆与其内接正多边形面积之差。

⑧割之又割,以至于不可割,则与圆合体,而无所失矣:《墨经·经下》“非半不斱则不动,说在端”认为,分割达到至极,便得到“端”(几何的点),是不可再分的。刘徽注承袭这一思想,认为继续等分圆周达到不可再分之时,内接正多边形便与外接圆相重合,因而其积无所弃舍。不可割,分割至极小不可再分。

⑨觚面之外,犹有余径:在圆内接正多边形周界之外,有半径之多余部分越出界外。觚面,正多边形的边。余径,圆径越出内接正多边形周界外之部分,即正多边形之半径与边心距之差。

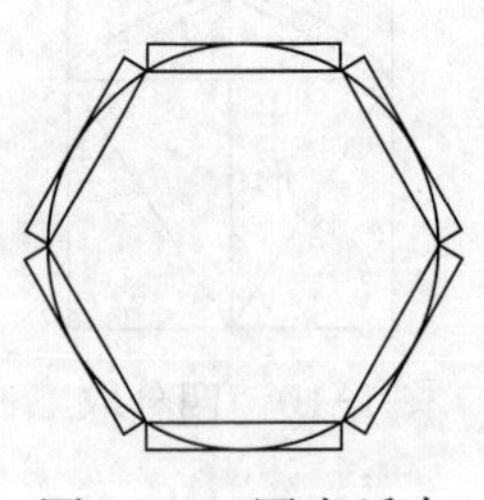

图1-12 幂出弧表

⑩以面乘余径,则幂出弧表:以多边形之边与余径分别为长与宽的长方形,其区域越出了圆弧之外,如图1-12所示。以面乘余径,是指以多边形边长与余径分别为长与宽的长方形面积。弧表,圆弧之外。表,外。

⑪若夫:如果。觚之细者:指分割至极细的内接正多边形,它与圆相合。在刘徽看来,圆即边数无限多的正多边形。

⑫以一面乘半径,觚而裁之,每辄自倍:如图1-13所示,一面乘半

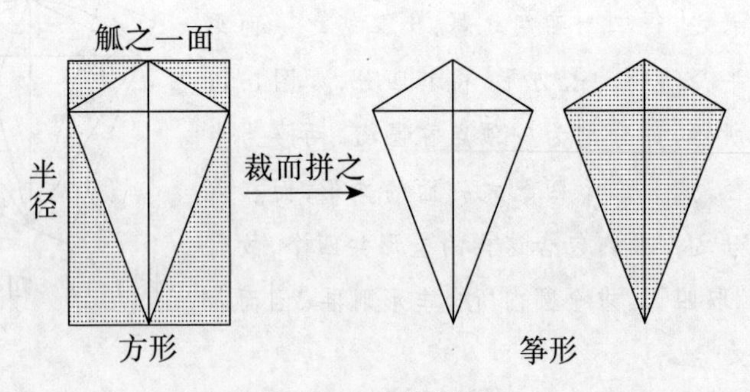

图1-13 觚而裁之

径，指长、宽分别为半径与内接正多边形边长之长方形；觚而裁之，即剪裁为内接正多边形的构成单位"筝形"；每辄自倍，是说每个上述长方形裁为筝形，均一裁为二，个数要加倍。

⑬故以半周乘半径而为圆幂：因为每个以半径与内接正多边形边长分别为长宽的长方形，裁剪成的筝形个数要加倍，所以，长为内接正多边形周长、宽为半径的长方形，可裁剪为两个内接正多边形，即内接正多边形面积等于其周长之半乘以半径；圆是边数无限多的内接正多边形，因而圆面积亦等于其半周乘以半径。

⑭谓至然之数：为其精确数值。谓，为。至然，极正确。

⑮以推圆规多少之觉，乃弓之与弦也：以内接正六边形周长推算其与圆周长之相差多少，这就相当于比较弓弧和它所张的弦。圆规，此指圆周曲线。规，圆弧形。觉，通"较"，比较，在此指二者之差数。

⑯置诸检括：进行全面校正。检，检柙，亦作检押。括，亦作栝，隐括。《汉书·扬雄传》颜师古注："检押，犹隐括也。"隐括，原为矫揉弯曲竹木等使平直或成形的器具。引申为剪裁组织文章的素材。检括，在此作校正解。

⑰开方除之，下至秒忽：开平方求方根，平方运算中方根之位数下取到秒与忽。古代开方得自除法，故曰"除之"。下，退让；此指开方的退后取位。秒与忽都是长度单位，《隋书·律历志》引《孙子算术》："蚕所生吐丝为忽，十忽为秒，十秒为毫，十毫为厘，十厘为分。"

⑱又一退法，求其微数：往后再退一位，求更微小的数。又一退法，古代筹算开方求下一位方根的一个步骤。微数，即微小的数。

⑲微数无名者以为分子，以十为分母，约作五分忽之二：微数无名者，指退位开方所得未有单位名称的微小之商数。如上所述，求75的平方根：75平方寸$=75\times10^{10}$平方忽，而$\sqrt{75\times10^{10}}$ $=866\ 025.4$，此即表示8寸6分6厘2秒5忽又$\frac{4}{10}$忽，尾数$\frac{4}{10}$的分

子4,无单位名称,此即“微数”。$\frac{4}{10}$约简为$\frac{2}{5}$,故得方根8寸6分6厘2秒5$\frac{2}{5}$忽。

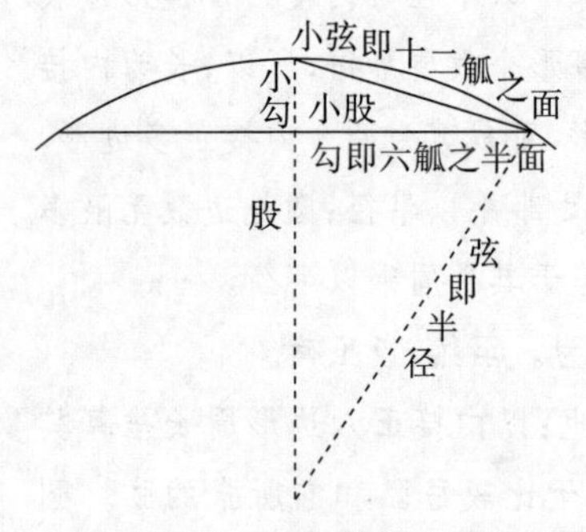

图1-14 计算内接正十二边形的边长

⑳“故得股八寸六分六厘二秒五忽、五分忽之二”等句:叙述了内接正十二边形边长的计算过程,如图1-14所示。

小勾=半径-股

=1尺-8寸6分6厘2秒5$\frac{2}{5}$忽

=1寸3分3厘9毫7秒4$\frac{3}{5}$忽

小股=$\frac{1}{2}$六觚之一面=$\frac{1}{2}$×1尺=5寸

小弦^2=小勾^2+小股^2

$=(133\ 974.6)^2+(500\ 000)^2$

$=17\ 949\ 193\ 445.16+250\ 000\ 000\ 000$

=267 949 193 445(平方忽)

十二觚之一面=小弦=$\sqrt{267\ 949\ 193\ 445}$=……

㉑以半径一尺乘之,又以二十四乘之,得幂三万一千三百九十三亿四千四百万忽:“以半径一尺乘之”的“之”,指已经算得的内接正四十八边形的边长1寸3分8毫6忽。此为计算内接正九十六边形面积的过程。

九十六觚之幂=四十八觚之面×半径×24

=130 806×1 000 000×24

=3 139 344 000 000(平方忽)

㉒以百亿除之,得幂三百一十三寸、六百二十五分寸之五百八十四:因为1平方寸=10^{10}平方忽,故将平方忽化为平方寸时要以百亿

除之。即

$$3\,139\,344\,000\,000 \div 10^{10}=313\frac{9\,344}{10\,000}=313\frac{584}{625}\text{（平方寸）}$$

㉓以九十六觚之幂减之，余六百二十五分寸之一百五，谓之差幂：“减之”的“之”，指已算得的内接正一百九十二边形之面积。差幂，是指相邻两次割圆所得的两个内接正多边形面积之差。例如差幂＝一百九十二觚之幂－九十六觚之幂$=314\frac{64}{625}-313\frac{548}{625}$ $=\frac{105}{625}$（平方寸）。

㉔倍之，为分寸之二百一十，即九十六觚之外觚田九十六，所谓以弦乘矢之凡幂也：如图1-15所示，“差幂”是由96个带阴影的三角形面积加在一起而成；每个弦（即内接正多边形的一边）与矢之乘积，即觚面外方田面积，是差幂三角形面积的2倍，故2倍差幂就等于立于内接正九十六边形各边上的长方形面积之总和。分寸之，即“六百二十五分寸之”的省略说法，古算书中常用这样的语法以示文字语句的简洁。外觚田，位于觚面之外的方田。凡幂，面积之总和；凡，总共。

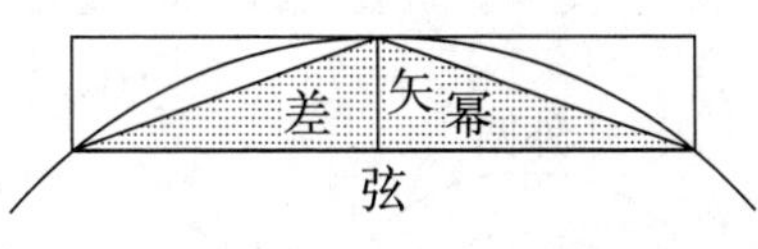

图1-15　计算外觚田的面积

㉕加此幂于九十六觚之幂，得三百一十四寸、六百二十五分寸之一百六十九，则出于圆之表矣：此句的意思是一百九十二觚之幂＜圆幂＜九十六觚之幂+2×差幂，即

$$314\frac{64}{625}\text{寸}^2<\text{圆面积}<314\frac{169}{625}\text{寸}^2$$

一般地，有：觚幂＋差幂＜圆幂＜觚幂+2×差幂。

㉖故还就一百九十二觚之全幂三百一十四寸，以为圆幂之定率：意思是由于以上对圆面积上、下界的估算，所以还是取内接正一百

九十二边形面积之整数部分,314寸^2,作为约定之圆面积数。全幂,面积的整数部分;全,整。定率,约定之数值;定,约定。

㉗弧田图:与图1-16所示相类似,是刘徽注中为下文弧田术所绘之附图,其外方与圆相切,内方与圆相接,由图显见内方面积恰为外方面积的一半。

㉘周得一百五十七,径得五十,则其相与之率也:约简后,圆周得157,圆径得50,此即是它们相关的比率。相与,相交往;此作相关解。

㉙律嘉量斛:法定的标准量器"斛"。律,法则,规章;此作合法或法定解。嘉量,古代标准量器名。斛,1斛=10斗。

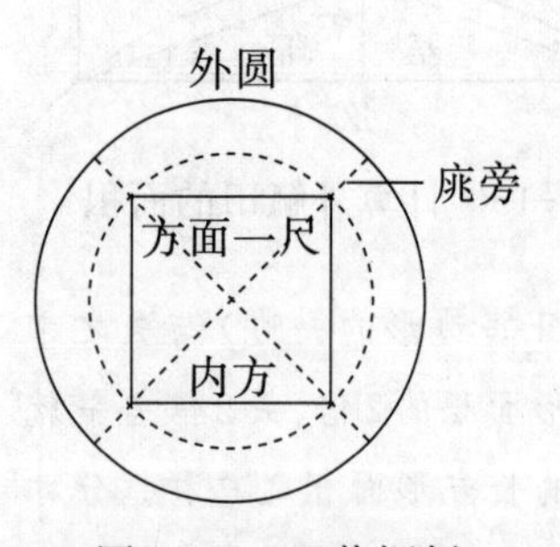

图1-16　王莽铜斛截面示意图

㉚庣(tiāo)旁:周代的量器为圆柱形,横截面是边长为一尺的正方形的外接圆,故云"内方尺而圆其外"。但王莽铜斛截面之外圆与内方相离,中有间隙称为"庣旁"。庣,凹下或不满之处。如图1-16所示,可知

$$庣旁=\frac{1}{2}(外圆直径-内方对角线长)$$

或

$$外圆直径=内方对角线长+2\times 庣旁$$

㉛以此术求之,得幂一百六十一寸有奇,其数相近矣:此术,即上文所得之圆周率$\pi=\frac{157}{50}$。由此计算:

$$圆径=\sqrt{2}+2\times 0.009\,5=1.433\,2\ (尺)$$

$$圆幂=(\frac{圆径}{2})^2\times\frac{157}{50}=0.716\,6^2\times\frac{157}{50}=1.612\ (平方尺)$$

$$=161.2\ (平方寸)$$

这与铭文所载圆幂162平方寸相近而微少。

㉜此术微少，而觚差幂六百二十五分寸之一百五：此术，指以圆率$\pi=\frac{157}{50}$来计算圆面积；所得之数为不足近似值，故曰“微少”。差幂，即前文所算内接正一百九十二边形与内接九十六边形面积之差$\triangle_2=\frac{105}{625}$平方寸，它是圆面积与内接正一百九十二边形面积之差的上界：

$$0<\text{圆幂}-\text{一百九十二觚之幂}<\frac{105}{625}\text{平方寸}$$

㉝以十二觚之幂为率，以率消息，当取此分寸之三十六，以增于一百九十二觚之幂以为圆幂，三百一十四寸、二十五分寸之四：以率消息，即是按比率增减。消息，作增减或损益解，就是调整加减之意。十二觚之差幂，为圆内接正二十四边形面积与内接正十二边形面积之差：

$$\triangle_1=\text{十二觚之差幂}=3.105-3=0.105\ (\text{平方尺})$$

若取觚幂加差幂来作圆幂之值，仍为不足近似，其“所失”为

$$\delta_1=\text{圆幂}-(\text{十二觚之幂}+\text{十二觚之差幂})$$
$$=3.141-(3+0.105)=0.036\ (\text{平方尺})$$

而以内接正一百九十二边形面积来作圆面积值，其“所失”为

$$\delta_2=\text{圆幂}-(\text{九十六觚之幂}+\text{九十六觚之差幂})$$
$$=\text{圆幂}-\text{一百九十二觚之幂}$$

若假定差幂与“所失”有固定的比率，则所失δ_2可由比率关系估算：

$$\text{由}\triangle_2:\delta_2=\triangle_1:\delta_1\text{，即}\frac{105}{625}:\delta_2=0.105:0.036$$

于是显然有$\delta_2=\frac{36}{625}$，故得

$$\text{圆幂}=\text{一百九十二觚之幂}+\text{所失}(\delta_2)$$
$$=314\frac{64}{625}+\frac{36}{625}=314\frac{100}{625}=314\frac{4}{25}\ (\text{平方寸})$$

所以刘徽注说:"当取此分寸之三十六,以增于一百九十二觚之幂以为圆幂,三百一十四寸、二十五分寸之四。"

㉞全径二尺,与周数通相约,径得一千二百五十,周得三千九百二十七,即其相与之率:全径,即直径,其长2尺。全,整个。周数,指圆周长6尺2寸$8\frac{8}{25}$分。要求此二者之比数,因为其数有整有分,故必须化分数之比为简单的整数比,这便要相互通分、约简,即刘徽注所谓"通相约"。由此得径、周之比数为1 250∶3 927。

㉟当求一千五百三十六觚之一面,得三千七十二觚之幂,而裁其微分,数亦宜然,重其验耳:按刘徽割圆术推算可得内接正一千五百三十六边形边长$a_{1536}=0.004\ 090\ 612$尺,于是得内接正三千七十二边形面积$S_{3072}=768\times(a_{1536}\times r)=3.14\ 159\approx3.141\ 6$(平方尺)。裁其微分,就是删略微细部分不计。裁,削减,消除;此作删略不计解。数亦宜然,即所得之数S_{3072}与上面由一百九十二觚之幂增加$\frac{36}{625}$平方寸所得之圆面积$314\frac{4}{25}$平方寸,正相符合。宜然,作符合解。重其验耳,再次得以验证。重,再。

㊱更从觚角外畔围绕为规,则六觚之径尽达规矣:再通过正六边形诸顶点画圆,则正六边形的对角连线两端都伸展到圆周上。觚角,即正多边形的顶点。为规,即画圆。达规,即伸展到圆周上。

㊲面径股不至外畔,定无二尺可知:内接正六边形两对边之公垂线不能伸展到圆周的外侧,可知其必定不足二尺。面径,内接正六边形的边长。以它为勾,圆径为弦所围成的勾股形中,充当股边的即称为"面径股"。定无二尺可知,是倒装句,即"可知定无二尺"。由于圆内最长线段是直径,而此公垂线既在圆内而未达边界,故知其长小于圆径2尺,如图1-17所示。

㊳斯二法:这两种方法。二法,指按圆率$\frac{157}{50}$或$\frac{3927}{1725}$两种计算的

方法。

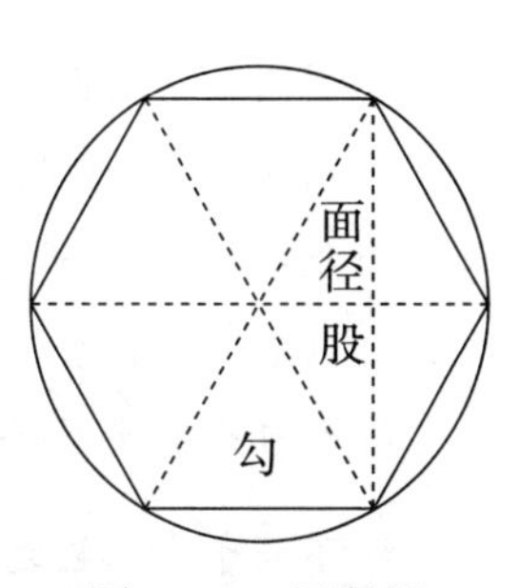

图1-17　面径股不至外畔

㊴究其纤毫：穷尽极细微之数。究，穷尽；终极。

㊵捃摭（jùn zhí）诸家：搜集各家之说。捃摭，亦作攗摭、攟摭，摘取；搜集。

㊶此周与上觚同耳：此处所谓的"周"，实际是上面所说的内接正六边形的周长而已。此周，指术文"周径相乘"中的"周"，当是圆周之长。上觚，即上文圆田术中所用之六觚。圆田术以"半周半径相乘得积步"，从题设可知，其圆周长皆由直径依据周三径一之率推得。故其所谓之"周"实际上等同于六觚之周。

㊷诸据见径以求幂者，皆失之于微少；据周以求幂者，皆失之于微多：见，同"现"；此作已知解。由已知直径用圆率$\frac{157}{50}$而求圆面积：

$$圆面积=\frac{1}{4}（直径\times\frac{157}{50}）\times直径=3.14\times半径^2$$

它小于圆面积的精确值，故注文云："诸据见径以求幂者，皆失之于微少"。若由已知圆周长用圆率$\frac{157}{50}$而求圆的面积：

$$圆面积=\frac{1}{4}圆周\times（圆周\times\frac{50}{157}）$$
$$=\frac{50}{628}圆周^2\approx0.079\ 617圆周^2$$

它大于圆面积之精确值$\frac{1}{4\pi}$圆周$^2\approx0.079\ 577$圆周^2，故注文云："据周以求幂者，皆失之于微多。"

㊸今此令周自乘，非但若为圆径自乘者九方而已。然则十二而一，所得又非十二觚之类也。若欲以为圆幂，失之于多矣：此又术为已知

圆周长求圆面积。故“今此令周自乘”的“周”,当指圆周。上文已说明六觚之周自乘之积相当于9个由直径自乘而成的正方形面积;圆周长大于六觚之周长,故圆周自乘亦大于六觚之周自乘,所以它并不相当于9个由直径自乘而成的正方形面积。因此,圆周长自乘也就不相当于12个十二觚之幂;它除以12,所得之数也就不同于十二觚之幂了。由$\frac{1}{12}$圆周$^2=\frac{1}{3}\pi^2\times$半径$^2>\pi$半径$^2=$圆面积,故徽注说,若按$\frac{1}{12}$周长^{2}来计算圆面积,则失之于多了。

㊹于徽新术,直令圆周自乘,又以二十五乘之,三百一十四而一,得圆幂:新术,指以刘徽新得圆率$\pi=\frac{157}{50}$计算。按圆面积$=\frac{1}{4\pi}$圆周^2,取$\pi=\frac{157}{50}$,则有圆面积$=\frac{25}{314}$圆周^2,这就是刘徽提出的新算法。

㊺其率:其中之比率,指上文公式中的比数25与314。徽注指出此比数的几何意义:它们表示圆面积与以圆周长为边的正方形面积之比。

㊻假率乃通:只有凭借圆周率才能进行。假,凭借。率,指圆周与直径之比率。乃,才。通,作可行解。

【译文】

[1-31]已知圆形田,圆周为30步,直径10步。李淳风等按:题设取圆周率$\pi=3$,所以当圆周30步时,折合直径10步。若依圆周密率$\pi=\frac{22}{7}$等折算,直径应为$9\frac{6}{11}$步。问田的面积多少?

答:75平方步。若按刘徽圆率$\pi=\frac{157}{50}$计算,此圆田面积应是$71\frac{103}{157}$平方步。李淳风等按:若依圆周密率$\pi=\frac{22}{7}$等计算,圆田面积则为$71\frac{13}{22}$平方步。

[1-32]又知圆形田,圆周为181步,直径$60\frac{1}{3}$步。李淳风等按:取$\pi=3$,当圆周为181步时,折合直径$60\frac{1}{3}$步;若依圆周密率$\pi=\frac{22}{7}$折算,则直径应为

$57\frac{13}{22}$步。**问田的面积多少？**

答：11亩$90\frac{1}{12}$平方步。若按刘徽圆率$\pi=\frac{157}{50}$计算，此圆田面积应是10亩$208\frac{113}{314}$平方步。李淳风等按：若依密率$\pi=\frac{22}{7}$计算，圆田面积则为10亩$205\frac{87}{88}$平方步。

圆形田面积算法：以圆周之半与半径相乘便得圆田面积的平方步数。按圆周之半作为长，半径作为宽，所以长宽相乘得面积步数。设圆的直径为2尺。圆内接正六边形的一边，与半径之长，二者相等，正合于直径与周长之比数为1比3。又依此图，以圆内接正六边形边长乘以半径，将所得之方幂分为4份取其中相应的2份，再乘以6，便得圆内接正十二边形面积。若再等分，继而以圆内接正十二边形边长乘以半径，将所得方幂分为4份取相应的4份，再乘以6，则得圆内接正二十四边形面积。分割得越细密，内接正多边形与圆面积之相差越少。继续等分圆周，达到不可再分之时，则内接正多边形与圆相重合，从而两者面积相等。在内接正多边形边界之外，尚有"余径"（正多边形边心距与半径之差）。以内接正多边形边长与余径相乘，则这些面积都越出于圆外。假若内接正多边形无限细密，以致与圆相重合，则界外没有余径。没有余径，那么也就没有矩形的面积越出圆外了。以内接正多边形一边与半径相乘，这样的长方形面积若要剪裁成边数加倍的内接正多边形，每个长方形恰可裁成加倍的筝形。所以周长的一半乘以半径便是圆的面积。这里的圆周与直径，乃用其精确值，其比数并非3比1。周长比数取3，乃是用内接正六边形之周长。用它来推算圆周长与内接正六边形周长相较有多少，这同弓弧和它所张弦的比较一样。然而世人流传此法，未加仔细研究校正。后世学者继承古法，因袭其误差。如果没有明证，是难以辩正它的。凡是物类的形象，非圆即方。讨论方与圆之比数，固然显得很浅近，却可用它推知深远的事物。由此说来，它的用处是很博大的。严格用图来证明，推算出更精密的圆周率。唯恐凭空设立新的圆率，这样数值从何而来使人无法明了。故而加以校正，并详加说明与记录它。分割内接正六边形为内接正十二边形的算法：设直径为2尺，则半径1尺，即圆内接正六边形之边长。令半径1尺为弦，边长之半5寸为勾，求股边（即边心距）之长。用勾方25平方寸去减弦方,余数为75平方寸。开平方,计算到秒、忽。往后再退一位,求更微小之商数。以此已没有单位名称的“微数”为分子,以10为分母,约简成$\frac{2}{5}$忽。故得股为8寸6分6厘2秒$5\frac{2}{5}$忽。用它减半径,得余数1寸3分3厘9毫7秒$4\frac{3}{5}$忽,称为小勾。取边长之半称为小股,而由此求弦。得弦方267 949 193 445平方忽,将忽以下之小数舍弃。开平方,便得内接正十二边形之边长。分割内接正十二边形为内接正二十四边形算法:同样令半径为弦,边长之半为勾,而求其股。将上面所得之小弦方,除以4,得66 987 298 361平方忽,弃去平方忽以下小数,此即勾方。用它减弦方,余数开平方,得股9寸6分5厘9毫2秒$5\frac{4}{5}$忽。以股减半径,余数3分4厘7秒$4\frac{1}{5}$忽,称为小勾。内接正十二边形边长之半称为小股,而求其小弦。得弦方68 148 349 466平方忽,舍弃平方忽以下小数。开平方,便得内接正二十四边形之边长。分割内接正二十四边形为内接正四十八边形算法:同样令半径为弦,边长之半为勾,而求其股。将上面所得之小弦方,除以4,得17 037 087 366平方忽,弃去平方忽以下小数,此即勾方。用它减弦方,余数,开平方,得股9寸9分1厘4毫4秒$4\frac{4}{5}$忽。以股减半径,余数8厘5毫5秒$5\frac{1}{5}$忽,称为小勾。内接正二十四边形边长之半称为小股,而求其小弦。得弦方17 110 278 813平方忽,舍弃平方忽以下小数。开平方,得小弦1寸3分8毫6忽,舍弃忽以下小数,此即内接正四十八边形之边长。以半径1尺乘边长,再乘以24,得面积3 139 344 000 000平方忽。以10^{10}除之,得面积$313\frac{584}{625}$平方寸,此即圆内接正九十六边形之面积。分割内接正四十八边形为内接正九十六边形算法:同样令半径为弦,边长之半为勾,而求其股。将上面所得之小弦方,除以4,得4 277 569 703平方忽,舍弃平方忽以下小数,此即勾方。用它减弦方,余数,开平方,得股9寸9分7厘8毫5秒$8\frac{9}{10}$忽。以股减半径,余数2厘1毫4秒$1\frac{9}{10}$忽,称为小勾。内接正四十八边形边长之半称为小股,而求其小弦。得弦方4 282 154 012平方忽,舍弃平方忽以下小数。开平方,得小弦6分5厘4毫3秒8忽,舍弃忽以下小数,此即内接正九十六边形之边长。以半径1尺乘边长,再乘以48,得面积3 141 024 000 000平方忽。以10^{10}除之,得面积$314\frac{64}{625}$平方寸,此即圆内接正一百九十二边形之面积。用内接正九十六边形面积减此面积，余数$\frac{105}{625}$平方寸，称为“差幂”。其2倍，为$\frac{210}{625}$平方寸，即是立于内接正九十六边形外的96块长方形之积，所谓用弦乘矢之面积的总和。将此面积加于内接正九十六边形面积，得$314\frac{169}{625}$平方寸，则此积已越出于圆周之外了。所以还是取内接正一百九十二边形面积之整数部分314平方寸，作为圆面积之约定值，而舍弃平方寸以下之小数。用半径1尺除圆面积，乘以2得6尺2寸8分，此即圆周长。令直径自乘得圆外切正方形面积400平方寸，与圆面积相推算，内切圆面积之比数为157，外切正方形面积之比数为200。按面积为200的正方形中，容内切圆面积157计算。圆的面积值尚且稍微少了些。依弧田图正方形中容纳内切圆，内切圆中又容纳内接正方形，则内接正方形面积等于外切正方形面积之半。于是面积为157的圆中，容纳面积为100的内接正方形。又令直径2尺与圆周6尺2寸8分相约，得圆周157，直径50，这就是圆周与直径的比率。其圆周比数尚且稍微小了些。晋朝武库中有汉代王莽所造的铜斛，上有铭文：“律嘉量斛，其底面为边长为1尺的正方形的外离圆，外圆周与内方顶点的间距为9厘5毫，其面积为162平方寸，深为1尺，体积为1 620立方寸，容量是10斗。”用此圆周率$\pi=\frac{157}{50}$计算，得圆面积161平方寸多一些，与铭文记载相近。以此圆率计算圆面积得数要小一些，而由内接正一百九十二边形与九十六边形面积之差的“差幂”$\frac{105}{625}$平方寸。以内接正十二边形之幂来估算差幂以为比率，按比例增减，应取$\frac{36}{625}$平方寸，加于内接正一百九十二边形之面积内作为圆的面积，得$314\frac{4}{25}$寸。设以直径为边的正方形面积为400寸，令其与圆面积相通约，得圆面积比数3 927，正方形面积比数为5 000。作为比率，面积为5 000的正方形中容面积为3 927之内切圆；面积为3 927的圆中容面积为2 500的内接正方形。以半径1尺除圆面积$314\frac{4}{25}$寸，再乘以2得6尺2寸$8\frac{8}{25}$分，即是圆周长。将直径2尺，与圆周长相通约，得直径1 250，圆周3 927，此即直径与圆周长的比数。如此所得之圆率，已是极其精密的了。要是取作应用，还是上面所得之圆率$\pi=\frac{157}{10}$更为简便。当求得内接正一千五百三十六边形边长，算出内接正三千零七十二边形面积，而舍弃其微小部分，所得之数与上面增减所得之圆面积数正相符合,再次得以验证。李淳风等按:关于圆计算的古法,皆以周三径一为比率。若以此率计算圆周长,则周少而径多。用此率来计算内接正六边形,则是完全相符的。道理何在?假设正六边形,相邻顶点之间每边之长皆为1尺,自然对角之间的距离,即直径可以推知为2尺。这才是周长6径长2,与周三径一相符合。恐怕读者对此还是难以明了,现再征引器物来作比喻。假设用物刻制成三角形板六枚,每枚各有三条边,长皆为1尺。集聚此六块板使其顶角都指向中心,则构成正六边形之周界,对角连线皆长2尺。再过正六边形各顶点以画圆,则正六边形之对角连线都与圆径相合。圆内接正六边形的各条边皆比其外圆弧要短,不能到达外圆径。若就圆径而论,则其周长为6尺,直径为2尺,每边长皆1尺。既然圆内接正六边形两对边的公垂线端点未达圆外,故知其长不足2尺。所以以周三径一为比率,对圆周来说则是径多而周少。径一周三,并非精确的比数。只是为使算法简便,取其近似值而已。刘徽则以为其粗疏,便对圆率另作改进。但是用圆周与直径相乘二者之数难于吻合。刘徽虽然给出了上面两个圆周率,但仍然没有能够达到丝毫无差的程度。祖冲之认为它不够精密,在其基础上进一步推算圆率。如今编撰本书,搜集各家之说,考察其是非,还是祖冲之的圆率更为精密。故将它明显记载于刘徽算法之后,希望学者们作出自己的评判。

另一算法:周长与直径相乘,除以四。这里的周长实际是上文所说的内接正六边形之周长。本当各取周与径之半数相乘,而今用二者的全数相乘,故以两分母之乘积4,来返除之。按刘徽圆率计算以50乘周长,除以157,即得直径;以157乘直径,除以50,即得周长。在新算法中直径的比数还应稍小一些。由圆周求直径时,便失之于得数过大;由直径而求周长,又失之于得数过小。由已知直径求圆面积,总失之于得数微少;由周长求圆面积,则又失之于微多。李淳风等按:若依圆周密率$\pi=\frac{22}{7}$计算,则以7乘周长,除以22得直径;又以22乘直径,除以7得周长。按上述算法推演便得圆的面积。

另一算法:以直径自乘,乘以三,除以四。按圆的直径自乘为外切正方形面积。乘以3,除以4,此作为圆面积占外切正方形面积的四分之三。若令内接正六边形之边长乘半径,其面积是外切正方形面积的四分之一。乘以3,也就占外切正方形面积的四分之三了。此乃是圆内接正十二边形的面积。用它来当作圆面积，失之于稍微少一些。按照新得徽率计算，应以直径自乘，又以157乘它，除以200。李淳风等按：依圆周密率$\pi=\frac{22}{7}$计算，令直径自乘，以11乘它，除以14，便得圆面积。

另一算法：以圆周自乘，除以12。内接正六边形之周长与圆的直径之比，为3比1。所以内接正六边形之周长自乘，其面积相当于9个由直径自乘而成的正方形面积，9个这样的正方形面积之总和相当于12个圆内接正十二边形面积，所以除以12，即是内接正十二边形面积。现在令圆周长自乘，并不相当于9个由直径自乘而成的正方形的面积。这样一来它除以12，所得之数也与内接正十二边形面积不同。欲以它来当圆面积，便失之于多了。以内接正六边形之周长自乘，除以12当然是可以的。依照刘徽新得的圆率推算，就令圆周自乘，又乘以25，以314除之，得圆面积。其中比率：25，表示圆面积，314，表示周长自乘的面积。设圆周长6尺2寸8分，令其自乘得面积394 384平方分，又设圆面积31 400平方分，皆以1 256约之，便得此比率。李淳风等按：正方形的边长自乘即得其面积。由圆周长求圆面积，借助于圆周率方能推算。但此术所作计算，用周三径一为比率。求圆面积的基本法则，是半周与半径相乘。现今是以全周自乘，所以必除以12为分母。为何如此？由全周而求半周，必须除以2，据全周求半径，又须以6相除。即是用2与6相乘，以除圆周自乘之数。按密率$\pi=\frac{22}{7}$计算，则用7乘之，除以88。

[1-33] 今有宛田①，下周三十步，径十六步。问为田几何？

答曰：一百二十步。

[1-34] 又有宛田，下周九十九步，径五十一步。问为田几何？

答曰：五亩六十二步、四分步之一。

术曰：以径乘周，四而一。此术不验②。故推方锥以见其形③。假令方锥下方六尺，高四尺。四尺为股，下方之半三尺为勾，正面邪为弦④，弦五尺也。令勾弦相乘。四因之，得六十尺，即方锥四面见者之幂[⑤]。若令其中容圆锥,圆锥见幂与方锥见幂,其率犹方幂之与圆幂也。按方锥下方六尺,则方周二十四尺,以五尺乘而半之,则亦方锥之见幂。故求圆锥之数,折径以乘下周之半[⑥],即圆锥之幂也。今宛田上径圆穹,而与圆锥同术,则幂失之于少矣[⑦]。然其术难用,故略举大较,施之大广田也。求圆锥之幂,犹求圆田之幂也。今用两全相乘,故以四为法,除之,亦如圆田矣。开立圆术,说圆方诸率甚备,可以验此。

【注释】

①宛田:可以看作是由圆田将其中央隆高而成,其形如土堆、丘陵、墓冢之类,即后世俗称之“丘田”。宛,屈曲,即与“平直”之义相反。《尔雅·释丘》:“宛中宛丘。”晋郭璞注曰:“宛,谓中央隆高。”李籍《九章算术音义》:“畹,当作宛之误也。宛田者,中央隆高。”

②不验:不合于检验,此作不精确解。验,检验,证实。

③推:推究,推想。方锥:底面为正方形的正四棱锥。见:通“现”,显现。

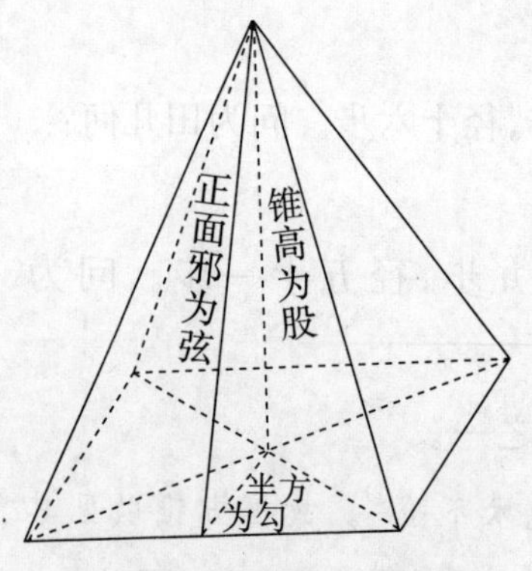

图1-18 前侧面斜高与锥高、边心距构成勾股形

④正面邪为弦:正面邪,即前侧面之斜高,它与锥高、边心距(半方)构成一勾股形之弦、股、勾,如图1-18所示。

⑤四面见者:即四周可以见到的部分,也就是现在所谓方锥的侧面。四面,周围四方之意。见者,即地面上可以看得见的。幂:面积。

⑥折径:圆锥的“径”是与圆锥轴线在同一平面内的两条母线连接而成的折线段,故称之为“折径”;这里的“折

径”乃指其中之一条母线，“折”字含有折取其半的意思，如图1-19所示。

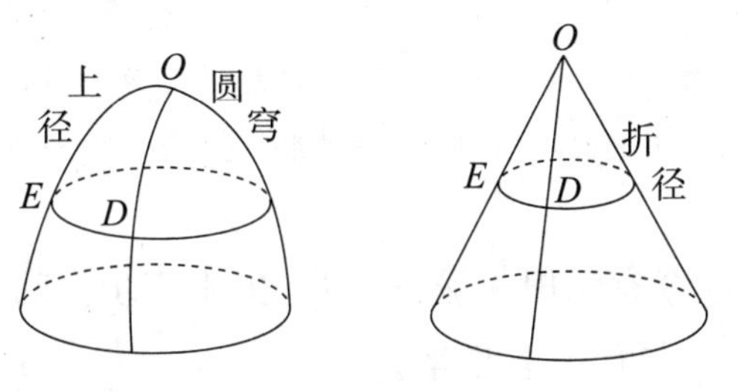

图1-19　上径圆穹与折径

⑦今宛田上径圆穹，而与圆锥同术，则幂失之于少矣：宛田的“上径”像穹隆上一条光滑的弧线，由于宛田上径为外凸的曲线，因而距顶点等远处作水平截面所得的圆，一般总比圆锥面上的截面圆要大，因而从选线成面的观点来看，宛田的面积总比圆锥为大，如图1-19所示。所以徽注云：“而与圆锥同术，则幂失之于少矣。”穹，穹隆，像天空那样中央隆起而四面下垂的形状。

【译文】

[1-33] **已知丘田，下周长30步，径长16步。问田的面积多少？**

答：120平方步。

[1-34] **又知丘田，下周长99步，径长51步。问田的面积多少？**

答：5亩62$\frac{1}{4}$平方步。

丘田面积算法：用径长乘周长，除以四。此算法不精确。所以推究方锥来表现它的形状。假设方锥底边长6尺，高4尺。以（锥高）4尺为股，底边之一半3尺为勾，方锥之斜高为弦，则弦长5尺。令勾长（3尺）与弦长（5尺）相乘。乘以4，得60平方尺，即是方锥四个侧面的总面积。假设方锥之中包容内切圆锥，则圆锥侧面积与方锥侧面积，它们的比数就如同圆面积与外切正方形面积之比。按方锥底边长6尺，则底面周长24尺，以5尺乘它再除以2，则也得方锥之侧面积。所以计算圆锥之数值,用母线之长乘底面周长的一半,便得圆锥之侧面积。如今丘田的上径成为圆穹弧状,而与圆锥用同一法则计算,所得面积值便失之于少了。然而丘田的精确计算难以行用,所以略举大概,应用于界域广阔的土地测算。求圆锥的侧面积,就如同求圆面积一样。现以全周、全径相乘,所以用4作除数,相除,也与圆面积计算相同。开立圆术中,论述圆与方的各种比率关系十分完备,可以证实此说。

[1-35]今有弧田①,弦三十步,矢十五步。问为田几何?

答曰:一亩九十七步半。

[1-36]又有弧田,弦七十八步、二分步之一,矢十三步、九分步之七。问为田几何?

答曰:二亩一百五十五步、八十一分步之五十六。

术曰:以弦乘矢,矢又自乘,并之,二而一。方中之圆,圆里十二觚之幂,合外方之幂四分之三也。中方合外方之半,则殊实合外方四分之一也②。弧田,半圆之幂也③,故依半圆之体而为之术。以弦乘矢而半之则为黄幂,矢自乘而半之为二青幂。青、黄相连为觚体④。觚体法当应规,今觚面不至外畔,失之于少矣。圆田旧术以周三径一为率,俱得十二觚之幂,亦失之于少也。与此相似,指验半圆之弧耳⑤。若不满半圆者,益复疏阔⑥。宜依《勾股》锯圆材之术,以弧弦为锯道长,以矢为锯深,而求其径⑦。既知圆径,则弧可割分也。割之者,半弧田之弦以为股,其矢为勾,为之求弦,即小弧之弦也。以半小弧之弦为勾,半圆径为弦,为之求股,以减半径,其余即小弧之矢也⑧。割之又割,使至极细。但举弦矢相乘之数,则必近密率矣⑨。然于算数差繁,必欲有所寻究也。若但度田,取其大数,旧术为约耳。

【注释】

①弧田：即弓形田。弧，木弓。如《周易·系辞下》："弦木为弧。"又指张旗的竹弓，见《礼记·明堂位》："载弧韣。"孙希旦集解："弧以竹为之，其形象弓，以张旌旗之幅。"

②方中之圆，圆里十二觚之幂，合外方之幂四分之三也。中方合外方之半，则殊实合外方四分之一也：刘徽原注附有弧田图，但早已亡佚，今依注文之意补绘，如图1-20所示，此段注文乃按图说数。在圆田又术之二的徽注中已经说明，圆内切正十二边形面积S_{12}等于外切正方形面积A的$\frac{3}{4}$，即$S_{12}=\frac{3}{4}A$。圆的内接正方形面积A_0等于外切正方形面积的$\frac{1}{2}$，即$A_0=\frac{1}{2}A$。于是，由内切正十二边形减去内切正方形而所余区域，称之为"青实"，其面积应是外切正方形面积的$\frac{1}{4}$，即青实$=S_{12}-A_0=\frac{3}{4}A-\frac{1}{2}A=\frac{1}{4}A$。

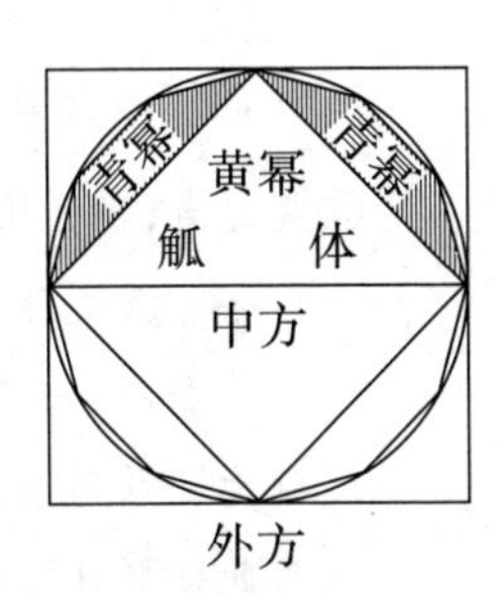

图1-20 弧田图

③弧田，半圆之幂也：徽注此句之意是说，把弓形当成半圆来计算面积。此"弧田"乃"弧田之幂"的略语。半圆是特殊的弓形；[1-35]题中，题设弦长30步，弓形高15步，此弓形即是半圆。

④青、黄相连为觚体：如图1-20所示，青，指二青幂，即两块青色梯形；黄，指一黄幂，即一块黄色三角形；两种颜色的图形相连接，构成圆内十二觚的一半，称之为"觚体"。觚体，即觚的一部分。体，部分。《墨子·经上》："体，分于兼也。"《墨子·经说上》："体，若二之一；尺之端也。"

⑤指验：旨在验证。指，通"旨"。

⑥若不满半圆者，益复疏阔：若计算小于半圆的弓形面积，此算法就

更加粗疏了。刘徽此说可由实际计算得到验证。益复,更加。疏阔,不周密。

⑦宜依《勾股》锯圆材之术,以弧弦为锯道长,以矢为锯深,而求其径:“锯圆材术”见于本书《勾股》章[9-9]题,它由弦、矢而求其径,有公式:圆径$=(\frac{弦}{2})^2\div$矢$+$矢。弧弦,即弧田之弦。

⑧割之者,半弧田之弦以为股,其矢为勾,为之求弦,即小弧之弦也。以半小弧之弦为勾,半圆径为弦,为之求股,以减半径,其余即小弧之矢也:与“割圆术”类似,刘徽提出“割弧术”。它将弧田分割为一系列由大到小的弓形之内接等腰三角形而求其面积之和。为此需要计算这些内接三角形的底和高,即小弓形之弦和矢。如图1-21所示,这段话叙述了由大弦、大矢而求再分割所得小弦、小矢的递推公式:

$$小弦=\sqrt{(\frac{1}{2}大弦)^2+大矢^2}$$

$$小矢=半径-\sqrt{半径^2-(\frac{1}{2}小弦)^2}$$

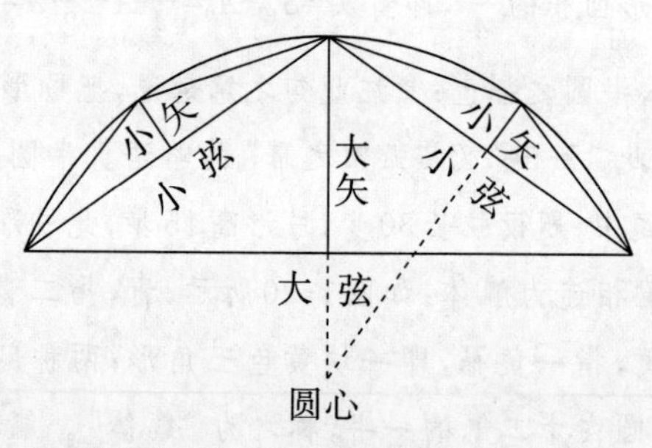

图1-21 由大弦、大矢求小弦、小矢

⑨割之又割,使至极细。但举弦矢相乘之数,则必近密率矣:设若在不断等分“割弧”的过程中,由弦l和矢h推算得的小弦依次为l_1,l_2,…,l_n,小矢依次为h_1,h_2,…,h_n,按徽注这段话所说,所有这些

弦、矢相乘之和：$\frac{1}{2}lh+l_1h_1+2l_2h_2+4l_3h_3+\cdots+2^{n-1}l_nh_n$无限趋近于弓形面积的精确值。但举，只要遍取的意思。但，只要。举，全，皆；在此释为遍取。

【译文】

[1-35] **已知弓形田，弦长30步，弓形高15步。问田的面积多少？**

答：1亩$97\frac{1}{2}$平方步。

[1-36] **又知弓形田，弦长$78\frac{1}{2}$步，弓形高$13\frac{7}{9}$步。问田的面积多少？**

答：2亩$155\frac{56}{81}$平方步。

弓形田面积算法：以弦长乘弓形高，弓形高又自乘，两数相加，除以2。正方形中作内切圆，则圆的内接正十二边形的面积，等于圆外切正方形面积的$\frac{3}{4}$。圆的内接正方形面积等于圆的外切正方形面积的一半，弧田图中涂成青色的区域的面积便等于外切正方形面积的$\frac{1}{4}$。弓形田面积，取半圆之面积，所以按照半圆的形体来制作算法。面积为弦长乘以弓形高的一半的区域涂为黄色，面积为弓形高自乘之一半对应的是二块青色区域。青、黄两色区域连接而成"觚体"。"觚体"理应内接于圆周，它的边界全包含在半圆内部，故以它代替半圆（弓形）面积便失之于少了。计算圆面积的旧算法取周三径一为比率，各术所得之数俱为内接正十二边形面积，也失之于少。与此相类似，不过这里旨在论证半圆的面积而已。如果所论弓形小于半圆，用此法计算面积就更加粗疏了。更合适的办法是按《勾股》章的"锯圆材术"，以弓形之弦长为锯道长，以弓形高为锯深，而求其直径。既然知道圆之直径，便可对弧田进行分割了。分割的方式，是以弓形之弦的一半为股，弓形高为勾，由此而求弦，即得小弓形之弦。又以小弓形之弦的一半为勾，圆半径为弦，由此求股，以股减半径，其余数即是小弓形之高了。分割再分割，使它无限细密。只要遍取弓形之弦和高相乘之积数相加，则必接近于弓形面积之精确值。然而对数值计算中的差异，一定会想要进行一番寻根究底的探讨。如果只是度量田亩，取其约数，还是旧的算法简便。

[1-37]今有环田,中周九十二步[①],外周一百二十二步,径五步。此欲令与周三径一之率相应,故言径五步也。据中、外周,以徽术言之,当径四步、一百五十七分步之一百二十二也[②]。臣淳风等谨按:依密率,合径四步、二十二分步之十七[③]。问为田几何?

答曰:二亩五十五步。于徽术,当为田二亩三十一步、一百五十七分步之二十三[④]。臣淳风等依密率,为田二亩三十步、二十二分步之十五[⑤]。

术曰:并中外周而半之,以径乘之为积步。此田截[⑥],而中之周则为长[⑦]。并而半之者,亦以盈补虚也。此可令中外周各自为圆田,以中圆减外圆,余则环实也。

[1-38]又有环田,中周六十二步、四分步之三,外周一百一十三步、二分步之一,径十二步、三分步之二。此田环而不通匝[⑧],故径十二步、三分步之二。若据上周求径者,此径失之于多,过周三径一之率,盖为疏矣[⑨]。于徽术,当径八步、六百二十八分步之五十一[⑩]。臣淳风等谨按:依周三径一考之,合径八步、二十四分步之一十一[⑪]。依密率,合径八步、一百七十六分步之一十三[⑫]。问为田几何?

答曰:四亩一百五十六步、四分步之一。于徽术,当为田二亩二百三十二步、五千二十四分步之七百八十七也[⑬]。依周三径一,为田三亩二十五步、六十四分步之二十五[⑭]。臣淳风等谨按:密率,为田二亩二百三十一步、一千四百八分步之七百一十七也[⑮]。密率术曰:置中、外周步数,分母、子各居其下。母互乘子;通全步,内分子。以中周减外周，余半之。径亦通分内子。以周为密实，径为法[16]。

术曰：并中、外周步数：分母、子各居其下，母互乘子，通全步，内分子，并而半之。径亦通分内子，以乘周为实，分母相乘为法，除之为积步，余积步之分。以亩法除之，即亩数也。按此术，并中、外周步数于上，分母子于下，母互乘子者，为中、外周俱有分，故以互乘齐其子，母相乘同其母。子齐母同，故通全步，内分子。并而半之者，以盈补虚，得中平之周。周则为从，径则为广，故广从相乘而得其积。既合分母，还须分母出之，故令周径分母相乘而连除之，即得积步。不尽，以等数除之而命分。以亩法除之，得亩数也。

【注释】

①中周：即内圆周或内圆弧。中，内，里。

②据中、外周，以徽术言之，当径四步、一百五十七分步之一百二十二也：由环径$=\frac{\text{外周}-\text{中周}}{2\pi}$，取$\pi=\frac{157}{50}$，可计算得，环径$=(122-92)\div(2\times\frac{157}{50})=30\times\frac{25}{157}=4\frac{122}{157}$（步）。故徽注云："当径四步、一百五十七分步之一百二十二也。"

③依密率，合径四步、二十二分步之十七：取$\pi=\frac{22}{7}$，可得，环径$=(122-92)\div(2\times\frac{22}{7})=30\times\frac{7}{44}=4\frac{17}{22}$（步）。故李注云："合径四步、二十二分步之十七。"

④于徽术，当为田二亩三十一步、一百五十七分步之二十三：按徽率$\pi=\frac{157}{50}$；推得环径$=4\frac{122}{157}$步，依环田公式得

$$环田面积=\frac{122+92}{2}\times 4\frac{122}{157}=511\frac{23}{157}平方步$$

$$=2亩31\frac{23}{157}平方步$$

故徽注云:"当为田二亩三十一步、一百五十七分步之二十三。"

⑤依密率,为田二亩三十步、二十二分步之十五:取$\pi=\frac{22}{7}$,推得环径$=4\frac{17}{22}$步,依环田公式得

$$环田面积=\frac{122\times 92}{2}\times 4\frac{17}{22}=510\frac{15}{22}平方步=2亩30\frac{15}{22}平方步$$

故李注云:"为田二亩三十步、二十二分步之十五。"

⑥截:切断;引申为斩齐,如斩截。《诗经·商颂·长发》:"海外有截。"郑玄笺:"截,整齐也。"

⑦中:不高不下。此处之"中"指"中平之周",即内、外周的平均。

⑧环而不通匝:成圆环形但不能环绕一周。匝,周遍,环绕一周。

⑨若据上周求径者,此径失之于多,过周三径一之率,盖为疏矣:文中"求径者"的"径",当指环径。而"过周三径一之率"的"径",当指圆的直径。何以徽注前后二"径"不加区分?这是因为"密率术"给出下述比率关系:

$$\frac{1}{2}(外周-中周):环径=圆周:圆径$$

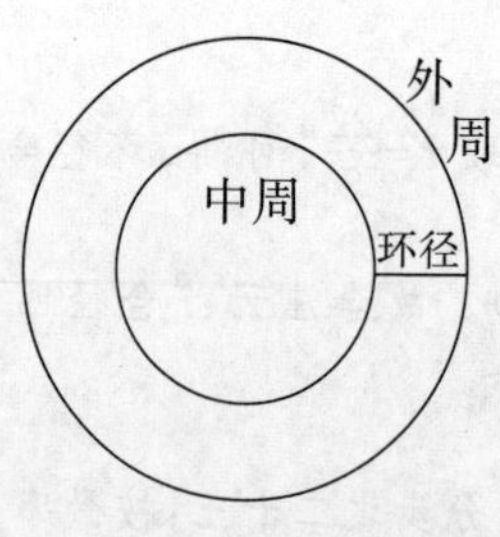

图1-22 外周、中周与环径的位置关系

此可由比率关系导出,如图1-22所示,有

$$外周:外径=中周:中径$$

然则由取$\frac{1}{2}$差率,得

$$\frac{1}{2}(外周-中周):\frac{1}{2}(外径-中径)=圆周:圆径$$

此即

$$\frac{1}{2}（外周-中周）：环径=圆周：圆径$$

由题设之数推径、周之率，有

$$周率：径率=\frac{1}{2}（外周-中周）：环径$$

$$=\frac{1}{2}\left(113\frac{1}{2}-62\frac{3}{4}\right):12\frac{2}{3}$$

$$=609:304=3:1\frac{101}{203}$$

由此推得周率3，径率$1\frac{101}{203}$，与周3径1比较，所以说“径失之于多”了。

⑩于徽术，当径八步、六百二十八分步之五十一：是说按$\pi=\frac{157}{50}$，据

$$环径=\frac{\frac{1}{2}（外周-中周）\times 圆径率}{圆周率}，得$$

$$环径\frac{1}{2}\left(113\frac{1}{2}-62\frac{3}{4}\right)\times\frac{50}{157}=\frac{203}{8}\times\frac{50}{157}=8\frac{51}{628}（步）$$

⑪依周三径一考之，合径八步、二十四分步之一十一：即若由比率关系

$$\frac{1}{2}（外周-中周）：环径=圆周率3：圆径率1$$

则推得，

$$环径=\frac{1}{2}\left(113\frac{1}{2}-62\frac{3}{4}\right)\times\frac{1}{3}=\frac{203}{8}\times\frac{1}{3}=8\frac{11}{24}（步）$$

⑫依密率，合径八步、一百七十六分步之一十三：即若由比率关系

$$\frac{1}{2}（外周-中周）：环径=圆周率22：圆径率7$$

则推得，

$$环径=\frac{1}{2}\left(113\frac{1}{2}-62\frac{3}{4}\right)\times\frac{7}{22}=\frac{203}{8}\times\frac{7}{22}=8\frac{13}{176}（步）$$

⑬于徽术，当为田二亩二百三十二步、五千二十四分步之七百八十七也：即如上所推算，要将环田看作通匝之整圈环形，而取$\pi=\frac{157}{50}$，则推得环径$8\frac{51}{628}$步，应得

$$圆环面积=\frac{1}{2}(113\frac{1}{2}+62\frac{3}{4})\times 8\frac{51}{628}$$

$$=\frac{705}{8}\times\frac{5075}{628}=712\frac{787}{5024}（平方步）$$

即合2亩$232\frac{787}{5024}$平方步。

⑭依周三径一，为田三亩二十五步、六十四分步之二十五：即如上所推算，要将环田看作通匝之整圈环形，而取$\pi=3$，则推得环径$8\frac{11}{24}$步，于是应得

$$圆环面积=\frac{1}{2}(113\frac{1}{2}+62\frac{3}{4})\times 8\frac{11}{24}$$

$$=\frac{705}{8}\times\frac{203}{24}=745\frac{25}{64}（平方步）$$

即合3亩$25\frac{25}{64}$平方步。

⑮密率，为田二亩二百三十一步、一千四百八分步之七百一十七也：即如上所推算，要将环田看作通匝之整圈环形，而取$\pi=\frac{22}{7}$，则推得环径$8\frac{13}{176}$步，于是应得

$$圆环面积=\frac{1}{2}(113\frac{1}{2}+62\frac{3}{4})\times 8\frac{13}{176}$$

$$=\frac{705}{8}\times\frac{1421}{176}=711\frac{717}{1408}（平方步）$$

即合2亩$231\frac{717}{1408}$平方步。

⑯密率术曰：置中、外周步数，分母、子各居其下。母互乘子；通全步，内分子。以中周减外周，余半之。径亦通分内子。以周为密实，径为法：由前所论，对于环形有

$$\frac{1}{2}（外周-中周）：环径=圆周：圆径$$

按本段注文之意，即将比率$\frac{1}{2}$（外周-中周）：环径，称为“密率”。当环形为整圈环时，它即圆周与直径的比率；当环形不通匝，即为环缺时，设环缺所对中心角为α弧度，外周弧长为C_1，半径r_1；中周弧长C_2，半径r_2，于是$C_1=\alpha r_1$，$C_2=\alpha r_2$，环径$=r_1-r_2$，故有

$$密率=\frac{1}{2}（外周-中周）：环径$$

$$=\frac{1}{2}(\alpha r_1-\alpha r_2):(r_1-r_2)$$

$$=\frac{1}{2}\alpha$$

由弧度$=\frac{弧长}{半径}$推知，中算家的“密率”实际被定义为

$$密率=\frac{圆弧长}{直径}$$

如图1-23所示，它与现今弧度的意义十分相近。密率，原指圆周与直径之精密比率；此借以泛指圆弧与直径的比数。“实”与“法”相对，一般指被除数与除数，此指比率之前项与后项。

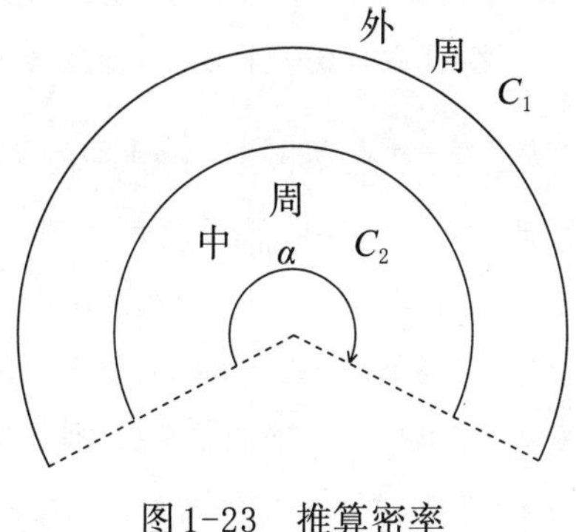

图1-23　推算密率

【译文】

[1-37] **已知环形田,内圆周长92步,外圆周长122步,径长5步。**这是为了使之与周三径一的比率相适应,所以说径长为5步。根据内、外周之长,依徽率$\pi=\frac{157}{50}$推算而言,应当取径长为$4\frac{122}{157}$步。李淳风等按:依圆周密率$\pi=\frac{22}{7}$等推算,应当径长是$4\frac{17}{22}$步。**问田的面积多少?**

答曰:2亩55平方步。依刘徽圆率,田的面积应当是2亩$31\frac{23}{157}$平方步。李淳风等按:依密率$\pi=\frac{22}{7}$计算,田的面积是2亩$30\frac{15}{22}$平方步。

环形田面积算法:内外圆周长之和的$\frac{1}{2}$,乘以径长得其面积平方步数。此田截齐,而所得中平之周便可作为田的长度。相加而取其半,也是以盈补虚的意思。这也可以内外圆周计算圆面积,用内圆减外圆,余数就是圆环的面积。

[1-38] **又知环形田,内圆弧长$62\frac{3}{4}$步,外圆弧长$113\frac{1}{2}$步,径长$12\frac{2}{3}$步。**此田为环状但不足一整圈,所以径长$12\frac{2}{3}$步。如果按照上题那样以周求径的话,则此径长失之于多,超过了周三径一的比率,如此就太粗疏了。以刘徽圆率计算,应是径长$8\frac{51}{628}$步。李淳风等按:依周三径一之率来考核,应为径长$8\frac{11}{24}$步。依密率周22径7考核,应得径长$8\frac{13}{176}$。**问田的面积多少?**

答:4亩$156\frac{1}{4}$平方步。依刘徽圆率,应当得田面积2亩$232\frac{787}{5024}$平方步。按周三径一计算,田面积应为3亩$25\frac{25}{64}$平方步。李淳风等按:依密率周22径7计算,环田面积为2亩$231\frac{717}{1408}$平方步。圆弧与径的精确比率算法:放置内、外圆弧长的步数,使分母与分子各自在其整数部分之下。以此分母与彼分子交互相乘(进行通分);又将整数部分化为分数,用分母乘整步数再加分子(化为假分数)。以内圆弧长减外圆弧长,余数除以2。径长亦以分母乘整步数再加分子(化为假分数)。以由圆弧(余数之半)作为比率的前项,以径长作为比率的后项。

环形田面积算法:合并内、外圆弧长的步数:使分母、分子各在其整

数部分之下，以此分母与彼分子交互相乘（进行通分），又将整数部分化为分数，用分母乘整步数再加分子（化为假分数），内、外圆弧长相加再除以2。以径长的分母乘整步数再加分子，所得之数乘圆弧（和数之半的分子）数为被除数，以圆弧长与径长二者之分母相乘为除数，相除得环形田面积步数，相除不尽的余数即是面积步数的分数部分。以亩法（每亩240平方步）除之，便得亩数。按此算法，合并内外圆弧长的步数，使分母、分子各在其整数部分之下，以此分母与彼分子相乘，是因为内、外圆弧长俱包含分数，所以用分母交互相乘来使分子与分母扩大相同倍数，又以分母相乘作为公分母。分母既相同而分子又同步增长，于是便将整数部分化为分数，以分母乘整步数再加分子（化为假分母）。两圆弧长相加而除以2，是因为用“以盈补虚”的方法，求得圆弧长的平均值。这个平均的圆弧长即是田的长，径长即是田的宽，所以长宽相乘便得其面积。既然折算分母，还须用分母去相除，故令弧长与径长两分母相乘而“连除”，便得面积步数。除不尽，以最大公约数约简后命名分数。以每亩240平方步去除面积步数，便得田的亩数了。

卷二　粟米以御交质变易

【题解】

粟，北方俗称谷子，去壳后是小米，是商周时期最重要的粮食作物。随着粮食作物品种的增多，各种不同等级的谷物有了交换的需求，于是用粟来作为标准规定它们的交换比率，称为“粟米”。在秦汉文明时期，以物易物的交易方式逐渐被规范化。粮食作物之间需要兑换，其他物品之间也需要兑换，本章收入了依照不同质量物品互换的标准进行物物兑换的问题，共46题，是《九章算术》中题目最多的章节。粟米章建立了比例计算的基本算法，并集中处理关于谷物交换的问题。

卷首规定了不同质量与种类的粮食间的交换比率，给出物物交换的一般算法，称为“今有术”，根据所求率：所有率＝所求数：所有数的关系，按公式

$$所求数=\frac{所求率\times 所有数}{所有率}$$

求解。这种算法也就是现今所谓的四项比例算法，印度和西方的“三率法”与此相同。

本章前31题都是利用今有术处理谷物交换的应用问题。刘徽称今有术为“都术”，他认为只要分辨事物数量间的比率关系，数学各个领域中的比率算法就都可以归结为今有术来处理。在《九章算术》的衰分、

均输等章也用比率方法解决各种应用问题，其算法基础是比率概念和今有术，可见今有术在中算中的普遍适用性。

第32～37题是用今有术计算物品单价的算法，称为“经率术”，实际上与整数除法及分数除法相类似。

在商品交易中，若物品单价非整数，则不便于计算总额与找补。为了实用上的方便，通常会舍弃或收入奇零分数，按整数单价计算，相应的单价分别称为“贱率”或“贵率”，于是便产生了“其率术”和“反其率术”，钱数大于物品数的计算为“其率术”，钱数小于物品数的计算为“反其率术”。本章后9题即为其率术与反其率术的应用问题。

粟米之法①：凡此诸率相与大通②，其特相求各如本率③。可约者约之，别术然也④。

粟率五十　粝米三十⑤　粺米二十七⑥　糳米二十四⑦　御米二十一⑧　小䵂十三半⑨　大䵂五十四　粝饭七十五⑩　粺饭五十四　糳饭四十八　御饭四十二　菽⑪、荅⑫、麻、麦各四十五　稻六十　豉六十三⑬　飧九十⑭　熟菽一百三半　糵一百七十五⑮

【注释】

①粟米之法：以粟为基础而规定的粮食兑换的标准。粟米，李籍《九章算术音义》：“粟者，禾之未舂。米者，谷实之无壳。粟者，米之率也。诸米不等，以粟为率，故曰粟米。”粟，谷子，去壳后叫“小米”。各种不同等级的米，用粟来作标准规定其交换比率，所以称为“粟米”。法，标准，规则。

②相与大通：彼此之间均成为相关比数，可相互兑换折合。大，指范围广。通，贯通；往来。在此指数与数相当，构成比率关系。

③其特相求:其中某两指定物彼此相折合。如之后题目中的以粟求粝之类。特,独特,特定。本率:指以下所列的"原本的比数"。

④别术然也:其他物品间的折算也如是可行。别术,其他算法。指以下所列物品之外的物品之间的折算。然,如是。

⑤粝(lì)米:粗米。李籍《九章算术音义》:"粝米,麤也。凡粟五斗得粝米三斗,故粟率五十而粝率三十。"

⑥粺(bài)米:一斗粗米舂取九升的精米,俗称"九折米"。李籍《九章算术音义》:"粺,精于粝也。凡粟五斗,得粺米二斗七升。故粟率五十而粺率二十七。《诗》曰:'彼疏斯粺。'"郑康成注云:"米之率粝十,粺九,鑿八,御七。"

⑦糳(zuò)米:即舂米,舂过的精米,俗称"八折米"。《广雅·释诂四》:"糳,舂也。"李籍《九章算术音义》:"糳米,精于粺也。凡粟五斗得糳米二斗四升,故粟率五十而糳率二十四。"《左传》曰:"粢食不糳。"糳俗作"鑿"。

⑧御米:李籍《九章算术音义》:"御米,精于糳也。供王膳之米也。蔡邕独断曰:所进曰御。御者进也。凡衣服加于身,饮食入于口,皆日御。"按李籍所释,御米即帝王御用之上等精米,合七折。

⑨小䵂(zhí):麦屑。《说文解字》:"䵂,麦覈屑也。十斤为三斗。"李籍《九章算术音义》:"小䵂大䵂,麦屑也。细曰小䵂,麤曰大䵂。"

⑩饭:煮熟的谷类食物,多指米饭。生米煮成熟饭,因加水分而数量增多。故饭率为米率之二倍(如粹、糳、御)或二倍半(如粝)。

⑪菽(shū):大豆。李籍《九章算术音义》:"菽,大豆也。"

⑫荅(dá):小豆。李籍《九章算术音义》:"荅,小豆也。"

⑬豉(chǐ):即豆豉,有咸淡两种,用煮熟的大豆发酵后制成,可供调味用。淡的可入药。李籍《九章算术音义》:"豉,盐豉也。"

⑭飧(sūn):用水泡饭。《诗经·魏风·伐檀》:"彼君子兮,不素飧兮。"陆德明释文引《字林》:"水浇饭也。"

⑮糵（niè）：即曲糵，酿酒用的发酵剂，俗称酒母，一般用粮食或粮食副产品培养微生物制成。李籍《九章算术音义》："糵，曲糵也。"

【译文】

粮食兑换的法定标准：凡是此处所列的各种比率均可相互兑换折合，其中两两互换皆各按规定比率折算。可约的约简之，其他算法亦如是。

粟的交换率定为50　粝米30　粺米27　糳米24　御米21　小䵂$13\frac{1}{2}$　大䵂54　粝饭75　粺饭54　糳饭48　御饭42　菽、荅、麻、麦各45　稻60　豉63　飧90　熟菽$103\frac{1}{2}$　糵175

今有[①]此都术也[②]。凡九数以为篇名，可以广施诸率[③]，所谓告往而知来[④]，举一隅而三隅反者也。诚能分诡数之纷杂[⑤]，通彼此之否塞[⑥]，因物成率[⑦]，审辨名分[⑧]，平其偏颇[⑨]，齐其参差[⑩]，则终无不归于此术也。术曰：以所有数乘所求率为实，以所有率为法，少者多之始[⑪]，一者数之母[⑫]，故为率者必等之于一[⑬]。据粟率五，粝率三，是粟五而为一，粝米三而为一也。欲化粟为粝米者，粟当先本是一。一者谓以五约之，令五而为一也。讫，乃以三乘之，令一而为三。如是则率等于一，以五为三矣。然先除后乘或有余分，故术反之。又完言之，知粟五升为粝米三升。分言之，知粟一斗为粝米五分斗之三。以五为母，三为子。以粟求粝米者，以子乘，其母报除也。然则所求之率常为母也。臣淳风等谨按：宜云"所求之率常为子，所有之率常为母"。今乃云"所求之率常为母"，知脱错也。实如法而一。

【注释】

①今有：即今有术，指根据已知数及比率关系推求未知数的算法，也

就是现今的四项比例算法。今有术是古代中算对这种算法的专名,宋元以后,改称“互换术”“互换乘除法”“异乘同除法”“三率准则法”等。印度古算称此算法为“三率法”。今有,古算题设中的已知者。

②都术:普遍而完美的算法。都,美盛,漂亮。

③凡九数以为篇名,可以广施诸率:凡是以“九数”中的细目(如方田、粟米等)为篇章名称的著作,即古代数学的各个领域,都可以广泛施行各种比率的算法。“九数”,古代算术细目的总称。汉代郑玄注《周礼》引郑众说:“九数:方田、粟米、差分、少广、商功、均输、方程、赢不足、旁要;今有重差、夕桀、勾股。”

④告往而知来:即告诉已知数而推算所求数。往与来相对,表示去与返,古与今。此处的“往”指已知者,“来”指所求者。

⑤诚能分诡数之纷杂:如果能够分辨形形色色的数量之间的纷乱复杂的关系。诚,如果。诡数,形形色色意义诡秘的数。诡,怪异。

⑥通彼此之否(pǐ)塞:将错互不通的数量化为彼此相通的比率。否塞,阻塞不通。否,穷,不通。塞,阻隔,堵。

⑦因物成率:依据问题的内容来确定比率。因,依据。物,事物,内容。

⑧名分:名义。此指在今有术中各比例量的名称,即所有率、所求率、所有数、所求数等各个专名。

⑨平其偏颇:即纠正数据中的偏差与错误。

⑩齐其参差:即在化错互不通的比率为相通时令分母、分子同步增长,勿使其比数高低不齐。

⑪少者多之始:“多”是由“少”开始,积少而成多的。

⑫一者数之母:“一”是数的根源,亿万之数都是由基本单位“一”累积而成的。这里的“一”,既是数之始,也是数的基本单位。《汉书·律历志上》:“数者,一、十、百、千、万也。”

⑬故为率者必等之于一:因此作为“率”的数必须等同于“一”(交

换的单位)。

【译文】

“今有术”这是个普遍的算法。凡是以“九数”作为篇章名称的,可以广泛施行各种比率,所以能够告此知彼,举一反三。如果能够分辨形形色色数量间的复杂关系,将错互不通者化为彼此相通,依据内容来确定比率,详查与辨别它们在比率关系中的名义,纠正其偏颇,调整其参差,那么最终无不归结为这一算法。**算法:用所有数乘所求率为被除数,以所有率为除数**,“少”是“多”的开始,“一”是数的根源,所以作为“率”必须与“一”相对等。依据“粟率5”,“粝率3”,就是将粟数5定为单位“一”,粝米数3定为单位“一”。要想化粟数为粝米数,粟数应当先还原为单位“一”。为“一”即是说用5除之,把数5作为单位“一”。除毕,于是用3乘之,把单位“一”化为数3。如此则通过等于单位“一”,就将数5化为3了。然而先除后乘的运算中可能会出现分数,所以算法反而代之以先乘后除。又以整数而论,知道是粟5升化为粝米3升。以分数而论,知道是粟1斗化为$\frac{3}{5}$斗。以5为分母,3为分子。以粟折合粝米,用分子乘,其分母便反而作除数了。这样一来“所求率”便常作分母了。李淳风等按:应当说“所求率常为分子,所有率常为分母”。而这里说“所求率常作分母”,可知注文有脱漏之误。**以除数去除被除数。**

[2-1] 今有粟一斗,欲为粝米。问得几何?

答曰:为粝米六升。

术曰:以粟求粝米,三之,五而一。臣淳风等谨按:都术以所求率乘所有数,以所有率为法。此术以粟求米,故粟为所有数。三是米率,故三为所求率。五为粟率,故五为所有率。粟率五十,米率三十,退位求之①,故唯云三、五也。

[2-2] 今有粟二斗一升,欲为粺米。问得几何?

答曰:为粺米一斗一升、五十分升之十七。

术曰:以粟求粺米,二十七之,五十而一。臣淳风等谨按:粺米之率二十有七,故直以二十七之,五十而一也。

[2-3]今有粟四斗五升,欲为糳米。问得几何?

答曰:为糳米二斗一升、五分升之三。

术曰:以粟求糳米,十二之,二十五而一。臣淳风等谨按:糳米之率二十有四,以为率太繁,因而半之,故半所求之率,以乘所有之数。所求之率既减半,所有之率亦减半,是故十二乘之,二十五而一也。

[2-4]今有粟七斗九升,欲为御米。问得几何?

答曰:为御米三斗三升,五十分升之九。

术曰:以粟求御米,二十一之,五十而一。

[2-5]今有粟一斗,欲为小䵂,问得几何?

答曰:为小䵂二升、一十分升之七。

术曰:以粟求小䵂,二十七之,百而一。臣淳风等谨按:小䵂之率十三有半,半者二为母,以二通之,得二十七,为所求率。又以母二通其粟率,得一百,为所有率。凡本率有分者,须即乘除也。他皆放此。

[2-6]今有粟九斗八升,欲为大䵂。问得几何?

答曰:为大䵂一十斗五升、二十五分升之二十一。

术曰:以粟求大䵂,二十七之,二十五而一。臣淳风等谨按:大䵂之率五十有四,因其可半,故二十七之。亦如粟求糳米,半其二率。

[2-7]今有粟二斗三升,欲为粝饭。问得几何?

答曰:为粝饭三斗四升半。

术曰:以粟求粝饭,三之,二而一。臣淳风等谨按:粝饭之率七十有五，粟求粝饭，合以此数乘之。今以等数二十有五约其二率，所求之率得三，所有之率得二，故以三乘二除。

[2-8] 今有粟三斗六升，欲为粺饭。问得几何？

答曰：为粺饭三斗八升、二十五分升之二十二。

术曰：以粟求粺饭，二十七之，二十五而一。臣淳风等谨按：此术与大䵂多同。

[2-9] 今有粟八斗六升，欲为糳饭。问得几何？

答曰：为糳饭八斗二升、二十五分升之一十四。

术曰：以粟求糳饭，二十四之，二十五而一。臣淳风等谨按：糳饭率四十八，此亦半二率而乘除。

[2-10] 今有粟九斗八升，欲为御饭。问得几何？

答曰：为御饭八斗二升、二十五分升之八。

术曰：以粟求御饭，二十一之，二十五而一。臣淳风等谨按：此术半率亦与糳饭多同。

[2-11] 今有粟三斗少半升[2]，欲为菽。问得几何？

答曰：为菽二斗七升、一十分升之三。

[2-12] 今有粟四斗一升、太半升[3]，欲为荅。问得几何？

答曰：为荅三斗七升半。

[2-13] 今有粟五斗、太半升，欲为麻。问得几何？

答曰：为麻四斗五升、五分升之三。

[2-14] 今有粟一十斗八升、五分升之二，欲为麦。问得几何？

答曰：为麦九斗七升、二十五分升之一十四。

术曰：以粟求菽、荅、麻、麦，皆九之，十而一。臣淳风等谨按:四术率并四十五,皆是为粟所求,俱合以此率乘其本粟。术欲从省,先以等数五约之,所求之率得九,所有之率得十,故九乘十除,义由于此。

[2-15] 今有粟七斗五升、七分升之四,欲为稻。问得几何?

答曰:为稻九斗、三十五分升之二十四。

术曰:以粟求稻,六之,五而一。臣淳风等谨按:稻率六十,亦约二率而乘除。

[2-16] 今有粟七斗八升,欲为豉。问得几何?

答曰:为豉九斗八升、二十五分升之七。

术曰:以粟求豉,六十三之,五十而一。

[2-17] 今有粟五斗五升,欲为飧。问得几何?

答曰:为飧九斗九升。

术曰:以粟求飧,九之,五而一。臣淳风等谨按:飧率九十,退位④,与求稻多同。

[2-18] 今有粟四斗,欲为熟菽。问得几何?

答曰:为熟菽八斗二升、五分升之四。

术曰:以粟求熟菽,二百七之,百而一。臣淳风等谨按:熟菽之率一百三半,半者其母二,故以母二通之。所求之率既被二乘,所有之率随而俱长,故以二百七之,百而一。

[2-19] 今有粟二斗,欲为糵。问得几何?

答曰:为糵七斗。

术曰:以粟求糵,七之,二而一。臣淳风等谨按:糵率一百七十有五,合以此数乘其本粟。术欲从省,先以等数二十五约之,所求之率得七,所有之率得二,故七乘二除。

[2-20] 今有粝米十五斗五升、五分升之二，欲为粟。问得几何？

答曰：为粟二十五斗九升。

术曰：以粝米求粟，五之，三而一。臣淳风等谨按：上术以粟求米，故粟为所有数，三为所求率，五为所有率。今此以米求粟，故米为所有数，五为所求率，三为所有率。准都术求之，各合其数。以下所有反求多同，皆准此。

[2-21] 今有粺米二斗，欲为粟。问得几何？

答曰：为粟三斗七升、二十七分升之一。

术曰：以粺米求粟，五十之，二十七而一。

[2-22] 今有糳米三斗、少半升，欲为粟。问得几何？

答曰：为粟六斗三升、三十六分升之七。

术曰：以糳米求粟，二十五之，十二而一。

[2-23] 今有御米十四斗，欲为粟。问得几何？

答曰：为粟三十三斗三升、少半升。

术曰：以御米求粟，五十之，二十一而一。

[2-24] 今有稻一十二斗六升、一十五分升之一十四，欲为粟。问得几何？

答曰：为粟一十斗五升、九分升之七。

术曰：以稻求粟，五之，六而一。

[2-25] 今有粝米一十九斗二升、七分升之一，欲为粺米。问得几何？

答曰：为粺米一十七斗二升、一十四分升之一十三。

术曰：以粝米求粺米，九之，十而一。臣淳风等谨按：粺率二十七,合以此数乘粝米。术欲从省,先以等数三约之,所求之率得九,所有之率得十,故九乘而十除。

[2-26]今有粝米六斗四升、五分升之三,欲为粝饭。问得几何?

答曰:为粝饭一十六斗一升半。

术曰:以粝米求粝饭,五之,二而一。臣淳风等谨按:粝饭之率七十有五,宜以本粝米乘此率数。术欲从省,先以等数十五约之,所求之率得五,所有之率得二,故五乘二除,义由于此。

[2-27]今有粝饭七斗六升、七分升之四,欲为飧。问得几何?

答曰:为飧九斗一升、三十五分升之三十一。

术曰:以粝饭求飧,六之,五而一。臣淳风等谨按:飧率九十,为粝饭所求,宜以粝饭乘此率。术欲从省,先以等数十五约之,所求之率得六,所有之率得五。以此故六乘五除也。

[2-28]今有菽一斗,欲为熟菽。问得几何?

答曰:为熟菽二斗三升。

术曰:以菽求熟菽,二十三之,十而一。臣淳风等谨按:熟菽之率一百三半,因其有半,各以母二通之,宜以菽数乘此率。术欲从省,先以等数九约之,所求之率得二十三,所有之率得十也。

[2-29]今有菽二斗,欲为豉。问得几何?

答曰:为豉二斗八升。

术曰:以菽求豉,七之,五而一。臣淳风等谨按:豉率六十三,为菽所求,宜以菽乘此率。术欲从省,先以等数九约之,所求之率得七,而所有之率得五也。

[2-30]今有麦八斗六升、七分升之三，欲为小䵂。问得几何？

答曰：为小䵂二斗五升、一十四分升之一十三。

术曰：以麦求小䵂，三之，十而一。臣淳风等谨按：小䵂之率十三半，宜以母二通之，以乘本麦之数。术欲从省，先以等数九约之，所求之率得三，所有之率得十也。

[2-31]今有麦一斗，欲为大䵂。问得几何？

答曰：为大䵂一斗二升。

术曰：以麦求大䵂，六之，五而一。臣淳风等谨按：大䵂之率五十有四，合以麦数乘此率。术欲从省，先以等数九约之，所求之率得六，所有之率得五也。

【注释】

①退位求之：即将数向后退去一位，相当于用10除。粟率50，粝米率30，俱退后一位，约简为粟率5，粝率3。退位，退后一位。

②少半：古谓三分之一。

③太半：三分之二。《史记·项羽本纪》："汉有天下太半。"吴韦昭说："凡数三分有二为太半，有一为少半。"

④退位：即退后一位相约。

【译文】

[2-1]设有粟1斗，要折合粝米。问得数多少？

答：折合粝米6升。

算法：以粟换算粝米，用3乘之，再除以5。李淳风等按：一般的算法是以所求率去乘所有数，以所有率为除数。此算法是以粟折合米，所以粟为所有数。3是米的率数，故3为所求率。5是粟的率数，故5为所有率。粟率50，米率30，各退后一位而约简，所以只说3和5。

[2-2] 设有粟2斗1升,要折合稗米。问得数多少?

答:折合粺米1斗$1\frac{17}{50}$升。

算法:以粟换算粺米,用27乘之,再除以50。李淳风等按:粺米之率数27,故直接乘以27,再除以50。

[2-3] 设有粟4斗5升,要折合糳米。问得数多少?

答:折合糳米2斗$1\frac{3}{5}$升。

算法:以粟换算糳米,用12乘之,再除以25。李淳风等按:糳米之率数24,以此数为比数太繁,因此取其半数,所以用所求之率的半数,去乘所有之数。所求之率既已减半,所有之率也应减半,于是便乘以12,再除以25。

[2-4] 设有粟7斗9升,要折合御米。问得数多少?

答:折合御米3斗$3\frac{9}{50}$升。

算法:以粟换算御米,用21乘之,再除以50。

[2-5] 设有粟1斗,要折合小䵂。问得数多少?

答:折合小䵂$2\frac{7}{10}$升。

算法:以粟换算小䵂,用27乘之,再除以100。李淳风等按:小䵂之率数$13\frac{1}{2}$其中有分数“半”,所谓“半”即以2为分母,故乘以2化分为整,得27为所求率。又以2乘其粟率之数,得100为所有率。凡率数中有分数者,必须如此乘除以通约。其他仿此。

[2-6] 设有粟9斗8升,要折合大䵂。问得数多少?

答:折合大䵂10斗$5\frac{21}{25}$升。

算法:以粟换算大䵂,用27乘,再除以25。李淳风等按:大䵂之率数54,因为它可为2所整除,所以乘以27。也如同以粟换算糳米那样,将两个比数同除以2。

[2-7] 设有粟2斗3升,要折合粝饭。问得数多少?

答：折合粝饭3斗$4\frac{1}{2}$升。

算法：以粟换算粝饭，用3乘之，再除以2。李淳风等按：粝饭之率数75，以粟换算粝饭，应以此数乘之。现今用最大公约数25去约简二率，所求之率得3，所有之率得2，所以用3乘再除以2。

[2-8] 设有粟3斗6升，要折合粺饭。问得数多少？

答：折合粺饭3斗$8\frac{22}{25}$升。

算法：以粟换算粺饭，用27乘之，再除以25。李淳风等按：此算法与大䵂的换算法则大致相同。

[2-9] 设有粟8斗6升，要折合糳饭。问得数多少？

答：折合糳饭8斗$2\frac{14}{25}$升。

算法：以粟换算糳饭，用24乘之，再除以25。李淳风等按：糳饭之率数48，这里也是取此二率的半数而作乘除运算。

[2-10] 设有粟9斗8升，要折合御饭。问得数多少？

答：折合御饭8斗$2\frac{8}{25}$升。

算法：以粟换算御饭，用21乘之，再除以25。李淳风等按：此算法取交换率之半数也与换算糳饭大致相同。

[2-11] 设有粟3斗$\frac{1}{3}$升，要折合菽。问得数多少？

答：折合菽2斗$7\frac{3}{10}$升。

[2-12] 设有粟4斗$1\frac{2}{3}$升，要折合荅。问得数多少？

答：折合荅3斗$7\frac{1}{2}$升。

[2-13] 设有粟5斗$\frac{2}{3}$升，要折合麻。问得数多少？

答:折合麻4斗$5\frac{3}{5}$升。

[2-14]设有粟10斗$8\frac{2}{5}$升,要折合麦。问得数多少?

答:折合麦9斗$7\frac{14}{25}$升。

算法:以粟换算菽、荅、麻、麦,都用9乘之,再除以10。李淳风等按:菽、荅、麻、麦四个率数同为45,皆是以粟来换算它,所以都当用此率数来乘其粟之原数。为使算法简便,先以最大公约数约此二率,所求率数得9,所有率数得10,所以用9乘之再除以10,它的道理就在于此。

[2-15]设有粟7斗$5\frac{4}{7}$升,要折合稻。问得数多少?

答:折合稻9斗$\frac{24}{35}$升。

算法:以粟换算稻,用6乘,再除以5。李淳风等按:稻之率数60,也约简二率然后进行乘除。

[2-16]设有粟7斗8升,要折合豉。问得数多少?

答:折合豉9斗$8\frac{7}{25}$升。

算法:以粟换算豉,用63乘之,再除以50。

[2-17]设有粟5斗5升,要折合飧。问得数多少?

答:折合飧9斗9升。

算法:以粟换算飧,用9乘之,再除以5。李淳风等按:飧之率数90,粟、飧二率退位相约,与换算稻的算法大致相同。

[2-18]设有粟4斗,要折合熟菽。问得数多少?

答:折合熟菽8斗$2\frac{4}{5}$升。

算法:以粟换算熟菽,用207乘之,再除以100。李淳风等按:熟菽之率数$103\frac{1}{2}$其中有分数"半",所谓"半"即以2为分母,故乘以2化分为整。所求之率既然被2乘,所有之率随之而应当同样增长,所以用207乘之,再除以100。

[2-19]设有粟2斗,要折合蘖。问得数多少?

答:折合蘖7斗。

算法:以粟换算蘖,用7乘,再除以2。李淳风等按:蘖之率数175,应以此数乘其原有之粟数。为使算法简便,先用最大公约数25去约简二率,所求之率得数7,所有之率得数2,所以用7乘再除以2。

[2-20]设有粝米15斗$5\frac{2}{5}$升,要折合粟。问得数多少?

答:折合粟25斗9升。

算法:以粝米换算粟,用5乘,再除以3。李淳风等按:前面的算法是以粟换算米,所以粟为所有数,3为所求率,5为所有率。现在是以米换算粟,所以米为所有数,5为所求率,3为所有率。按照一般算法计算,各当其数。下面所有的反换算都大致相同,皆照此处理。

[2-21]设有粺米2升,要折合粟。问得数多少?

答:折合粟3斗$7\frac{1}{27}$升。

算法:以粺米换算粟,用50乘之,再除以27。

[2-22]设有糳米3斗$\frac{1}{3}$升,要折合粟。问得数多少?

答:折合粟6斗$3\frac{7}{36}$升。

算法:以糳米换算粟,用25乘之,再除以12。

[2-23]设有御米14斗,要折合粟。问得数多少?

答:折合粟33斗$3\frac{1}{3}$升。

算法:以御米换算粟,用50乘之,再除以21。

[2-24]设有稻12斗$6\frac{14}{15}$升,要折合粟。问得数多少?

答:折合粟10斗$5\frac{7}{9}$升。

算法:以稻换算粟,用5乘之,再除以6。

[2-25] 设有粝米19斗$2\frac{1}{7}$升,要折合粺米。问得数多少?

答:折合粺米17斗$2\frac{13}{14}$升。

算法:以粝米换算粺米,用9乘之,再除以10。李淳风等按:粺之率数27,当以此数乘粝米之数。为使算法简便,先以最大公约数3约简粺、粝二率,所求率得数9,所有率得数10,所以用9乘之再除以10。

[2-26] 设有粝米6斗$4\frac{3}{5}$升,要折合粝饭。问得数多少?

答:折合粝饭16斗$1\frac{1}{2}$升。

算法:以粝米换算粝饭,用5乘之,再除以2。李淳风等按:粝饭之率数75,应当以原有粝米之数乘以此率数。为使算法简便,先用最大公约数15约简米、饭二率,所求率得数5,所有率得数2,所以用5乘之再除以2,它的道理就在于此。

[2-27] 设有粝饭7斗$6\frac{4}{7}$升,要折合飧。问得数多少?

答:折合飧9斗$1\frac{31}{35}$升。

算法:以粝饭换算飧,用6乘之,再除以5。李淳风等按:飧之率数90,作为粝饭所换算,应当用粝饭之数乘此率数。为了使算法简便,先以最大公约数15约简粝、飧二率,所求率得数6,所有率得数5。据此所以用6乘之再除以5。

[2-28] 设有菽1斗,要折合熟菽。问得数多少?

答:折合熟菽2斗3升。

算法:以菽换算熟菽,用23乘之,再除以10。李淳风等按:熟菽之率数$103\frac{1}{2}$,因为它包含分数$\frac{1}{2}$,各以分母2乘化分为整,应当以菽数乘此率数。为了算法简便,先用最大公约数9约简菽、熟菽二率,所求之率得数23,所有之率得数10。

[2-29] 设有菽2斗,要折合豉。问得数多少?

答:折合豉2斗8升。

算法：以菽换算豉，用7乘之，再除以5。李淳风等按：豉之率数63，作为菽所换算，应当以菽之量数乘此率数。为使算法简便，先以最大公约数约简菽、豉二率，所求之率得数7，所有之率得数5。

[2-30] 设有麦8斗$6\frac{3}{7}$升，要折合小䵂。问得数多少？

答：折合小䵂2斗$5\frac{13}{14}$升。

算法：以麦换算小䵂，用3乘之，再除以10。李淳风等按：小䵂之率数$13\frac{1}{2}$，应当以分母2乘之化分为整，用以乘原有麦之量数。为了使算法简便，先以最大公约数9约简麦、䵂二率，所求之率得数3，所有之率得数10。

[2-31] 设有麦1斗，要折合大䵂。问得数多少？

答：折合大䵂1斗2升。

算法：以麦换算大䵂，用6除之，再除以5。李淳风等按：大䵂之率数54，应当以麦之量数乘以此率。为了使算法简便，先以最大公约数9约简麦、䵂二率，所求之率得数6，所有之率得数5。

[2-32] 今有出钱一百六十，买瓴甓十八枚[①]。瓴甓，砖也。问枚几何？

答曰：一枚，八钱、九分钱之八。

[2-33] 今有出钱一万三千五百，买竹二千三百五十个。问个几何？

答曰：一个，五钱、四十七分钱之三十五。

经率术曰[②]：以所买率为法[③]，所出钱数为实，实如法得一钱。此按今有之义，一枚为所有数，出钱为所求率，所买为所有率，而今有之，即得所求数。一乘不长，故不复乘，是以径将所买之率为法[④]，以所出之钱为实，故实如法得一枚钱。不尽者，等数约之而命分。臣淳风等谨按:今有之义,以所有数乘所求率,合以瓴甓一枚乘钱一百六十为实。但以一乘不长,故不复乘。是以径将所买之率与所出之钱为法、实也。

【注释】

①瓴甓(líng pì):即砖。瓴,瓴甋。《尔雅·释官》:“瓴甋谓之甓。”郭璞注:“瓳砖也,今江东呼瓴甓。”甓,砖。《诗经·陈风·防有鹊巢》:“中唐有甓。”马瑞辰通释:“甓为砖。”

②经率:规范的交换率。“钱币权百物的贵贱,作价格的标准。”自钱币出现以后,以钱买物代替了以物易物,物品的“单价”:每物几钱,便成为交换率的一般的标准形式,故古代称物品单价为“经率”。经,规范;常道。

③所买率:题设出钱160,买瓴甓18枚,依今有术的意义,以瓴甓求钱,所买瓴甓数18为所有率,出钱160为所求率。故称题设所买物数18为“所买率”,它含有所买之数为所有率的意思。

④径:通“迳”,直,直截了当。

【译文】

[2-32] 已知出钱160,买瓴甓18枚。瓴甓,即是砖。问每枚值钱多少?

答:1枚值$8\frac{8}{9}$钱。

[2-33] 已知出钱13 500,买竹2 350个。问每个值钱多少?

答:1个值$5\frac{35}{47}$钱。

物品单价算法:以所买物数为除数,所出钱数为被除数,以两数相除而得物品单价。按此“今有术”的意义,以一枚为所有数,所出钱数为所求率,所买物品数量为所有率,而按“今有术”法则计算,便得所求数。用1相乘其数不变,所以不再乘以1,于是直接将所买物品之数作为除数,以所出之钱数作为被除数,两数相除而得其一枚之价。若相除不尽,用最大公约数约简而后得分数。李淳风按:今有术的意义,以所有数乘所求率,应当以瓴甓1枚乘钱数160作为被除数。但是用1乘其数不变,所以不再乘以1。于是直接将所买物数与所出钱数作为除数与被除数。

[2-34]今有出钱五千七百八十五,买漆一斛六斗七升、太半升,欲斗率之①。问斗几何?

答曰:一斗,三百四十五钱、五百三分钱之一十五。

[2-35]今有出钱七百二十,买缣一匹二丈一尺②,欲丈率之。问丈几何?

答曰:一丈,一百一十八钱、六十一分钱之二。

[2-36]今有出钱二千三百七十,买布九匹二丈七尺,欲匹率之。问匹几何?

答曰:一匹,二百四十四钱、一百二十九分钱之一百二十四。

[2-37]今有出钱一万三千六百七十,买丝一石二钧一十七斤③,欲石率之。问石几何?

答曰:一石,八千三百二十六钱、一百九十七分钱之百七十八。

经率此术犹经分④。术曰:以所率乘钱数为实⑤,以所买率为法,实如法得一。臣淳风等谨按:今有之义,钱为所求率,物为所有数⑥,故以乘钱。有分者通之,又以分母乘之为实⑦。所买通分内子为所有率⑧,故以为法。实如法而一,得钱数。不尽而命分者,因法为母,实余为子。实见不满,故以命之⑨。

【注释】

①欲斗率之:以斗为单位折算单价。下文中的“欲丈率之”“欲匹率之”“欲石率之”的意思与之类似。率之,原意是按比率计算;此当释作确定交换率,即单价。

②缣(jiān):双丝的细绢。匹:又作疋,绸布等织物的量名。《汉书·食货志下》:“布帛广二尺二寸为幅,长四丈为匹。”匹的幅长因品种而不同。

③石(dàn):重量单位,一百二十市斤为一石。钧:古代重量单位之一。三十市斤为一钧。《汉书·律历志上》:“三十斤为钧,四钧为石。”

④经分:即经分术,分数相除算法。因上面各题为计算复合单位物品之单价,所买物数一般表为分数,所以说与经分术类似。

⑤所率:所确定的折算单位。此句与题设中的“欲斗率之”“欲丈率之”“欲匹率之”等相呼应,“所率”即指题设所确定的“一斗”“一丈”“一匹”等。

⑥物:此指物的一个折价单位,即术文中的“所率”。

⑦有分者通之,又以分母乘之为实:按今有术的意义,此类问题以“出钱”为所求率,“所买”为所有率,而“所买”用折算单位表之为分数,例如1斛6斗$7\frac{2}{3}$升,以“斗”表示则为$16\frac{23}{30}$斗。“有分者通之”,是说“所求率”与“所有率”中若有分数,则化分数之比为整数之比。在此即是“法里有分实里通之”的意思。“又以分母乘之为实”,因为“所买”为分数,要化分为整,即以其分母同乘比率各项,所以再用“所买”的分母去乘前面所得之乘积(即所求率乘所有数之积),所得之数作被除数(参见图草)。

⑧所买通分内子为所有率:通分内子,是指用整数部分乘分母,再加上分子之数。此得数当为整数,乃化分数比率为整数相比之故,它相当于所有率亦用“所买”分母乘。如“所买”$16\frac{23}{30}$,“通分内

子为所有率”，即取 $30\times16+23=503$ 为所有率（参见图草）。

⑨实见不满，故以命之：现知相除不尽，所以皆得分数。合分术中说：“实如法而一。不满法者，以法命之。”此与之相应。见，通“现”。

【图草】

[2-34] 题依经率术演草如下。

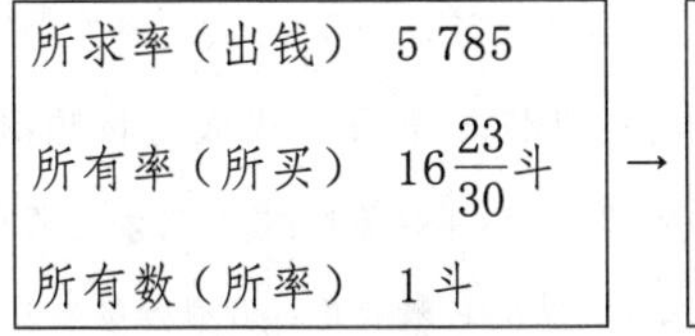

所求率（出钱） 5 785

所有率（所买） $16\frac{23}{30}$斗

所有数（所率） 1斗

（1）钱为所求率，物为所有数；

→

实 $5\ 785\times1\times30=173\ 550$

法 $30\times16+23=503$

（2）故以乘钱，有分者通之，又以分母乘之为实。所买通分内子为所有率，故以为法；

→

所求数 $=173\ 550\div503$

$=345\cdots\cdots$余15

（3）实如法而一，得钱数；

→

每斗价 $=345\frac{15}{503}$钱

（4）不尽而命分者，因法为母，实余为子。

【译文】

[2-34] 已知出钱5 785，买漆1斛6斗$7\frac{2}{3}$升，要按斗折价。问每斗值钱多少？

答：每1斗，值$345\frac{15}{503}$钱。

[2-35] 已知出钱720，买缣1匹2丈1尺，要按丈折价。问每丈值钱多少？

答：每1丈，值$118\frac{2}{61}$钱。

[2-36] 已知出钱2 370,买布9匹2丈7尺,要按匹折价。问每匹值钱多少?

答:每1匹,值$244\frac{124}{129}$钱。

[2-37] 已知出钱13 670,买丝1石2钧17斤,要按石折价。问每石值钱多少?

答:每1石,值$8\,326\frac{178}{197}$钱。

物品单价此算法犹如分数相除。算法:以折算单位乘钱数为被除数,以所买物之数量为除数,以除数去除被除数。李淳风等按:依今有术的意义,出钱数为所求率,物之一个折价单位为所有数,所以用它乘钱数。若有分数则化分为整,又用分母乘之为被除数。所买物数之整部乘分母加上分子乃是所有率,所以作为除数。用除数去除被除数,所得之商即为钱数。若除之不尽而得分数,则沿用除数为分母,被除数之余数为分子。现知相除不尽,所以皆得分数。

[2-38] 今有出钱五百七十六,买竹七十八个,欲其大小率之①。问各几何②?

答曰:其四十八个,个七钱;其三十个,个八钱。

[2-39] 今有出钱一千一百二十,买丝一石二钧十八斤,欲其贵贱斤率之③。问各几何?

答曰:其二钧八斤,斤五钱;其一石一十斤,斤六钱。

[2-40] 今有出钱一万三千九百七十,买丝一石二钧二十八斤三两五铢④,欲其贵贱石率之。问各几何?

答曰:其一钧九两一十二铢,石八千五十一钱;其一石一钧二十七斤九两一十七铢,石八千五十二钱。

[2-41] 今有出钱一万三千九百七十,买丝一石二钧二

十八斤三两五铢，欲其贵贱钧率之。问各几何？

答曰：其七斤一十两九铢，钧二千一十二钱；其一石二钧二十斤八两二十铢，钧二千一十三钱。

[2-42]今有出钱一万三千九百七十，买丝一石二钧二十八斤三两五铢，欲其贵贱斤率之。问各几何？

答曰：其一石二钧七斤十两四铢，斤六十七钱；其二十斤九两一铢，斤六十八钱。

[2-43]今有出钱一万三千九百七十，买丝一石二钧二十八斤三两五铢，欲其贵贱两率之。问各几何？

答曰：其一石一钧一十七斤一十四两一铢，两四钱；其一钧一十斤五两四铢，两五钱。

其率术曰⑤：各置所买石、钧、斤、两以为法⑥，以所率乘钱数为实，实如法而一。不满法者，反以实减法，法贱、实贵。其求石、钧、斤、两，以积铢各除法实，各得其积数，余各为铢⑦。其率如欲令无分。按出钱五百七十六，买竹七十八个，以除钱得七，实余三十。是为三十个复可增一钱。然则实余之数即是贵者之数，故曰"实贵"也。本以七十八个为法，今以贵者减之，则其余悉是贱者之数，故曰："法贱"也。其求石、钧、斤、两，以积铢各除法实，各得其积数，余各为铢者，谓石、钧、斤、两积铢除实，又以石、钧、斤、两积铢除法，余各为铢，即合所问。

【注释】

①欲其大小率之：拟分大、小两种按个数折价。以竹数除钱数尚有余分，为便于找补，或舍弃奇零分数取不足近似整数为物价之"小者"，或收入奇零分数取过剩近似整数为物价之"大者"。大

小二者的价钱数相差为1。其,犹“殆”,表拟议或揣测。

②各:此指大、小者各自之单价与个数。

③欲其贵贱斤率之:即拟分为贵贱两种按斤折算。其贵价与贱价皆取整钱数,两者相差1钱。斤率之,以斤为单位折算价格。

④铢:中国古代衡制中的重量单位。以二十四铢为一两。《汉书·律历志上》:“一龠容千二百黍,重十二铢,两之为两。二十四铢为两,十六两为斤。”

⑤其率:即大、小二率或贵、贱二率的总称。名为“其率”,包含着两层意思:一是说率(此即物品单价)的这种表示是不精确的、近似的;二是说贵贱二率的选用在实际交易中需商议而定。元代朱世杰《算学启蒙》将其率术与反其率术列入卷中“贵贱反率门”。其,犹“殆”,表示拟议或揣测,含有“大概”“几乎”之意。

⑥各置所买石、钧、斤、两以为法:石、钧、斤、两为古代重量复合单位的名称,其率术诸题各取其中之一为折算丝之单价的重量标准。如[2-42]问题设“贵贱斤率之”,即以斤为折价单位,则应将所买丝之重量换算为斤来表示;[2-43]问题设“贵贱两率之”,则将所买丝之重量换算为两来表示。各置,即按各题设问不同,分别化为相应单位入算。

⑦其求石、钧、斤、两,以积铢各除法实,各得其积数,余各为铢:“积铢”,指每石(或每钧,或每斤,或每两)中包含的铢数。由1两=24铢;1斤=24×16=384铢;1钧=24×16×30=11 520铢;1石=24×16×30×4=46 080铢,大单位为小单位之倍数均表为乘积,故称“积铢”。要将“法余”“实余”之铢数化为复合单位石、钧、斤、两,则依次以它们的“积铢”去除之。所得之整数商,即该单位之倍数,古算称之为“积数”。以“积铢”相除,所余自然以铢为单位,所以术文说“余各为铢”。

【图草】

1.[2-38]题依其率术演草。

所求率(出钱)576	
所有率(买竹)78	所有数(所率)1

→

(1)题设各数,因物成率,审辨名分。

实	576×1=576
法	78

→

(2)置所买为法,以所率乘钱数为实。

其小率	576÷78=7……实余 30
其大率	7+1=8　　　　法　78

→

(3)实如法而一。

其小率 7	大者之数	(实余)30
其大率 8	小者之数	(法余)78-30=48

(4)不满法者反以实减法,法贱、实贵。

2.[2-41]题依其率术演草。

所求率(出钱)13 970	
所有率(买丝)1 石 2 钧 28 斤 3 两 5 铢	所有数(所率)1 钧

→

(1)因物成率,审辨名分。

实	13 970×1=13 970
法	$6\frac{10\ 829}{11\ 520}$(钧)

→

(2)各置所买石、钧、斤、两以为法,以所率乘钱数为实。

实　13 970×11 520=160 934 400

法　11 520×6+10 829=79 949

→

(3)法里有分,实里通之;法亦通分内子。

其贱率160 934 400÷79 949=2 012…　实余77 012

法　79 949

→

(4)实如法而一。

其贱率2 012　贵者之数(实余)77 012

其贵率2 012+1=2 013　贱者之数(法余)79 949-77 012

=2 937

→

(5)不满法者反以实减法,法贱、实贵。

贵者77 012÷46 080=1(石)…余30 932

贱者2 937(铢)

→

(6)其求石,以积铢(46 080)各除法、实,余各为铢。

贵者　1石　30 932÷11 520=2(钧)…余7 892铢

贱者　2 937(铢)

→

(7)其求钧,以积铢(11 520)各除法、实,余各为铢。

贵者1石2钧　7 892÷384=20(斤)…余212铢

贱者　2 937÷384=7(斤)…余249铢

→

(8)其求斤,以积铢(384)各除法、实,余各为铢。

贵者	1石2钧20斤	212÷24=8（两）…余20铢
贱者	7斤	249÷24=10（两）…余9铢

→

（9）其求两，以积铢（24）各除法、实，余各为铢。

贵者	1石2钧20斤8两20铢	每钧2 013钱
贱者	7斤10两9铢	每钧2 012钱

（10）答曰：其七斤一十两九铢，钧二千一十二钱，其一石二钧二十斤八两二十铢，钧二千一十三钱。

【译文】

[2-38] 假设出钱576，买竹78个，要以大、小两种折价。问各得多少？

答：其中小者48个，每个值7钱；其中大者30个，每个值8钱。

[2-39] 假设出钱1 120，买丝1石2钧18斤，要分贵、贱两种按斤折价。问各得多少？

答：其中贱者2钧8斤，每斤值5钱；其中贵者1石10斤，每斤值6钱。

[2-40] 假设出钱13 970，买丝1石2钧28斤3两5铢，要分贵、贱两种按石折价。问各得多少？

答：其中贱者1钧9两12铢，每石值8 051钱；其中贵者1石1钧27斤9两17铢，每石值8 052钱。

[2-41] 假设出钱13 970，买丝1石2钧28斤3两5铢，要分贵、贱两种按钧折价。问各得多少？

答：其中贱者7斤10两9铢，每钧值2 012钱；其中贵者1石2钧20斤8两20铢，每钧值2 013钱。

[2-42] 假设出钱13 970，买丝1石2钧28斤3两5铢，要分贵、贱两种按斤折价。问各得多少？

答：其中贱者1石2钧7斤10两4铢，每斤值67钱；其中贵者20斤9两1铢，每斤值68钱。

[2-43] 假设出钱13 970,买丝1石2钧28斤3两5铢,要分贵、贱两种按两折价。问各得多少?

答:其中贱者1石1钧17斤14两1铢,每两值4钱;其中贵者1钧10斤5两4铢,每两值5钱。

"其率"(贵贱二价)算法:各自列出所买物的石、钧、斤、两之数作为除数,以折算单位乘钱数作为被除数,用除数去除被除数。除之不尽者,反以被除数之余数(实余)去减除数,于是所得除数之余数(法余)即是贱者之数、"实余"即是贵者之数。当其得数要化为石、钧、斤、两,则以各单位所含铢数去除"法余"与"实余",便得相应单位的量数,余数以铢为单位。此算法拟使单价不含分数。按出钱576,买竹78个,用竹数除钱数得整商数7,被除数尚余30。于是有30个竹还可加价1钱。这样"实余"即是贵者之数,所以术文说"实贵"。原以竹之个数78为除数,现用贵者之数减它,其余数全为贱者之数,所以说"法贱"。"当其得数要化为石、钧、斤、两,则以各个单位所含铢数去除它,便得相应单位的量数,余数以铢为单位",是说用石、钧、斤、两所含铢数去除"实余",又以石、钧、斤、两所含铢数去除"法余",所余之数以铢为单位,即得题问之答数。

[2-44] 今有出钱一万三千九百七十,买丝一石二钧二十八斤三两五铢,欲其贵贱铢率之。问各几何?

答曰:其一钧二十斤六两十一铢,五铢一钱;其一石一钧七斤一十二两一十八铢,六铢一钱。

[2-45] 今有出钱六百二十,买羽二千一百䍦[①],䍦,羽本也。数羽称其本,犹数草木称其根株。欲其贵贱率之。问各几何?

答曰:其一千一百四十䍦,三䍦一钱;其九百六十䍦,四䍦一钱。

[2-46] 今有出钱九百八十,买矢簳五千八百二十枚[②],欲其贵贱率之。问各几何?

答曰：其三百枚，五枚一钱；其五千五百二十枚，六枚一钱。

反其率③臣淳风等谨按：其率者，钱多物少；反其率者，钱少物多。多少相反，故曰反其率也。术曰：以钱数为法，所率乘所买为实④，实如法而一。不满法者，反以实减法；法少、实多。二物各以所得多少之数乘法实，即物数。按其率，出钱六百二十，买羽二千一百翭。反之，当二百四十钱一钱四翭，其三百八十钱一钱三翭。是钱有二价，物有贵贱。故以羽乘钱，反其率也⑤。臣淳风等谨按：其率者，以物数为法，钱为实。反之者，以钱数为法，物为实。不满法者，实余也。当以余物化为钱矣⑥。法为凡钱，而今以化钱减之，故曰反以实减法也。法少者，知经分之所得，故曰法少。实多者，知余分之所益，故曰实多⑦。宜以多乘实，少乘法⑧，故曰各以所得多、少数乘法、实，即物数也。

【注释】

①翭（hóu）：量词，用于鸟羽的计数。《说文解字·羽部》："翭，羽本也。"与刘徽注同。

②矢簳（gǎn）：即箭杆。簳，小竹，可作箭杆。杜甫《石龛》诗："为官采美箭，五岁供梁齐，苦云直簳尽，无以充提携。"

③反其率：其率，表为每物几钱，它以钱数为被除数，物数为除数。反其率，表为每钱几物，乃以物数为被除数，钱数为除数。用比率的观点来说，是比的前后两项正好相反，所以说"反其率"是"其率"的"逆反表示"。

④以钱数为法，所率乘所买为实：所率，计算比率的单位或标准。在其率术中，比率表为"每物几钱"，故以物之计量单位"一石""一

斗”等为“所率”。而今反其率,比率表为“每钱几物”,故以“一钱”为“所率”。按今有术的意义,钱数为所有率,所买为所求率,所率“一钱”为所有数,故如术文所述。

⑤故以羽乘钱,反其率也:羽和钱在此题中被视为比率,羽为所求,钱为所有。现已求得有240钱,每钱4翭;有380钱,每钱3翭,这与答案一般形式应以“所求”而言,即表为“其中960翭,每4翭值1钱;其中1 140翭,每3翭值1钱”不同,故以每钱买羽数乘钱数,将钱化为羽,即化“所有”为“所求”,所以说“反其率也”。

⑥当以余物化为钱矣:在反其率算法过程中,以钱数为“法”,物数为“实”。因而“实余”之数当为物数。但是,在以“实余”减“法”时,是将实余之数看作钱中“多者之数”(即有若干钱,每钱可增1物),因而此“实余”应当由余物之数转化为钱数了。

⑦法少者,知经分之所得,故曰法少。实多者,知余分之所益,故曰实多:少者、多者,指所求“每钱几物”得数中的不足与过剩近似整数值。前者由法、实相除舍弃余分所得,故曰“知经分之所得”;后者由收入余分所得,故曰“余分之所益”。“法少”,是简略说法,即是说“法余”是“少者”之钱数;“实多”,亦即是说“实余”是“多者”之钱数。

⑧宜以多乘实,少乘法:多,即“每钱几物”的物数“几”之过剩近似整数值;少,即“每钱几物”中的物数“几”的不足近似整数值。实,实余;法,法余。

【图草】

[2-45]题依反其率术演草如下。

所有率(出钱)620　所有数(所率)1(钱) 所求率(买羽)2 100

→

(1)因物成率,审辨名分。

实　2 100×1=2 100 法　620	→

(2)以钱数为法，所率乘所买为实。

2 100÷620=3　…实余240 　　　　　　　　　法　620	→

(3)实如法而一。

少者3　　多者之数(实余)240(钱) 多者3+1=4　少者之数(法余)620-240=380(钱)	→

(4)不满法者，反以实减法，法少、实多。

少者3(翭)　少者物数3×380=1 140(翭) 少者4(翭)　少者物数4×240=960(翭)

(5)二物各以所得多少之数乘法、实，即物数。

【译文】

[2-44]假设出钱13 970，买丝一石2钧28斤3两5铢，要分贵、贱两种按铢折价。问各得多少？

答：其中少者1钧20斤6两11铢，每5铢值1钱；其中多者1石1钧7斤12两18铢，每6铢值1钱。

[2-45]假设出钱620，买羽2 100翭，翭，羽毛的本干。点数羽毛用其本干来称呼，犹如点数草木时用根或株来称呼一样。要分贵、贱两种折价。问各得多少？

答：其中少者1 140翭，每3翭值1钱；其中多者960翭，每4翭值1钱。

[2-46]假设出钱980，买箭杆5 820枚，要分贵、贱两种折价。问各得多少？

答:其中少者300枚,每5枚值1钱;其中多者5 520枚,每6枚值1钱。

反其率李淳风等按:"其率",用于钱数大于物数;"反其率"则用于钱数小于物数的情形。二者多少相反,故称后者为"反其率"。**算法:以钱数作为除数,以一钱乘所买物数作为被除数,用除数去除被除数。除之不尽,反以被除数之余数(实余)去减除数;于是所得除数之余数(法余)即是少者之数、而"实余"即是多者之数。以每钱买物两种多少之数去分别乘"法余"与"实余",即得相应之物数。**按其比率:出钱620,买羽2 100翭。反而求之,应得其中240钱每钱买羽4翭,其中380钱每钱买羽3翭。于是钱有两种价值,物有贵贱之分。所以用每钱买羽之数乘多者、少者的钱数,是为了将钱数反折成物数。李淳风等按:其率算法,以物数为除数,以钱数为被除数。逆反表示,即以钱数为除数,以物数为被除数。除之不尽,所得为"实余"。它应由物之余数转化为钱数。除数(法)为总钱数,现以实余转化成之钱数减之,所以说"反以实减法"。所谓"法少",是由相除取整商所得,所以称"法余"为少者之数。所谓"实多",收入了奇零分数,所以称"实余"为多者之数。应以"多者"乘"实余","少者"乘"余法",所以说"各以所得多、少数乘法、实",即得多、少者之物数。

卷三　衰分以御贵贱禀税

【题解】

衰，是指由大到小按一定的标准递减。衰分，即指按照一定的等级进行分配。刘徽注此章“以御贵贱禀税”，意为按不同等级分发粮食与征收赋税，共有20题。本章的主要内容除标题所指按正比例或反比例分配的问题外，还包含更一般的比例计算问题。

第1～9题是按比例分配的问题。据《汉书·百官公卿表》记载，秦汉时期共分爵位二十级，文中的公士、上造、簪裹、不更、大夫分别是第一至五级，在分配物品时按五、四、三、二、一递减比率，爵高者多得，爵低者少得，这便是衰分，即按正比例分配的本意；而在缴纳赋税时，却要使爵高者少出，爵低者多出，按反比例分配，通过各衰倒数变化后，将其转化为衰分问题统一处理，称为返衰。文中的比例分配问题既反映了当时的社会实际问题，又给出了公平分配的数学方法。

第10题之后的诸问题涉及物品交换、租赁、保释、借贷等民生问题，与前面9题风格不同，本不属衰分或返衰之类，是利用比率关系解决的实际应用问题，刘徽和李淳风在注《九章算术》时，将这些问题的求解方法归结为今有术。因为这些问题并非粟米间的互换，虽与粟米章部分题目相仿，但粟米章是从单价、总值求能兑换的商品数，而本章是从物品数量、总值求商品单价，所以鉴于两者之间的区别，在《九章算术》的数学分类中,这些问题没有归于粟米章,而放在了衰分章。本章第10～19题是正比例算法,第20题为含有两个乘积项的复比例问题。

衰分[①]衰分,差分也。**术曰:各置列衰,**列衰,相与率也。重叠,则可约。**副并为法;以所分乘未并者各自为实;**法集而衰别,数本一也[②]。今以所分乘上别,以下集除之[③],一乘一除适足相消,故所分犹存,且各应率而别也。于今有术,列衰各为所求率,副并为所有率,所分为所有数。又以经分言之[④],假令甲家三人,乙家二人,丙家一人,并六人,共分十二,为人得二也。欲复作逐家者,则当列置人数,以一人所得乘之。今此术先乘而后除也。**实如法而一。不满法者,以法命之。**

【注释】

①衰(cuī)分:中国古算术语,泛指按比例分配。衰,原意是依照一定的标准递减。

②法集而衰别,数本一也:法集,以即"法"为"集",是说"法"在此代表被分的总和;衰别,即以"衰"为"别",是说"列衰"在此表示个别的"部分"。因而法和衰是全体与部分之数的对立统一。

③今以所分乘上别,以下集除之:衰分算法将各分配比数自上而下排列,而另取其总和放置在诸比数之最下方。别,指各比数。上别,即上方之"别",指上列表示各部分的比数。集,指比数之总和。下集,即下方之"集",指列于下方之总和。

④经分:中国古算术语,意义与"衰分"相对,经分即是等分,而"衰分"则为按比例分配。李淳风注:"以人数分所分,故曰经分也。"即按人数等分所分之物数,所以称为"经分"。经,规范;寻常。

【译文】

衰分（按比例分配）衰分，即是有差别的分配。**算法：逐个列出各分配比数（称它们为“列衰”），**“列衰”，即相关的比率。有公因子，则可约简。**另取众比数之和（称为“副并”）作为除数，以所分之总数（简称“所分”）乘分配比数（称为“未并者”）各自作为被除数；**除数代表总和（称为“集”）而列衰则表示各部分（称为“别”），其数原本是统一的。现以所分之总数乘上列各分配比数，以下面的总和去除之，如此一乘一除正好相互抵消，因而所分之总数不变，而各部分之数按相应比率而不同。依照今有术而论，“列衰”各自为所求率，“副并”为所有率，“所分”为所有数。又按“经分”（即等分）而论，假设甲家3人，乙家2人，丙家1人，相加为6人，共分12，为每人得数2。要再按各家逐一计算，则应列出人数，用1人所得之数乘之。现在的衰分算法则是先乘而后除。**以除数去除被除数。除之不尽，则得分数。**

[3-1]今有大夫、不更、簪袅、上造、公士，凡五人，共猎得五鹿，欲以爵次分之①。问各得几何？

答曰：大夫得一鹿、三分鹿之二；不更得一鹿、三分鹿之一；簪袅得一鹿；上造得三分鹿之二；公士得三分鹿之一。

术曰：列置爵数，各自为衰；爵数者，谓大夫五，不更四，簪袅三，上造二，公士一也。《墨子·号令篇》：“以爵级为赐”，然则战国之初有此名也。副并为法；以五鹿乘未并者，各自为实；实如法得一鹿。于今有术，列衰各为所求率，副并为所有率，今有鹿数为所有数，而今有之，即得。

[3-2]今有牛、马、羊食人苗。苗主责之粟五斗。羊主曰：“我羊食半马。”马主曰：“我马食半牛。”今欲衰偿之。问各出几何？

答曰：牛主出二斗八升、七分升之四；马主出一斗四升、七分升之二；羊主出七升、七分升之一。

术曰：置牛四、马二、羊一，各自为列衰；副并为法；以五斗乘未并者各自为实；实如法得一斗。臣淳风等谨按：此术问意，羊食半马，马食半牛，是谓四羊当一牛，二羊当一马。今术置羊一、马二、牛四者，通其率以为列衰。

[3-3] 今有甲持钱五百六十，乙持钱三百五十，丙持钱一百八十，凡三人俱出关。关税百钱，欲以钱数多少衰出之。问各几何？

答曰：甲出五十一钱、一百九分钱之四十一；乙出三十二钱、一百九分钱之一十二；丙出一十六钱、一百九分钱之五十六。

术曰：各置钱数为列衰；副并为法；以百钱乘未并者，各自为实；实如法得一钱。臣淳风等谨按：此术甲、乙、丙持钱数以为列衰，副并为所有率，未并者各为所求率，百钱为所有数，而今有之，即得。

[3-4] 今有女子善织，日自倍，五日织五尺。问日织几何？

答曰：初日织一寸、三十一分寸之十九；次日织三寸、三十一分寸之七；次日织六寸、三十一分寸之十四；次日织一尺二寸、三十一分寸之二十八；次日织二尺五寸、三十一分寸之二十五。

术曰：置一、二、四、八、十六为列衰；副并为法；以五尺乘未并者，各自为实；实如法得一尺。

[3-5] 今有北乡算八千七百五十八[2]，西乡算七千二百

三十六,南乡算八千三百五十六,凡三乡,发徭三百七十八人,欲以算数多少衰出之。问各几何?

答曰:北乡遣一百三十五人、一万二千一百七十五分人之一万一千六百三十七;西乡遣一百一十二人、一万二千一百七十五分人之四千四;南乡遣一百二十九人、一万二千一百七十五分人之八千七百九。

术曰:各置算数为列衰,臣淳风等谨按:三乡算数可约,半者为列衰。副并为法;以所发徭人数乘未并者,各自为实;实如法得一人。按此术,今有之义也。

[3-6]今有禀粟,大夫、不更、簪袅、上造、公士,凡五人,一十五斗。今有大夫一人后来,亦当禀五斗。仓无粟,欲以衰出之。问各几何?

答曰:大夫出一斗、四分斗之一;不更出一斗;簪袅出四分斗之三;上造出四分斗之二;公士出四分斗之一。

术曰:各置所禀粟斛斗数,爵次均之,以为列衰,副并而加后来大夫亦五斗,得二十以为法;以五斗乘未并者各自为实;实如法得一斗。禀前五人十五斗者,大夫得五斗,不更得四斗,簪袅得三斗,上造得二斗,公士得一斗。欲令五人各依所得粟多少,减与后来大夫,即与前来大夫同。据前来大夫已得五斗,故言“亦”也。各以所得斗数为衰,并得十五,而加后来大夫亦五斗,凡二十为法也。是为六人共出五斗,后来大夫亦俱损折。于今有术,副并为所有率,未并者各为所求率,五斗为所有数,而今有之,即得。

[3-7]今有禀粟五斛,五人分之,欲令三人得三,二人得二。问各几何?

答曰：三人，人得一斛一斗五升、十三分升之五；二人，人得七斗六升、十三分升之十二。

术曰：置三人，人三；二人，人二；为列衰，副并为法；以五斛乘未并者，各自为实；实如法得一斛。

【注释】

①以爵次分之：即以爵位的等级数为比数分配。爵次，爵位的等级。《汉书·百官公卿表》："爵一级曰公士、二上造、三簪褭、四不更、五大夫、六官大夫、七公大夫、八公乘、九五大夫、十左庶长、十一右庶长、十二左更、十三中更、十四右更、十五少上造、十六大上造、十七驷车庶长、十八大庶长、十九关内侯、二十彻侯。皆秦制。"

②算：秦和西汉初期分配徭役与摊派赋税的计算单位。汉初对成年人所征人头税称为"算赋"。《汉仪注》谓，人年十五以上至五十六出赋钱，人百二十为一算，治库兵车马。应劭谓：汉律人出一算，算百二十钱，唯贾人与奴婢倍算。汉惠帝六年（前189），为奖励生育，提倡女子早婚，又定"女子年十五以上至三十不嫁，五算"。李籍《九章算术音义》："计口出钱。汉律，人出一算，一算百二十钱，贾与奴婢倍算。"

【图草】

[3-5] 题依衰分术演草如下。

北乡算数	8 758
西乡算数	7 236
南乡算数	8 356

→

(1) 各置算数为列衰；

北乡	4 379
西乡	3 618
南乡	4 178
副并	12 175

→

（2）可半者为列衰，副并为法；

北乡$\frac{4\,379\times378}{12\,175}=135\frac{11\,637}{12\,175}$（人）

西乡$\frac{3\,168\times378}{12\,175}=112\frac{4\,004}{12\,175}$（人）

南乡$\frac{4\,178\times378}{12\,175}=129\frac{8\,709}{12\,175}$（人）

（3）以所发傜人数乘未并者，各自为实，实如法得一人。

【译文】

[3-1]设有大夫、不更、簪袅、上造、公士总共5人，同猎鹿5只，要按爵数高低分配。问各得鹿多少？

答：大夫得鹿$1\frac{2}{3}$只；不更得鹿$1\frac{1}{3}$只；簪袅得鹿1只；上造得鹿$\frac{2}{3}$只；公士得鹿$\frac{1}{3}$只。

算法：依次列出爵数，各自作为分配比数，所谓“爵数”，即是大夫5，不更4，簪袅3，上造2，公士1。《墨子·号令篇》：“以爵级为赐”，如此可见战国之初已有此名称了。以“副并”作为除数。以鹿数5乘“未并者”各自为被除数；以除数去除被除数便得鹿数。按今有术的意义，“列衰”各为所求率，“副并”为所有率，已知鹿数为所有数，而按今有术计算，便得答数。

[3-2]设有牛、马和羊吃了农民的禾苗。禾苗主人索赔粟5斗。羊主人说：“我羊的食量相当于半头马的食量。”马主人说：“我马的食量相当于半头牛的食量。”现要按比例赔偿。问各出粟多少？

答:牛主出2斗$8\frac{4}{7}$升;马主出1斗$4\frac{2}{7}$升;羊主出$7\frac{1}{7}$升。

算法:选取牛4、马2、羊1,各自作为分配比数;以众比数之和为除数;以所分斗数5乘诸比数各自为被除数;以除数去除被除数便得出粟的斗数。李淳风等按:此算法设问之意,所谓"羊食半马","马食半牛",是说4羊的食量相当于1牛,2羊的食量相当于1马。而今算法选取羊1、马2、牛4,乃通约比率以此为分配比数。

[3-3]假设甲有钱560,乙有钱350,丙有钱180,凡此3人皆要出关。关税共计100钱,要依所带钱数的多少按比例纳税。问各人出钱多少?

答:甲出$51\frac{41}{109}$钱;乙出$32\frac{12}{109}$钱;丙出$16\frac{56}{109}$钱。

算法:各取所持钱数为分配比数;另取众比数之和为除数;以钱数100乘诸比数,各自为被除数;以除数去除被除数便得所出钱数。李淳风等按:此算法以甲、乙、丙所持钱数为分配比数,各比数之和为所有率,未作和的各个比数为所求率,钱数100为所有数,而用今有术计算,即得答数。

[3-4]设有女子会织布,每日加倍增长,5天共织布5尺。问每日各织多少?

答:第一天织布$1\frac{19}{31}$寸;第二天织布$3\frac{7}{31}$寸;第三天织布$6\frac{14}{31}$寸;第四天织布1尺$2\frac{28}{31}$寸;第五天织布2尺$5\frac{25}{31}$寸。

算法:选取1,2,4,8,16为分配比数;另取众比数之和为除数;用织布尺数5乘各比数,各自为被除数;以除数去除被除数便得日织布尺数。

[3-5]假设北乡为8 758"算",西乡为7 236"算",南乡为8 356"算",共计3乡,分派徭役378人,要按"算"数多少的比例出入。问各派人多少?

答:北乡派遣$135\frac{11\,637}{12\,175}$人;西乡派遣$112\frac{4\,004}{12\,175}$人;南乡派遣

$129\frac{8\,709}{12\,175}$人。

算法：依次列出各乡“算”数为分配比数，李淳风等按：3个乡的“算数”相约，同取其半数为分配比数。另取众比数之和作为除数；以所发徭役人数乘各比数，各自为被除数；以除数去除被除数便得人数。按此算法，乃是今有术的意思。

[3-6]假设发给粟，大夫、不更、簪袅、上造、公士，总共5人，分15斗。设又有大夫1人后来，也应发给粟5斗。但仓内无粮，要各人按比例分出。问各人分出多少？

答：大夫出粟$1\frac{1}{4}$斗；不更出粟1斗；簪袅出粟$\frac{3}{4}$斗；上造出粟$\frac{2}{4}$斗；公士出粟$\frac{1}{4}$斗。

算法：各取所发粟之斛、斗数按爵次（加权）平均，以所得之数为分配比数，另取众比数之和加后来大夫亦应得之斗数5，得数20作为除数。以斗数5乘未并之各比数分别为被除数；以除数去除被除数便得各出的斗数。发给前5人粟15斗，按比数分配则大夫得5斗，不更得4斗，簪袅得3斗，上造得2斗，公士得1斗。要让5人各按所得粟多少之比数，扣除而发给“后来大夫”，即是“后来者”所得与“前来大夫”应相同。根据前来大夫已分得5斗，所以术文说：“‘后来大夫’亦应得之斗数5。”各以所得斗数为分配比数，相加得15，而加“后来大夫”也应得斗数5，共20作为除数。即是按6人共出5斗，“后来大夫”也同样扣除。按今有术，众比数之和为所有率，未相加的诸比数各为所求率，5斗为所有数，而按今有术计算，即得各出粟数。

[3-7]假设发给粟5斛，由5人分得，要使其中有3人每人得3份，有2人每人得2份。问各人得粟多少？

答：其中有3人，每人得1斛1斗$5\frac{5}{13}$升；有2人，每人得7斗$6\frac{12}{13}$升。

算法：列出3人，每人所得份数3；2人，每人所得份数2；为分配比数,另取众比数之和为除数;以5斛乘各比数,各自为被除数;以除数去除被除数便得各人应得的斛数。

返衰[①]以爵次言之,大夫五,不更四。欲令高爵得多者,当使大夫一人受五分[②],不更一人受四分,人数为母,分数为子。母同则子齐,齐即衰也[③]。故上衰分宜以五、四为列焉。今此令高爵出少,则当使大夫五人共出一人分,不更四人共出一人分[④],故谓之返衰。术曰:列置衰而令相乘,动者为不动者衰[⑤]。人数不同,则分数不齐,当令母互乘子;母互乘子则动者为不动者衰也。亦可先同其母,各以分母约,其子,为返衰,副并为法;以所分乘未并者各自为实;实如法而一。

[3-8]今有大夫、不更、簪裊、上造、公士;凡五人,共出百钱。欲令高爵出少,以次渐多。问各几何?

答曰:大夫出八钱、一百三十七分钱之一百四;不更出一十钱、一百三十七分钱之一百三十;簪裊出一十四钱、一百三十七分钱之八十二;上造出二十一钱,一百三十七分钱之一百二十三;公士出四十三钱、一百三十七分钱之一百九。

术曰:置爵数各自为衰,而返衰之,副并为法;以百钱乘未并者各自为实;实如法得一钱。

[3-9]今有甲持粟三升,乙持粝米三升,丙持粝饭三升,欲令合而分之。问各几何?

答曰:甲二升、一十分升之七;乙四升、一十分升之五;丙一升、一十分升之八。

术曰：以粟率五十、粝米率三十、粝饭率七十五为衰，而返衰之；副并为法；以九升乘未并者各自为实；实如法得一升。按此术，三人所持升数虽等，论其本率，精粗不同。米率虽少，令最得多；饭率虽多，返使得少。故令返之，使精得多而粗得少。于今有术，副并为所有率，未并者各为所求率，九升为所有数，而今有之，即得。

【注释】

①返衰：即按反比例分配。返，亦作“反”，与正相对。

②分（fèn）：亦作“份”，整体中的一部分。

③母同则子齐，齐即衰也：分母相同则分子相齐，此相齐的分子即是分配比数。齐，整齐之意。作为古代中算术语，齐，指在通分运算中分子与分母扩大相同的倍数，即同步增长的意思。前后两个“齐”字所指不同，前一个“齐”指同步增长的运算要求，后一个“齐”字代表通分后的分子。

④此令高爵出少，则当使大夫五人共出一人分，不更四人共出一人分：摊派出钱以每人为一份，称为“一人分（份）”。按返衰的意义，爵数高者少出，则相当于大夫5人共出一人份，不更4人共出一人份。

⑤列置衰而令相乘，动者为不动者衰：这段术文讲如何化列衰（按正比分配之比数）为“返衰”（按反比分配之比数）的算法。按刘徽注文，“列置衰而令相乘”，即是列出分配比的母子之数（如“五爵出钱”问），然后交互相乘：

	人数	份数
大夫	1	5
不更	1	4
簪袅	1	3
上造	1	2
公士	1	1

(1)列置衰。

→

	动者	不动者
大夫	1×4×3×2×1=24	5
不更	1×5×3×2×1=30	4
簪袅	1×5×4×2×1=40	3
上造	1×5×4×3×1=60	2
公士	1×5×4×3×2=120	1

(2)而令相乘。

在“衰分”中,人数为母,份数为子;而“返衰”乃与之母、子相反,以人数为子,份数为母。故用母(份数)交互相乘子(人数),子数被乘以后而有变动,故称“动者”,母数为乘数而无变动,故称“不动者”。在“衰分”中,以“不动者”这一行为分配比数;而在“返衰”中,则以“动者”这一行代替“不动者”而作为分配比数,所以说“动者为不动者衰”。

【图草】

[3-9]题依返衰术演草如下。

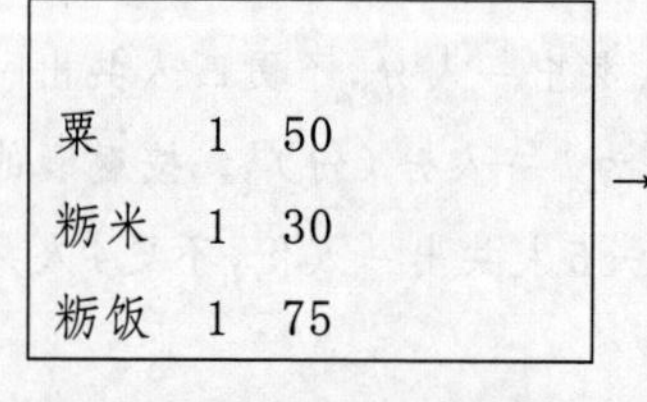

粟	1	50
粝米	1	30
粝饭	1	75

(1)以粟率五十、粝米率三十、粝饭率七十五为衰;

→

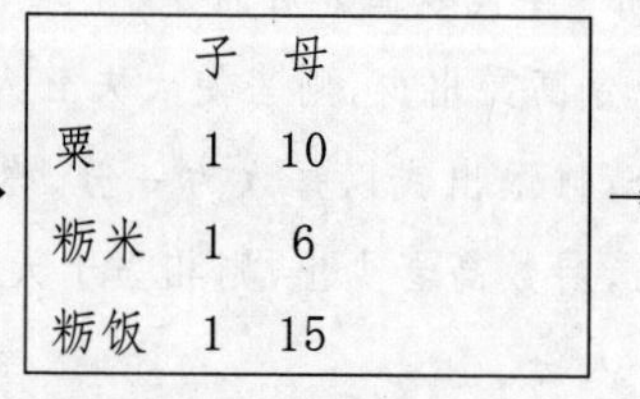

	子	母
粟	1	10
粝米	1	6
粝饭	1	15

(2)以等数五约之;

→

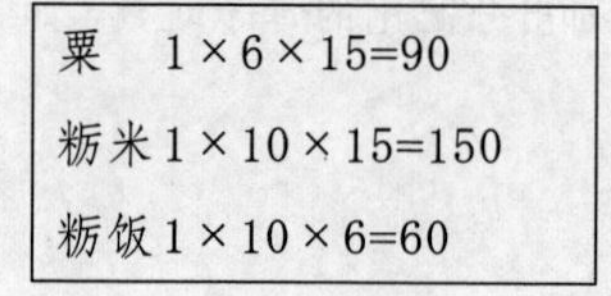

粟	1×6×15=90
粝米	1×10×15=150
粝饭	1×10×6=60

(3)而返衰之;

→

粟	90÷30=3
粝米	150÷30=5
粝饭	60÷30=2

(4)以等数三十约之。

→

粟3 粝米5 粝饭2 副并3+5+2=10 （法）	→	粟 $\frac{3\times9}{10}=2\frac{7}{10}$（升） 粝米 $\frac{5\times9}{10}=4\frac{5}{10}$（升） 粝饭 $\frac{2\times9}{10}=1\frac{8}{10}$（升） 副并10 所分3+3+3=9
（5）副并为法；		（6）以九升乘未并者各自为实，实如法得一升。

【译文】

返衰（按反比例分配）以爵数为例来说，大夫5，不更4。所谓要使高爵得多，就应使大夫1人得5份，不更1人得4份，以人数为分母，所得份数为分子。此处分母相同则分子相“齐”，此相“齐”的分子即是分配比数。所以上面的衰分中应以5、4的次序排列比数。而今这里要使高爵出少，则应使大夫5人共出1份，不更4人共出1份，所以称为“返衰”。**算法：列出分配比数而交互相乘，乘得之数为相应位上按反比的分配比数。**人数（即分母）不同，则份数（即分子）不“齐”，应当令分母交互相乘分子；以分母互乘分子所得数即是相应位上的分配比数。也可以先通分为同分母，各以其原分母去除公分母，得数之分子，即以其作为反比分配之比数，另取众比数之和为除数；以所分之数乘未并的诸比数各自为被除数；以除数去除被除数。

[3-8] 设有大夫、不更、簪袅、上造、公士；总共5人，同出钱100。要使爵数高的少出，按反比关系分配。问各出钱多少？

答：大夫出$8\frac{104}{137}$钱；不更出$10\frac{130}{137}$钱；簪袅出$14\frac{82}{137}$钱；上造出$21\frac{123}{137}$钱；公士出$43\frac{109}{137}$钱。

算法：列出爵数各在比数的位置，而后作出按反比分配之比数，另取诸比数之和为除数;以钱数100乘未并的诸比数各自为被除数;以除数去除被除数便得应出钱数。

[3-9]假设甲有粟3升,乙有粝米3升,丙有粝饭3升,要令合在一起而分配。问各得多少?

答:甲得$2\frac{7}{10}$升;乙得$4\frac{5}{10}$升;丙得$1\frac{8}{10}$升。

算法:以粟率50、粝米率30、粝饭率75为所列比数,而后作出按反比分配之比数;另取众比数之和为除数;以总升数9乘未并的诸比数各自为被除数;用除数去除被除数便得各升数。按此算法,3人所有米数虽然相等,但就它们的交换比率而论,有精与粗之不同。米的比数虽最少,令其所得为最多;饭的比数虽最多,反而使之所得最少。所以令作出按反比分配之比数,使精者得多而粗者得少。按今有术的意义,众比数之和为所有率,未并的各比数为所求率,9升为所有数,而依今有术计算,便得答数。

[3-10]今有丝一斤,价直二百四十①。今有钱一千三百二十八,问得丝几何?

答曰:五斤八两一十二铢、五分铢之四。

术曰:以一斤价数为法,以一斤乘今有钱数为实,实如法得丝数。按此术,今有之义,以一斤价为所有率,一斤为所求率,今有钱为所有数,而今有之,即得。

[3-11]今有丝一斤,价直三百四十五。今有丝七两一十二铢,问得钱几何?

答曰:一百六十一钱、三十二分钱之二十三。

术曰:以一斤铢数为法;以一斤价数乘七两一十二铢为实;实如法得钱数。按此术,亦今有之义。以丝一斤铢数为所有率,价钱为所求率,今有丝为所有数,而今有之,即得。

[3-12]今有缣一丈，价直一百二十八。今有缣一匹九尺五寸，问得钱几何？

答曰：六百三十三钱、五分钱之三。

术曰：以一丈寸数为法；以价钱数乘今有缣寸数为实；实如法得钱数。臣淳风等谨按：此术亦今有之义。以缣一丈寸数为所有率，价钱为所求率，今有缣寸数为所有数，而今有之，即得。

[3-13]今有布一匹，价直一百二十五。今有布二丈七尺，问得钱几何？

答曰：八十四钱、八分钱之三。

术曰：以一匹尺数为法，今有布尺数乘价钱为实，实如法得钱数。按此术，亦今有之义。以一匹尺数为所有率，价钱为所求率，今有布为所有数，今有之，即得。

[3-14]今有素一匹一丈[2]，价直六百二十五。今有钱五百，问得素几何？

答曰：得素一匹。

术曰：以价直为法，以一匹一丈尺数乘今有钱数为实，实如法得素数。按此术，亦今有之义。以价钱为所有率，五丈尺数为所求率，今有钱为所有数，今有之，即得。

[3-15]今有与人丝一十四斤，约得缣一十斤。今与人丝四十五斤八两，问得缣几何？

答曰：三十二斤八两。

术曰：以一十四斤两数为法，以一十斤乘今有丝两数为实，实如法得缣数。此术亦今有之义。以一十四斤两数为所有率，一十斤为所求率，今有丝为所有数，今有之，即得。

[3-16]今有丝一斤,耗七两。今有丝二十三斤五两,问耗几何?

答曰:一百六十三两四铢半。

术曰:以一斤展十六两为法,以七两乘今有丝两数为实,实如法得耗数。按此术,亦今有之义。以一斤为十六两为所有率,七两为所求率,今有丝为所有数,而今有之,即得。

【注释】

①价直:即价值。直,通"值"。

②素:白色的生绢。古乐府《上山采蘼芜》:"新人工织缣,故人工织素。"

【译文】

[3-10]已知丝1斤,价值钱240。今有钱1 328,问得丝多少?

答:得丝5斤8两$12\frac{4}{5}$铢。

算法:以1斤价值钱数为除数,以斤数1乘今有钱数为被除数,以除数去除被除数便得丝数。按此算法,乃今有术的意思。以1斤的价值钱数为所有率,斤数1为所求率,今有钱数为所有数,而按今有术计算,即得答数。

[3-11]已知丝1斤,价值钱345。今有丝7两12铢,问得钱多少?

答:得钱$161\frac{23}{32}$钱。

算法:以1斤所含铢数为除数;以1斤价值钱数乘7两12铢(所含铢数)作为被除数;以除数去除被除数便得钱数。按此算法,也是今有术的意思。以丝1斤所含铢数为所有率,1斤的价钱为所求率,今有丝的铢数为所有数,按今有术计算,便得答数。

[3-12]已知缣1丈,价值钱128。今有缣1匹9尺5寸,问得钱多少?

答：得钱$633\frac{3}{5}$钱。

算法：以1丈所含寸数为除数；以1丈价值钱数乘今有缣的寸数为被除数；用除数去除被除数便得钱数。李淳风等按：此算法也是今有术的意思。以缣1丈所含寸数为所有率，1丈价值钱数为所求率，今有缣所含寸数为所有数，依今有术计算，便得答数。

[3-13] 已知布1匹，价值钱125。今有布2丈7尺，问得钱多少？

答：得钱$84\frac{3}{8}$钱。

算法：以1匹布所含尺数为除数，今有布尺数乘一匹价值钱数为被除数，用除数去除被除数便得钱数。按此算法，也是今有术的意思。以1匹所含尺数为所有率，1匹价值钱数为所求率，今有布所含尺数为所有数，按今有术计算，便得答数。

[3-14] 已知素绢1匹1丈，价值钱625。今有钱500，问得素绢多少？

答：得素绢1匹。

算法：以价值钱数为除数，以1匹1丈所含尺数乘今有钱数为被除数，用除数去除被除数便得素绢之数。按此算法，也是今有术的意思。以价值钱数为所有率，5丈所含尺数为所求率，今有钱数为所有数，依今有术计算，便得答数。

[3-15] 已知给人以丝14斤，约定得缣10斤。现今给人丝45斤8两，问应得缣多少？

答：得缣32斤8两。

算法：以14斤所含两数为除数，以斤数10乘今有丝所含两数为被除数，用除数去除被除数便得缣数。此算法也是今有术的意思。以14斤所含两数为所有率，10斤所含两数为所求率，今有丝所含两数为所有数，按今有术计算，便得答数。

[3-16] 已知丝1斤，损耗7两。今有丝23斤5两，问损耗多少？

答：损耗163两$4\frac{1}{2}$铢。

算法:以1斤折合16两为除数,以7两乘今有丝所含两数为被除数,用除数去除被除数便得损耗数。按此算法,也是今有术的意思。以1斤折合为16两为所有率,7两为所求率,以今有丝所含两数为所有数,而按今有术计算,便得答数。

[3-17]今有生丝三十斤,干之,耗三斤十二两。今有干丝一十二斤,问生丝几何?

答曰:一十三斤一十一两十铢、七分铢之二。

术曰:置生丝两数,除耗数,余,以为法;余四百二十两,即干丝率。三十斤乘干丝两数为实;实如法得生丝数。凡所谓率者,细则俱细,粗则俱粗,两数相推而已[①]。故品物不同,如上缣丝之比,相与率焉。三十斤凡四百八十两。令生丝率四百八十两,干丝率四百二十两,则其数相通。可俱为铢,可俱为两,可俱为斤,无所归滞也[②]。若然宜以所有干丝斤数,乘生丝两数为实。今以斤两错互而亦同归者,使干丝以两数为率,生丝以斤数为率,譬之异类,亦各有一定之势[③]。臣淳风等谨按:此术,置生丝两数,除耗数,余即干丝之率,于今有术为所有率,三十斤为所求率,干丝两数为所有数。凡所谓率者,细则俱细,粗则俱粗。今以斤乘两者,干丝即以两数为率,生丝即以斤数为率,譬之异物,各有一定之率也。

【注释】

①凡所谓率者,细则俱细,粗则俱粗,两数相推而已:表示比率的数,可大可小,如2比1,可改为6比3,等等。采用比数愈大,相当于单位划分愈细密;反之,采用比数愈小,即单位划分愈粗疏。比数之表示虽可大可小,但扩大与缩小之倍数要相同,即两数要互相

推算，同步变化。“两数相推”与约分术徽注所谓“法实相推”的意义类似。

②归滞：行不通畅之意。归，返回。滞，不流通。《淮南子·时则训》：“流而不滞。”

③使干丝以两数为率，生丝以斤数为率，譬之异类，亦各有一定之势：干丝的比数用两数来表示，生丝的比数用斤数来表示，比率中的各项采用不同的计量单位为什么是合理的？刘徽注文对此加以说明。中算家的“率”概念，不限于同类量相比，更不要求以相同单位来表示比数，它仅要数量间的对应成为正比例关系，即可同扩大与缩小相同倍数。“譬之异类，亦各有一定之势”，是说比方像不同种类的量之间，也可按各自一定的比数而构成相依关系。

【图草】

[3-17]题按今有术演草如下。

所有率 16×30-（16×3+12）=420（两） 所求率 30（斤） 所有数 16×12=192（两）	→

（1）置生丝两数，除耗数，余即干丝之率，于今有术为所有率，三十斤为所求率，干丝两数为所有数；

原为生丝 $\frac{192\times30}{420}=\frac{96}{7}$（斤）$=13\frac{5}{7}$（斤） $=13$斤11两$10\frac{2}{7}$铢

（2）而今有之。

【译文】

[3-17]假设生丝30斤，干燥后，耗损3斤12两。今有干丝12斤，问

原为生丝多少?

答:生丝13斤11两$10\frac{2}{7}$铢。

算法:列置生丝两数,减去耗损数,其余数,作为除数;余数420两,即干丝比数。以斤数30乘干丝两数作为被除数;用除数去除被除数便得生丝之数。凡所谓“率”者,要细密则俱细密,要粗疏则俱粗疏,不过两数相互推算而已。所以物品不相同,例如上面的缣与丝之比,相关而成为比率。30斤总计480两。令生丝率为两数480,干丝率为两数420,则两数彼此相当。其比数之单位可皆为铢,亦可同为两,亦可以同为斤,是没有行不通的。如若这样宜以所有干丝之斤数,乘生丝之两数为被除数。如今斤与两交互使用而结果相同,使干丝用两数为比数,生丝用斤数为比数,这譬如像不同种类的物品,也可以各自一定的比数而构成相依关系。李淳风等按:此算法,取生丝两数,减去损耗数,余数即是干丝之比率,按今有术乃是所有率,斤数30为所求率,干丝两数为所有数。凡所谓“率”者,要细密则俱细密,要粗疏则俱粗疏。如今以斤乘两,乃是干丝即以两数为比数,生丝即以斤数为比数,犹如不同种类之物,各自有一定之比数。

[3-18]今有田一亩,收粟六升、太半升。今有田一顷二十六亩一百五十九步,问收粟几何?

答曰:八斛四斗四升、一十二分升之五。

术曰:以亩二百四十步为法;以六升、太半升乘今有田积步为实;实如法得粟数。按此术,亦今有之义。以一亩步数为所有率,六升、太半升为所求率,今有田积步为所有数,而今有之,即得。

[3-19]今有取保一岁[①],价钱二千五百。今先取一千二百,问当作日几何?

答曰:一百六十九日、二十五分日之二十三。

术曰：以价钱为法；以一岁三百五十四日乘先取钱数为实[②]；实如法得日数。按此数，亦今有之义。以价为所有率，一岁日数为所求率，取钱为所有数，而今有之，即得。

[3-20]今有贷人千钱[③]，月息三十。今有贷人七百五十钱，九日归之，问息几何？

答曰：六钱、四分钱之三。

术曰：以月三十日乘千钱为法；以三十日乘千钱为法者，得三万，是为贷人钱三万，一日息三十也。以息三十乘今所贷钱数，又以九日乘之，为实；实如法得一钱。以九日乘今所贷钱为今一日所有钱，于今有术为所有数，息三十为所求率；三万钱为所有率。此又可以一月三十日约息三十钱，为十分一日[④]，以乘今一日所有钱为实；千钱为法。为率者[⑤]，当等之于一也[⑥]。故三十日或可乘本，或可约息[⑦]，皆所以等之也[⑧]。

【注释】

①取保：谓犯罪者取得他人的担保而被释，亦称“交保”。

②一岁三百五十四日：岁，是从正月朔到下次正月朔的时间，即阴历一年，它是十二个朔望月的长度，共354日有余。

③贷：借入或借出。

④以一月三十日约息三十钱，为十分一日：以1月天数30去除利息钱数30，应得每一天利息1钱。注文“十分一日”，即每一天利息10分，当指1钱=10分。上古“钱”字本义是指一种铲形农具，商周之时，产品交换日见频繁，先民仿铲形农具为交换媒介，于是“钱”便借指货币。

⑤率：比率，在此指“利率”。

⑥等之于一：原义是等同于一个交换单位，在此则是说折合成一个单位时间（即一天）所付的利钱。一，即单位或标准。

⑦三十日或可乘本，或可约息：此为省略之说，原义即或可以三十日乘本，或可以三十日约息。以三十日乘本，即得贷钱1 000×30=30 000，日利息30钱；以三十日约息，即得贷钱1 000，日利息30÷30=1钱。

⑧皆所以等之也：上面两种利率换算，皆表为“每天利钱若干”的形式，即“日利息”合于“等之于一”的要求。等之，即上文“等之于一”的省略语。

【译文】

[3-18]假设田1亩，收粟$6\frac{2}{3}$升。今有田1顷26亩159平方步，问收粟多少？

答：收粟8斛4斗$4\frac{5}{12}$升。

算法：以每亩所含平方步数240为除数；以$6\frac{2}{3}$升乘今有田面积之平方步数为被除数；用除数去除被除数便得应收粟数。按此算法，也是今有术的意思。以1亩所含平方步数为所有率，$6\frac{2}{3}$升为所求率，今有田面积之平方步数为所有数，而按今有术计算，即得答数。

[3-19]假设取保一岁，价钱为2 500。今先取钱1 200，问应保释日数多少？

答：$169\frac{23}{25}$日。

算法：以价钱为除数；以1岁所含日数354乘先取钱数为被除数；用除数去除被除数便得保释日数。按此算法，也是今有术的意思。以价钱数为所有率，1岁所含日数为所求率，今先取钱数为所有数，而按今有术计算，便得答数。

[3-20]假设向人贷钱1 000，月利息为30。今向人贷钱750，9天归

还,问利息多少?

答:利息$6\frac{3}{4}$钱。

算法:**以每月天数30乘钱数1 000为除数**;以天数30乘钱数1 000,得30 000,它表示向人贷钱30 000,每天利息为30钱。**以利息30乘今所贷钱数,又以天数9乘之,得数作为被除数;用除数去除被除数便得利息的钱数。**以天数9乘今所贷钱数即是1天所有之钱,按今有术它为所有数,利息30为所求率;钱数30 000为所有率。此题解法又可以用1月天数30去约利息30钱,为1日利息10分,用以乘今1天所有之钱作为被除数;钱数1 000为除数。作为利息率,应当折合为每一天的利息。所以或者用天数30乘原本贷钱之数,或者用天数30去约利息,皆折合成每一天的利息了。

卷四 少广以御积幂方圆

【题解】

长方形相邻两边在古代分别被称为“广”和“从”，古人规定一亩之田，其广为一步，长为二百四十步。“少广”的本意，是指在田积一亩固定不变的前提下，其广小量增长时，相应田长取值如何变化的问题。在《九章算术》的数学分类中，编撰者拓展了“少广”的范畴，少广章除了包含上面的内容之外，还包含了面积和体积的反问题，即已知正方形或圆的面积反求边长或半径和已知立方体或球的体积反求棱长或半径的问题，共24题。

卷首先给出少广术一般算法，已知田积为一亩，广为$1+\frac{1}{2}+\frac{1}{3}+\cdots+\frac{1}{n}$步，求田长，实际是以几个单分数的和作为除数的除法计算，需对分数通分求和进行运算。第1～11题广分别从$1+\frac{1}{2}$步增至$1+\frac{1}{2}+\cdots+\frac{1}{12}$步求田长，这些例题充分体现了“少广”的本意。在分数通分求和时，为避免诸分母乘积过大，采用了边通分边约简的方法，实质上包含着最小公倍数的计算法则。古代数学中，并未将求最小公倍数的算法单独进行讨论，只在本章解题的过程中提及，是《九章算术》中的独特算法。

第12～18题为面积的反问题，其中12～16题为已知正方形面积求边长的“开方术”,17～18题为已知圆面积求圆周长的“开圆术”。《九章算术》原文给出了完整的多位数开方运算程序。开方,即分割正方形,表明了这个算法的几何来源,刘徽注正是用正方形逐次分割的几何解释充分阐述了开方术程序的数学原理。刘徽的注释说明,开方术是将正方形分割成一个内方和若干曲尺形,它们的宽度恰好表示多位数的边长在各位上的数值。开圆术在卷一中圆田公式及周三径一圆周率基础上推得圆周公式,本质上是开方术的简单应用。

第19～24题为体积的反问题,其中19～22题为已知立方体体积求棱长的“开立方术”,23～24题为已知球体积求直径的“开立圆术”。与开平方相似,刘徽注说明,开立方是将立方体分割为一个内立方和若干个“半方框”,它们的厚度恰是立方体一条棱长度在各位上的数值。开立圆术本质上是开立方术的简单应用,术文给出了计算直径的公式:圆径$=\sqrt[3]{\frac{16\times \text{球体积}}{9}}$,由此可反推出球的体积公式:球体积$=\frac{9}{16}$直径^3。

刘徽认为《九章算术》中的这个公式,是通过球与圆柱体的体积之比推导而来的,是球体积的近似公式。他设计了牟合方盖,进一步证明了上述公式的近似性,并通过牟合方盖和球体积的关系,提出通过牟合方盖的体积推算球体积精确公式的思路,承认自己因无法计算牟合方盖体积,而只能将这个问题留给后人解决。他还对张衡提出的球体积公式:球体积$=\frac{5}{8}$直径^{3}进行了中肯的评述,指出其所得结果过于粗疏。李淳风在注释中记载了刘徽之后约200年,祖冲之父子运用祖暅公理彻底解决了刘徽未解决的牟合方盖体积问题,从而获得了球体积的精确公式,是中算史上的一项重大成就。球积精确公式的获得,是刘徽和祖冲之父子共同努力的结果,前者是探索方案的设计者,后者是实现方案的操作者,二者的工作各有千秋,同等重要。

开方术从高位数值到低位数值逐位求根,是以中算家独创的十进位值制记数法为基础的,这种记数法配合秦汉时期的度量制度,以尺为基本单位,尺下各单位依次对应着十进小数。对于开方不尽的(无理)数,术文中说“当以面命之”,即用根数来表示,类似于用$\sqrt{N}$表示无理数的精确值。刘徽注指出,若不用根数表示,可估算其过剩近似值和不足近似值,也可继续退位开方,求得整数下的微数,采用十进分数表示,本质上与十进小数是相同的。这种退位开方,可以无限进行下去,即微数无穷尽。这表明,刘徽已认识到开方不尽的数不能用十进小数的有限形式表示,只能无限逼近精确值。他还指出,退位开方至所需精度后,近似值与精确值的差值就可以忽略不计了。

相比古希腊毕达哥拉斯学派后期学者希帕恰斯因发现无理数的不可公度性而引发第一次数学危机,中算家关于数的观念并不像古希腊数学家那样受到束缚,他们在开方术和开立方术运算中自然而然地引进根数表示无理数,并在《九章算术》中建立了平方根和立方根的乘除运算法则,表现出了与西方数学完全不同的思想特征。

少广[①]臣淳风等谨按:一亩之田广一步,长二百四十步。今欲截取其从,少以益其广[②],故曰少广。术曰:置全步及分母子,以最下分母遍乘诸分子及全步[③],臣淳风等谨按:以分母乘全步者,通其分也。以母乘其子者,齐其子也。各以其母除其子,置之于左[④]。命通分者,又以分母遍乘诸分子及已通者,皆通而同之[⑤],并之为法[⑥]。臣淳风等谨按:诸子悉通,故可并之为法。亦不宜用合分术,列数尤多,若用乘则算数至繁,故别制此术,从省约。置所求步数,以全步积分乘之为实[⑦]。此以田广为法,以亩积步为实。法有分者,当同其母,齐其子,以同乘法实,而并齐于法。今以分母乘全步及子,子如母而一,并以并全法[⑧],则法实俱长,意亦等也[9]。故如法而一，得从步数。实如法而一，得从步。

【注释】

①少（shǎo）广：田广少量增长。李籍《九章算术音义》："广少，从多，截从之多，益广之少，故曰少广。"程大位《算法统宗》也称："此章如田，截从之多，益广之少，故曰少广。"其解释"少广"为广少而从多，需截多以益少。这种解释与李淳风注不尽相合，而淳风注："今欲截取其从，少以益其广。"这更符合"少广"设问造术之原意。少，数量小；稍微。

②今欲截取其从，少以益其广：古人规定一亩之田，其广为一步，长为二百四十步。本卷前十一题为"少广"之本术，即在田积一亩固定不变之下考察田广有小量的增长时，相应田长之值如何变化的问题。少广，即是"小广"，取田广小量增长之意。所谓"少以益其广"，就是这个意思。"少广"，即"少以益其广"之略语。

③置全步及分母子，以最下分母遍乘诸分子及全步：全步，全，整。此指"少广"术中题设田广之长度（$1+\frac{1}{2}+\frac{1}{3}+\cdots+\frac{1}{n}$；$n=2$，3，…，12）当中的整数"1"。按少广术之设问，例如[4-4]题，它归结为计算$240\div(1+\frac{1}{2}+\frac{1}{3}+\frac{1}{4}+\frac{1}{5})$，首先要对除数中之多项分数进行通分。古时布筹演算，"置全步及分母子"，是将除数中各项从上至下排列。"以最下分母遍乘诸分子及全步"，是对除数各项通分的第一步，即用最下列之分母遍乘各项，如下所示。

全步	子	母
1		
	1	2
	1	3
	1	4
	1	5(最下分母)

置全步及分母子，

→

全步	子	母
1×5=5		
	1×5=5	2
	1×5=5	3
	1×5=5	4
	1×5=5	5

以最下分母遍乘诸分子及全步。

④各以其母除其子，置之于左：少广术中的通分不同于合分术中的步骤，其是边通边约的。“各以其母除其子”，即是伴随遍乘之后的约简，若分子已可为分母整除，则为“已通者”，便“置之于左”，移入“全步”行中，如下所示。

全步	子	母
5		
	5	2
	5	3
	5	4
5÷5=1		

各以其母除其子，置之于左，

⑤命通分者，又以分母遍乘诸分子及已通者，皆通而同之：“通分者”，即要进行通分演算的分数（已通者除外），它逐个由下向上选取。皆通而同之，即“皆同而通之”，是说用上述同样的方法逐个对诸分数进行通约，如下所示。

全步	子	母
5×4=20		
	5×4=20	2
	5×4=20	3
	5×4=20	4（通分者）
1×4=4		

命通分者，又以分母遍乘诸分子及已通者，

→

全	子	母
20		
10		
	20	3
5		
4		

各以其母除其子，置之于左。

→

全	子	母
20×3=60		
10×3=30		
	20×3=60	3（通分者）
5×3=15		
4×3=12		

命通分者，又以分母遍乘诸分子及已通者，

→

	全
（全步积分）	60
	30
	20
	15
	12

各以其母除其子，置之于左。皆通而同之。

⑥并之为法：以通约后所得诸数之和为除数。并之，即作全部“已通者”之和，它原是田“广”的分子。如下所示。

法	实
分子（并之）60+30+20+15+12=137	240
分母（全步积分）60	

并之为法。

⑦置所求步数，以全步积分乘之为实：按术演算，通约完毕之后，筹算板上所得诸“已通者”，皆表示通分后的诸分子，而公分母即

是“全步积分”。所谓“全步积分”,即是由全步“1”经多次累乘而得到的乘积。所求步数,指题设中“求田一亩”之一亩所含平方步数240,它原为被除数。但由于除数为分数,按“法里有分,实里通之”,故化分数相除为整数相除。以“并之”作为除数,以“所有步数”乘除数之分母(全步积分)作为被除数,计算过程如下所示。

$$240 \div \frac{137}{60} = (240 \times 60) \div 137$$

法里有分　实里通之

$$=105\frac{15}{137}(步)$$

置所求步数,以全步积分乘之为实,实如法而一,得从步。

⑧并以并全法:得数一齐相加而为除数。少广题中的“法”(除数)是多项分数,将所得之“已通者”挨个相加在一起,这叫“并以并”。各项分数是“法”的一部分,诸数相加的得数即为“法”的全部,故称“全法”。前一“并”字,相挨着;一齐之义。

⑨意亦等也:是说前后两种算法的道理是一致的。等,本谓顿齐竹简,引申为齐一,等同。

【译文】

少广李淳风等按:面积为1亩之田宽1步,长240步。如今要保持面积截短其“长”,以稍微增长其“宽”,所以称为“少广”。算法:列出“全步”及诸分母分子,以最下列之分母遍乘各分子和“全步”,李淳风等按:以分母乘“全步”,乃是通分(化整数为分数)运算。以分母乘诸分子,乃是使分子与分母扩大相同倍数。各自用分母去约其分子,所得之数置于左行。由下至上依次命要通分之分数,又用它的分母去遍乘诸未通者的分子及已通之数,逐个照此同样方法通分,以通约后所得诸数之和为除数。李淳风等按:诸分子全都通分

(化为同分母),所以可以相加而取作除数。但不宜用“合分术”中的演算方法,列数甚多时,若用诸分母相乘作公分母,其数字计算极其繁难,所以另造此算法,为的是计算简便。**列出所求田面积的平方步数,用“全步积分”(即公分母)乘之作为被除数。**这是以田宽为除数,以田亩面积的平方步数为被除数。除数中包含分数,应当化为同分母,分子亦扩大相同倍数,以公分母乘除数及被除数,因而将通约后的诸分子相加作为除数。现今用分母去乘“全步”及诸分子,又用分母去约分子,得数一齐相加而为除数,如此则除数与被除数皆同样增长,这与上面的说法意思是一致的,所以用除数去除被除数,便得田长步数。**以除数去除被除数,即得田长步数。**

[4-1]今有田广一步半,求田一亩[①]。问从几何?

答曰:一百六十步。

术曰:下有半[②],是二分之一。以一为二,半为一,并之得三,为法。置田二百四十步,亦以一为二乘之,为实。实如法得从步。

[4-2]今有田广一步半、三分步之一,求田一亩。问从几何?

答曰:一百三十步、一十一分步之一十。

术曰:下有三分。以一为六,半为三,三分之一为二,并之得一十一,以为法。置田二百四十步,亦以一为六乘之,为实。实如法得从步。

[4-3]今有田广一步半、三分步之一、四分步之一,求田一亩。问从几何?

答曰:一百一十五步、五分步之一。

术曰:下有四分。以一为十二,半为六,三分之一为四,四分之一为三,并之得二十五,以为法。置田二百四十步,亦以一为一十二乘之,为实。实如法而一,得从步。

[4-4]今有田广一步半、三分步之一、四分步之一、五分步之一,求田一亩。问从几何?

答曰:一百五步、一百三十七分步之一十五。

术曰:下有五分。以一为六十,半为三十,三分之一为二十,四分之一为一十五,五分之一为一十二,并之得一百三十七,以为法。置田二百四十步,亦以一为六十乘之,为实。实如法得从步。

[4-5]今有田广一步半、三分步之一、四分步之一、五分步之一、六分步之一,求田一亩。问从几何?

答曰:九十七步、四十九分步之四十七。

术曰:下有六分。以一为一百二十③,半为六十,三分之一为四十,四分之一为三十,五分之一为二十四,六分之一为二十,并之得二百九十四,以为法。置田二百四十步,亦以一为一百二十乘之,为实。实如法得从步。

[4-6]今有田广一步半、三分步之一、四分步之一、五分步之一、六分步之一、七分步之一,求田一亩。问从几何?

答曰:九十二步、一百二十一分步之六十八。

术曰:下有七分。以一为四百二十,半为二百一十,三分之一为一百四十,四分之一为一百五,五分之一为八十四,六分之一为七十,七分之一为六十,并之得一千八十九,以为法。置田二百四十步,亦以一为四百二十乘之,为实。实如法得从步。

[4-7]今有田广一步半、三分步之一、四分步之一、五分步之一、六分步之一、七分步之一、八分步之一，求田一亩。问从几何？

答曰：八十八步、七百六十一分步之二百三十二。

术曰：下有八分。以一为八百四十，半为四百二十，三分之一为二百八十，四分之一为二百一十，五分之一为一百六十八，六分之一为一百四十，七分之一为一百二十，八分之一为一百五，并之得二千二百八十三，以为法。置田二百四十步，亦以一为八百四十乘之，为实。实如法得从步。

[4-8]今有田广一步半、三分步之一、四分步之一、五分步之一、六分步之一、七分步之一、八分步之一、九分步之一，求田一亩。问从几何？

答曰：八十四步、七千一百二十九分步之五千九百六十四。

术曰：下有九分。以一为二千五百二十，半为一千二百六十，三分之一为八百四十，四分之一为六百三十，五分之一为五百四，六分之一为四百二十，七分之一为三百六十，八分之一为三百一十五，九分之一为二百八十，并之得七千一百二十九，以为法。置田二百四十步，亦以一为二千五百二十乘之，为实。实如法得从步。

[4-9]今有田广一步半、三分步之一、四分步之一、五分步之一、六分步之一、七分步之一、八分步之一、九分步之一、十分步之一，求田一亩。问从几何？

答曰：八十一步、七千三百八十一分步之六千九百三十九。

术曰:下有一十分。以一为二千五百二十,半为一千二百六十,三分之一为八百四十,四分之一为六百三十,五分之一为五百四,六分之一为四百二十,七分之一为三百六十,八分之一为三百一十五,九分之一为二百八十,十分之一为二百五十二,并之得七千三百八十一,以为法。置田二百四十步,亦以一为二千五百二十乘之,为实。实如法得从步。

[4-10] 今有田广一步半、三分步之一、四分步之一、五分步之一、六分步之一、七分步之一、八分步之一、九分步之一、十分步之一、十一分步之一,求田一亩。问从几何?

答曰:七十九步、八万三千七百一十一分步之三万九千六百三十一。

术曰:下有一十一分。以一为二万七千七百二十,半为一万三千八百六十,三分之一为九千二百四十,四分之一为六千九百三十,五分之一为五千五百四十四,六分之一为四千六百二十,七分之一为三千九百六十,八分之一为三千四百六十五,九分之一为三千八十,一十分之一为二千七百七十二,一十一分之一为二千五百二十,并之得八万三千七百一十一,以为法。置田二百四十步,亦以一为二万七千七百二十乘之,为实。实如法得从步。

[4-11] 今有田广一步半、三分步之一、四分步之一、五分步之一、六分步之一、七分步之一、八分步之一、九分步之一、十分步之一、十一分步之一、十二分步之一,求田一亩。

问从几何？

答曰：七十七步、八万六千二十一分步之二万九千一百八十三。

术曰：下有一十二分。以一为八万三千一百六十[4]，半为四万一千五百八十，三分之一为二万七千七百二十，四分之一为二万七百九十，五分之一为一万六千六百三十二，六分之一为一万三千八百六十，七分之一为一万一千八百八十，八分之一为一万三百九十五，九分之一为九千二百四十，一十分之一为八千三百一十六，十一分之一为七千五百六十，十二分之一为六千九百三十，并之得二十五万八千六十三，以为法。置田二百四十步，亦以一为八万三千一百六十乘之，为实。实如法得从步。臣淳风等谨按：凡为术之意，约省为善。宜云下有一十二分。以一为二万七千七百二十[5]，半为一万三千八百六十，三分之一为九千二百四十，四分之一为六千九百三十，五分之一为五千五百四十四，六分之一为四千六百二十，七分之一为三千九百六十，八分之一为三千四百六十五，九分之一为三千八十，十分之一为二千七百七十二，十一分之一为二千五百二十，十二分之一为二千三百一十，并之得八万六千二十一，以为法。置田二百四十步，亦以一为二万七千七百二十乘之，以为实。实如法得从步。其术亦得，知不繁也。

【注释】

①求田一亩：意指要寻取面积为一亩的田地。求，需要，要求。

②下有半：最下分母为2。类似于此，以下各题术文中有“下有三分”“下有四分”等，指“最下分母为3”“最下分母为4”等。下

有,是指少广术演算列筹式时排列在最下方位置上的数。只须指出最下分母是几,少广术的算式便确定了。

③以一为一百二十:将1化为120。[4-5]题依少广术演算应是“以一为六十”,正确的步骤如下所示。

全	子	母
1		
	1	2
	1	3
	1	4
	1	5
	1	6

置全步及分母子,

→

全	子	母
6		
3		
2		
	3	2
	6	5
1		

以最下分母(6)遍乘诸分子及全步,各以其母除其子,置之于左。

→

全	子	母
30		
15		
10		
	15	2
6		
5		

命通分者(5),又以分母遍乘诸分子及已通者,皆通而同之。

→

全	子	母
60		
30		
20		
15		
12		
10		

命通分者(2),又以分母遍乘诸分子及已通者,皆通而同之。

按术文，其演算错误发生在未将分数$\frac{6}{4}$约简为$\frac{3}{2}$，其步骤如下所示。

全	子	母
1		
	1	2
	1	3
	1	4
	1	5
	1	6

→

全	子	母
6		
3		
2		
	6	4
	6	5
1		

→

全	子	母
30		
15		
10		
	30	4
6		
5		

→

全	子	母
120		
60		
40		
30		
24		
20		

④以一为八万三千一百六十：[4-11]题依少广术演算应是“以一为二万七千七百二十”，其演算错误发生在未将分数$\frac{12}{9}$约简为$\frac{4}{3}$，李淳风在其下的注文中已作改正。

⑤以一为二万七千七百二十：依少广术将全步1化为27 720，它即是公分母。其演算步骤如下所示。

全	子	母
1		
	1	2
	1	3
	1	4
	1	5
	1	6
	1	7
	1	8
	1	9
	1	10
	1	11
	1	12

→

全	子	母
12		
6		
4		
3		
	12	5
2		
	12	7
	3	2
	4	3
	6	5
	12	11
1		

→

全	子	母
132		
66		
44		
33		
	132	5
22		
	132	7
	33	2
	44	3
	66	5
12		
11		

→

全	子	母
660		
330		
220		
165		
132		
110		
	660	7
	165	2
	220	3
66		
60		
55		

→

全	子	母
1 980		
990		
660		
495		
396		
330		
	1 980	7
	495	2
220		
198		
180		
165		

→

全	子	母
3 960		
1 980		
1 320		
990		
792		
660		
	3 960	7
495		
440		
396		
360		
330		

→

全	子	母
27 720		
13 860		
9 240		
6 930		
5 544		
4 620		
3 960		
3 465		
3 080		
2 772		
2 520		
2 310		

【图草】

[4-6]题，计算：$240\div(1+\frac{1}{2}+\frac{1}{3}+\frac{1}{4}+\frac{1}{5}+\frac{1}{6}+\frac{1}{7})=$？依少广术演算步骤如下所示。

全	子	母
1		
	1	2
	1	3
	1	4
	1	5
	1	6
	1	7

→

全	子	母
7		
	7	2
	7	3
	7	4
	7	5
	7	6
1		

→

全	子	母
42		
21		
14		
	21	2
	42	5
7		
6		

→

全	子	母
210		
105		
70		
	105	2
42		
35		
30		

→

全	子	母
420（全步积分）		
210		
140		
105		
84		
70		
60		
（并之）1 089		

→

$$\frac{240\times 420}{1\ 089}$$
$$=\frac{100\ 800}{1\ 089}$$
$$=92\frac{612}{1\ 089}$$
$$=92\frac{68}{121}\text{（步）}$$

【译文】

[4-1] 假设田宽 $1\frac{1}{2}$ 步，需要田 1 亩。问应取田长多少？

答：田长 160 步。

算法：列在下方的“半”，即是$\frac{1}{2}$。按少广术通约将1化为2；$\frac{1}{2}$化为1，相加得3，作为除数。取田积平方步数240，又用化1所得之2乘之，作为被除数。用除数去除被除数便得田长步数。

[4-2] 假设田宽$1+\frac{1}{2}+\frac{1}{3}$步，需要田1亩。问应取田长多少？

答：田长$130\frac{10}{11}$步。

算法：列在下方的分母是3。按少广术通约将1化为6，$\frac{1}{2}$化为3，$\frac{1}{3}$化为2，相加得11，作为除数。取田积平方步数240，又用化1所得之6乘之，作为被除数。用除数去除被除数便得田长步数。

[4-3] 假设田宽$1+\frac{1}{2}+\frac{1}{3}+\frac{1}{4}$步，需要田1亩。问应取田长多少？

答：田长$115\frac{1}{5}$步。

算法：列在下方的分母是4。按少广术通约将1化为12，$\frac{1}{2}$化为6，$\frac{1}{3}$化为4，$\frac{1}{4}$化为3，相加得25，作为除数。取田积平方步数240，又用化1所得之12乘之，作为被除数。用除数去除被除数，便得田长步数。

[4-4] 假设田宽$1+\frac{1}{2}+\frac{1}{3}+\frac{1}{4}+\frac{1}{5}$步，需要田1亩。问应取田长多少？

答：田长$105\frac{15}{137}$步。

算法：列在下方的分母是5。按少广术通约将1化为60，$\frac{1}{2}$化为30，$\frac{1}{3}$化为20，$\frac{1}{4}$化为15，$\frac{1}{5}$化为12，相加得137，作为除数。取田积平方步数240，又用化1所得之60乘之，作为被除数。用除数去除被除数便得田长步数。

[4-5]假设田宽$1+\frac{1}{2}+\frac{1}{3}+\frac{1}{4}+\frac{1}{5}+\frac{1}{6}$步,需要田1亩。问应取田长多少?

答:田长$97\frac{47}{49}$步。

算法:列在下方的分母是6。按少广术通约将1化为120,$\frac{1}{2}$化为60,$\frac{1}{3}$化为40,$\frac{1}{4}$化为30,$\frac{1}{5}$化为24,$\frac{1}{6}$化为20,相加得294,作为除数。取田积平方步数240,又用化1所得之120乘之,作为被除数。用除数去除被除数便得田长步数。

[4-6]假设田宽$1+\frac{1}{2}+\frac{1}{3}+\frac{1}{4}+\frac{1}{5}+\frac{1}{6}+\frac{1}{7}$步,需要田1亩。问应取田长多少?

答:田长$92\frac{68}{121}$步。

算法:列在下方的分母是7。按少广术通约将1化为420,$\frac{1}{2}$化为210,$\frac{1}{3}$化为140,$\frac{1}{4}$化为105,$\frac{1}{5}$化为84,$\frac{1}{6}$化为70,$\frac{1}{7}$化为60,相加得1 089,作为除数。取田积平方步数240,又用化1所得之420乘之,作为被除数。用除数去除被除数便得田长步数。

[4-7]假设田宽$1+\frac{1}{2}+\frac{1}{3}+\frac{1}{4}+\frac{1}{5}+\frac{1}{6}+\frac{1}{7}+\frac{1}{8}$步,需要田1亩。问应取田长多少?

答:田长$88\frac{232}{761}$步。

算法:列在下方的分母是8。按少广术通约将1化为840,$\frac{1}{2}$化为420,$\frac{1}{3}$化为280,$\frac{1}{4}$化为210,$\frac{1}{5}$化为168,$\frac{1}{6}$化为140,$\frac{1}{7}$化为120,$\frac{1}{8}$化

为105,相加得2 283,作为除数。取田积平方步数240,又用化1所得之840乘之,作为被除数。用除数去除被除数便得田长步数。

[4-8]假设田宽$1+\frac{1}{2}+\frac{1}{3}+\frac{1}{4}+\frac{1}{5}+\frac{1}{6}+\frac{1}{7}+\frac{1}{8}+\frac{1}{9}$步,需要田1亩。问应取田长多少?

答:田长$84\frac{5\ 964}{7\ 129}$步。

算法:列在下方的分母是9。按少广术通约将1化为2 520,$\frac{1}{2}$化为1 260,$\frac{1}{3}$化为840,$\frac{1}{4}$化为630,$\frac{1}{5}$化为504,$\frac{1}{6}$化为420,$\frac{1}{7}$化为360,$\frac{1}{8}$化为315,$\frac{1}{9}$化为280,相加得7 129,作为除数。取田积平方步数240,又用化1所得之2 520乘之,作为被除数。用除数去除被除数便得田长步数。

[4-9]假设田宽$1+\frac{1}{2}+\frac{1}{3}+\frac{1}{4}+\frac{1}{5}+\frac{1}{6}+\frac{1}{7}+\frac{1}{8}+\frac{1}{9}+\frac{1}{10}$步,需要田1亩。问应取田长多少?

答:田长$81\frac{6\ 939}{7\ 381}$步。

算法:列在下方的分母是10。按少广术通约将1化为2 520,$\frac{1}{2}$化为1 260,$\frac{1}{3}$化为840,$\frac{1}{4}$化为630,$\frac{1}{5}$化为504,$\frac{1}{6}$化为420,$\frac{1}{7}$化为360,$\frac{1}{8}$化为315,$\frac{1}{9}$化为280,$\frac{1}{10}$化为252,相加得7 381,作为除数。取田积平方步数240,又用化1所得之2 520乘之,作为被除数。用除数去除被除数便得田长步数。

[4-10]假设田宽$1+\frac{1}{2}+\frac{1}{3}+\frac{1}{4}+\frac{1}{5}+\frac{1}{6}+\frac{1}{7}+\frac{1}{8}+\frac{1}{9}+\frac{1}{10}+\frac{1}{11}$步,需要田1亩。问应取田长多少?

答:田长$79\frac{39\,631}{83\,711}$步。

算法:列在下方的分母是11。按少广术通约将1化为27 720,$\frac{1}{2}$化为13 860,$\frac{1}{3}$化为9 240,$\frac{1}{4}$化为6 930,$\frac{1}{5}$化为5 544,$\frac{1}{6}$化为4 620,$\frac{1}{7}$化为3 960,$\frac{1}{8}$化为3 465,$\frac{1}{9}$化为3 080,$\frac{1}{10}$化为2 772,$\frac{1}{11}$化为2 520,相加得83 711,作为除数。取田积平方步数240,又用化1所得之27 720乘之,作为被除数。用除数去除被除数便得田长步数。

[4-11]假设田宽$1+\frac{1}{2}+\frac{1}{3}+\frac{1}{4}+\frac{1}{5}+\frac{1}{6}+\frac{1}{7}+\frac{1}{8}+\frac{1}{9}+\frac{1}{10}+\frac{1}{11}+\frac{1}{12}$步,需要田1亩。问应取田长多少?

答:田长$77\frac{29\,183}{86\,021}$步。

算法:列在下方的分母是12。按少广术通约将1化为83 160,$\frac{1}{2}$化为41 580,$\frac{1}{3}$化为27 720,$\frac{1}{4}$化为20 790,$\frac{1}{5}$化为16 632,$\frac{1}{6}$化为13 860,$\frac{1}{7}$化为11 880,$\frac{1}{8}$化为10 395,$\frac{1}{9}$化为9 240,$\frac{1}{10}$化为8 316,$\frac{1}{11}$化为7 560,$\frac{1}{12}$化为6 930,相加得258 063,作为除数。取田积平方步数240,又用化1所得之83 160乘之,作为被除数。用除数去除被除数便得田长步数。李淳风等按:凡设计算法的用意,都以简便为佳。应当说:列在下方的分母是12。按少广术通约将1化为27 720,$\frac{1}{2}$为13 860,$\frac{1}{3}$化为9 240,$\frac{1}{4}$化为6 930,$\frac{1}{5}$化为5 544,$\frac{1}{6}$化为4 620,$\frac{1}{7}$化为3 960,$\frac{1}{8}$化为3 465,$\frac{1}{9}$化为3 080,$\frac{1}{10}$化为2 772,$\frac{1}{11}$化为2 520,$\frac{1}{12}$化为2 310,相加得86 021,作为除数。取田积平方步数240,又用化1所得之27 720乘之,作为被除数。用除数去除被除数便得田长步数。其算法也适用,可知计算不繁复。

[4-12]今有积五万五千二百二十五步。问为方几何？

答曰：二百三十五步。

[4-13]又有积二万五千二百八十一步。问为方几何？

答曰：一百五十九步。

[4-14]又有积七万一千八百二十四步。问为方几何？

答曰：二百六十八步。

[4-15]又有积五十六万四千七百五十二步、四分步之一。问为方几何？

答曰：七百五十一步半。

[4-16]又有积三十九亿七千二百一十五万六百二十五步。问为方几何？

答曰：六万三千二十五步。

开方求方幂之一面也。术曰：置积为实[①]。借一算，步之，超一等[②]。言百之面十也，言万之面百也。议所得，以一乘所借一算为法，而以除[③]。先得黄甲之面，上下相命，是自乘而除也[④]。除已，倍法为定法。倍之者，豫张两面朱幂定袤，以待复除，故曰定法。其复除，折法而下[⑤]。欲除朱幂者，本当副置所得成方[⑥]。倍之为定法，以折议，乘而以除[⑦]。如是当复步之而止，乃得相命，故使就上折下[⑧]。复置借算步之如初，以复议一乘之，欲除朱幂之角黄乙之幂，其意如初之所得也。所得副，以加定法，以除。以所得副从定法。再以黄乙之面加定法者，是则张两青幂之袤。复除折下如前。若开之不尽者为不可开，当以面命之[⑨]。术或有以借算加定法而命分者[⑩]，虽粗相近，不可用也。凡开积为方，方之自乘当还复其积分。令不加借算而命分，则常微少[⑪]。其加借算而命分,则又微多。其数不可得而定。故惟以面命之,为不失耳⑫。譬犹以三除十,以其余为三分之一,而复其数可举⑬。不以面命之,加定法如前,求其微数。微数无名者以为分子,其一退以十为母,其再退以百为母。退之弥下,其分弥细,则朱幂虽有所弃之数,不足言之也。**若实有分者,通分内子为定实。乃开之,讫,开其母报除。**臣淳风等谨按:分母可开者,并通之积先合二母⑭。既开之后一母尚存,故开分母求一母为法,以报除也。**若母不可开者,又以母乘定实,乃开之,讫,令如母而一。**臣淳风等谨按:分母不可开者,本一母也⑮。又以母乘之,乃合二母。既开之后,亦一母存焉。故令如母而一,得全面也。又按此术,"开方"者,求方幂之一面也。"借一算"者,假借一算,空有列位之名,而无除积之实。方隅得面,是故借算列之于下。"步之,超一等"者,方十自乘其积有百,方百自乘其积有万,故超位至百而言十,至万而言百。"议所得,以一乘所借一算为法,而以除"者,先得黄甲之面,以方为积者两相乘。故开方除之,还令两面上下相命,是自乘而除之。"除已,倍法为定法"者,实积未尽,当复更除,故豫张两面朱幂定袤,以待复除,故曰定法。"其复除,折法而下"者,欲除朱幂,本当副置所得成方。倍之为定法,以折议,乘之而以除。如是当复步之而止,乃得相命,故使就上折之而下。"复置借算步之如初,以复议一乘之,所得副,以加定法,以除"者,欲除朱幂之角、黄乙之幂。"以所得副从定法"者,再以黄乙之面加定法,是则张两青幂之袤,故如前开之,即合所问。

【注释】

①置积为实:取面积数作为被除数。积,面积数,亦即被开方数。

实,被除数。在古代算法中,开方运算得用自除法。所以有“开方除之”的说法。二者之不同仅在于,除法运算中的除数即“法”是已给定的,而开方运算中的除数需要在运算过程中与商数相关而确定。在开方中,被开方数即作为被除数,所以说“置积为实。”

②借一算,步之,超一等:取算筹一枚置于下行末位,再向前移动,其“跨度”正好是方根的数量级。步,行走。这里是逐步移动的意思。超一等,向前跳过一“等”的位置。等,等级,此指方根的数量级。关于“等”的意义,《资治通鉴》卷二百二十四,“费逾万亿”注引:“孔颖达曰:亿之数有大小二法:其小数以十为等,十万为亿,十亿为兆也;其大数以万为等,数万至万,是万万为亿,又从亿而数至万,万亿为兆。”可见“以十为等”“以万为等”分别是以“十”和“万”为进位的数量级。

③议所得,以一乘所借一算为法,而以除:试算初商,以所得之数与“借算”所表的数相乘一次作为除数,而相除。议,商量;讨论。这里指试算商数,所得之数为0与9之间的个位数字,它要乘以“借算”所表示的数(即该位商数的数量级)才是开方中的除数。所以说“以一乘所借一算为法”。一乘,即相乘一次。除,相减。

④先得黄甲之面,上下相命,是自乘而除也:刘徽注释开方术附有开方图,此注按图而说。以[4-12]题为例,求55 225的平方根,它的初商以“百”为“等”,议所得为2,用所得2乘“借算”所表示的数100,得200,即表示开方图中“黄甲”的边长,如图4-1所示。于开方式中用“上商”200与“下法”200相乘得40 000,以减被开

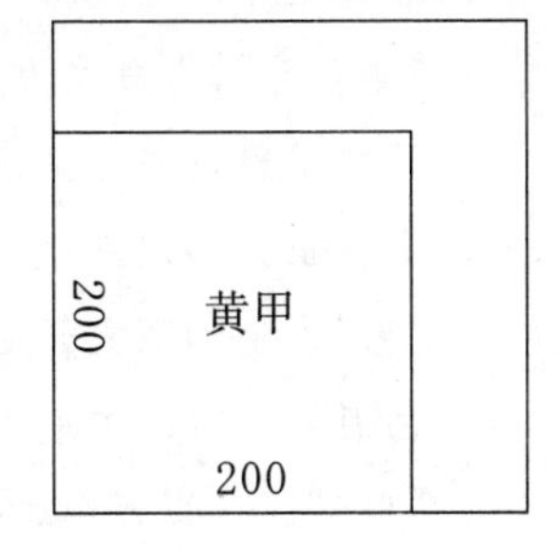

图4-1　[4-12]题开方图1

方数,这实际上是从整个图形面积中除去“黄甲”的面积。“上下相命”,是指上商与下法相关而定,并且二数相乘。

⑤其复除,折法而下:当要再除求次商时,按下面步骤折算除数。其,当。折法,就是估算除数。折,判断,折合。而,通“如”,像、似之意。《新序·杂事》:“白头而新,倾盖而故。”《汉书·邹阳传》作“白头如新,倾盖如故”。

⑥欲除朱幂者,本当副置所得成方:将要减掉“朱幂”,本当附带设置由推算所得之次商为边而成的正方形。欲,将要。副置,附带设置的意思。所得成方,指由折算所得次商为边而成的正方形,即“黄乙”。

⑦倍之为定法,以折议,乘而以除:用前面所得除数之二倍去估算次商,用它与新确定的除数相乘而去减被开方数。折议,就是估算商数。折,判断,折合。

⑧如是当复步之而止,乃得相命,故使就上折下:如此应当再移动“借算”以定次商之位,从而可以试算次商,确定除数,由上者而折算下者。复步之,重新再移动“借算”。乃,这才。相命,相互命定。开方中除数与商数必须同时相关而确定,为此首先要定商的数位,所以说“步之而止,乃得相命”。就上折下,即由上而推下。意指开方演算由上步推算下步,逐步进行。就,因,随。

⑨若开之不尽者为不可开,当以面命之:如果开方不尽则此数为“不可开”,当命之为“面”(即现今所谓“方根”)。不可开,即是不能用整数与分数表示方根的精确值。面,方面。古代中算书中称正方形之一边为“面”,作为古算术语,亦称数的平方根为“面”。例如下文开立圆术注中“方八之面,圆五之面”,其中“八之面”即“8的方根”;“五之面”即“5的方根”。所谓“面五”,即“根5”。当以面命之,即是应当用无理根数来命名它。

⑩术或有以借算加定法而命分者:算法中又有用或不用“借算”加

定法而命定分数的。或,或者。或有或无,必居其一。意指两种情况:或者“加借算”,或者“不加借算”,两种命分方法。设$N=a^2+r$,所谓“加借算命分”,即取$\sqrt{N}\approx a+\frac{r}{2a+1}$;所谓“不加借算命分”,乃取$\sqrt{N}\approx a+\frac{r}{2a}$。

⑪令不加借算而命分,则常微少:由定法不加“借算”而命为分母,则此分母总是稍小。命分,即命定分母。要确定一个余分,首先要规定分母。所以《九章算术》“合分术”云:“不满法者,以法命之。”这里的“以法命之”,就是以“除数”命名为分母。古籍中之“三分”“五分”之类,皆指分母。所谓“以借算加定法而命分”,即是命$2a+1$为分母;“不加借算而命分”即取$2a$为分母。古代算家熟知分母较小,则分数较大;反之分母较大,则分数较小的道理。因$a+\frac{r}{2a}>\sqrt{a^2+r}$,所总嫌分母$2a$小了一些,故云:“令不加借算而命分,则(分)常微少。”

⑫故惟以面命之,为不失耳:只有命名为新的数“面”(即无理根数),才是没有误差。惟,独,只。

⑬而复其数可举:即完全可以用乘法来还原那个被除数“十”。其数,那个数,指上文所说的被除数“十”。举,完全。

⑭分母可开者,并通之积先合二母:分母开方可尽者,它乃相同二数之积,预先已是由二分母相乘的合数。并通之积,二相同数之乘积。并,齐等。通,通“同”。

⑮本一母:原本只是一个“母”,即不能表示为两相同数之积。本,事物的根源。

【图草】

[4-12]题依开方术演算如下。

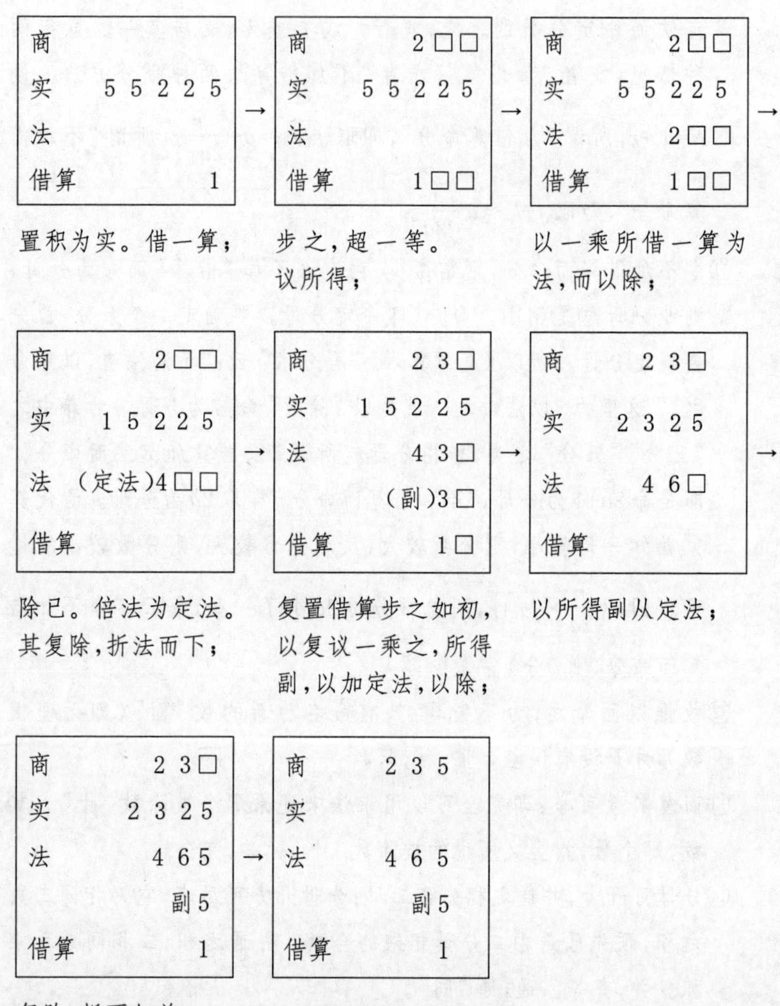

如图4-2所示，按刘徽注图解开方术如下。

开方算法得自分割正方形。它是将方幂分割为一个内方和若干“矩”形(即曲尺形)，它们的宽度恰好表示方幂一边长度在各“位”上的数值(如[4-12]题中黄甲之边200，朱幂之宽30，青幂之宽5)；而将这种

图形分割中相应面积与长度的推算,编排成一种程序化的算法。

(1)“置积为实”,即给定方幂的面积55 225;“借一算,步之,超一等”,即确定“黄甲”边长的数“位”为百位;“议所得”,即通过试算确定“黄甲”边长百位上的数值“2”;“以一乘所借一算为法,而以除”,即得黄甲边长100×2=200,令其自乘(在开方式中表示为初商200与下法200相乘),用以减被开方数,得55 225-40 000=15 225,这表示从方幂中减去“黄甲”的面积。所以刘徽注云:“先得黄甲之面,上下相命,是自乘而除也。”

图4-2 [4-12]题开方图2

(2)“倍法为定法”,即取200×2=400称为“定法”,它表示两块“朱幂”的长度;“复置借算步之如初”,即重取一枚“借算”,确定“朱幂”之宽的数“位”为十位;“以复议一乘之”,即取10×3=30为“朱幂”之宽,也就是“黄乙”之边长;“所得副,以加定法”,计算400+30=430,它表示由“朱幂”与“黄乙”拼成的“矩”引直后的长度;“以除”,即从被开方数中再减去“矩”的面积,15 225-430×30=2 325。这就是徽注所说“欲除朱幂”“欲除朱幂之角黄乙之幂”两部分。

(3)“以所得副从定法”,计算430+30=460,即得两块“青幂”之长;“复除折下如前”,即重复前面的步骤而减去由“青幂”与“黄丙”拼成的“矩”形:2 325-(460+5)×5=0,被开方数适尽。故得方根=黄甲之面+朱幂之宽+青幂之宽=200+30+5=235。

【译文】

[4-12] 已知面积55 225平方步。问作为正方形其边长多少?

答:边长235步。

[4-13] 又知面积25 281平方步。问作为正方形其边长多少?

答:边长159步。

[4-14] 又知面积71 824平方步。问作为正方形其边长多少?

答:边长268步。

[4-15] 又知面积564 752$\frac{1}{4}$平方步。问作为正方形其边长多少?

答:边长751$\frac{1}{2}$步。

[4-16] 又知面积3 972 150 625平方步。问作为正方形其边长多少?

答:边长63 025步。

开方已知正方形面积求其边长。算法:取面积数作为被除数。假借一枚算筹置于下行,将它由末位向前跨越一"等"。所谓"等"是说百位数的方根取"十"为"等",万位数的方根取"百"为"等"("等"表示开方中所求"商"的数位)。试算初商,以所得之数与"借算"所表的数相乘一次作为除数,而相除。这是先得"黄甲"之边长,上(商)与下(法)相乘,乃是用边长自乘之数而相减。相减已毕,以除数之二倍作为"定法"。二倍除数的意思,是预先设置两块"朱幂"的定长,以准备再除之用,所以称为"定法"。当要再除(求次商)时,按下面步骤折算除数。将要除去"朱幂",本当附加所得次商为边而成的正方形("黄乙")。二倍除数为"定法",用以折算次商,与除数相乘而去减被开方数。如此应当再移动"借算"以定次商之位,从而可以试算次商确定除数,由上者而折算下者。再取"借算"一枚如前一样移动定位,用试算所得之次商与"借算"所表之数相乘一次,要减去"朱幂"角隅处"黄乙"的面积,其意义与最初所得("黄甲")相同。所得之数另置(称为"副"),用它加"定法",而相除。相减已毕用所得之"副"加入"定法"之内。再用"黄乙"的边长加"定法",即是设置两块"青幂"之长。当要再除(求次商)时,如同前面一样折算下面的数据。如果开方不尽则此数为"不可开",当命之为"面"(即现今所谓"方根")。算法中又有用或不用"借算"加定法而命定分数的,虽所得之数粗略相近,但不可使用。凡是由幂积求方根,则方根自乘应还原为被开方之"积"数。由定法不加"借算"而命为分母(即取$\frac{\text{实之余数}}{\text{定法}}$为方根之余分),则此分母总是稍小。若又以定法加“借算”而命为分母(即取$\frac{实之余数}{定法+1}$为方根之余分),则此分母总是稍大。其分母之数不能得以确定。所以只有命之为“面”(引进无理根数),才能没有误差。譬如用3去除10,将它的余数命之为$\frac{1}{3}$,便可实现对被除数的还原。若不命之以“面”,可像前面那样以所得“副”加定法,来求其“微数”(即小数)。微数无名称者作为分子,其退后一位者以10为分母,其退后二位者以100为分母。后退更加向下,所得分数愈加细密,则“朱幂”虽然还有所舍弃之数,但已微不足道了。**如果被开方数中有分数,以整部乘分母加分子作为“定实”。乃用它开方,算毕,对分母开方而所得相除。**李淳风等按:分母可开方者,乃相同二数之积,它预先已是两个分母相乘之合数。开方之后还有一个分母存在,所以对分母开方求其一个分母作为除数,用以相除。**如果分母不可开方,又用分母去乘“定实”,这才开方,算毕,令其用分母相除。**李淳风等按:分母不可开的,其原本就只是一个“母”。再用一个“母”数乘它,乃合成为分母的平方。开方之后,所得仍为一分母之数。所以令分母相除,得整个方根之数。又按此算法:所谓“开方”,由已知正方形面积求其边长。所谓“借一算”,假借一枚算筹,虚设它用以定位,并非用它实际上做除数。为了计算角隅上正方形的边长,所以假借算筹一枚列于下方。所谓“步之,超一等”,边长为“十”而自乘其积为“百”,边长为“百”而有自乘其积为“万”,故超位至“百”上而说“十”,至“万”位上而说“百”。所谓“试算初商,以所得之数与‘借算’相乘一次作为除数”,是先得“黄甲”之边长,由边长求面积是两边相乘。所以开方中相除时,还令两边作为上商与下法而相乘,即是自乘而后减之。所谓“除已,倍法为定法”,被开方数未被减尽,应当继续再除,因而预先设置两块“朱幂”的定长,以准备再除之用,所以称为“定法”。所谓“其复除,折法而下”,下面将要除去“朱幂”,本当附加所得次商为边而成的正方形(“黄乙”)。二倍除数为“定法”,用以折算次商,与除数相乘而去减被开方数。如此应再移动“借算”(以定次商之位),从而可以试算次商,确定除数,由上者而折算下者。所谓“再取‘借算’一枚如前一样移动定位,用试算所得之次商与‘借算’相乘一次,所得之数另置(称为“副”),用它加‘定法’,而相除”,是要减去“朱幂”角隅处“黄乙”的面积。所谓“以所得‘副’加入‘定法’之内”,再用“黄乙”的边长加入“定法”,即是设置两块“青幂”的长,所以同前面一样演算,即得所求答数。

[4-17]今有积一千五百一十八步、四分步之三。问为圆周几何?

答曰:一百三十五步。于徽术,当周一百三十八步、一十分步之一。臣淳风等谨按:此依密率为周一百三十八步、五十分步之九。

[4-18]又有积三百步。问为圆周几何?

答曰:六十步。于徽术,当周六十一步、五十分步之十九。臣淳风等谨按:依密率,为周六十一步、一百分步之四十一。

开圆术曰[①]:置积步数,以十二乘之,以开方除之,即得周。此术以周三径一为率,与旧圆田术相返覆也[②]。于徽术以三百一十四乘积,如二十五而一,所得开方除之,即周也(开方除之即径)[③]。是为据见幂以求周,犹失之于微少。其以二百乘积,一百五十七而一,开方除之即径,犹失之于微多[④]。臣淳风等谨按:此注于徽术,求周之法,其中不用“开方除之即径”六字,今本有者衍剩也。依密率,八十八乘之,七而一。按周三径一之率,假令周六径二。半周半径相乘得幂三;周六自乘得三十六。俱以等数除:幂得一;周之数十二也。其积本周自乘合以一乘之,十二而一,得积三也。术为一乘不长,故以十二而一得此积。今还原置此积三,以十二乘之者,复其本周自乘之数。凡物自乘,开方除之,复其本数。故开方除之即周。

【注释】

①开圆:由圆面积数反求圆周或直径。

②相返覆也:算法互逆。此开圆术有计算公式:圆周 $=\sqrt{4\pi\times \text{圆面积}}$

$=\sqrt{12\times 圆面积}$；而旧圆田术又有计算公式：圆面积$=\frac{圆周自乘}{4\pi}$

$=\frac{圆周^2}{12}$。此二算法互为逆运算，故注称“相返覆也”。返，通“反”。

③开方除之即径：此六字为衍文，应删去。

④其以二百乘积，一百五十七而一，开方除之即径，犹失之于微多：意思是说，$\sqrt{\frac{200\times 圆面积}{157}}>\sqrt{\frac{4\times 圆面积}{\pi}}=$直径，故所得为直径的过剩近似值。

【译文】

[4-17] **已知面积1 518$\frac{3}{4}$平方步。问作为圆形其周长多少？**

答：圆周长135步。按刘徽圆率（$\pi=\frac{157}{50}$）计算，应得周长138$\frac{1}{10}$步。李淳风等按：此题依“密率”（$\pi=\frac{22}{7}$）计算，圆周长为138$\frac{9}{50}$步。

[4-18] **已知面积300平方步。问作为圆形其周长多少？**

答：圆周长60步。按刘徽圆率（$\pi=\frac{157}{50}$）计算，应得周长61$\frac{19}{50}$步。李淳风等按：依“密率”（$\pi=\frac{22}{7}$）计算，圆周长为61$\frac{41}{100}$步。

“开圆”（由圆面积求圆周长）算法：列出面积平方步数，用12乘之，开平方求其方根，便得圆周之长。以算法取圆周与直径之比为三比一，与旧的“圆田术”算法互逆。依照刘徽算法，以314乘面积之数，除以25，所得之数开平方，便得圆周之长（开方除之即径）。这作为已知圆面积而求圆周长，仍有误差而使得数微少。要是用200乘面积之数，除以157，开平方即得直径，仍有误差而得数微多。李淳风等按：这段注文中的刘徽算法，其求圆周之法是不用“开方除之即径”六个字的，现传本有它乃是多余的衍文。依“密率”（取$\pi=\frac{22}{7}$）计算，用88乘之，除以7。按照取圆周与直径之比数为三比一，假设周长为6直径为2。半周与半径相乘得圆面积3；圆周长6自乘得36。皆用最大公约数（3）约简：圆面积之比数得1；圆周平方之比数得12。所以，用圆周自乘之数用1乘之，除以12，得圆面积3。算法中因为用

1乘不变(故可略去),因而用12除便得此圆面积。而今还原设此面积数3,用12乘之,即恢复其圆周长自乘之数。凡是事物之数量自乘,开平方,便还原为本来之数。所以开方便得圆周之长。

[4-19]今有积一百八十六万八百六十七尺。此尺谓立方之尺也。凡物有高深而言积者,曰立方①。问为立方几何?

答曰:一百二十三尺。

[4-20]又有积一千九百五十三尺、八分尺之一。问为立方几何?

答曰:一十二尺半。

[4-21]又有积六万三千四百一尺、五百一十二分尺之四百四十七。问为立方几何?

答曰:三十九尺、八分尺之七。

[4-22]又有积一百九十三万七千五百四十一尺、二十七分尺之一十七。问为立方几何?

答曰:一百二十四尺、太半尺。

开立方立方适等,求其一面也②。术曰:置积为实。借一算,步之,超二等。言千之面十,言百万之面百③。议所得,以再乘所借一算为法④,而除之。再乘者,亦求为方幂,以上议命而除之,则立方等也⑤。除已,三之为定法。为当复除,故豫张三面,以定方幂为定法也⑥。复除,折而下。复除者,三面方幂以皆自乘之数,须得折议,定其厚薄尔⑦。开平幂者方百之面十;开立幂者方千之面十。据定法已有成方之幂,故复除当以千为百,折下一等也⑧。以三乘所得数置中行。设三廉之定长。复借一算置下行。欲以为隅方。立方等未有定数,且置一算定其位。步之,中超一，下超二等。上方法，长自乘而一折。中廉法，但有长故降一等。下隅法，无面长故又降一等也[9]。复置议，以一乘中，为三廉备幂也。再乘下，令隅自乘为方幂也。皆副以加定法。以定法除。三面、三廉、一隅皆已有幂，以上议命之而除去三幂之厚也。除已，倍下、并中从定法。凡再以中，三以下，加定法者，三廉各当以两面之幂，连于两方之面，一隅连于三廉之端，以待复除也[10]。言不尽意，解此要当以棋[11]，乃得明耳。复除，折下如前。开之不尽者，亦为不可开。术亦有以定法命分者，不如故幂开方，以微数为分也。若积有分者，通分内子为定实。定实乃开之，讫，开其母以报除。臣淳风等按：分母可开者，并通之积[12]。先合三母，既开之后一母尚存。故开分母，求一母为法，以报除也。若母不可开者，又以母再乘定实，乃开之。讫，令如母而一。臣淳风等谨按：分母不可开者，本一母也。又以母再乘之，令合三母。既开之后，一母犹存，故令如母而一，得全面也。按开立方者，立方适等，求其一面之数也。"借一算，步之，超二等"者，但立方求积，方再自乘。就积开之，故超二等。言千之面十，言百万之面百。"议所得，以再乘所借一算为法，而以除"者，求为方幂，以议命之而除，则立方等也。"除已，三之为定法"者，为积未尽，当复更除。故豫张三面已定方幂为定法。"复除，折而下"者，三面方幂皆已有自乘之数，须得折议，定其厚薄。据开平方百之面十，其开立方即千之面十。而定法已有成方之幂，故复除之者，当以千为百，折下一等。"以三乘所得数置中行"者，设三廉之定长。"复借一算置下行"者，欲以为隅方。立方等未有数，且置一算定其位也。"步之，中超一，下超二"者，上方法长自乘而一折，中廉法但有长故降一等，下隅法无面长故又降一等。

"复置议,以一乘中"者,为三廉备幂。"再乘下"者,当令隅自乘为方幂。"皆副以加定法,以定法除"者,三面、三廉、一隅皆已有幂,以上议命之而除去三幂之厚也。"除已,倍下、并中,从定法"者,三廉各当以两面之幂连于两方之面,一隅连于三廉之端,以待复除。其开之不尽者,折下如前,开方即合所问。有分者,通分内子开之。讫,开其母以报除。可开者,并通之积。先合三母,既开之后,一母尚存。故开分母者,求一母为法以报除。若母不可开者,又以母再乘定实,乃开之。讫,令如母而一。分母不可开者,本一母。又以母再乘,令合三母。既开之后,亦一母尚存。故令如母而一,得全面也。

【注释】

①凡物有高深而言积者,曰立方:此处释立方是与平方相比较而言的,有广、袤无高深而言积,曰平方。古算中以"积"表示平面或空间区域的大小,即测度。平面图形的大小即面积是长宽二度之乘积;空间图形的大小,即体积是长、宽、高(或深)三度之乘积,所以其得数为立方单位。

②立方适等,求其一面也:此句为"开立方"一词的释文。立方适等,即立方正等,指立方体各棱相等。面,在此指棱长。适,正。

③言千之面十,言百万之面百:此注释"等"的意义,以例说明之。千位数的立方根取"十"为等,百万位数的立方根取"百"为等。所谓"等"即立方根的数量级。

④议所得,以再乘所借一算为法:试算初商,用它与"借算"所表示的数相乘两次作为除数。议,商议,此指试算。所得,此即初商之数,它为0与9之间的整数。以再乘,即用所得初商之数去乘两次。

⑤以上议命而除之,则立方等也:以"上商"乘之而去减被开方数,是作正方体。以上议命而除之,即是用上商乘方幂之数(下法),

而减被开方数。筹算开方式中，商数置于上方，故称“上议”。命，命名，犹“呼”。古代乘法使用口诀，乘数上下相呼。如《孙子算经》：“以上七呼下九，七九六十三。”则立方等也，指以上商乘方幂之数，实为作正方体体积。则，犹“作”。

⑥为当复除，故豫张三面，以定方幂为定法也：刘徽注用正方体的分割来说明开立方算法的原理。例如，[4-19]题，求$\sqrt[3]{1\,860\,867}=?$先除去正方体体积100^3=1 000 000之后，复除，即确定方根的十位数字，从图形看，如图4-3所示，就是求“半方框”的厚度。“半方框”由三部分组成：三个“面”（每个面是长宽皆为100步的方板）、三条“廉”（每条廉是长为100步的四棱柱）、一个“隅”（它是正方体）。注文解释为什么要将“法”数乘三：10 000×3=30 000。这是预先求出三个“面”的底面积，用它作为“定法”。“定法”，即除数（“法”）中的已确定部分。

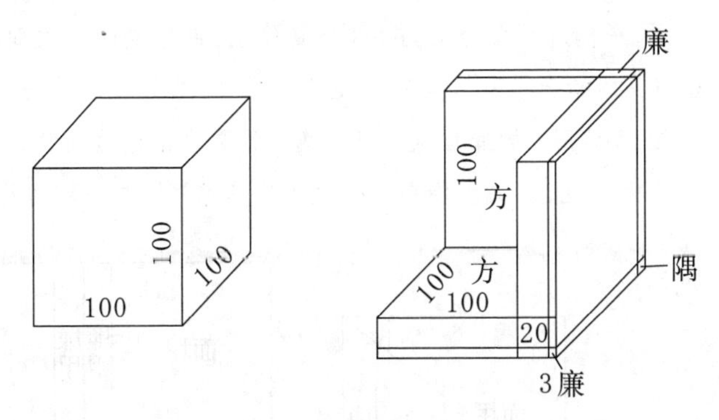

图4-3 [4-19]题开立方图

⑦复除者，三面方幂以皆自乘之数，须得折议，定其厚薄尔：本句解释“复除”（求次商）的几何意义，即是根据已知三“面”的底面积（它是“半方框”各部分底面积的主要者），折算次商，也就是确定“半方框”的厚度。

⑧故复除当以千为百，折下一等也：所以复除时应将千退为百，折算

下面一“等”之数。“等”,即数量的等级,它有高低上下之分。复除求次商,首先要确定次商的“等”,即确定数“位”。从图形看,复除被解释为由底面大小估算厚度,当底面边长为“千”位数时,其厚度为“百”位数,即厚度为底边“下一等”之数。

⑨上方法,长自乘而一折。中廉法,但有长故降一等。下隅法,无面长故又降一等也:上行“方法”只有长、宽二度之积,而无厚度,故就体积而言它“损失”了一“等”,即相差一个厚度的数量级。中行“廉法”只有底面一边之长,而无宽度与厚度,故就体积而言它较“方法”又降了一“等”。下行“隅”法,长宽高三度之数俱无,它较“廉法”的数量级又降了一等。此段注文以图解释“步之”何以要“中超一,下超二等”的道理。一折,即“折一等”。折,作损失解。

⑩凡再以中,三以下,加定法者,三廉各当以两面之幂,连于两方之面,一隅连于三廉之端,以待复除也:再作复除求次商,作为“定法”的新三“面”,其底面是由三“廉”各取两面与三“方”相连接,而“隅”的底面又与三“廉”之顶端相连接所构成,如图4-4所示。凡,总共。指前后两次加入“定法”之加数的总和。前已

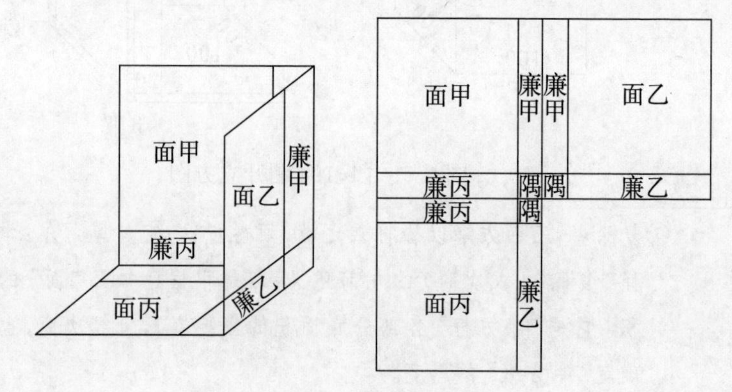

图4-4 三面、三廉和一隅

加中行、下行之数各一于“定法”之中；后又加中行及二倍下行之数于“定法”之中。故总共加中行之数两次、下行之数三次于“定法”之中。所以说：“凡再以中，三以下，加定法者。”中行之数为三“廉”之底面积，下行之数为一“隅”之底面积，故相加后所得为三倍“方”、六倍“廉”、三倍“隅”之底面积，这恰为已待复除的新三“面”之底面积。

⑪棋：原为文娱用具，此处指几何模型。

⑫并通之积：相同之数在一起连乘之积。并通，并列相同者。

【图草】

1.[4-19]题依开立方术演算如下。

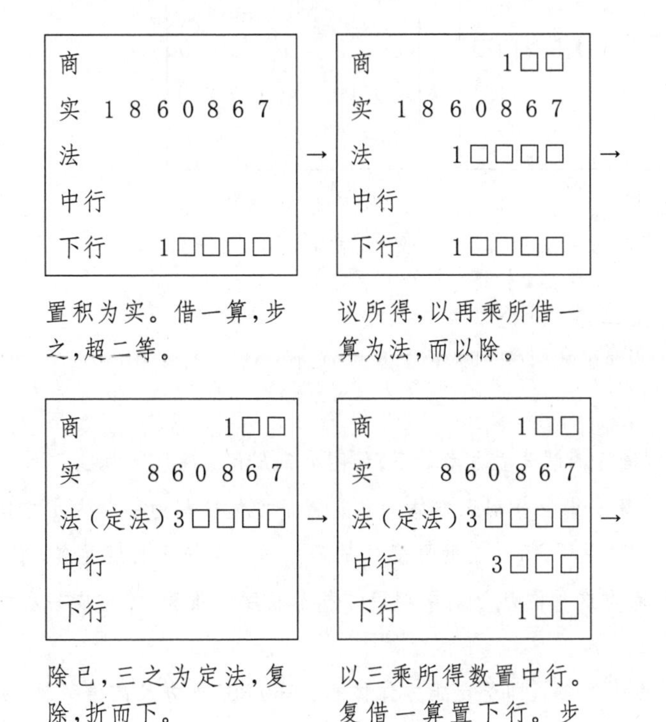

置积为实。借一算，步之，超二等。

议所得，以再乘所借一算为法，而以除。

除已，三之为定法，复除，折而下。

以三乘所得数置中行。复借一算置下行。步之，中超一，下超二等。

商	1 2□		商	1 2□
实	8 6 0 8 6 7		实	1 3 2 8 6 7
法	3 6 4□□	→	法	4 3 2□□ →
中行（副）	6□□□		中行	
下行	（副）4□□		下行	

复置议，以一乘中，再乘下，皆副以加定法。

除已，倍下，并中从定法。

商	1 2□		商	1 2 3
实	1 3 2 8 6 7		实	
法	4 3 2□□	→	法	4 4 2 8 9
中行	3 6□		中行	1 0 8□
下行	1		下行	9

复除，折下如前。（即，以三乘所得数置中行。复借一算，步之，中超一，下超二等。此处以"个"为等，故超等时已无所超。）

复置议，以一乘中，再乘下，皆副以加定法，而以除。

2.按刘徽注图解开立方术如下，如图4-5所示。

开立方算法得自分割正方体。它是将正方体分割为一个内正方体和若干个"半方框"，而它们的厚度恰是正方体一条棱之长度在各"位"上的数值，而将这种图形分割中相应体积与长度的推算，编排成一种程序化算法。

(1)"置积为实"，即给定正方体体积1 860 867立方尺；"借一算，步之，超二等"，即确定内正方体棱长的数"位"为百位，而底面正方形面

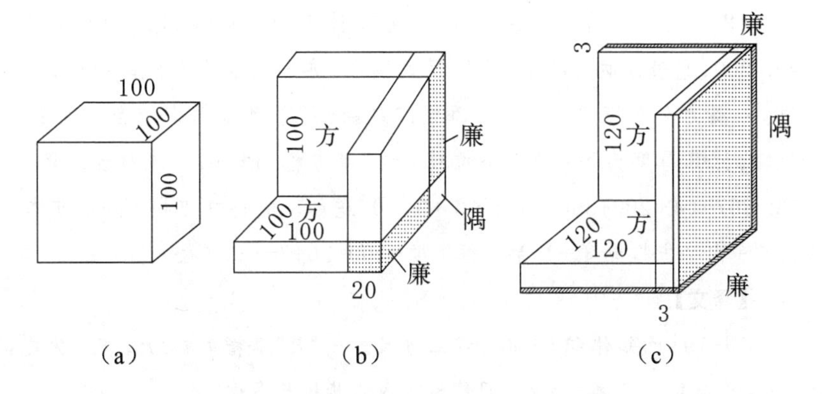

图4-5　刘徽注图解[4-19]题开立方术

积为万位；“议所得”，即通过试算确定内正方体棱长百位上之数值“1”；“以再乘所借一算为法”，即求内正方体底面积10 000×1×1=10 000（平方尺），以它作为除数；“而除之”，即以“上商”100与“下法”10 000相乘，得内正方体体积10 000×100=1 000 000（立方尺），用以减被开方数，得1 860 867-1 000 000=860 867。所以徽注云：“再乘者亦为求方幂，以上议命而除之，则立方等也。”

（2）“除已，三之为定法”，即相减完毕，取10 000×3=30 000作为“定法”，它表示三块方板的底面积；“以三乘所得数置中行”，即计算三“廉”的长度，100×3=300；“复借一算置下行”，即重取一枚“借算”放置于下行末位，用以表示“隅”这一项；“步之，中超一，下超二等”，即中行之数前移一等为3 000，下行之数前移二等为100，以确定三“廉”、一“隅”底面积之数“位”；“复置议，以一乘中”，即求得三廉底面积3 000×2=6 000；“再乘下”，即求得一隅底面积100×2×2=400，“皆副以加定法”，即得“半方框”各部底面积之总和30 000+6 000+400=36 400，“以定法除”，即从被开方数中再减此“半方框”之体积，860 867-36 400×20=132 867。这就是刘徽注所说：“三面、三廉、一隅皆已有幂，以上议命之而除去三幂之厚也。”

(3)“降已,倍下、并中从定法”,计算36 400+(6 000+400×2)=43 200,它表示内“半方框”三面之面积,亦即外层“半方框”中除三廉、一隅之外的三“面”之底面积;“复除,折下如前”,即重复前面的步骤,计算厚度为下一等(个位数)之“半方框”体积,以减被开方数,132 867-(43 200+360×3+1×3×3)=0,适尽。故得立方根=内正方体棱长+内半方框厚度+外半方框厚度=100+20+3=123(尺)。

【译文】

[4-19] 已知体积1 860 867立方尺。此“尺”是指立方之尺。凡物体具有高或深而言“积”,叫做立方。问作为立方体其棱长多少?

答:棱长123尺。

[4-20] 已知体积1 953$\frac{1}{8}$立方尺。问作为立方体其棱长多少?

答:棱长12$\frac{1}{2}$尺。

[4-21] 已知体积63 401$\frac{447}{512}$立方尺。问作为立方体其棱长多少?

答:棱长39$\frac{7}{8}$尺。

[4-22] 又知体积1 937 541$\frac{17}{27}$立方尺。问作为立方体其棱长多少?

答:棱长124$\frac{2}{3}$尺。

开立方由正方体体积,求其棱长。算法:取体积数作为被除数。假借一枚算筹(置于下行),将它由末位向前跨越二“等”。所谓“等”是说千位数的立方根取“十”为等,百万位数的立方根取“百”为等。试算初商,用它与“借算”所表之数相乘两次作为除数,而相除。其所以“再乘”,是为求底面方形的面积,以“上商”乘之而去减被开方数,是作正方体。相减完毕,将除数乘以3作为“定法”。为应对复除,所以预先设置三块正方形,用来确定底方面积而作为“定法”。当再除(求次商)时,折算如下。所谓“复除”,三块“方幂”皆由自乘而得面积之数，必须折算次商，以定它们的厚薄。开平方时百的方根为十；开立方时千的方根为十。根据“定法”中已包含着自乘而得的面积数，所以复除时应将千退为百，折算下面一“等”之数。**用3去乘所得初商之数放置在中行。**设三条四棱柱（“廉”）之长。**再假借一枚算筹放在下行。**想要作角隅上之小立方。此正方体没有定数，姑且放一枚算筹以定它的数位。**移动算筹，将中行之数前移一“等”，下行之数前移二“等”。**上行的“方法”，由长自乘而得，其数损失一“等”。中行“廉法”，只有长，因而其数又降了一“等”。下行“隅法”，没有边长，故其数又降了一“等”。**再设次商，用它乘中行之数一次，**为了给三条四棱柱预备底面积。**用它乘下行之数两次，**令隅方之边自乘而为其底面积。**皆附加入“定法”之中。用“定法”去除被开方数。**三“面”、三“廉”、一“隅”都已有了底面积，用“上商”乘之而相减则除去厚度为上商的体积。**相减完毕，二倍下行之数并入中行，再加入定法。**总计以二倍中行之数，三倍下行之数，加入定法之中，其所以如此，三“廉”皆各有两面与两“方”分别相连，一“隅”与三“廉”之端面相连，以等待再相除。语言不能把意思表示完全，解释这个道理应当用模型“棋”，才能得以明了。**当再相除时，如同前面一样折算下一“等”之数。如果开方不尽，则此数也为“不可开”。**同样也有以定法命分的算法，但不如仍用面积开方，以微数而得分数。**若被开方数含有分数，以整部乘分母再加分子作为“定实”。定实再开立方，算毕，对分母开立方而所得相除。**李淳风等按：分母可开立方者，乃相同之数在一起连乘之积。预先已是三个分母连乘之合数，开立方之后还有一个分母存在。所以对分母开立方，求得一“母”为除数，用以相除。**若分母不可开方，又用分母与定实相乘两次，再开立方。算毕，用分母除之。**李淳风等按：分母不可开的，其原本就是一个“母”。又用“母”数去乘它两次，乃合成分母的三次方。开立方之后，仍保留一母，所以令分母相除，得整个方根之数。按所谓“开立方”，是说立方体三度相等，已知体积而求其棱长。所谓“借一算，步之，超二等”，正方体求体积，其棱长自相乘两次。由体积开立方，所以要超越两“等”。所谓“等”是说千位数的立方根取“十”为等，百万位数的立方根取“百”为等。所谓“试算初商，用它与‘借算’相乘两次作除数，而相除”，计算底面正方形面积,用所得初商乘之而相除,所减即为正方体体积之数。所谓"相减完毕,将除数乘以3作为'定法",因为被开方数未被减尽,应当再除。所以预先设置3块已确定的正方形面积作为"定法"。所谓"当再除时,折算如下",三"面"的底面正方形面积已有由边长自乘而得之数,还须折算次商,确定其厚薄。根据开平方时百位数之平方根以"十"为等,开立方时千位数之方根以"十"为等。而"定法"中已包含底方之面积,所以再除求次商,应将千改为百,折算下面一"等"之数。所谓"用3去乘所得初商之数放置在中行",是设置三条四棱柱("廉")之定长。所谓"再假借一枚算筹放在下行",想要作角隅上之小立方。正方体没有体积之数,姑且放置一枚算筹以确定它的数"位"。所谓"移动算筹,将中行之数前移一'等',下行之数前移二'等",上行的"方法"由长自乘而得,其数损失一"等",中行"廉法"只有长,因而其数又降了一"等",下行"隅法"没有边长,故其数又降了一"等"。所谓"再设次商,用它乘中行之数一次",为了给三条四棱柱预备底面积。所谓"用它(次商)乘下行之数两次",令隅方之边自乘而为其底面积。所谓"皆附加入定法之中,用定法去除被开方数",三"面"、三"廉"、一"隅"都已有了底面积,用"上商"乘之而相减则除去厚度为上商的体积。所谓"相减完毕,二倍下行之数并入中行,再加入定法",三"廉"皆各有两面与两"方"分别相连,一"隅"与三"廉"之端面相连,以等待再相除。当开方不尽时,折算下一"等"如同前面一样,开立方即得问题的答数。被开方数中若含有分数,以整部乘分母再加分子而后开立方。算毕,对分母开立方而相除。可开方之数,乃相同数在一起连乘。预先是三个分母连乘之合数,开立方之后,仍保留一个分母。所以对分母开立方,求得一"母"为除数而相除。若分母不可开方,又以分母去乘定法两次,再开立方。算毕,用分母除之。分母不可开方者,它原本是一母。再用分母去乘它两次,使它为合成分母的三次方。开立方之后,仍保留一母。所以令分母相除,得整个的方根之数。

[4-23] 今有积四千五百尺。亦谓立方之尺也。问为立圆径几何①?

答曰：二十尺。依密率，立圆径二十尺，计积四千一百九十尺、二十一分尺之一十。

[4-24]又有积一万六千四百四十八亿六千六百四十三万七千五百尺。问为立圆径几何？

答曰：一万四千三百尺。依密率为径一万四千六百四十三尺、四分尺之三。

开立圆术曰：置积尺数，以十六乘之，九而一，所得开立方除之，即立圆径。立圆，即丸也。为术者，盖依周三径一之率。令圆幂居方幂四分之三，圆囷居立方亦四分之三[②]。更令圆囷为方，率十二；为丸，率九[③]，丸居圆囷又四分之三也。置四分自乘得十六分，三自乘得九，故丸居立方十六分之九也。故以十六乘积，九而一，得立方之积。丸径与立方等，故开立方而除，得径也。然此意非也。何以验之？取立方棋八枚，皆令立方一寸，积之为立方二寸。规之为圆囷，径二寸，高二寸。又复横圆之，则其形有似牟合方盖矣[④]。八棋皆似阳马，圆然也[⑤]。按合盖者，方率也。丸居其中，即圆率也[⑥]。推此言之，谓夫圆囷为方率，岂不阙哉？以周三径一为圆率，则圆幂伤少；令圆囷为方率，则丸积伤多。互相通补，是以九与十六之率偶与实相近，而丸犹伤多耳[⑦]。观立方之内，合盖之外，虽衰杀有渐，而多少不掩。判合总结，方圆相缠，浓纤诡互，不可等正。欲陋形措意，惧失正理。敢不阙疑，以俟能言者。黄金方寸，重十六两。金丸径寸，重九两。率生于此，未曾验也。《周官·考工记》[⑧]："栗氏为量，改煎金锡则不耗。不耗然后权之，权之然后准之，准之然后量之。"言炼金使极精，而后分之，则可以为率也。令丸径自乘，三而一，开方除之，即丸中之立方也[⑨]。假令丸中立方五尺,五尺为勾,勾自乘幂二十五尺,倍之得五十尺,以为弦幂,谓平面方五尺之弦也。以此弦为股,亦以五尺为勾,并勾股幂得七十五尺,是为大弦幂。开方除之,则大弦可知也。大弦则中立方之长邪,邪即丸径也。故中立方自乘之幂于丸径自乘之幂,三分之一也。令大弦还乘其幂,即丸外立方之积也。大弦幂开之不尽,令其幂七十五再自乘之为面,命得外立方积四十二万一千八百七十五尺之面。又令中立方五尺自乘又以方乘之,得积一百二十五尺。一百二十五尺自乘为面,命得积一万五千六百二十五尺之面。皆以六百二十五约之,外立方积六百七十五尺之面,中立方积二十五尺之面也⑩。张衡算又谓立方为质,立圆为浑⑪。衡言质之与中外之浑:六百七十五尺之面开方除之,不足一,谓外浑,积二十六也。内浑二十五之面,谓积五尺也⑫。今徽令质言中浑,浑又言质,则二质相与之率,犹衡二浑相与之率也。衡盖亦先二质之率推以言浑之率也⑬。衡又言质六十四之面,浑二十五之面。质复言浑,谓居质八分之五也。又云,方八之面,圆五之面。圆浑相推,知其复以圆囷为方率,浑为圆率也,失之远矣⑭。衡说之自然,欲协其阴阳奇耦之说而不顾疏密矣。虽有文辞,斯乱道破义,病也。置外质积二十六,以九乘之,十六而一,得积一十四尺、八分尺之五,即质中之浑也。以分母乘全内子得一百一十七。又置内质积五,以分母乘之得四十,是为质居浑一百一十七分之四十,而浑率犹为伤多也⑮。假令方二尺,方四面并得八尺也,谓之方周。其中令圆径与方等,亦二尺也。圆半径以乘圆周之半,即圆幂也。半方以乘方周之半,即方幂也。然则方周者方幂之率也;圆周者圆幂之率也。按如衡术,方周率八之面,圆周率五之面也。令方周六十四尺之面,即圆周四十尺之面也。又令径二尺自乘得径四尺之面，是为圆周率一十之面，而径率一之面也[16]。衡亦以周三径一之率为非是，故更著此法。然增周太多，过其实矣。臣淳风等谨按：祖暅之谓刘徽、张衡二人皆以圆困为方率，丸为圆率，乃设新法。祖暅之开立圆术曰：以二乘积开立方除之，即立圆径[17]。其意何也？取立方棋一枚，令立枢于左后之下隅，从规去其右上之廉[18]。又合而横规之，去其前上之廉[19]。于是立方之棋，分而为四。规内棋一，谓之内棋。规外棋三，谓之外棋[20]。更合四棋，复横断之。以勾股言之，令余高为勾，内棋断上方为股，本方之数，其弦也[21]。勾股之法，以勾幂减弦幂，则余为股幂；若令余高自乘，减本方之幂，余即内棋断上方之幂也。本方之幂，即内外四棋之断上幂。然则余高自乘，即外三棋之断上幂矣。不问高卑，势皆然也[22]。然固有所归同而涂殊者尔。而乃控远以演类，借况以析微。按阳马方高数参等者，倒而立之，横截去上，则高自乘与断上幂数，亦等焉[23]。夫叠棋成立积，缘幂势既同，则积不容异[24]。由此观之，规之外三棋旁蹙为一，即一阳马也。三分立方，则阳马居一，内棋居二可知矣[25]。合八小方成一大方，合八内棋成一合盖。内棋居小方三分之二，则合盖居立方亦三分之二，较然验矣[26]。置三分之二以圆幂率三乘之，如方幂率四而一，约而定之，以为丸率。故曰丸居立方二分之一也[27]。等数既密，心亦昭晰。张衡放旧，贻哂于后。刘徽循故，未暇校新。夫岂难哉？抑未之思也。依密率，此立圆积本以圆径再自乘，十一乘之，二十一而一[28]。约此积今欲求其本积故以二十一乘之，十一而一。凡物再自乘，开立方除之复其本数。故开立方除之，即丸径也。

【注释】

①立圆:即球体。《说文解字》:“圆,圜全也。”“圜,天体也。”古代“圜”与“圆”同,其来自对天体形状的描写。《墨子·经上》:“圜,一中同长也。”符合这一定义的形体一定就是球或圆。可见“圜”字在古代是立体的“球”与平面的“圆”的统称。《九章算术》中为了区别,称平面图形为平圆,简称为圆;称立体图形为立圆。徽注:“立圆,即丸也。”丸指小圆球形的物体,如弹丸、药丸。刘徽以丸释立圆,意在强调其为立体之形。张衡称球为“浑”,即是“浑圆”之简称。浑圆即圆球形。《元史·历志一》:“天体浑圆。”

②令圆幂居方幂四分之三,圆囷(qūn)居立方亦四分之三:设内切圆面积是外切正方形面积的$\frac{3}{4}$,则内切圆柱的体积也是外切正方体体积的$\frac{3}{4}$。这是利用截面原理“若二立体等高处截面积之比为定数,则它们的体积之比也为此定数”所作的推论。圆囷即正圆柱体,此处则指等边圆柱。囷,圆形的谷仓。

③更令圆囷为方,率十二;为丸,率九:圆柱体的横截面为圆、竖直截面为方,故取方圆之数乘积4×3=12为其体积的比数;而球丸的横竖截面皆为圆,故取圆与圆之数乘积3×3=9为其体积之比数。

④规之为圆囷,径二寸,高二寸。又复横圆之,则其形有似牟合方盖矣:规,校正圆形的工具,引申为画圆。圆心沿轴线移动而画圆则成圆柱面。此处“规之”的意思即是沿轴移动画圆而作圆柱截面。正方体沿横、竖两个方向作内切圆柱截面,此二圆柱面内部的共同部分,其形状就好像“牟合方盖”,如图4-6所示。牟合方盖,即上下相合在一起的两个完全相同的方伞。盖,伞的古称。

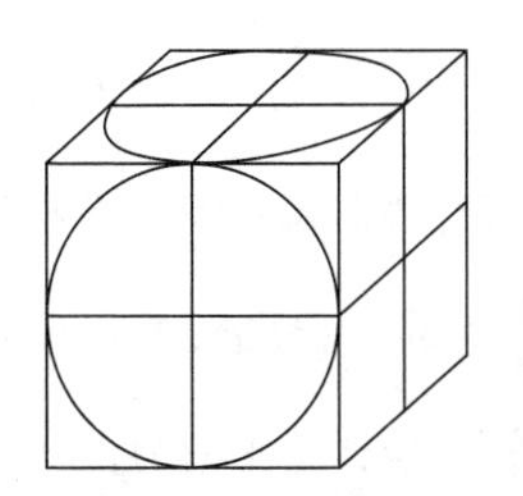
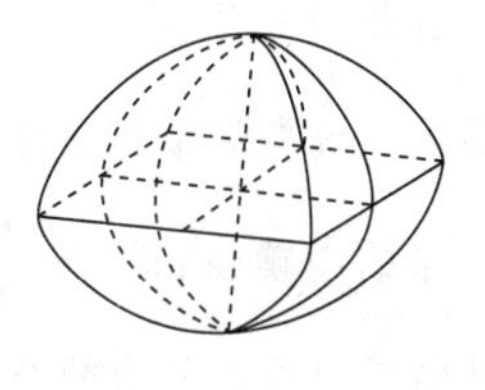

图4-6　“牟合方盖”

⑤八棋皆似阳马，圆然也：八个正方体模型拼成一大正方体，截割成“牟合方盖”后，每个小正方体被截成一个类似阳马的几何体，它的底面为正方形，但它的三条侧棱成了圆弧或椭圆弧，如图4-7所示。阳马，是底面为方形而一条侧棱垂直于底的四棱锥。圆然也，不过由直变圆了。

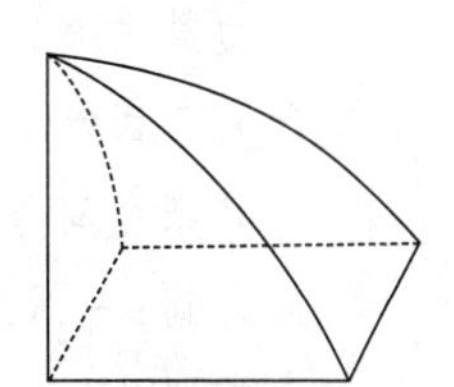

图4-7　类似阳马的几何体

⑥按合盖者，方率也。丸居其中，即圆率也：“合盖”的水平截面为正方形，其内切球的对应面则为该正方形的内切圆，因而由截面原理推知，合盖与丸体积之比为方率与圆率之比，即 $V_{合盖} : V_{球}=4 : \pi$。

⑦以周三径一为率，则圆幂伤少；令圆囷为方率，则丸积伤多。互相通补，是以九与十六之率偶与实相近，而丸犹伤多耳：刘徽指出，上述推算球积过程包括两步。

其一，由$\frac{圆囷}{立方}=\frac{圆率}{方率}\approx\frac{3}{4}$，推得圆囷$=\frac{3}{4}$立方，此为圆囷之不足近似值；

其二，由假设$\frac{球}{圆囷}=\frac{圆率}{方率}\approx\frac{3}{4}$，推得球$=\frac{3}{4}$圆囷，此为球积之过剩近似值（因为圆囷乃是合盖之误，应有球$=\frac{\pi}{4}$合盖$<\frac{\pi}{4}$圆囷）。

由此而推得球积$=\frac{3}{4}$圆囷$=(\frac{3}{4})^2$立方，它是由两个乘数各取不足与过剩近似值相乘而得的。这一少一多相互补偿，所以碰巧与球的精确值：圆囷$=\frac{\pi}{6}$立方，相接近，但仍然失之于多，是一个过剩近似值。刘徽的分析与估计是正确的。

⑧《周官·考工记》:《周官》，即《周礼》，儒家经典。经古文学家认为其为周公所作，后人有所附益；经今文学家认为其成书于战国，或为西汉末刘歆所伪造；近人参以周秦铜器铭文定为战国作品。其杂合周与战国制度，寓以儒家政治理想，编辑而成。全书共为六篇：一、《天官冢宰》；二、《地官司徒》；三、《春官宗伯》；四、《夏官司马》；五、《秋官司寇》；六、《冬官司空》。其第六篇久佚，汉人补以《考工记》三十一篇（缺六），称《冬官考工记》，记诸工事制作，并详其尺度。《考工记》，二卷，作者不详，先秦佚名撰科技书。一般认为是春秋末期齐国人记录手工业生产技术的官书。分攻木之工、攻金之工、攻皮之工、设色之工、刮摩之工、抟埴之工六部分。

⑨令丸径自乘，三而一，开方除之，即丸中之立方也：如图4-8所示，球径与内接正方体棱长之间有关系式：

球径$^2=3\times$(内接正方体棱长)^2

故有　内接正方体棱长$=\sqrt{\frac{球径^2}{3}}$

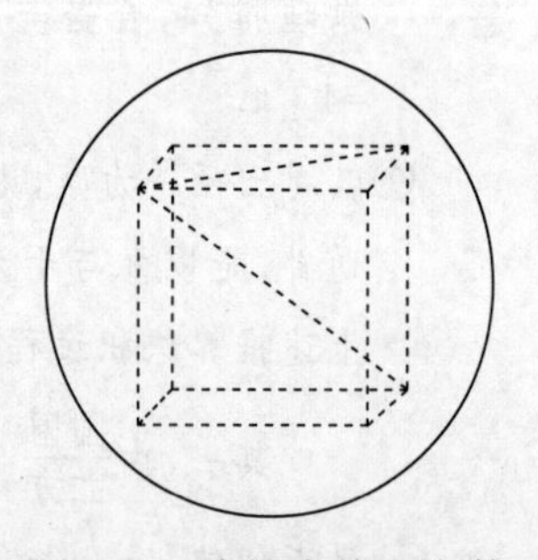
图4-8　球的内接正方体

⑩大弦幂开之不尽，令其幂七十五再自乘之为面，命得外立方积四十二万一千八百七十五尺之面。又令中立方五尺自乘又以方乘之，得积一百二十五尺。一百二十五尺自乘为面，命得积一万五千六百二十五尺之面。皆以六百二十五约之，外立方积六百七十五尺之面，中立方积二十五尺之面也：徽注叙

述了推算球的内接正方体与外切正方体体积之比的过程。假定中方棱长=5尺，前已算得外方棱长=球径=大弦=$\sqrt{75}$尺。由于其数开方不尽，故计算所得之比数表为方根数相比，即得

$$V_{外立方}:V_{中立方}=外方棱长^3:中方棱长^3=\sqrt{75^3}:5^3$$
$$=\sqrt{421\,875}:\sqrt{15\,625}$$

用$\sqrt{625}$约比率之各项，便得$V_{外立方}:V_{中立方}=\sqrt{675}:\sqrt{25}$。

⑪张衡算又谓立方为质，立圆为浑：张衡（78—139），东汉科学家、文学家。河南南阳西鄂（今河南南阳）人。曾任太史令，精通天文历算。天文著作有《灵宪》。在数学方面著有《算罔论》一书。《后汉书·张衡传》注："《算罔论》盖网络天地而算之，因名焉。"是书早佚，内容无考。刘徽注所引"张衡算"出处不详。张衡主张"浑天说"，认为"天浑然而圆，地在其中"。他称球为"浑"当与此有关。其称正方体为"质"，与圆意义相对，取义于质朴、简单。

⑫衡言质之与中外之浑：六百七十五尺之面开方除之，不足一，谓外浑，积二十六也。内浑二十五之面，谓积五尺也：张衡讨论正方体之内切球与外接球，即中浑与外浑，得$V_{外浑}:V_{中浑}=\sqrt{675}:\sqrt{25}$，取近似值$\sqrt{675}\approx\sqrt{676}=26$，故得体积比数$V_{外浑}:V_{中浑}\approx26:5$。

⑬今徽令质言中浑，浑又言质，则二质相与之率，犹衡二浑相与之率也。衡盖亦先二质之率推以言浑之率也：刘徽考察球的中、外质，得$V_{外质}:V_{中质}=\sqrt{675}:\sqrt{25}\approx26:5$；而张衡所得$V_{外浑}:V_{中浑}=\sqrt{675}:\sqrt{25}\approx26:5$。可见有$V_{外质}:V_{中质}=V_{外浑}:V_{中浑}$。刘徽断言，张衡也是先求得中、外质体积之比，然后根据以上关系推论出中、外浑体积之比的。这个推断是合理的。

⑭衡又言质六十四之面，浑二十五之面。质复言浑，谓居质八分之五也。又云，方八之面，圆五之面。圆浑相推，知其复以圆囷为方率，浑为圆率也，失之远矣：张衡算中，有结论$V_{立方}:V_{内切球}=$

$\sqrt{64}:\sqrt{25}$，即$V_{球}=\frac{5}{8}V_{立方}$。又说，方与圆之比率为$\sqrt{8}:\sqrt{5}$。故徽注分析张衡的球积公式仍是以“$V_{圆囷}:V_{球}$=方率：圆率”为根据推得的。即由$V_{球}=\frac{\sqrt{5}}{\sqrt{8}}V_{圆囷}$，$V_{圆囷}=\frac{\sqrt{5}}{\sqrt{8}}V_{立方}$，推知$V_{球}=\left(\frac{\sqrt{5}}{\sqrt{8}}\right)^2 V_{立方}=\frac{\sqrt{25}}{\sqrt{64}}V_{立方}=\frac{5}{8}V_{立方}$。刘徽指出这一球积公式“失之远矣”，误差比$V_{球}=\frac{9}{16}V_{立方}$更大。他的判断是正确的。

⑮是为质居浑一百一十七分之四十，而浑率犹为伤多也：刘徽取$V_{外质}=26$，则$V_{内质}=5$。依旧术推得$V_{浑}=\frac{9}{16}V_{外质}=\frac{117}{8}V_{外质}$。于是，$\frac{V_{内质}}{V_{浑}}=\frac{5}{\frac{117}{8}}=\frac{40}{117}$，即$V_{内质}:V_{浑}=40:117$。刘徽指出此比数中$V_{浑}$的比数失之于大。这是因为依旧术所得$V_{浑}$为过剩近似值所致。

⑯按如衡术，方周率八之面，圆周率五之面也。令方周六十四尺之面，即圆周四十尺之面也。又令径二尺自乘得径四尺之面，是为圆周率一十之面，而径率一之面也：刘徽注说若按张衡算法可推得圆周率$\pi=\sqrt{10}$。其推算过程如下。设，方周：圆周$=\sqrt{8}:\sqrt{5}=\sqrt{64}:\sqrt{40}$，于是直径=正方形边长$=\frac{方周}{4}=\frac{\sqrt{64}}{4}=2=\sqrt{4}$。由此便知，圆周：直径$=\sqrt{40}:\sqrt{4}=\sqrt{10}:\sqrt{1}$。

⑰祖暅之开立圆术曰：以二乘积开立方除之，即立圆径：祖暅给出的求球径的计算公式是，球径$=\sqrt[3]{2V_{球}}$；此等价于球积公式：$V_{球}=\frac{1}{2}(球径)^3$。

⑱取立方棋一枚，令立枢于左后之下隅，从规去其右上之廉：如图4-9所示，取一枚正方体模型，以过左后下方顶点之纵向的棱为轴，作圆柱面截去正方体的右上侧部分，其内部为等边圆柱的八

分之一。枢,门户的转轴。此指圆柱的轴线。从规,圆心沿轴纵向移动而画圆,即作纵向的圆柱面。从同纵;规,画圆。右上之廉,指棋之右方上侧(即柱面外)的部分。廉,堂屋的侧边。

⑲又合而横规之,去其前上之廉:如图4-10所示,沿着横向作圆柱面截去前上侧部分。横规之,以过左后下方顶点的横向棱为轴,沿此横轴画圆,即作横向的圆柱面。前上之廉,指棋之前方上侧(即柱面外)的部分。

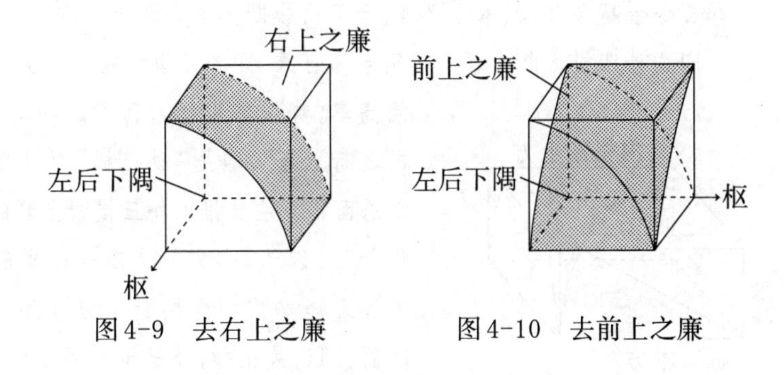

图4-9　去右上之廉　　图4-10　去前上之廉

⑳于是立方之棋,分而为四。规内棋一,谓之内棋。规外棋三,谓之外棋:立方之棋经纵、横圆柱面的两次截割,被分割成四块。规内、规外,即分别指圆柱面内、圆柱面外。柱面内的一块,是"牟合方盖"的八分之一,称为"内棋";柱面外的三块,则称为"外棋",如图4-11所示。

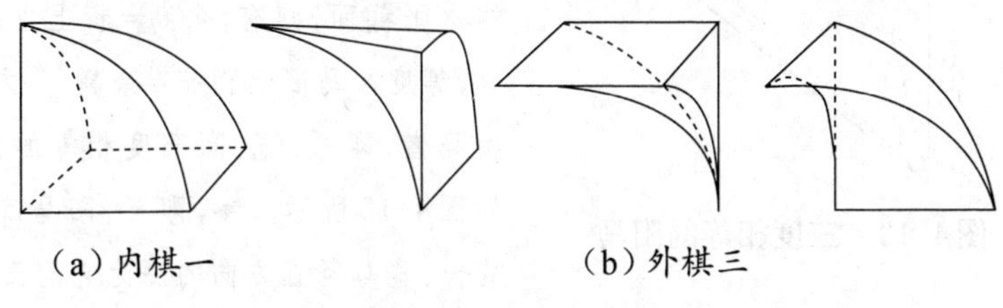
(a)内棋一　　(b)外棋三

图4-11　内棋、外棋

㉑更合四棋,复横断之。以勾股言之,令余高为勾,内棋断上方为

股,本方之数,其弦也:再合并四棋,又作横断面。以勾股形而论,令“余高”为勾,“内棋”断面正方形之边为股,“本方”之长,恰为弦。更合四棋,将四棋重新拼合。复横断之,再作水平截面。余高,横断后去其上部,所余长方体之高称为余高。内棋断上方,即内棋上断面正方形之边。本方,指原正方体之棱长。如图4-12所示,从侧面内勾股形发现有如下数量关系:余高为勾边,内棋断上方为股边,本方为弦边,即余高^2+内棋断上方^2=本方^2。

㉒若令余高自乘,减本方之幂,余即内棋断上方之幂也。本方之幂,即内外四棋之断上幂。然则余高自乘,即外三棋之断上幂矣。不问高卑,势皆然也:幂,面积。如“外三棋之断上幂”,即是“外三棋”的上断面之总面积。注文推求外三棋断上幂的过程如下:因为,本方^2-余高^2=内棋断上方^2,又知本方^2=内棋断上方^2+外三棋断面面积,故推知,外三棋断面面积=余高^2。刘徽特别指出,无论水平断面位置高低如何,上述面积关系皆是正确的。

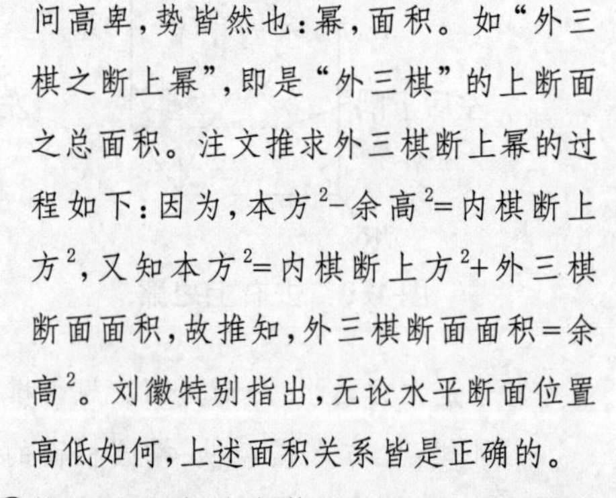

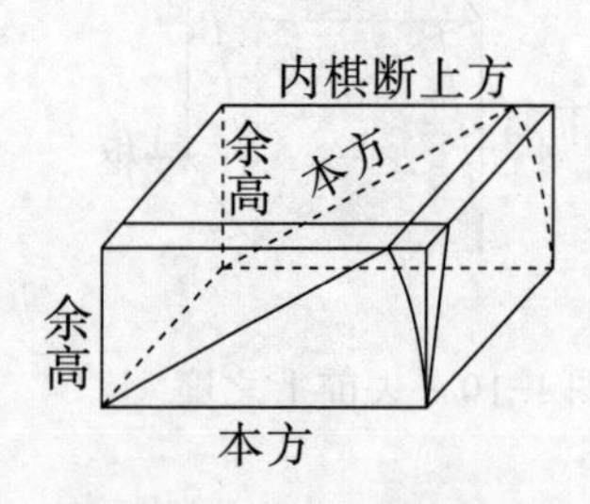

图4-12　余高、内棋断上方和本方之间的勾股关系

㉓按阳马方高数参等者,倒而立之,横截去上,则高自乘与断上幂数,亦等焉:将长、宽、高三度相等的阳马倒立,作它的水平截面,则有,余高=断上方;故知有,等度阳马断面面积=余高^2。方高数参等者,即长、宽、高三度相等的阳马,如图4-13所示。参,即三,阳马底方上的长、宽与竖直方向的高为它的三度。

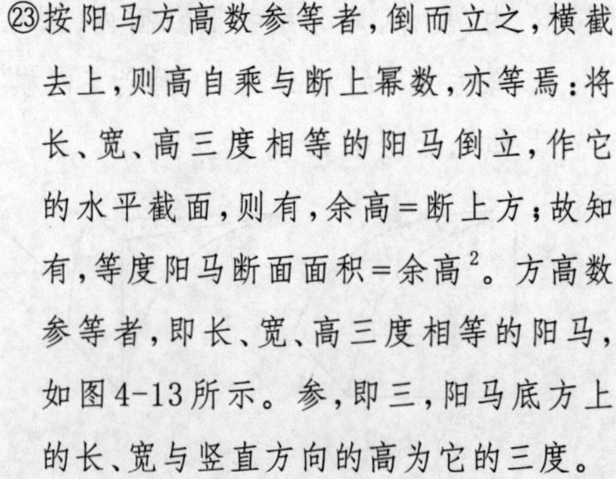

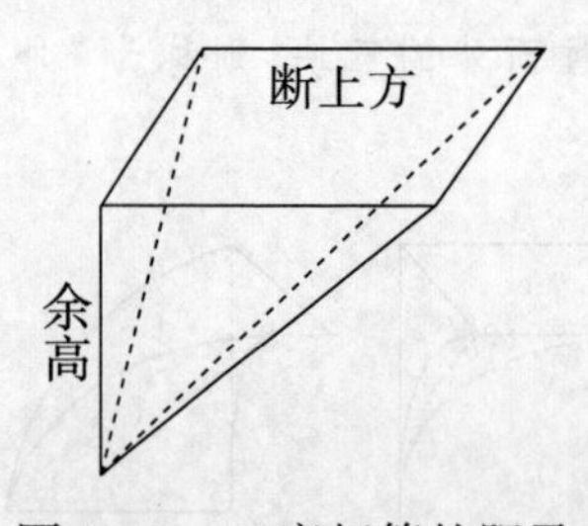

图4-13　三度相等的阳马

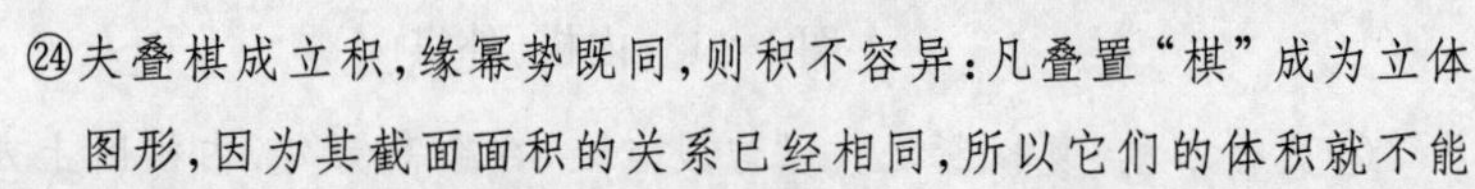

㉔夫叠棋成立积,缘幂势既同,则积不容异:凡叠置“棋”成为立体图形,因为其截面面积的关系已经相同,所以它们的体积就不能

有所不同。其意与卡瓦列里原理相近。但这里的“关系”意义广泛，一般包括比率关系，特殊如“余高^2=断上幂数”，等等。势，情势，此作关系解。幂势，截面面积间的数量关系。

㉕由是观之，规之外三棋旁蹙（cù）为一，即一阳马也。三分立方，则阳马居一，内棋居二可知矣：立方=外三棋+内棋；立方：外三棋=立方：阳马=3：1，故立方：内棋=3：(3-1)=3：2。蹙，皱，收缩，此作聚拢解。

㉖合八小方成一大方，合八内棋成一合盖。内棋居小方三分之二，则合盖居立方亦三分之二，较然验矣：由大立方=8小立方，合盖=8内棋，内棋=$\frac{2}{3}$小立方，比较便知有，合盖=$\frac{2}{3}$大立方。

㉗置三分之二以圆幂率三乘之，如方幂率四而一，约而定之，以为丸率。故曰丸居立方二分之一也：因合盖=$\frac{2}{3}$立方，合盖：球=方幂：圆率≈4：3，故球=$\frac{3}{4}$合盖=$\frac{3}{4}\times\frac{2}{3}$立方=$\frac{1}{2}$立方。

㉘依密率，此立圆积本以圆径再自乘，十一乘之，二十一而一：按祖冲之圆周密率，即取圆率=$\frac{22}{7}$，于是得球积=$\frac{圆率}{方率}\times\frac{2}{3}$圆径^3=$\frac{22}{7\times4}\times\frac{2}{3}$圆径^3=$\frac{11}{21}$圆径^3。

【译文】

[4-23] **已知体积4 500立方尺。**此尺也指的是立方尺。**问作为球体其直径长多少？**

答：球径长20尺。按圆周“密率”计算，球径20尺，当得球体积4 190$\frac{10}{21}$立方尺。

[4-24] **又知体积1 644 866 437 500立方尺。问作为球体其直径长多少？**

答:球径长14 300尺。依圆周"密率"计算,直径长当为14 643$\frac{3}{4}$尺。

开立圆(已知球体积推算其直径)算法:取体积数作为被除数,用16乘之,再除以9,所得之数开立方,便得球的直径。所谓"立圆",即是球丸之形。造术之意,乃按圆周与直径之比为三比一计算。假设圆面积为外切正方形面积的$\frac{3}{4}$,因而圆柱体占外切正方体体积的$\frac{3}{4}$。又设圆柱体的竖直截面为方,体积比数取作12;球的竖直截面为圆,体积数取作9,所以球又占外切圆柱体体积的$\frac{3}{4}$。取分母4自乘得16,而分子3自乘得9,故知球占外切正方体体积的$\frac{9}{16}$。因此,用16乘球积,再除以9,得外切正方体体积。球的直径与正方体棱长相等,所以开立方便得球径。然而这个算法的道理并不正确。用什么来检验它?取正方体模型八枚,使其棱长皆为一寸,并合而成棱长为二寸的正方体。沿竖轴作圆柱面割正方体为圆柱体,其底面直径2寸,高2寸。又再沿横轴作圆柱面截割,则所成立体的形状好像"牟合方盖"。八枚模型都像阳马,但它的三条侧棱变成了圆弧。考察"合盖"之积为方形之比数,其内切球之积即为圆形之比数。由此推论,将圆柱体说成方形之比数,岂不是错误的吗?以"周三径一"为圆之比率,则圆面积之得数失之于少;令圆柱之积为方形之比数,则球体积的得数又失之于多。两者以多补少,于是球与外切正方体积之比取作9比16碰巧与实际相接近,但球体积数还失之于多。考察立方之内、"合盖"之外的部分,虽然它们是由粗逐渐变细,但多少之间不能割补拼合。两种不同性质的事物交织在一起,方与圆相缠绕,粗与细相交错,不能化为规则图形。要用简陋的形体来解释,恐怕会失去了真理。岂敢不阙疑,以等待能言之人。黄金每立方寸,重16两。金球直径1寸,其重9两。比率由此而产生,未曾加以检验。《周官·考工记》载:"栗氏制作量器,熔炼金属而无损耗。称其重量没有损耗,然后做成标准形状,再测量其长短。"是说熔炼金属使其极为精密,而后分别测算,即可求得比率。令球径自乘,除以3,再开平方,即为球内接正方体之棱长。假设球内接正方体棱长为5尺,此5尺即是勾边,勾自乘得25平方尺,加倍得50平方尺,作为弦方,说的是平面上边长为5尺的正方形之弦。以此弦长为股,也以5尺为勾,勾方与股方相加得75平方尺,即是"大弦"之平方。开平方,则得大弦。大弦则是内接正方体的对角线,也就是球的直径。所以,内接正方体棱长的平方为球径平方的$\frac{1}{3}$。令大弦乘大弦之平方,即为球的外切正方体体积。大弦平方之数开方不尽,令平方数75自乘两次的方根,即取$\sqrt{75^3}=\sqrt{421\,875}$立方尺为外切正方体体积。又令内接正方体棱长5尺自乘又以棱长乘之,得体积125立方尺。作125自乘之方根,即命体积为$\sqrt{15\,625}$立方尺。皆以625约简,便得外切正方体与内接正方体体积之比率,即$\sqrt{675}:\sqrt{25}$。张衡的算法称正方体为“质”,球体为“浑”。张衡论“质”之“中浑”与“外浑”体积之比说:$\sqrt{675}$比$\sqrt{676}=26$,被开方数只少1,故可以说外浑之体积为26。内浑体积$\sqrt{25}$,即5立方尺。如今刘徽从“质”讨论其中浑(内切球),又从“浑”讨论其中质(内接立方),则知“中质”与“外质”体积之比,即如同张衡所得的“中浑”与“外浑”的体积之比。张衡原来也是先得二“质”之比率推论而得二“浑”之比率的。张衡又说:“质”之积为$\sqrt{64}$;“浑”之积为$\sqrt{25}$。由“质”而讨论“浑”,称“浑”占“质”的$\frac{5}{8}$。又说,方的比数为$\sqrt{8}$,圆的比数为$\sqrt{5}$。圆囷与“浑”之数相互推算,知其仍以圆囷体积为方率,“浑”之体积为圆率,因而误差甚大。张衡之说自以为是,为了附会其阴阳奇耦之说而不顾及得数之粗疏。虽然有文章词采,却是胡说而毁坏了义理,乃是有害无益的。取“外质”体积26,乘以9,再除以16,得体积$14\frac{5}{8}$立方尺,即“质”中之“浑”的体积。以分母乘整数部分再加分子,得117。又取“内质”体积5,以分母乘之得40,即是“内质”占“浑”体积的$\frac{40}{117}$,而“浑”的比数还失之于多。假设正方形之边长为2尺,其四边之和得8尺,称为方周。其中令圆径与正方形之边长相等,也为2尺。圆之半径以乘圆周之半,便是圆的面积。边长之半以乘方周之半,即是正方形的面积。于是方周即正方形面积之比数;圆周即圆面积的比数。如果按照张衡的算法,取方周比数$\sqrt{8}$,圆周比数$\sqrt{5}$。若取方周比数$\sqrt{64}$,则圆周比数为$\sqrt{40}$。又令直径2尺自行折算,得径$\sqrt{4}$尺,于是圆周之比数为$\sqrt{10}$,而直径之比数为$\sqrt{1}$。张衡也认为“周三径一”之率并不正确,故而另造此法。然而圆周之数增加太多,远超过了实际之数。李淳风等按:祖暅称说刘徽、张衡二人皆以圆柱体体积为方之比数,球积为圆之比数,乃设立新算法。祖暅的开立圆算法:用2乘球体积,开立方便得球的直径。其道理何在?取一枚正方体模型,设立转轴于其左后角上沿着纵向(与一棱相合)作圆柱面,截去其右上侧部分。又将两部分仍拼合在一起,再沿着横向作圆柱面截去前上侧部分。于是正方体模型,被截割为四部分。圆柱面内的一个立体,称为“内棊”。柱面外的三个立体,称为“外棊”。再合并四棊,又作横断面。以勾股形而论,令“余高”为勾,“内棊”断面正方形之边为股,“本方”之长,恰为弦。按勾股算法,以勾方减弦方,则余数为股方;若令“余高”自乘,以减“本方”自乘之数,其余数即“内棊”上断面正方形的面积。“本方”为边的正方形面积,即是内、外四“棊”的断面面积。于是“余高”自乘之数,即是外三“棊”的断面面积。不论截面位置高低,这一关系都是正确的。诚然常有殊途而同归的事物。所以就引申广远以推演其类,假借比方以分析精深细微的道理。按阳马若其长宽高三度相等,将其倒立,横截去其上部,则其高自乘与上横断面面积也相等。凡是将“棊”叠置而成立体,因为截面积的关系已经相同,则体积就不能有异。由此看来,柱面外的三“棊”要是另外聚合为一个立体,即可成一阳马。若正方体体积为三分,则阳马占一分,可知“内棊”占二分。合并8个小正方体成一个大正方体,合并8个“内棊”成一个“合盖”。“内棊”占小正方体体积的$\frac{2}{3}$,所以“合盖”也占正方体体积的$\frac{2}{3}$,显然得以验证。取$\frac{2}{3}$用圆面积之比数3乘之,除以正方形面积之比数4,相约而后为定数,作为球体积之比率。所以说球占外切正方体体积的$\frac{1}{2}$。得数已为精密,心里也觉得明亮而清晰。张衡守旧,贻笑于后世。刘徽循古,未及创新。这难道困难吗?抑或没有深入思考之故。按照密率,此球体积应以圆径自乘两次,乘以11,再除以21。约定此球积而今要求原正方体之积,所以用21乘,再除以11。凡物之数自乘两次,开立方便还原其本来之数。所以开立方,便得球径之长。

卷五　商功以御功程积实

【题解】

商，商讨；功，通“工”，指工程量或人工数。商功，即关于各种工程量的计算。要计算工程量，首先要计算土方的体积。因此在《九章算术》中，将各种土方体积计算、粮食容积计算以及按工程量配备劳动力等问题均归类为商功，共有28题。

本章所有题目都与立体体积计算有关，第1～7题是修筑城、垣、沟、堑、渠时土方及人工劳力计算，问题都来自实际生活；第8～22题是各种体积计算问题；第23～28题是粮食堆积测算方法、修建粮仓容积计算问题，这部分问题在后来的数学分类中发生了变化，在明代《永乐大典》的数学分类中，将这些问题从商功类中分离出来，归为“委粟”类。

本章所涉及的立体形状多样，其中多面体11种，有方堢壔、方亭、方锥、堑堵、阳马、鳖臑、羡除、刍甍、刍童、盘池、冥谷；曲面体4种：圆堢壔、圆亭、圆锥和曲池。多面体体积为精确公式，计算曲面体时，因取圆周率为3而得到的是近似公式。

《九章算术》原文仅记载了体积公式而没有推导过程，刘徽注对所有公式进行了推导，有很多创造性成果，建立了令人惊叹的多面体体积理论。刘徽多面体体积理论，以长方体体积是广袤高三度之乘积为公理，引入立方、堑堵、阳马、鳖臑为体积计算的基本几何体，借助体积割补与极限方法建立刘徽原理:“阳马居二,鳖臑居一,不易之率也。”对阳马和鳖臑的体积公式进行了严格证明,为多面体的有限分割求体积的方法奠定了理论基础。方亭、方锥、刍甍、刍童、羡除等体积公式都通过有限分割方法得到了证明。刘徽又应用截面原理将堑堵、阳马、鳖臑等基本几何模型的体积公式推广到非正规的情形,将各种几何体巧妙分割,通过对基本几何体的求和与化简,逐一完成了对几何体体积公式的证明。

刘徽在多面体体积理论中,认为鳖臑是体积计算的主要元素,是“功实之主”,他的结论与现代数学中将四面体看作是多面体分割的最小单元的思想完全一致。1900年,德国数学家希尔伯特(David Hilbert,1862—1943)在巴黎国际数学家大会上作了题为《数学问题》的演讲,提出了23个数学问题,其中第三问题:两个等底等高的四面体体积相等,是建立多面体体积理论的核心问题。这一问题不久被数学家德恩解决,从而确定了多面体体积理论必须建立在四面体体积和无穷小分割的基础上,这与刘徽的思想如出一辙。刘徽在建立多面体体积理论中体现出超前的数学思想、高超的数学才能和非凡的创造性,不能不令人敬佩。

[5-1]今有穿地积一万尺[①]。问为坚、壤各几何[②]?

答曰:为坚七千五百尺;为壤一万二千五百尺。

术曰:穿地四,为壤五,壤谓息土。为坚三,坚谓筑土。为墟四[③]。墟谓穿坑。此皆其常率。以穿地求壤,五之;求坚,三之,皆四而一。今有术也。以壤求穿,四之;求坚,三之,皆五而一。以坚求穿,四之;求壤,五之,皆三而一。臣淳风等谨按:此术验今有之义也。重张穿地积一万尺为所有数,坚率三、壤率五各为所求率,穿率四为所有率,而今有之,即得。

【注释】

①穿地:挖地取土之意。李籍《九章算术音义》:“穿地,掘地也。”穿,原意为刺孔,凿通。《说文解字》:“穿,通也。”

②为坚、壤:折合为坚土、松土。为,在此作折合解。坚,硬,牢固。这里指经夯打砸实之土。刘徽注:“坚谓筑土。”筑,捣土使坚实。壤,指松而柔的泥土,即经耕作的土地。《说文解字》:“壤,柔土也。”柔,柔软;与坚相对。徽注:“壤谓息土。”息土,息生之沃土。息,滋息,生长。

③墟:墟,本作虚。原义为土丘,又引申为故城,遗址,废墟。徽注:“墟谓穿坑”,即是说“墟”为挖坑。

【译文】

[5-1]假设挖地体积一万立方尺。问折合坚土、松土各多少?

答:折合坚土7 500立方尺;折合松土12 500立方尺。

算法:各种土方量换算的比率规定为挖地4,松土5,松土为息生之土。坚土3,坚土为夯打砸实之土。挖坑4。“墟”为挖坑。这些皆为固定的比率。以挖地折合松土,乘以5;折合坚土,乘以3,皆除以4。此乃“今有术”算法。以松土折合挖地(坑),乘以4;折合坚土,乘以3,皆除以5。以坚土折合挖地(坑),乘以4;折合松土,乘以5,皆除以3。李淳风等按:此算法并列出几个“今有术”的意思。反复取挖地体积一万立方尺为所有数,坚土率3、松土率5各为所求率,挖坑率4为所有率,而用今有术计算,即得。

城、垣、堤、沟、堑、渠,皆同术①。

术曰:并上下广而半之,损广补狭。以高若深乘之,又以袤乘之,即积尺②。按此术,并上下广而半之者,以盈补虚,得中平之广。以高若深乘之,得一头之立幂③。又以袤乘之者,得立实之积,故为积尺。

[5-2]今有城下广四丈,上广二丈,高五丈,袤一百二十六丈五尺。问积几何?

答曰:一百八十九万七千五百尺。

[5-3]今有垣下广三尺,上广二尺,高一丈二尺,袤二十二丈五尺八寸。问积几何?

答曰:六千七百七十四尺。

[5-4]今有堤下广二丈,上广八尺,高四尺,袤一十二丈七尺。问积几何?

答曰:七千一百一十二尺。

冬程人功四百四十四尺④。问用徒几何⑤?

答曰:一十六人、一百一十一分人之二。

术曰:以积尺为实,程功尺数为法,实如法而一,即用徒人数。

[5-5]今有沟上广一丈五尺,下广一丈,深五尺,袤七丈。问积几何?

答曰:四千三百七十五尺。

春程人功七百六十六尺,并出土功五分之一,定功六百一十二尺、五分尺之四⑥。问用徒几何?

答曰:七人、三千六十四分人之四百二十七。

术曰:置本人功⑦,去其五分之一,余为法;去其五分之一者,谓以四乘五除也。以沟积尺为实;实如法而一,得用徒人数。按此术,置本人功、去其五分之一者,谓以四乘之,五而一,除去出土之功,取其定功,乃通分内子以为法。以分母乘沟积尺为实者,法里有分,实里通之⑧。故实如法而一,即用徒人数。此以一人之积尺，除其众尺，得用徒人数。不尽者，等数约之而命分也。

[5-6] 今有堑上广一丈六尺三寸，下广一丈，深六尺三寸，袤一十三丈二尺一寸。问积几何？

答曰：一万九百四十三尺八寸。八寸者，谓穿地方尺深八寸。此积余有方尺中二分四厘五毫，弃之⑨，贵欲从易，非其常定也。

夏程人功八百七十一尺。并出土功五分之一，沙砾水石之功作太半，定功二百三十二尺、一十五分尺之四⑩。问用徒几何？

答曰：四十七人、三千四百八十四分人之四百九。

术曰：置本人功，去其出土功五分之一，又去沙砾水石之功太半，余为法。以堑积尺为实。实如法而一，即用徒人数。按此术，置本人功去其出土功五分之一者，谓以四乘五除。又去沙砾水石作太半者，一乘，三除，存其少半。取其定功，乃通分内子以为法。以分母乘堑积尺为实者，为法里有分，实里通之。故实如法而一，即用徒人数。不尽者，等数约之而命分也。

[5-7] 今有穿渠上广一丈八尺，下广三尺六寸，深一丈八尺，袤五万一千八百二十四尺。问积几何？

答曰：一千七万四千五百八十五尺六寸。

秋程人功三百尺。问用徒几何？

答曰：三万三千五百八十二人功。内少一十四尺四寸⑪。

一千人先到，问当受袤几何？

答曰：一百五十四丈三尺二寸、八十一分寸之八。

术曰：以一人功尺数，乘先到人数为实。以一千人一日功为实。并渠上下广而半之，以深乘之为法。以渠广深之立幂为法。实如法得袤尺。

【注释】

①城、垣、堤、沟、堑、渠,皆同术:古人命名,取象于物,城、垣、堤、沟、堑、渠等为物各异,其形相类,皆为横截面为梯形之柱体,故其体积有相同算法。城,旧时在都邑四周用作防御的墙垣。此处作城墙解。垣,矮墙,也泛指墙。此作土墙解。堤,沿江、河、湖、海的边岸修建的挡水建筑物,此处作堤坝解。沟,田间水道,泛指与沟类似的浅槽。此处作水沟解。堑,护城河,壕沟。此作城河解。渠,人工开凿的水道。此处作渠道解。

②并上下广而半之,以高若深乘之,又以袤乘之,即积尺:此术文给出城垣之类的体积公式

$$V_{城垣}=\frac{上宽+下宽}{2}\times 高\times 长$$

上广、下广即横断面梯形的上底和下底。高若深,即高或深,在城、垣为高,在沟、堑为深。若,或者。袤,指城垣沟堑之类的长。

③以高若深乘之,得一头之立幂:用高或深去乘平均宽度,便得一个端面的面积。立幂,竖直横断面的面积。头,物体的顶端或两端。

④冬程人功四百四十四尺:古代施工已实行定额管理,规定不同季节不同工程一个劳动日的工程定量。如此便有“冬程人工”“春程人工”之类的积尺数。程,法式,规章。人功,每人一日的工程定量,即一个劳动日的工程定额。

⑤徒:服役者,此处可简单理解为劳力。先秦的“徒”有时指服役的农民,如《周礼·地官·小司徒》:“凡起徒役,毋过家一人。”秦汉史籍中的“徒”多指刑徒,如《汉书·成帝纪》载建始元年(前32)“赦天下徒”。

⑥春程人功七百六十六尺,并出土功五分之一,定功六百一十二尺、

五分尺之四：挖沟取土折合工作量，取土按挖土的$\frac{1}{5}$折算。即挖沟兼出土者，按原规定工程土方量的$\frac{4}{5}$为“定功”，$766\times\frac{4}{5}=612\frac{4}{5}$（尺^3/每人·日）。并，兼，合。“定功”，计算服役人数时所确定的每人一日的工程定量。即

$$用徒人数=\frac{功程积尺}{定功}$$

⑦本人功：原来规定的每人一日的工程定额，它未除去出土、砂砾水石等项工作量。本，本来，原来。

⑧法里有分，实里通之：除数中含有分数，便用除数的分母去乘被除数，于是化分数相除为整数相除。这相当于用分母同乘除数与被除数。

⑨八寸者，谓穿地方尺深八寸。此积余有方尺中二分四厘五毫，弃之：依术计算，城河容积$=\frac{16.3+10}{2}\times 6.3\times 132.1=10\,943.824\,5\approx 10\,943.8$（立方尺）。答案中所谓“八寸”，即是0.8立方尺；“二分四厘五毫”，即是0.024 5立方尺。这里的寸、分、厘、毫，是立方尺之下小数各位的名称，并非立方寸、立方分之类的立方单位名称。

⑩夏程人功八百七十一尺。并出土功五分之一，沙砾水石之功作太半，定功二百三十二尺、一十五分尺之四：挖凿城河有砂砾水土，工程艰巨，故应从规定土方量中扣除其工作量，它按土方量的$\frac{2}{3}$折算。故得“定功”$=871\times(1-\frac{1}{5})\times(1-\frac{2}{3})=871\times\frac{4}{5}\times\frac{1}{3}=232\frac{4}{15}$（立方尺）。

⑪三万三千五百八十二人功。内少一十四尺四寸：依术计算挖渠道所需劳力数为，$10\,074\,585.6\div 300=33\,581.952\approx 33\,582$（人）。

而工程总量有差数300×33 582−10 074 585.6=14.4（立方尺）。

即所需为33 582个“人功”，其中应减14.4立方尺，合问。

【译文】

城、垣、堤、沟、堑、渠，皆用同一算法。

算法：上、下广相加再除以2，减少宽处以增补狭窄处。用高或深乘它，又用长乘之，便得体积的立方尺数。按此算法，“上、下广相加再除以2”，是以盈补虚，求得平均之宽度（广）。“用高或深乘它”，为求得一端竖直面面积。“又用长乘之”，求得立体之体积，故得数为体积的立方尺数。

[5-2] 假设城墙下宽4丈，上宽2丈，高5丈，长126丈5尺。问它的体积多少？

答：体积为1 897 500立方尺。

[5-3] 假设土墙下宽3尺，上宽2尺，高1丈2尺，长22丈5尺8寸。问它的体积多少？

答：体积为6 774立方尺。

[5-4] 假设堤坝下宽2丈，上宽8尺，高4尺，长12丈7尺。问它的体积多少？

答：体积为7 112立方尺。

冬季规定每人一日工程量为444立方尺。问当用劳力多少？

答：当用劳力$16\frac{2}{111}$人。

算法：以体积的立方尺数为被除数，每个劳动日工程定量为除数，以除数去除被除数，即得用劳力人数。

[5-5] 假设水沟上宽1丈5尺，下宽1丈，深5尺，长7丈。问它的容积多少？

答：容积为4 375立方尺。

春季规定每人一日工程量为766立方尺，加上出土的工程量按$\frac{1}{5}$折算，其“定功”为$612\frac{4}{5}$立方尺。问当用劳力多少？

答：当用劳力$7\frac{427}{3\,064}$人。

算法：取原定每人工程量，减去其$\frac{1}{5}$，以余数为除数；减去其$\frac{1}{5}$，乃是用4乘而除以5。以水沟体积的立方尺数为被除数；用除数去除被除数，便得当用劳力人数。按此算法：取原定每人工程量减去$\frac{1}{5}$，乃是用4乘，而除以5，减去出土之工作量，取它作为“定功”，于是将其整部乘分母再加分子用来作除数。用分母乘水沟容积的立方尺数为被除数，因为除数包含分数，所以被除数乘以分母而相通。用除数去除被除数，即得当用劳力人数。这是以一人工程量的体积立方尺数，去除总体积的立方尺数，得当用劳力人数。除之不尽时，用最大公约数约简而取分数。

[5-6]假设城河上宽1丈6尺3寸，下宽1丈，深6尺3寸，长13丈2尺1寸。问它的容积多少？

答：容积为10 943.8立方尺。所谓“八寸”，为挖地一平方尺而深八寸。此体积尚有余数0.024 5立方尺，被舍弃，目的在于从简，并非通常的规定。

夏季规定每人一日工程量871立方尺。加上出土的工程量按$\frac{1}{5}$折算，砂砾水石的工程量取作$\frac{2}{3}$计算，其“定功”为$232\frac{4}{15}$立方尺。问当用劳力多少？

答：当用劳力$47\frac{409}{3\,484}$人。

算法：取原定每人工程量，减去其出土工作量$\frac{1}{5}$，又除去砂砾水石之工作量$\frac{2}{3}$，所余之数作为除数。以城河容积立方尺数为被除数。用除数去除被除数，即得当用劳力人数。按此算法，取原定每人工程量减去$\frac{1}{5}$，乃是用4乘而除以5。又除去砂砾水石之工作量$\frac{2}{3}$，用1乘，再除以3，即保存其$\frac{1}{3}$。取其“定功”，乃是将其整数部分乘分母再加分子用来作除数。用分母乘城河容积立方尺数作为被除数,因为除数含有分数,所以被除数乘以分母而相通。用除数去除被除数,即得当用劳力人数。除之不尽时,用最大公约数约简而取分数。

[5-7]假设挖渠道上宽1丈8尺,下宽3尺6寸,深1丈8尺,长51 824尺。问它的容积多少?

答:容积为10 074 585.6立方尺。

秋季规定每人一日工程量300立方尺。问当用劳力多少?

答:当用33 582个劳力的工程量,其中减少14.4立方尺。

若先到1 000人,问应承受渠道长度多少?

答:承受渠道长度154丈3尺$2\frac{8}{81}$寸。

算法:用一人工程量立方尺数,乘以先到人数为被除数。用1 000人1天的工程量为被除数。渠道上、下宽度相加再除以2,用深度乘之为除数。以渠道宽、深方向竖直截面面积为除数。以除数去除被除数便得长度之尺数。

[5-8]今有方堢壔[①],堢者,堢城也。壔,音丁老切,又音纛,谓以土拥木也。方一丈六尺,高一丈五尺。问积几何?

答曰:三千八百四十尺。

术曰:方自乘,以高乘之,即积尺。

[5-9]今有圆堢壔,周四丈八尺,高一丈一尺。问积几何?

答曰:二千一百一十二尺。于徽术,当积二千一十七尺、一百五十七分尺之一百三十一[②]。臣淳风等谨按:依密率,积二千一十六尺[③]。

术曰:周自相乘,以高乘之,十二而一。此章诸术亦以周三径一为率,皆非也。于徽术,当以周自乘,以高乘之,又以二十五乘之,三百一十四而一。此之圆幂,亦如圆田之幂也。求幂亦如圆田；而以高乘幂也[4]。臣淳风等谨按：依密率以七乘之，八十八而一。

【注释】

①方垛(bǎo)埻(dǎo)：此取正四棱柱形象。下文的圆垛埻即指圆柱体。垛，亦作“堡”，土筑小城。埻，又音纛(dào)，土堡。

②于徽术，当积二千一十七尺、一百五十七分尺之一百三十一：按刘徽算法取$\pi=\frac{157}{50}$，算得圆柱体积$=\frac{25\times 周^2}{314}\times 高=\frac{25\times 48^2}{314}\times 11=2\,017\frac{131}{157}$（立方尺）。

③依密率，积二千一十六尺：取$\pi=\frac{22}{7}$，算得圆柱体积$=\frac{7}{88}\times 周^2\times 高=\frac{7\times 48^2}{88}\times 11=2\,016$（立方尺）。

④此之圆幂，亦如圆田之幂也。求幂亦如圆田；而以高乘幂也：古代中算家从叠面成体的观念出发，把柱体体积规定为底面面积乘高。故用圆田公式计算底面积，再乘高得圆柱体积。

【译文】

[5-8]假设方垛埻（即正四棱柱），垛，城堡。埻，音丁老切，又音纛，为用土围木之意。底面边长1丈6尺，高1丈5尺。问其体积多少？

答：体积为3 840立方尺。

算法：底面边长自乘，再用高乘之，即得体积的立方尺数。

[5-9]假设圆垛埻（即圆柱体），底面周长4丈8尺，高1丈1尺。问其体积多少？

答：体积为2 112立方尺。按徽率计算，应得体积$2\,017\frac{131}{157}$立方尺。李淳风等按：依密率计算，得体积2 016立方尺。

算法：底面周长自乘，再乘以高，除以12。本章各种算法也以“周三径一”为圆率，皆不精确。依刘徽圆率，应当以底面圆周自乘，再以高乘之，又用25乘之,除以314。这里的圆面积,如同“圆田”题中之圆田面积。计算面积的算法也如圆田一样;而以高乘底面积(即为柱体体积)。李淳风等按:依密率计算应是用7乘之,除以88。

[5-10]今有方亭下方五丈①,上方四丈,高五丈。问积几何?

答曰:一十万一千六百六十六尺、太半尺。

术曰:上下方相乘,又各自乘,并之,以高乘之,三而一。此章有堑堵、阳马,皆合而成立方②。盖说算者乃立棋三品③,以效高深之积④。假令方亭,上方一尺,下方三尺,高一尺,其用棋也,中央立方一,四面堑堵四,四角阳马四⑤。上下方相乘为三尺,以高乘之,得积三尺,是为得中央立方一,四面堑堵各一⑥。下方自乘为九,以高乘之,得积九尺,是为中央立方一,四面堑堵各二,四角阳马各三也⑦。上方自乘,以高乘之,得积一尺,又为中央立方一⑧。凡三品棋,皆一而为三,故三而一得积尺⑨。用棋之数,立方三,堑堵阳马各十二,凡二十七。棋十二与三,更差次之,而成方亭者三,验矣⑩。为术又可令方差自乘,以高乘之,三而一,即四阳马也。上下方相乘,以高乘之,即中央立方及四面堑堵也。并之,以为方亭积数也⑪。

【注释】

①方亭:即正四棱台。亭,古代边境岗亭。《墨子·备城门》:“百步一亭,高垣丈四尺,厚四尺,为闺门两扇。”此取其形,当作台体解。

②此章有堑堵、阳马,皆合而成立方:堑堵,即底面为直角三角形的三棱柱,两个堑堵可合为一立方体,如图5-1所示。阳马,即底面为方形,一侧棱与底垂直的四棱锥。三度相等的阳马,取三枚便

可合为一正方体。因此刘徽有此一说。

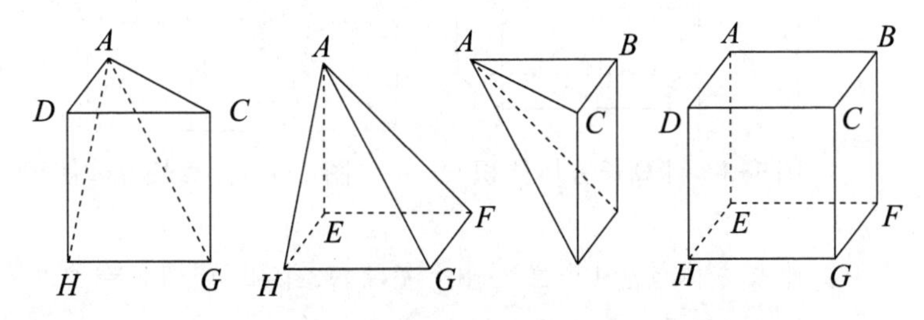

图5-1 3个三度相等的阳马可合为一个正方体

③说算者:即讲解算术之人。立棋三品:即设置三种棋,立方、堑堵和阳马。

④高深之积:包含高或深的三度之积,亦即体积。积,原义为数与数相乘的结果,也可用它来表示区域的大小。由长、宽两度相乘表示面积,以长、宽、高(或深)三度相乘表示体积。面积与体积的区别在于有无高(深)。

⑤假令方亭,上方一尺,下方三尺,高一尺,其用棋也,中央立方一,四面堑堵四,四角阳马四:这里用的“棋”都是标准的,它们的长宽高三度相等,皆为一尺。如图5-2所示,用1个立方、4个堑堵和4个阳马,就可拼合成给定的正四棱台。

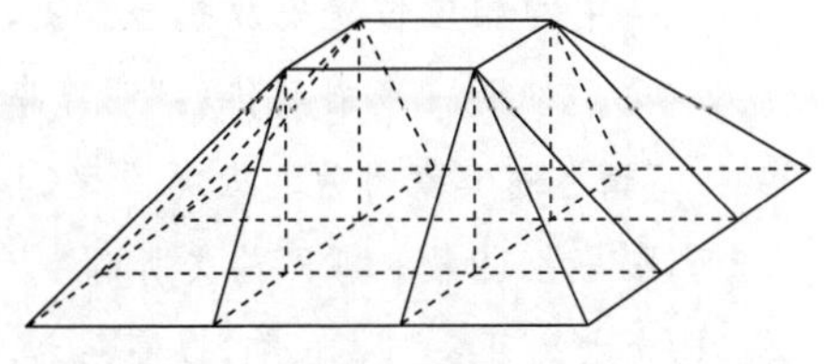

图5-2 拼合给定的正四棱台

⑥上下方相乘为三尺,以高乘之,得积三尺,是为得中央立方一,四面堑堵各一:计算长方体体积V_1=上方 × 下方 × 高,如图5-3所示,此长方体包含1个立方和4个堑堵,即V_1=1立方+4堑堵。

⑦下方自乘为九,以高乘之,得积九尺,是为中央立方一,四面堑堵各二,四角阳马各三也:计算体积V_2=下方^2× 高,如图5-4所示,

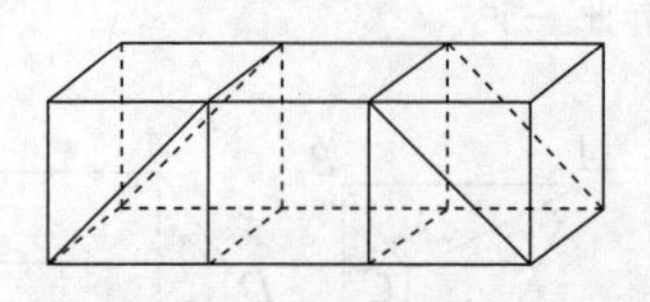

图5-3　计算长方体体积1

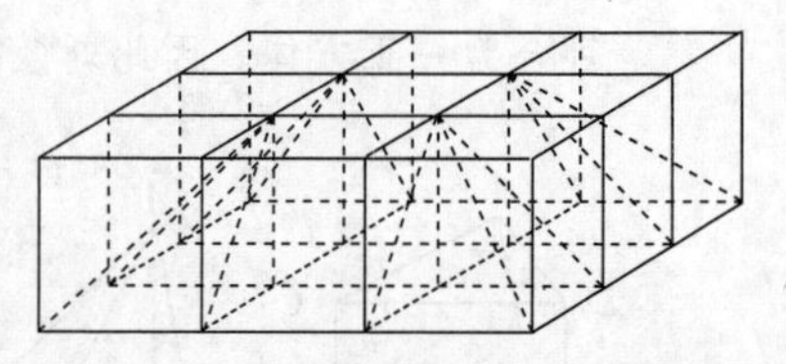

图5-4　计算长方体体积2

此长方体包含1个立方、8个堑堵,12个阳马,即V_2=1立方+8堑堵+12阳马。

⑧上方自乘,以高乘之,得积一尺,又为中央立方一:计算体积V_3=上方^2×高,此立方体恰为1个立方,即V_3=1立方。

⑨凡三品棋,皆一而为三,故三而一得积尺:将三项相加,

$V_1+V_2+V_3$=(1立方+4堑堵)+(1立方+8堑堵+12阳马)+1立方

=3×(1立方+4堑堵+4阳马)=3方亭

故知

方亭之积$=\frac{1}{3}(V_1+V_2+V_3)$

⑩更差(cī)次之:即将27枚棋重新分别按种类与数目搭配,依照方亭中的相应位置安放拼合。更,更新,重新。差次,分别等级班次。《史记·商君列传》:"明尊卑爵秩等级,各以差次。"《索隐》:"谓各随其家爵秩之班次。"之,指棋的总和,即立方棋3枚,堑堵、阳马各12枚。亦即前文所谓"十二与三"。

⑪为术又可令方差自乘,以高乘之,三而一,即四阳马也。上下方相乘,以高乘之,即中央立方及四面堑堵也。并之,以为方亭积数也:另推方亭公式如下。

因为

$\frac{1}{3}$(下方－上方)^2×高=4阳马

上方×下方×高=1立方+4堑堵

故得

$$方亭=1立方+4堑堵+4阳马$$

$$=上方\times下方\times高+\frac{1}{3}\times方差^2\times高$$

【译文】

[5-10]假设方亭（正四棱台）下底面边长5丈，上底面边长4丈，高5丈。问它的体积是多少？

答：体积为101 666$\frac{2}{3}$立方尺。

算法：上下底面边长相乘，又各自乘，三项相加，用高乘之，再除以3。这章中有堑堵、阳马，皆可以合成正方体。凡是说算之人都设立“棋”三种。以仿效具有高、深的立体之积。假设方亭，上底面边长1尺，下底面边长3尺，高1尺，它用“棋”来拼合，中央为1个正方体，四面为4个堑堵，四角为4个阳马。上下底面边长相乘得3平方尺，用高乘之，得体积3立方尺，乃是为得中央正方体1个，四面堑堵各1个。下底边长自乘为9，用高乘之，得体积9立方尺，乃是中央正方体1个，四面堑堵各2个，四角阳马各3个。上底边长自乘，用高乘之，得体积1立方尺，又为中央正方体1个。总共三种棋，它们的个数都扩大为原先的3倍，所以用3除之便得方亭体积。用棋的个数，正方体3个，堑堵、阳马各12个，总共27枚。将棋的个数12与3，另外分别按种类与数目配搭，而拼合成方亭3个，便验证了公式。另造算法，又可以令上下底面边长之差自乘，用高乘之，除以3，即为4个阳马的体积。上下底面边长相乘，再用高乘之，即为中央正方体及四面堑堵的体积。相加，即为方亭体积之数。

[5-11]今有圆亭下周三丈，上周二丈，高一丈。问积几何？

答曰：五百二十七尺、九分尺之七。于徽术，当积五百四尺、四百七十一分尺之一百一十六也。按密率，为积五百三尺、三十三分尺之二十六。

术曰:上、下周相乘,又各自乘,并之,以高乘之,三十六而一。此术周三径一之义,合以三除上下周各为上下径,以相乘,又各自乘,并,以高乘之,三而一,为方亭之积[①]。假令三约上下周俱不尽,还通之,即各为上下径。令上下径分子相乘,又各自乘,并,以高乘之,为三方亭之积分。此合分母三相乘得九,为法除之,又三而一,得方亭之积[②]。从方亭求圆亭之积,亦犹方幂中求圆幂。乃令圆率三乘之,方率四而一,得圆亭之积[③]。前求方亭之积,乃以三而一,今求圆亭之积,亦合三乘之,二母既同,故相准折。惟以方率四乘分母九,得三十六,而连除之[④]。于徽术,当上下周相乘,又各自乘,并,以高乘之,又二十五乘之,九百四十二而一[⑤]。此,方亭四角圆杀,比于方亭二百分之一百五十七[⑥]。为术之意,先作方亭,三而一,则此据上下径为之者,当又以一百五十七乘之,六百而一也[⑦]。今据周为之,若于圆垛垮,又以二十五乘之,三百一十四而一,则先得三圆亭矣。故以三百一十四为九百四十二而一[⑧],并除之。臣淳风等谨按:依密率,以七乘之,二百六十四而一[⑨]。

【注释】

①此术周三径一之义,合以三除上下周各为上下径,以相乘,又各自乘,并,以高乘之,三而一,为方亭之积:按周三径一推算圆亭的外切方亭的体积,过程如下。

$$方亭体积=\frac{1}{3}\left[\frac{上周}{3}\times\frac{下周}{3}+\left(\frac{上周}{3}\right)^2+\left(\frac{下周}{3}\right)^2\right]\times高$$

这是由方亭公式及$\frac{周}{3}$=径=底面边长而推出的。

②假令三约上下周俱不尽,还通之,即各为上下径。令上下径分子相乘,又各自乘,并,以高乘之,为三方亭之积分。此合分母三相

乘得九，为法除之，又三而一，得方亭之积：前述方亭公式中，$\frac{\text{周}}{3}$一般不为整数，按式中步骤演算有分数四则之烦。因此“还通之”，即将$\frac{\text{周}}{3}$扩大3倍还原为上、下周，把上、下周当作新的上、下“径”，按方亭求积，得数再除以9。亦即改按以下步骤计算：

$$\text{外切方亭体积}=\frac{1}{3}\times\frac{1}{9}(\text{上周}\times\text{下周}+\text{上周}^2+\text{下周}^2)\times\text{高}$$

还通之，还原为整数而通分。古代筹算分子、分母分别计算，即分数要化为整数计算。故古代筹算法设计中，将化分数为整数的步骤也称为“通分”，如“法里有分，实里通之”即是这样的“通分”。

③从方亭求圆亭之积，亦犹方幂中求圆幂。乃令圆率三乘之，方率四而一，得圆亭之积：此据截面原理

$$\text{圆亭体积}:\text{方亭体积}=\text{圆率}:\text{方率}=3:4$$

得

$$\text{圆亭体积}=\frac{3}{4}\text{方亭体积}$$

④前求方亭之积，乃以三而一，今求圆亭之积，亦合三乘之，二母既同，故相准折。惟以方率四乘分母九，得三十六，而连除之：由方亭推圆亭公式，代入上式得

$$\text{圆亭体积}=\frac{3}{4}\times\left[\frac{1}{3}\times\frac{1}{9}(\text{上周}\times\text{下周}+\text{上周}^2+\text{下周}^2)\times\text{高}\right]$$

$$=\frac{1}{4\times9}(\text{上周}\times\text{下周}+\text{上周}^2+\text{下周}^2)\times\text{高}$$

其中，求圆亭体积时的乘数“3”和求方亭体积时的除数“3”，一乘一除正好相消。注文叙述了公式的这一化简过程。准折，即抵消之意。准，抵算，折价。韩愈《赠崔立之评事》诗：“钱帛纵空衣可准。”折，损失。

⑤于徽术,当上下周相乘,又各自乘,并,以高乘之,又二十五乘之,九百四十二而一:按取$\pi=\frac{157}{50}$推算,

$$圆亭体积=\frac{\pi}{4}\times[\frac{1}{3}\times\frac{1}{\pi^2}(上周\times下周+上周^2+下周^2)\times高]$$

$$=\frac{1}{4\times3}\times\frac{50}{157}(上周\times下周+上周^2+下周^2)\times高$$

$$=\frac{25}{942}(上周\times下周+上周^2+下周^2)\times高$$

⑥此,方亭四角圆杀(shà),比于方亭二百分之一百五十七:按刘徽算法得

$$\frac{圆亭体积}{方亭体积}=\frac{\pi}{4}=\frac{157}{4\times50}=\frac{157}{200}$$

圆杀,退缩(或削减)为圆形。杀,衰退,减少。

⑦为术之意,先作方亭,三而一,则此据上下径为之者,当又以一百五十七乘之,六百而一也:据上下径求方亭体积得

$$方亭体积=\frac{1}{3}(上径\times下径+上径^2+下径^2)\times高$$

故云“三而一”。

取$\pi=\frac{157}{50}$,由方亭推圆亭,得

$$圆亭体积=\frac{157}{200}方亭体积$$

$$=\frac{157}{200}\times\frac{1}{3}(上径\times下径+上径^2+下径^2)\times高$$

$$=\frac{157}{600}(上径\times下径+上径^2+下径^2)\times高$$

故云“当又以一百五十七乘之,六百而一也”。

⑧今据周为之,若于圆垛壔又以二十五乘之,三百一十四而一,则先得三圆亭矣。故以三百一十四为九百四十二而一:刘徽于前圆垛壔术注中,得公式

$$圆垛垮体积=\frac{25}{314}\times 周^2\times 高$$

现在推求圆亭公式与其类似，得

$$\begin{aligned}3\times 圆亭体积&=\frac{\pi}{4}\left[\frac{上周}{\pi}\times\frac{下周}{\pi}+\left(\frac{上周}{\pi}\right)^2+\left(\frac{下周}{\pi}\right)^2\right]\times 高\\&=\frac{1}{4\pi}(上周\times 下周+上周^2+下周^2)\times 高\\&=\frac{25}{314}(上周\times 下周+上周^2+下周^2)\times 高\end{aligned}$$

所以有

$$圆亭体积=\frac{25}{942}(上周\times 下周+上周^2+下周^2)\times 高$$

将除数314改换为942，故云“故以三百一十四为九百四十二而一”。

⑨依密率，以七乘之，二百六十四而一：取$\pi=\frac{22}{7}$，则

$$\begin{aligned}圆亭体积&=\frac{1}{12\pi}(上周\times 下周+上周^2+下周^2)\times 高\\&=\frac{7}{264}(上周\times 下周+上周^2+下周^2)\times 高\end{aligned}$$

故李注云：“以七乘之，二百六十四而一。”

【译文】

[5-11]假设圆亭（正圆台）下底面周长3丈，上底面周长2丈，高1丈。问它的体积多少？

答：体积为$527\frac{7}{9}$立方尺。依刘徽圆率，应得体积$504\frac{116}{471}$立方尺。按密率计算，体积为$503\frac{26}{33}$立方尺。

算法：上、下底面周长相乘，又各自乘，三项相加，用高乘之，再除以36。此算法按周三径一计算，合于用3除上、下周长各为上、下底面直径，用以相乘，又各自乘，三项相加再以高乘之，除以3，为外切方亭的体积。假设用3去约上、

下周长都不能除尽,“通分”而还原为整数,即以上、下周各自为上、下“径”。令上、下“径”相乘,又各自乘,三项相加再以高乘之,得3倍方亭的体积。此积应当用分母3自乘得9,作为除数去除,又再除以3,得方亭的体积。从方亭体积求内切圆亭的体积,也如同于正方形中求内切圆面积。于是令圆率3乘方亭体积,除以方率4,便得圆亭体积。前面求方亭之积,乃用3除之,现在求圆亭之积,也该用3乘之,一乘一除的二数既然相同,故相互抵消。只有用方率4乘分母9,得36,而“连除”三项的和数。依刘徽算法,当以上、下底面周长相乘,又各自乘,三项相加再以高乘它,又乘以25,除以942。此圆亭,乃是方亭四角被削除为圆形,它与方亭相比为$\frac{157}{200}$。造术之意是,先作方亭,除以3,则此算法是据上、下径来计算的,故应当以157乘之,除以600。现在据上、下周来计算,如同圆垛壔公式,又用25乘之,除以314,则先得3倍圆亭体积。所以将314改为942,一并除它。李淳风等按:依密率计算,当乘以7,而除以264。

[5-12]今有方锥下方二丈七尺[①],高二丈九尺。问积几何?

答曰:七千四十七尺。

术曰:下方自乘,以高乘之,三而一。按此术,假令方锥下方二尺,高一尺,即四阳马[②]。如术为之,用十二阳马,成三方锥,故三而一,得方锥也[③]。

[5-13]今有圆锥下周三丈五尺,高五丈一尺。问积几何?

答曰:一千七百三十五尺、一十二分尺之五。于徽术,当积一千六百五十八尺、三百一十四分尺之十三[④]。依密率,为积一千六百五十六尺、八十八分尺之四十七[⑤]。

术曰:下周自乘,以高乘之,三十六而一。按此术,圆锥下周以为方锥下方。方锥下方令自乘,以高乘之,合三而一得大方锥之积。大方锥之积合十二圆矣[6]。今求一圆，复合十二除之，故令三乘十二得三十六而连除[7]。于徽术，当下周自乘，以高乘之，又以二十五乘之，九百四十二而一[8]。圆锥比于方锥，亦二百分之一百五十七[9]。令径自乘者，亦当以一百五十七乘之，六百而一[10]。其说如圆亭也。臣淳风等谨按：依密率，以七乘之，二百六十四而一[11]。

【注释】

①方锥：意为取横截面为方的锥形物体。在此当作正四棱锥解。锥，原为钻孔的工具，其形上锐下钝。后用以指锥形的东西。如，毛锥（毛笔）。

②假令方锥下方二尺，高一尺，即四阳马：如图5-5所示，取三度相等的标准阳马棋4枚，可拼合成一个下底面边长2尺，高1尺的方锥。所以刘徽于阳马术注中说："阳马之形，方锥一隅也。"

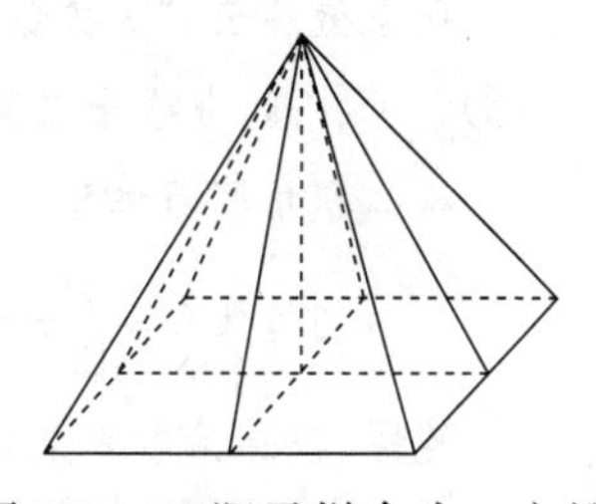

图5-5　四阳马拼合为一方锥

③如术为之，用十二阳马，成三方锥，故三而一，得方锥也：如依术文所述计算长方体体积，则V=下方^2×高，乃是12个阳马的体积，用棋来拼成这样的长方体，要用12个阳马。而12个阳马拼合成3个方锥，故用3除此三度之积，便得方锥之积。

④于徽术，当积一千六百五十八尺、三百一十四分尺之十三：按刘徽注文所述圆锥公式推算其体积得

$$\text{圆锥体积}=\frac{25}{942}\text{下周}^2\times\text{高}=\frac{25}{942}\times 35^2\times 51=1\,658\frac{13}{314}\text{立方尺}$$

⑤依密率，为积一千六百五十六尺、八十八分尺之四十七：按李淳风注文所述圆锥公式推算其体积得

$$圆锥体积=\frac{7}{264}下周^2\times 高=\frac{7}{264}\times 35^2\times 51=1\,656\frac{47}{88}立方尺$$

⑥圆锥下周以为方周下方。方锥下方令自乘，以高乘之，合三而一得大方锥之积。大方锥之积合十二圆矣：刘徽用“大方锥”来解释圆锥公式如何推得。如图5-6所示，作“大方锥”，它与圆锥等高而下底边长等于圆锥下底周长。由圆田又术，圆田面积$=\frac{1}{12}$周^2，可知，圆锥截面∶大方锥截面=圆锥底面∶大方锥底面=1∶12，故由截面原理可知，圆锥体积∶大方锥体积=1∶12

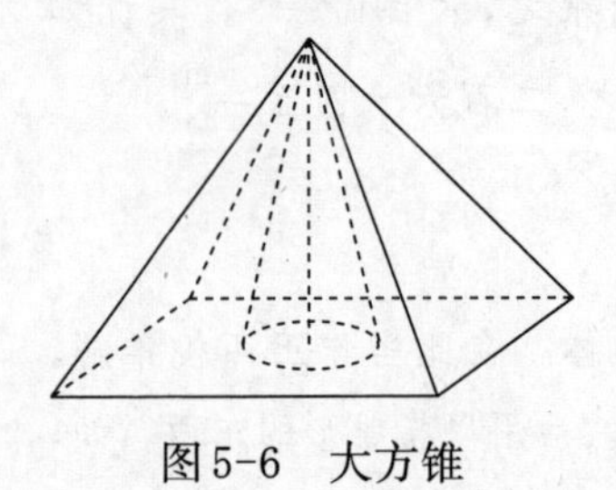

图5-6　大方锥

所以徽注云：“大方锥合十二圆矣。”此“圆”为圆锥之简称。

⑦今求一圆，复合十二除之，故令三乘十二得三十六而连除：由大方锥体积推圆锥体积，

$$圆锥体积=\frac{1}{12}大方锥体积=\frac{1}{12}\times\frac{1}{3}下周^2\times 高=\frac{1}{36}下周^2\times 高$$

连除，以诸除数之乘积相除。

⑧于徽术，当下周自乘，以高乘之，又以二十五乘之，九百四十二而一：按刘徽圆田公式，圆田面积$=\frac{25}{314}$周^2，当推得

圆锥体积∶大方锥体积=25∶314

故得

$$圆锥体积=\frac{25}{314}\times(\frac{1}{3}下周^2\times 高)=\frac{25}{942}下周^2\times 高$$

⑨圆锥比于方锥，亦二百分之一百五十七：圆锥与其外切方锥体积之比，可由截面原理推知

$$\frac{圆锥体积}{方锥体积}=\frac{圆率}{方率}=\frac{\pi}{4}\approx\frac{157}{4\times 50}=\frac{157}{200}$$

⑩令径自乘者，亦当以一百五十七乘之，六百而一：用直径自乘来推

圆锥体积,如此则有

$$圆锥体积=\frac{1}{12\pi}下周^2\times 高=\frac{\pi}{12}下径^2\times 高=\frac{157}{12\times 50}下径^2\times 高$$

$$=\frac{157}{600}下径^2\times 高$$

故云:“亦当以一百五十七乘之,六百而一。”

⑪依密率,以七乘之,二百六十四而一:按李淳风依密率推得的圆田公式,圆田面积$=\frac{7}{88}$周^2,推得

圆锥体积：大方锥体积=7：88

故得

$$圆锥体积=\frac{7}{88}\times(\frac{1}{3}下周^2\times 高)=\frac{7}{264}周^2\times 高$$

即“以七乘之,二百六十四而一”。

【译文】

[5-12]假设方锥(正四棱锥)下底面边长2丈7尺,高2丈9尺。问它的体积多少?

答:体积为7 047立方尺。

算法:下底边长自乘,再乘以高,除以3。按此算法,假设方锥下底面边长2尺,高1尺,即为4枚阳马。依算法所作,用12枚阳马,合成3个方锥,所以除以3,得方锥体积。

[5-13]假设圆锥下底周长3丈5尺,高5丈1尺。问它的体积多少?

答:体积为1 735$\frac{5}{12}$立方尺。依刘徽圆率,应得体积1 658$\frac{13}{314}$立方尺。按密率计算,得体积1 656$\frac{47}{88}$立方尺。

算法:下底周长自乘,再乘以高,除以36。按此算法,将圆锥下底周长作为方锥下底边长。令方锥下底边长自乘,再乘以高,除以3即得“大方锥”的体积。大方锥的体积折合为12个圆锥体积。现在求1个圆锥体积,再用12除它,故令3乘12得36去连除。依刘徽圆率,应当下底周长自乘,再乘以高,又乘以25,除以942。

圆锥与方锥体积相比,也为$\frac{157}{200}$。若用底面直径计算,也应乘以157,而除以600。其道理如同圆亭的情形一样。李淳风等按:依照密率$\pi=\frac{22}{7}$计算,应当用7乘三项之和,再除以264。

[5-14]今有堑堵下广二丈[1],袤一十八丈六尺,高二丈五尺。问积几何?

答曰:四万六千五百尺。

术曰:广袤相乘,以高乘之,二而一。邪解立方得两堑堵。虽复随方,亦为堑堵,故二而一[2]。此则合所规棋,推其物体,盖为堑上叠也。其形如城,而无上广,与所规棋形异而同实[3]。未闻所以名之为堑堵之说也。

【注释】

①堑堵:由长方体沿对角面分割成的横放着的三棱柱,如图5-7所示。其底面为方形,故有广袤。此种标准堑堵有两条侧棱垂直于底面,它们为堑堵之高。

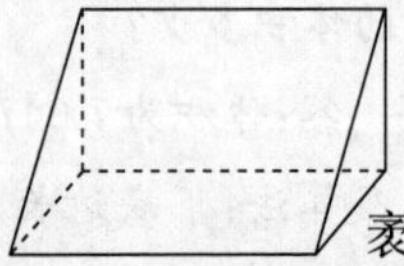

高
袤
广

图5-7 堑堵

②虽复随(tuǒ)方,亦为堑堵,故二而一:随方,即长方体。它与立方相对:长宽高三度相等为立方,三度不等为随方。无论立方或随方,用对角面斜切皆可分成2个全等的堑堵,故有,堑堵体积$=\frac{1}{2}$广 × 袤 × 高。随,古义与"椭"相通。

③此则合所规棋,推其物体,盖为堑上叠也。其形如城,而无上广,与所规棋形异而同实:若是符合所用的正规"棋",推究堑堵的形状,乃为"堑"上叠而成。它的形状像城墙,但没有上宽,与所用

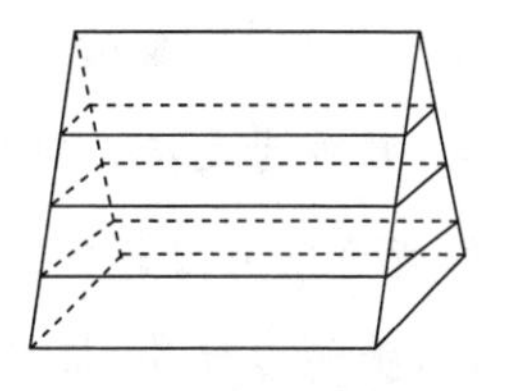
图5-8　非正规堑堵

的正规"棊"形状虽有所不同却有相同的体积。所规棊，即算家所用的正规几何模型。这里对照堑堵的正规棊来推究它的形状，乃是由"堑"体层层上叠而成，如图5-8所示。这种非正规的堑堵，它的形状像城墙而上底面退缩为直线，因此没有上广。非正规堑堵，与正规堑堵形状有异但体积相同。

【译文】

[5-14]假设堑堵（底面为勾股形的三棱柱横放）下底面宽2丈，长18丈6尺，高2丈5尺。问它的体积多少？

答：体积为46 500立方尺。

算法：长宽相乘，再乘以高，除以2。沿对角面斜截正方体便得两个堑堵。即使再用长方体来斜截，所得也称为堑堵，所以它的体积为长宽高三度之积除以2。这若是符合所用的正规"棊"，推究堑堵的形状，乃为"堑"上叠而成。它的形状像城墙，但没有上宽，与所用的正规"棊"形状虽有所不同却有相同的体积。未曾听到何以命其为"堑堵"的解说。

[5-15]今有阳马广五尺，袤七尺，高八尺。问积几何？

答曰：九十三尺、少半尺。

术曰：广袤相乘，以高乘之，三而一。按此术，阳马之形，方锥一隅也。今谓四柱屋隅为阳马[①]。假令广袤各一尺，高一尺，相乘之，得立方积一尺。邪解立方得两堑堵；邪解堑堵，其一为阳马，一为鳖臑，阳马居二，鳖臑居一，不易之率也[②]。合两鳖臑成一阳马，合三阳马而成一立方，故三而一。验之以棊，其形露矣。悉割阳马，凡为六鳖臑。观其割分，则体势互通，盖易了也[③]。其棊或修短，或广狭，立方不等者，亦割分以为六鳖臑。其形不悉相似，然见数同，积实均也[4]。鳖臑殊形,阳马异体。然阳马异体,则不可纯合。不纯合,则难为之矣。何则?按邪解方棋以为堑堵者,必当以半为分,邪解堑堵以为阳马者,亦必当以半为分,一从一横耳[5]。设以阳马为分内,鳖臑为分外,棋虽或随修短广狭犹有此分常率,知殊形异体亦同也者,以此而已[6]。其使鳖臑广、袤、高各二尺,用堑堵、鳖臑之棋各二,皆用赤棋。又使阳马之广、袤、高各二尺,用立方之棋一,堑堵、阳马之棋各二,皆用黑棋。棋之赤黑,接为堑堵,广、袤、高各二尺[7]。于是中效其广[8],又中分其高[9],令赤、黑堑堵各自适当一方。高一尺,方二尺,每二分鳖臑则一阳马也;其余两端各积本积,合成一方焉[10]。是为别种而方者率居三,通其体而方者率居一。虽方随棋改,而固有常然之势也[11]。按余数具而可知者有一、二分之别,即一、二之为率定矣[12]。其于理也岂虚矣。若为数而穷之,置余广袤高之数各半之,则四分之三又可知也。半之弥少,其余弥细。至细曰微,微则无形。由是言之,安取余哉。数而求穷之者,谓以情推,不用筹算[13]。鳖臑之物,不同器用。阳马之形,或随修短广狭。然不用鳖臑,无以审阳马之数,不有阳马,无以知锥亭之类,功实之主也。

【注释】

①今谓四柱屋隅为阳马:现今称"四柱屋隅"为阳马。房屋四角承檐的长桁条,因其顶端刻有马形,故称为阳马。据严敦杰考证,刘徽此说乃用当时典故。《文选》卷十一,何晏《景福殿赋》:"爰有禁楄,勒分翼张。承以阳马,接以员方。"注:"阳马四阿长桁也。禁楄列布,承以阳马,众材相接成员方也。"马融《梁将军西第赋》曰:"腾极受檐,阳马承楄。"注又说:"阳马,屋四角引出以承短椽者。"马融(79—166)东汉人。何晏(190—249)魏明帝时人。

四阿,即四柱。

②邪解立方得两堑堵;邪解堑堵,其一为阳马,一为鳖臑(nào),阳马居二,鳖臑居一,不易之率也:沿对角面分割立方体为二堑堵;又沿对角面分割堑堵为一阳马和一鳖臑,此二者体积之比恒为二比一,即

$$V_{阳马} : V_{鳖臑}=2 : 1$$

这一关于多面体体积的重要结论,现今数学史界称之为"刘徽原理"。邪解,沿对角面分割。鳖臑,泛指四面体。

③悉割阳马,凡为六鳖臑。观其割分,则体势互通,盖易了也:分解标准的立方体为六个鳖臑,则有相互对称而不全等的两种鳖臑产生。这六个鳖臑的等高处截面积相等,故它们体积相等,阳马与鳖臑体积之比为2∶1,这是容易明了的,如图5-9所示。悉割,尽数分割,无一所剩之意。悉,完全,尽其所有。体势互通,即是说等高处的截面积相等。由此可推知二者的体积也相等。体势,即图形粗细变化的势态,具体指形体由上到下截面积的变化。互通,相同。

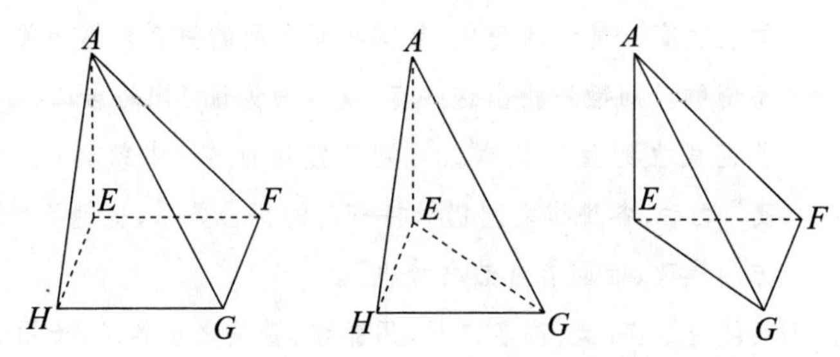

图5-9　一个阳马可分割为两个体积相等的鳖臑

④其棋或修短,或广狭,立方不等者,亦割分以为六鳖臑。其形不悉相似,然见数同,积实均也:所论之"棋"或长或短、或宽或窄,即长方体的棱长互不相等,也分割成为六个鳖臑。它们的形状不全部相似,然而所设数据相同,则体积是相等的。相似,相像。"相

似”不同于现今的几何术语,而是一个包涵“纯合”(全等)与“体势互通”(对称)在内的概念。三度不等的长方体可分割出六种形状不同的阳马和六种形状不同的鳖臑:三度不等的长方体,有三种不同的底面;由每个底面可能构成两种不同的阳马(由垂直底面的侧棱位置而定);而每种阳马又可分为两种不同的鳖臑。这些阳马或鳖臑中,有的既不全等也不对称。不过它们的长宽高三度皆由三个给定的数排列而成,所以体积相等。

⑤按邪解方棋以为堑堵者,必当以半为分,邪解堑堵以为阳马者,亦必当以半为分,一从一横耳:邪解方棋为堑堵,邪解堑堵为阳马,都是沿对角面分割,只是对角面的方向有纵横之不同。正因为有纵横方向之不同,所分成的诸鳖臑其长宽高三度便不再对应相等,因而也就不再“体势互通”。这便是造成在非“规棋”情形下阳马公式难以验证的原因所在。

⑥设以阳马为分内,鳖臑为分外,棋虽或随修短广狭犹有此分常率,知殊形异体亦同也者,以此而已:分内与分外,是指将一几何体分割成的内、外相对的两部分。分内与分外虽分犹合,因而无论棋的长宽高三度如何变化,截割线面之间的拼合与等分关系是始终不变的。刘徽注指出这一点,是后面论证“阳马居二,鳖臑居一”普遍成立的重要依据。否则不能保证在“中效其广,又中分其高”之后,各种棋之间仍保持一定的拼合关系,也就不能断定“虽方随棋改,而固有常然之势也”。

⑦其使鳖臑广、袤、高各二尺,用堑堵、鳖臑之棋各二,皆用赤棋。又使阳马之广、袤、高各二尺,用立方之棋一,堑堵、阳马之棋各二,皆用黑棋。棋之赤黑,接为堑堵,广、袤、高各二尺:刘徽用“规棋”拼合成“外分赤鳖臑”和“内分黑阳马”,又将二者相连接成“赤黑堑堵”,如图5-10所示,以此演示相关几何体的分割与拼补的关系。

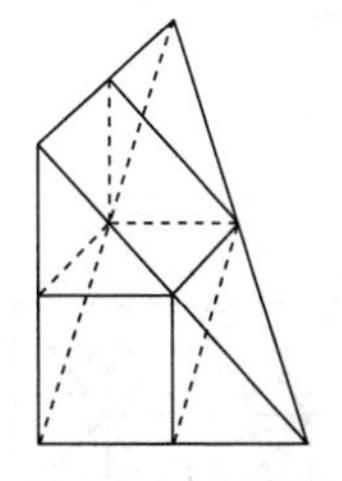
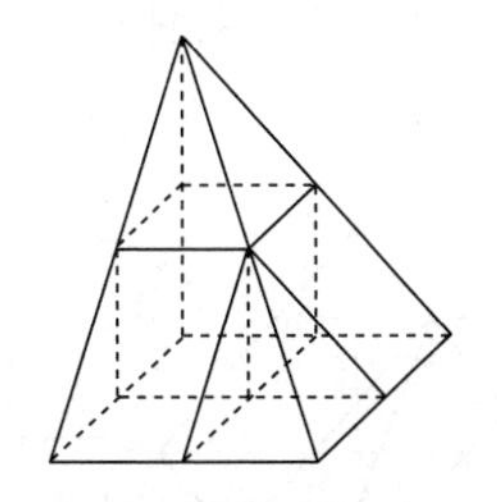
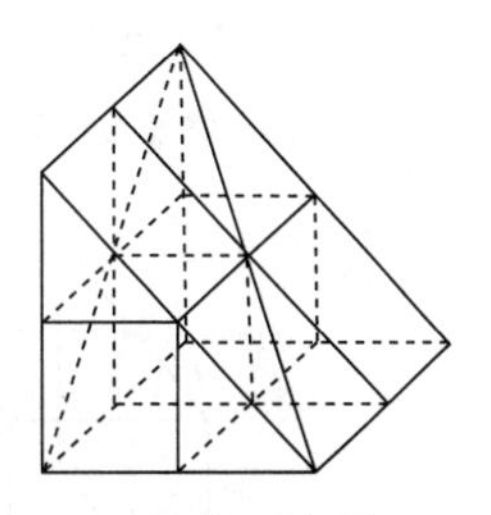

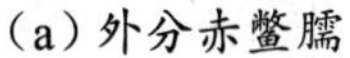
(a)外分赤鳖臑　　(b)内分黑阳马　　(c)赤黑堑堵

图5-10　用赤棋、黑棋演示几何体之间的关系

⑧中效其广:即沿横向的中截面调换其左右两部分的位置,如图5-11所示。这种位置的调整,是为了便于“以类相合”。效,征验,考核;引申为调整之意。

⑨中分其高:将赤黑堑堵沿中截面分为上下等高的两部分,如图5-12所示。

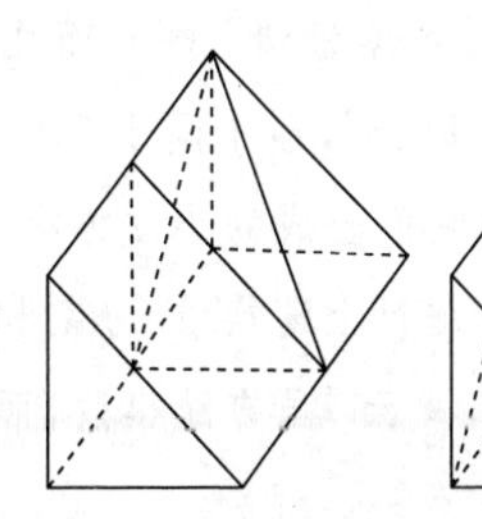
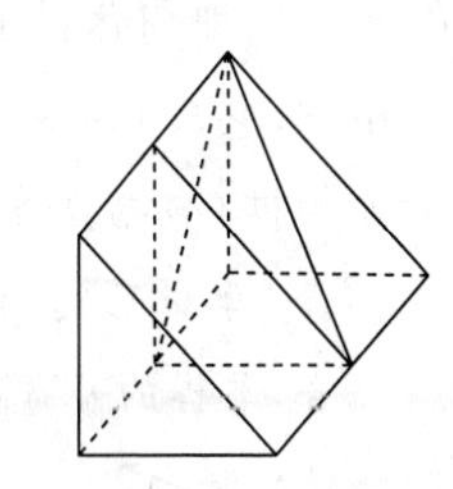

图5-11　中效其广　　图5-12　中分其高

⑩令赤、黑堑堵各自适当一方。高一尺,方二尺,每二分鳖臑则一阳马也;其余两端各积本体,合成一方焉:各积本体,指由小赤鳖臑与小黑阳马合成的小赤黑堑堵,因为赤黑堑堵是被分割的原始几何体,所以称为“本体”。将赤黑堑堵的下层右侧“中效其广”以后,上下两层的“各积本体”皆在“分内”,而赤堑堵与黑堑堵皆在“分内”,于是将上层之棋翻转180°与下层相拼,便使得赤、黑二堑堵合成一方,其余两端的“各积本体”亦自然合成了一方。

这样一来,“赤黑堑堵”被割拼成一个“高一尺,方二尺”的长方体,如图5-13所示。

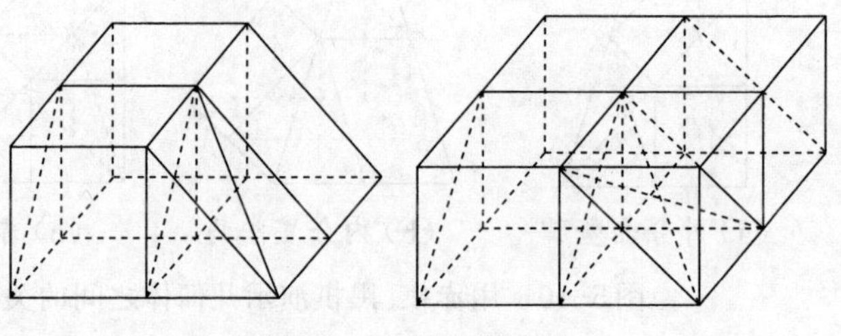

图5-13　拼合长方体

⑪是为别种而方者率居三,通其体而方者率居一。虽方随棋改,而固有常然之势也:刘徽将此长方体中包含的四个小正方体分为两类,一类叫“通体而方者”,一类叫“别种而方者”。所谓“通体”和“别种”都是与“赤黑堑堵”这一“本体”相比较而言的。“通体”,即同体;“通体而方者”即由“赤黑堑堵”拼合而成的小立方,它只有一枚,故云“率居一”。“别种”,即不同于“赤黑堑堵”的棋(包括立方和单色的堑堵),由它们合成的小立方有三枚,故云“率居三”。由于对“赤黑堑堵”施行上述换位、分割和翻转拼合,与棋的长宽高三度的大小无关,故云“虽方随棋改,而固有常然之势也”。

⑫按余数具而可知者有一、二分之别,即一、二之为率定矣:撇开余数部分不论而完全可以知道红黑两种棋体积各占一、二分,即以1∶2为固定比率。按,抑制;引申为撇开。具,完全。余数,指“通体而方者”部分,其中红、黑二色体积之比不能确定,但其体积仅占全体的$\frac{1}{4}$。在$\frac{3}{4}$的体积中,它们为立方与堑堵,显然其中红、黑二色体积之比为1∶2。

⑬数而求穷之者,谓以情推,不用筹算:要穷尽其数,当用情理去推

断,而无须用筹作计算。情推,即逻辑推理。筹算,即用筹计算。情推与筹算,是古代算家解决数学问题相辅相成的两种手段,而中算家与古希腊学者不同,擅长以计算处理问题。但在这里,刘徽指出了在无穷分割的过程中,每次取出的$\frac{3}{4}$体积中“阳马居二,鳖臑居一”,而剩余部分无限变小,因此推断当分割至细时,被取出的全部体积中也应是“阳马居二,鳖臑居一”。这一极限过程的结果无须用筹来计算,只是靠“情推”便得到了说明。

【译文】

[5-15]假设阳马宽5尺,长7尺,高8尺。问它的体积多少?

答:体积为93$\frac{1}{3}$立方尺。

算法:长宽相乘,再乘以高,除以3。按此算法,阳马的形状,即是方锥的一个角隅。现今称“四柱屋隅”为阳马。假设长、宽各为1尺,高1尺,相乘,得1立方尺。沿对角面斜割立方成二堑堵;再沿对角面斜割堑堵,所得二立体中一是阳马,一是鳖臑,阳马体积占2分,鳖臑体积占1分,这是固定不变的比率。拼合两个鳖臑成1个阳马,拼合3个阳马而成1个立方,故求阳马体积要除以3。用棋来验证,其形体间的关系便显露出来。尽数分割阳马,总共得6个鳖臑。观察其分割所得诸鳖臑,则它们的“体势”彼此相同,结论原本是容易明白的。若其所论之“棋”或长或短、或宽或窄,即长方体的棱长互不相等也分割它成为6个鳖臑。它们的形状不全部相似,然而所设数据相同,其体积是相等的。鳖臑的形状不同,阳马的体态各异。然而阳马体态各异,则不可完全相合。不能完全相合,则难以验证阳马公式。为什么?按斜截方棋成为堑堵,必当沿着对角面分为两半,斜截堑堵成为阳马,也必当沿着对角面分成两半,只是对角面方向一纵一横罢了!假设阳马是被分在内,鳖臑是被分在外,方棋虽可能长短宽窄不等而二者仍然有此分得的固定比数,由此可知在形体各异的情形结果也相同,就用这个办法来完成结论的验证。假使鳖臑的长、宽、高各为2尺,用堑堵、鳖臑之棋各2枚拼成,皆用红色棋。又假使阳马的长、宽、高各为2尺,用立方棋1枚,堑堵、阳马之棋各2枚拼成,皆用黑色棋。将红黑两种棋,拼接为

1个堑堵,它的长、宽、高各为2尺。于是将竖直中截面两侧之棋的位置适当调整,又沿横向中截面将它的高度分为上下两半,使得红、黑二色堑堵相接而各相当1个立方。所得长方体高一尺,底面正方形边长为2尺,其中鳖臑体积的两倍则与阳马体积相当;剩余两端的“各积本体”,合成一个立方。此长方体中由不同于阳马、鳖臑棋拼成的小立方占3分,由阳马、鳖臑棋拼成的小立方占1分。即使长方体的棱长变化了,然而棋的这种拼合与数量关系却是固定不变的。撇开余数部分不论而完全可以知道红黑两种棋体积各占一、二分,即以1比2为固定比率。从道理上讲,此结论岂能是虚妄的。若要穷尽其数,取余下部分的长宽高之数的一半为相应三度,则在这样的一些小立方中又可推知在$\frac{3}{4}$的部分内结论成立。等分愈小,体积的剩余部分愈细微。细到极点称之为“微”,到了“微”也就无形体了。由此而论,哪里还有剩余可取?要穷尽其数,当用情理去推断,而无须用筹作计算。鳖臑之类的物体,不同于器物用具。阳马的形状,可能有长短宽窄之不同。然而没有鳖臑,便无以审定阳马体积之数,而没有阳马,则无以推知锥亭之类的体积,它们扮演着立体体积的主角。

[5-16]今有鳖臑下广五尺,无袤;上袤四尺,无广;高七尺①。问积几何?

答曰:二十三尺、少半尺。

术曰:广袤相乘,以高乘之,六而一。按此术,臑者,臂骨也。或曰,半阳马其形有似鳖肘,故以名云②。中破阳马得两鳖臑,鳖臑之见数即阳马之半数。数同而实据半,故云六而一,即得。

【注释】

①鳖臑下广五尺,无袤;上袤四尺,无广;高七尺:中算家测量几何体的尺寸大小,一般皆测底面的长、宽与立体的高。鳖臑上下底面皆退缩为一条直线,它们与高连接成三条两两互相垂直的棱,所以鳖臑下底有广无袤,上底有袤无广。

②臑者,臂骨也。或曰,半阳马其形有似鳖肘,故以名云:按刘徽的推测,中分阳马所得的几何体形状好像鳖鱼的前肘,故古人据此以象形造词。臑,牲畜的前肢。《仪礼·特牲馈食礼》:"尸俎:右肩、臂、臑、肫、胳。"胡培翚正义引《礼经释例·释牲》:"肩下谓之臂,臂下谓之臑。"

【译文】

[5-16]假设鳖臑下底宽5尺而无长,上底长4尺而无宽,高7尺。问它的体积多少?

答:体积为$23\frac{1}{3}$立方尺。

算法:长宽相乘,再乘以高,除以6。按此算法,所谓"臑",就是臂骨。或许是说,半个阳马的形状好像鳖的肘,故而命名。中分阳马得两个鳖臑,鳖臑的体积为阳马体积的半数,它与阳马长宽高之数相同而体积只占$\frac{1}{2}$,所以说"除以6"即得鳖臑的体积。

[5-17]今有羡除下广六尺[①],上广一丈,深三尺;末广八尺,无深;袤七尺。问积几何?

答曰:八十四尺。

术曰:并三广,以深乘之,又以袤乘之,六而一。按此术,羡除,实隧道也。其所穿地上平下邪,似两鳖臑夹一堑堵,即羡除之形[②]。假令用此棋:上广三尺,深一尺,下广一尺;末广一尺,无深;袤一尺。下广、末广皆堑堵之广。上广者,两鳖臑与一堑堵相连之广也[③]。以深、袤乘,得积五尺。鳖臑居二,堑堵居三,其于本棋皆一而为六,故六而一[④]。合四阳马以为方锥。邪画方锥之底,亦令为中方。就中方削而上合,全为方锥之半。于是阳马之棋悉中解矣。中锥离而为四鳖臑焉。故外锥之半亦为四鳖臑。虽背正异形,与常所谓鳖臑参不相似,实则同也[⑤]。所云夹堑堵者,中锥之鳖臑也。凡堑堵,上袤短者,连阳马也;下袤短者,与鳖臑连也;上、下两袤相等者,亦与鳖臑连也[⑥]。并三广,以高、袤乘,六而一,皆其积也[⑦]。今此羡除之广,即堑堵之袤也。按此本是三广不等,即与鳖臑连者。别而言之,中央堑堵广六尺,高三尺,袤七尺。末广之两旁,各一小鳖臑,高、袤皆与堑堵等[⑧]。令小鳖臑居里,大鳖臑居表,则大鳖臑皆出随方锥,下广二尺,袤六尺,高七尺。分取其半,则为袤三尺,以高、广乘之,三而一,即半锥之积也[⑨]。邪解半锥得此两大鳖臑,求其积亦当六而一,合于常率矣。按阳马之棊:两邪,棊底方;当其方也,不问旁角而割之,相半可知也。推此上连无成不方,故方锥与阳马同实。角而割之者,相半之势。此大小鳖臑可知更相表里,但体有背正也[⑩]。

【注释】

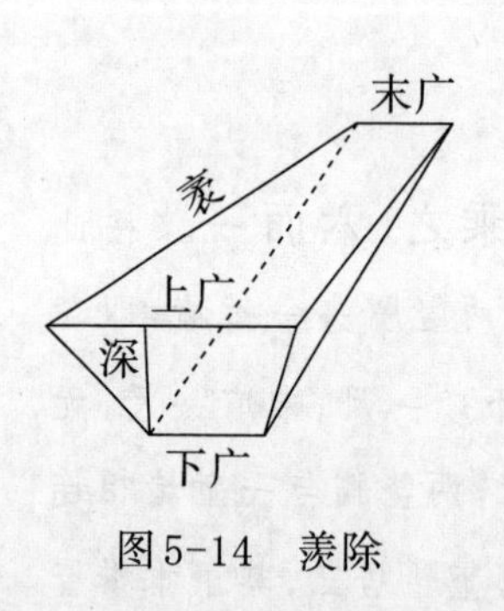

图5-14　羡除

①羡(yán)除:如图5-14所示,羡除为上平而下斜楔形体,它是三个侧面为等腰梯形、另两面为勾股形的五面体。其现实原型是进入墓穴的通道,故上平下斜。墓道底壁与地面垂直,为等腰梯形,故有上广与下广,而梯形之高即羡除之深。墓道入口处的宽度称为末广。羡,通“埏”,墓道。除,台阶,又作道解。李籍《九章算术音义》称:“羡,延也;除,道也。”

②上平下邪,似两鳖臑夹一堑堵,即羡除之形:羡除若上、下、末三广相等则成堑堵;而三广不等的羡除,则其形大致好像两个鳖臑当中夹一堑堵。

③假令用此棊：上广三尺，深一尺，下广一尺；末广一尺，无深；袤一尺。下广、末广皆堑堵之广。上广者，两鳖臑与一堑堵相连之广也：如图5-15所示，此为长、宽、高三度皆为一尺的标准棊（一枚堑堵与两枚中锥鳖臑）拼合成的羡除。它的"上广"恰是两枚鳖臑的宽与堑堵的宽之和；它的下广与末广，都正好是中央堑堵之宽。

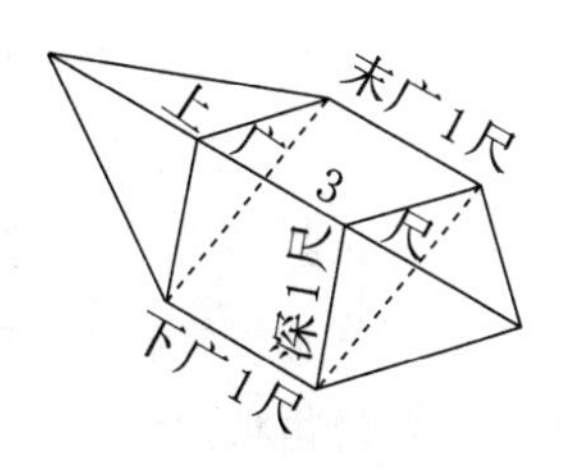

图5-15　标准棊拼合成的羡除

④以深、袤乘，得积五尺。鳖臑居二，堑堵居三，其于本棊皆一而为六，故六而一：以深和广去乘三广之和，得（3+1+1）×1×1=5（立方尺）。由于三广之和内，包括鳖臑的广2尺，堑堵的（上、下、末）广3尺，故而在所得体积5立方尺中，以鳖臑为广的立方有2，以堑堵为广的立方有3。故徽注云："鳖臑居二，堑堵居三。"3个立方是1个堑堵的6倍；2个立方也是2个鳖臑的6倍，故徽注云："其于本棊皆一而为六。"所以求原本的棊（即"本棊"）的体积要除以6。

⑤合四阳马以为方锥。邪画方锥之底，亦令为中方。就中方削而上合，全为方锥之半。于是阳马之棊悉中解矣。中锥离而为四鳖臑焉。故外锥之半亦为四鳖臑。虽背正异形，与常所谓鳖臑参不相似，实则同也：如图5-16所示，将四个阳马合成一个方锥。过方锥底面各边中点之连线及方锥顶点作截面，将此方锥分解成8个鳖臑。其中内部4个鳖臑合成1个"中锥"，它的底面顺次连接原方锥（称为"外锥"）底面各边中点而成的"中方"。故内部这4个鳖臑称为"中锥鳖臑"。外锥除去中锥，其余体积为"外锥之半"，它亦分解为4个外锥鳖臑。"中锥鳖臑"过同一顶点有三条相互垂直的棱；外锥鳖臑之高的垂足在底面勾股形直角顶点关于斜边的对称点上，即在底面之外。故"中锥鳖臑""外锥鳖臑"与

通常所谓的“正规鳖臑”三者形状相异,有的好似前倾,有的又像后斜,但是从截面原理知道它们的体积是相等的。故注云:“虽背正异形,与常所谓鳖臑参不相似,实则同也。”这样,实质上刘徽将鳖臑的概念推广为底面为勾股形的三棱锥,并论证它们有同样的体积公式。

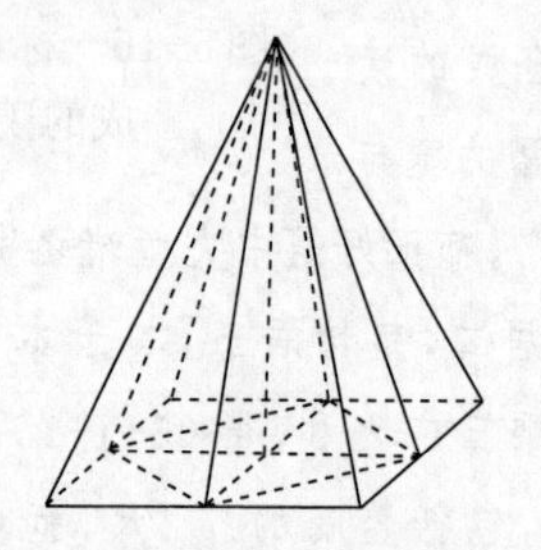
(a)四阳马合为一方锥

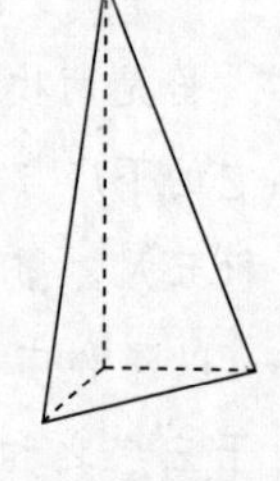
(b)中锥鳖臑

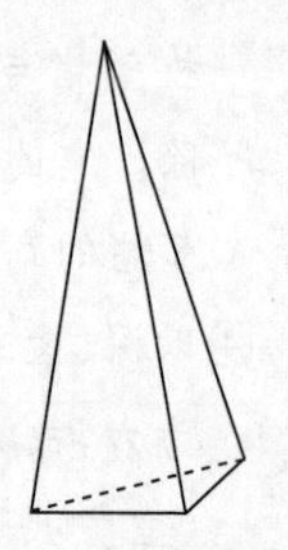
(c)外锥鳖臑

图5-16 方锥分解为鳖臑

⑥凡堑堵,上袤短者,连阳马也;下袤短者,与鳖臑连也;上、下两袤相等者,亦与鳖臑连也:刘徽将羡除视为“两鳖臑夹一堑堵”,如图5-17所示。若羡除之末广与上广两不相等,则总可以将上平面的等腰梯形分割为两个勾股形夹一长方形,它们为两“鳖臑”与中间“堑堵”的底面;这里的“鳖臑”与“堑堵”,一般说来都不是正规的,并且是被倒置的。通常堑堵是“下平上邪”,而由羡除分割而得的中间“堑堵”则是“上平下邪”。所以,按通常约定,刘徽将中间“堑堵”对应于羡除下广的称为上袤;对应于上广的称为下袤;末袤则对应于末广。在这样的中间“堑堵”中,下袤=末袤(因为底面为长方形),但上、下袤之间的长度比较有三种情形:上袤短者;下袤短者;上、下两袤相等。上袤短的“堑堵”可分为两阳马夹一正规堑堵;下袤短的“堑堵”可分为两鳖臑夹一正规堑堵;当上、下两袤相等时,即是正规堑堵,它在原羡除中两旁皆与鳖臑相连。故徽注如上所云,以说明羡除总可分割为正规堑

堵与两旁鳖臑与阳马，从而推求其体积公式。

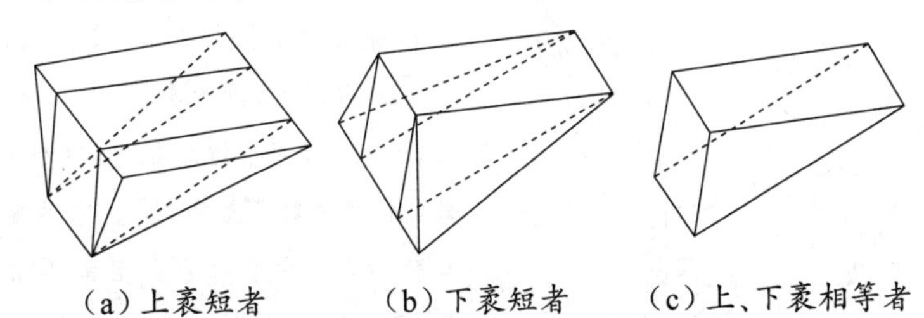

图5-17　两"鳖臑"夹一"堑堵"

⑦并三广，以高、袤乘，六而一，皆其积也：羡除被分割为高、袤相等的堑堵、阳马与鳖臑。在"并三广"中，包含着堑堵之广（实为堑堵之"袤"）的3倍，阳马之广的2倍，鳖臑之广的1倍，因而，依术计算：

$\frac{1}{6}\times$"并三广"$\times$高$\times$袤

$=(\frac{1}{6}\times 3\times$堑堵广$\times$高$\times$袤$)+(\frac{1}{6}\times 2\times$阳马广$\times$高$\times$袤$)+$

$(\frac{1}{6}\times$鳖臑广$\times$高$\times$袤$)$

$=\frac{1}{2}$堑堵广$\times$高$\times$袤$+\frac{1}{3}$阳马广$\times$高$\times$袤$+\frac{1}{6}$鳖臑广$\times$高$\times$袤

=堑堵体积+阳马体积+鳖臑体积

=羡除体积

所以，无论何种情形，都得到羡除之积。

⑧按此本是三广不等，即与鳖臑连者。别而言之，中央堑堵广六尺，高三尺，袤七尺。末广之两旁，各一小鳖臑，高袤皆与堑堵等：刘徽将所给羡除分割为中央一堑堵，其广6尺，高3尺，长7尺，如图5-18所示。在末广的两旁各有一小鳖臑，它的高和长分别与堑堵的高和长相等，而广即为末广与堑堵广之差的一半：$(8-6)\div 2=1$（尺）。

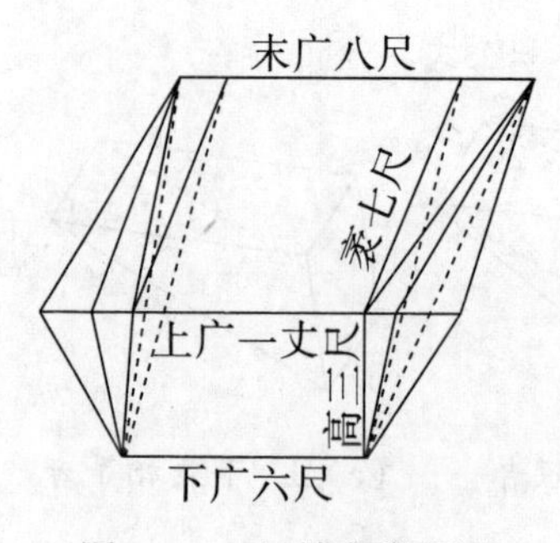

图5-18　堑堵与鳖臑的等量关系

⑨令小鳖臑居里,大鳖臑居表,则大鳖臑皆出随方锥,下广二尺,袤六尺,高七尺。分取其半,则为袤三尺,以高、广乘之,三而一,即半锥之积也:在小鳖臑之外,还有一对"大鳖臑"。它的高和长与堑堵之高和长也分别相等,它的广即为上广与堑堵广之差的一半:(10-6)÷2=2(尺)。这两个大鳖臑皆可产生于下述"椭方锥":它的下广2尺,长6尺,高7尺。过高及底面之中位线作截面,将"椭方锥"分为左、右两"半锥"。再过半锥顶点及底面对角线"邪解半锥"为两鳖臑,其中里边左、右两鳖臑,即与分割上述羡除所得位于上广两侧的"大鳖臑"全同,如图5-19所示。这里半锥的体积可以计算如下:

$$\frac{袤}{2}\times 高\times 广\div 3=3\times 7\times 2\div 3=14\ (立方尺)$$

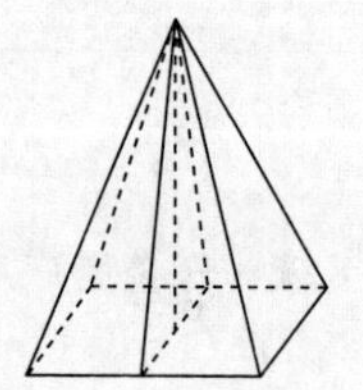
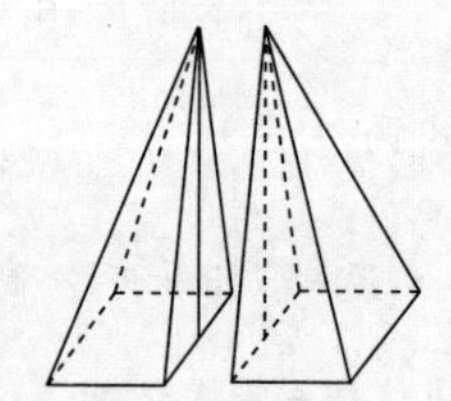
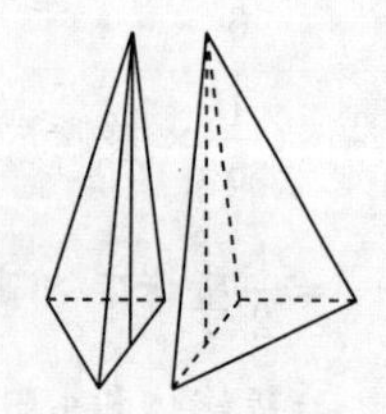

图5-19　推算半锥之积

⑩按阳马之棋:两邪,棋底方;当其方也,不问旁角而割之,相半可知也。推此上连无成不方,故方锥与阳马同实。角而割之者,相半之势。此大小鳖臑可知更相表里,但体有背正也:刘徽的这段按语,旨在说明"邪解方锥原理":方锥与阳马同实。角而割之者,相半之势,也就是说,方锥与阳马有相同的体积公式;将方锥(或阳马)沿底面对角线和锥顶分割成两半,则所得的两鳖臑的体积之比为1∶1。刘徽用截面原理来论证它,其要点有二:其一

是“推此上连无成不方”，即将方锥与阳马皆视为一层层“方幂”叠成；其二是“当其方也，不问旁、角而割之，相半可知也”，是说由于每层为方幂，因此凡过中心的截线都分之为面积相等的两部分。于是，由每层面积之比为1∶1，推知两鳖臑体积之比亦为1∶1。由此邪解方锥原理，实际上阐明了一般的非正规鳖臑（底面为勾股形的三棱锥）与正规鳖臑有相同的体积公式。推此上连无成不方，是说底面之上为彼此相连的一层层方形平面。成，即层。如《吕氏春秋·音初》：“为之九成之台。”

【译文】

[5-17] **假设羡除的前端下宽6尺，上宽1丈，深3尺；末端宽8尺，无深；长7尺。问它的体积多少？**

答：体积为84立方尺。

算法：上、下、末三个宽度相加，乘以深，又用长乘它，除以6。按此算法，羡除，乃是隧道。此处挖掘地道使之上平而下邪，好像两个鳖臑夹着一个堑堵，即是羡除的形状。假设用这样的棋：上宽3尺，深1尺，下宽1尺；末宽1尺，无深；长1尺。这里下宽、末宽都是堑堵的宽。上宽，是两个鳖臑和一个堑堵相连而成的宽度。用深与长去乘三个宽度之和，得体积5立方尺。其中鳖臑占二分，堑堵占三分，它们相对于原本的棋来说，都扩大为6倍，所以要除以6。将4个阳马拼合成一个方锥。在方锥底面上斜画相邻两边中点的连线，使之成为内接正方形，称它为“中方”。过“中方”的每边与方锥顶点作截面，所截得的整个是方锥的一半。于是所有的阳马“棋”全都被从中分解了。“中锥”分离而成为4个鳖臑。所以“外锥”的一半也成4个鳖臑。虽然它们的形态有反与正的不同，与通常所谓的鳖臑并不相似，但它们的体积则是相同的。上面所说的“夹堑堵者”，即是“中锥之鳖臑”。凡是“堑堵”，在“上袤”较短时，与它左右相连的是阳马；在“下袤”较短时，与它左、右相连的是鳖臑；在上、下袤相等的情形，其左、右也与鳖臑相连。在以上各种情形中将上、下、末三个宽度相加，用高与长相乘，除以六，都得到羡除的体积之数。这里的羡除之宽，即对应于堑堵之长。按此题设原来是三个宽度不等，也就是与鳖臑相连。特别地说，中央堑堵宽6尺，高3尺，长7尺。在末宽之两旁，各连一小鳖臑，其高与长皆与堑堵分别相等。令小鳖臑位于里面，大鳖臑位于外面，则大鳖臑皆出自“楠方锥”，它的下底宽2尺，长6尺，高7尺。分割而取它的一半，则为长3尺，以高、宽乘它，除以3，即得半锥之体积。“邪解半锥”得到这两个大鳖臑，求它的体积也应除以6，合于通常的计算法则。按阳马之模型：有两个侧面倾斜，而底面为方形；因为底是方形，所以无论是沿对角线或是沿过中心而与两对边相交的直线来分割它，都可以看出被分成面积各占一半的两部分。考察此底面之上相连的各层截面没有不是方形的，所以方锥与阳马有相同的体积数。沿对角面分割，则成各得其半的比率关系。这里的大、小鳖臑可以明了它们互为表里，但形态有反有正。

[5-18]今有刍甍下广三丈[1]，袤四丈；上袤二丈，无广；高一丈。问积几何？

答曰：五千尺。

术曰：倍下袤，上袤从之，以广乘之，又以高乘之，六而一。推明义理者：旧说云，凡积刍有上下广曰童，甍谓其屋盖之茨也。是故甍之下广袤与童之上广袤等。正斩方亭两边，合之即刍甍之形也[2]。假令下广二尺，袤三尺；上袤一尺，无广；高一尺。其用棋也，中央堑堵二，两端阳马各二。倍下袤，上袤从之为七尺，以广乘之得幂十四尺，阳马之幂各居二，堑堵之幂各居三。以高乘之，得积十四尺。其于本棋也，皆一而为六；故六而一，即得[3]。亦可令上下袤差乘广，以高乘之，三而一，即四阳马也；下广乘之上袤而半之，高乘之，即二堑堵；并之，以为甍积也[4]。

【注释】

①刍甍（chú méng）：即上底为一线段，下底为一长方形的拟柱体。它取形于草堆的顶盖。李籍《九章算术音义》说：“刍甍之形，似

屋盖上苫也。”徽注云:“甍谓其屋盖之茨也。”都说的同一个意思。刍,喂牲口的草。甍,屋脊。《释名·释宫室》:“屋脊曰甍。甍,蒙也,在上覆蒙屋也。”

②旧说云,凡积刍有上下广曰童,甍谓其屋盖之茨(cí)也。是故甍之下广袤与童之上广袤等。正斩方亭两边,合之即刍甍之形也:刘徽这段注文推究刍甍之义理,他指出刍甍与刍童都来自饲草堆的形状,刍童为上下底面皆为长方形的草垛,而刍甍则是它上面由草堆成的顶盖。所以刍甍的下底面与刍童的上底面相合,如图5-20所示。刍甍又可由方亭垂直截割其两相对侧面拼合而成。旧说,以往的说法。积刍,储备的饲草,在此即指草堆。茨,用茅草盖的屋顶。

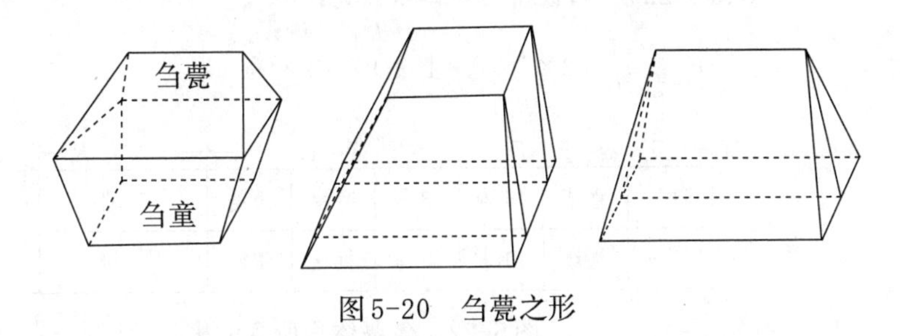

图5-20 刍甍之形

③假令下广二尺,袤三尺;上袤一尺,无广;高一尺。其用棊也,中央堑堵二,两端阳马各二。倍下袤,上袤从之为七尺,以广乘之得幂十四尺,阳马之幂各居二,堑堵之幂各居三。以高乘之,得积十四尺。其于本棊也,皆一而为六;故六而一,即得:刘徽以棊验术。他以2枚中央堑堵和4枚两端阳马拼成一个刍甍,其下底宽2尺,长3尺;上底长1尺而无宽;高1尺,如图5-21所示。依术分步计算:

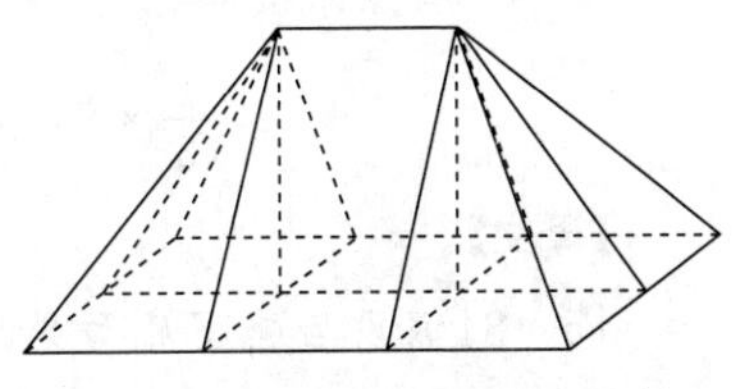
图5-21 以堑堵和阳马推算刍甍的体积

（2×下底长+上底长）×下底宽=（2×3+1）×2=14（平方尺）

刘徽指出它的几何意义：表示2枚中央堑堵底面积的3倍，即2×3=6（平方尺）；4枚两端阳马底面积的2倍，即4×2=8（平方尺）。此二者之和再乘以高，得

（2×下底长+上底长）×下底宽×高=14×1=14（立方尺）

由于1立方=2堑堵=3阳马，故知上述体积中包含：6×2=12个堑堵；8×3=24个阳马，即

（2×下袤+上袤）×广×高

=12堑堵+24阳马

=6×（2堑堵+4阳马）=6刍甍

如图5-22所示，故得刍甍体积公式：

$$V_{刍甍}=\frac{1}{6}(2\times 下袤+上袤)\times 广\times 高$$

← 下	袤 三	尺 →	← 下	袤 三	尺 →	←上袤一尺→	
阳马	堑堵	阳马	阳马	堑堵	阳马	堑堵	←广一尺→
阳马	堑堵	阳马	阳马	堑堵	阳马	堑堵	

图5-22 刍甍体积所含的棋

④亦可令上下袤差乘广，以高乘之，三而一，即四阳马也；下广乘之上袤而半之，高乘之，即二堑堵；并之，以为甍积也：刘徽按以下分项计算，得另一刍甍公式，

刍甍体积=4阳马+2堑堵

$$=\frac{1}{3}\times(下袤-上袤)\times 广\times 高+\frac{1}{2}\times 上袤\times 广\times 高$$

【译文】

[5-18]假设刍甍下底面宽3丈，长4丈；上底长2丈，无宽；高1丈。问它的体积多少？

答：体积为5 000立方尺。

算法：2倍下底之长，加上底之长，用下底宽乘它，再乘以高，除以6。要推究明白所用词语的意义与道理：按以往的说法，凡是草堆有上、下宽的叫做“童”，而“甍”为它之上覆盖的草顶。所以甍的下底面的长宽与童的上底面的长宽分别相等。垂直截割方亭（正四棱台）的相对两侧面，取之相合即是刍甍的形状。假设刍甍的下底宽2尺，长3尺；上底长1尺，无宽；高1尺。构成它所用之棋是，中央堑堵2枚，两端的阳马各2枚。2倍下底长，加上底长得7尺，以下底宽乘它得面积14平方尺，其中阳马之底面积各占2，堑堵之底面积各占3。再用高乘它，得体积14立方尺。它相对于原本的棋来说，都扩大为6倍；所以除以6，便得原本的体积。也可以用上、下底长之差乘以下底宽，再用高乘它，除以3，即得4枚阳马之积；用下底宽乘上底长而除以2，再乘以高，即得2枚堑堵之积；两者相加，便是刍甍的体积之数。

刍童、曲池、盘池、冥谷[①]，皆同术。

术曰：倍上袤，下袤从之；亦倍下袤，上袤从之；各以其广乘之，并；以高若深乘之，皆六而一[②]。按此术，假令刍童上广一尺，袤二尺；下广三尺，袤四尺；高一尺。其用棋也，中央立方二，四面堑堵六，四角阳马四[③]。倍下袤为八，上袤从之为十，以高广乘之，得积三十尺，是为得中央立方各三，两端堑堵各四，两旁堑堵各六，四角阳马亦各六[④]。复倍上袤，下袤从之为八，以高广乘之，得积八尺，是为得中央立方亦各三，两端堑堵各二。并两旁三品棋，皆一而为六，故六而一，即得[⑤]。为术又可令上下广袤差相乘，以高乘之，三而一，亦四阳马；上下广袤互相乘，并而半之，以高乘之，即四面六堑堵与二立方；并之为刍童积[⑥]。又可令上下广袤互相乘而半之；上下广袤又各自乘；并，以高乘之，三而一，即得也[⑦]。其曲池者，并上中、外周而半之，以为上袤；亦并下中、外周而半之，以为下袤[⑧]。此池环而不通匝，形如盘蛇而曲之。亦云周者，谓如委谷依垣之周耳[⑨]。引而伸之，周为袤，求袤之意，环田也。

【注释】

①刍童:上下底面皆为长方形的饲草堆。曲池:上下底面皆为扇形的水池。盘池:上下底面为长方形的扁浅水池。冥谷:上下底面皆为长方形的墓坑。以上诸物,或为草堆,或为水池,或为土坑,然而就其形状而言,皆为上下底面都是长方形(或可化为长方形之扇形)的拟柱体,故它们有着同样的体积算法。

②术曰:倍上袤,下袤从之;亦倍下袤,上袤从之;各以其广乘之,并;以高若深乘之,皆六而一:这里给出刍童等拟柱体的体积算法。

$$\text{刍童体积}=\frac{1}{6}[(2\times\text{上袤}+\text{下袤})\times\text{上广}+(2\times\text{下袤}+\text{上袤})\times\text{下广}]\times\text{高}$$

当其为盘池、冥谷时,则将上式中的“高”改为“深”。

③假令刍童上广一尺,袤二尺;下广三尺,袤四尺;高一尺。其用棋也,中央立方二,四面堑堵六,四角阳马四:刘徽以棋验术。他用2枚中央立方、6枚四面堑堵、4枚四角阳马,构成一个上底宽1尺,长2尺;下底宽3尺,长4尺;高1尺的刍童,如图5-23所示。

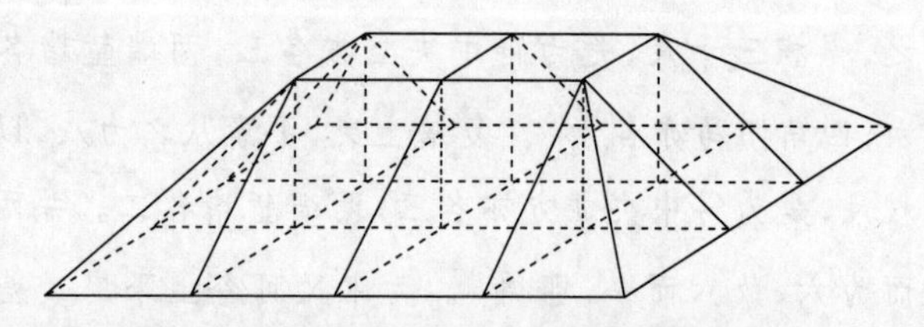

图5-23　以堑堵和阳马推算刍童的体积

④倍下袤为八,上袤从之为十,以高、广乘之,得积三十尺,是为得中央立方各三,两面堑堵各四,两旁堑堵各六,四角阳马亦各六:刘徽解释了刍童算法中所得第二项体积数值的几何意义。

$$(2\times\text{下袤}+\text{上袤})\times\text{下广}\times\text{高}=(2\times4+2)\times3\times1$$
$$=10\times3\times1=30\ (\text{立方尺})$$

如图5-24和图5-25所示，第二项体积所含立方2+2+2=6枚，是原刍童所含立方的3倍；所含堑堵中，东西两端堑堵4+4=8枚，是原刍童东西两端堑堵的4倍，而南北两旁堑堵8+8+8=24枚，是原刍童南北两旁堑堵的6倍；所含四角阳马12+12=24枚，是原刍童所含阳马的6倍。

←下袤四尺→				←下袤四尺→				←上袤二尺→		
阳 3	堑 2	堑 2	阳 3	阳 3	堑 2	堑 2	阳 3	堑 2	堑 2	↑
堑 2	方 1	方 1	堑 2	堑 2	方 1	方 1	堑 2	方 1	方 1	下广三尺
阳 3	堑 2	堑 2	阳 3	阳 3	堑 2	堑 2	阳 3	堑 2	堑 2	↓

图5-24 刍童算法中第二项体积所含三品棋

阳 1	堑 1	堑 1	阳 1
堑 1	方 1	方 1	堑 1
阳 1	堑 1	堑 1	阳 1

图5-25 刍童所含三品棋

⑤复倍上袤，下袤从之为八，以高广乘之，得积八尺，是为得中央立方亦各三，两端堑堵各二。并两方三品棋，皆一而为六，故六而一，即得：由图5-26可见，第一项体积所含立方2+2+2=6枚，是原刍童所含立方的3倍；所含东西两端堑堵2+2=4枚，是原刍童东西两端堑堵的2倍。刍童算法中所计算的两项体积，都表示长方体之体积，故它们两项相加被徽注称为“并两方”。其结果：立方为原刍童的3+3=6倍；两端堑堵为原刍童的2+4=6倍；两旁堑堵为原刍童的0+6=6倍；四角阳马为原刍童的0+6=6倍。故徽注云：“并两方三品棋，皆一而为六。”

←上袤二尺→		←上袤二尺→		←下袤四尺→				
方 1	方 1	方 1	方 1	堑 2	方 1	方 1	堑 2	←上广一尺→

图5-26 刍童算法中第一项体积所含三品棋

⑥为术又可令上下广袤差相乘,以高乘之,三而一,亦四阳马;上下广袤互相乘,并而半之,以高乘之,即四面六堑堵与二立方;并之为刍童积:刘徽给出了刍童体积的另一种算法。

$$\text{刍童体积}=4\text{阳马体积}+6\text{堑堵体积}+2\text{立方体积}$$

$$=\frac{1}{3}|\text{上袤}-\text{下袤}|\times|\text{上广}-\text{下广}|\times\text{高}+$$

$$\frac{\text{上广}\times\text{下袤}+\text{上袤}\times\text{下广}}{2}\times\text{高}$$

⑦又可令上下广袤互相乘而半之;上下广袤又各相乘;并,以高乘之,三而一,即得也:刘徽给出刍童体积的又一种算法。

$$\text{刍童体积}=\frac{1}{3}\left(\frac{\text{上广}\times\text{下袤}}{2}+\frac{\text{下广}\times\text{上袤}}{2}+\text{上广}\times\text{上袤}+\right.$$

$$\left.\text{下广}\times\text{下袤}\right)\times\text{高}$$

⑧其曲池者,并上中、外周而半之,以为上袤;亦并下中、外周而半之,以为下袤:这里指出"曲池"(图5-57)可依刍童或盘池算法求容积,只须取上袤$=\frac{1}{2}$(上中周+上外周),而下袤$=\frac{1}{2}$(下中周+下外周)。

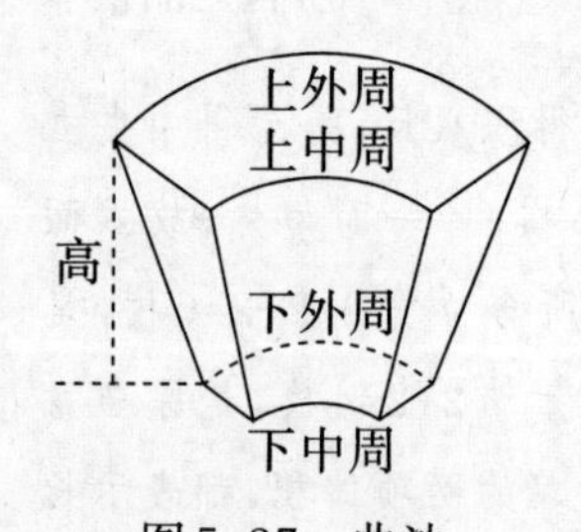

图5-27　曲池

⑨如委谷依垣之周耳:就像依傍墙壁堆放谷物的圆弧那样。刘徽强调"如委谷依垣之周",是说这里的"周"并非平面上封闭曲线的周长,而是一段圆弧。他以"叠面成体"的观念来解释曲池求积的道理,正如环田可以引申为直田一样,曲池也可以引申为盘池,因而二者有同一容积算法。委谷依垣,依傍墙壁堆放谷物。周,指谷堆在地面上可度量的那部分边界,亦即圆弧部分。

【译文】

刍童、曲池、盘池、冥谷,皆用以下同一个算法。

算法：2倍上底长，加下底长；同样2倍下底长，加上底长；各用它们对应的宽乘之，两项相加；再用高或者深乘之，除以6。按此算法，假设刍童上底宽1尺，长2尺；下底宽3尺，长4尺；高1尺。它用棋来构成，中央立方2枚，四面堑堵6枚，四角阳马4枚。2倍下底长为8，加上底长得10，以高、下底宽乘它，得体积30立方尺，即是得中央立方的3倍，两端堑堵的4倍，两旁堑堵的6倍，四角阳马的6倍。又再2倍上底长，加下底长得8，以高、上底宽乘它，得体积8立方尺，即是得中央立方的3倍，两端堑堵的2倍。将此两项中的三类棋分别相加，皆为原先的6倍，所以除以6，即得刍童体积。作为算法又可以令上下底面长、宽对应之差相乘，再乘以高，除以3，也就得4枚阳马之积；上、下底面长、宽之数交互相乘，两项相加以2除之，再乘以高，即得四面的6枚堑堵和2枚立方；以上两部分相加即为刍童的体积。又可以令上下底面之长、宽交互相乘以2除之；上、下底面的长、宽又各自相乘；所得四项相加，再乘以高，除以3，即得刍童之积。**对于曲池，将上底之中、外周长相加以2除，作为上底之长；也用下底之中、外周长相加以2除，作为下底之长。**此池成环形而不连通为整圈，形状像盘蜷的蛇一样弯曲着。其称之为“周”的意思，是如同“委谷依垣”中的“周”一样。将“曲”引而伸“直”，周即为长，求长的意义，乃由环田而来。

[5-19] 今有刍童，下广二丈，袤三丈；上广三丈，袤四丈；高三丈。问积几何？

答曰：二万六千五百尺。

[5-20] 今有曲池，上中周二丈，外周四丈，广一丈；下中周一丈四尺，外周二丈四尺，广五尺；深一丈。问积几何？

答曰：一千八百八十三尺三寸、少半寸。

[5-21] 今有盘池，上广六丈，袤八丈；下广四丈，袤六丈；深二丈。问积几何？

答曰：七万六百六十六尺、太半尺。

负土往来七十步[①],其二十步上下棚除[②]。棚除二当平道五;踟蹰之间十加一[③];载输之间三十步[④];定一返一百四十步[⑤]。土笼积一尺六寸,秋程人功行五十九里半。问人到积尺及用徒各几何?

答曰:人到二百四尺;用徒三百四十六人、一百五十三分人之六十二。

术曰:以一笼积尺乘程行步数为实。往来上下。棚除二当平道五。棚阁除邪道有上下之难,故使二当五也。置定往来步数,十加一,及载输之间三十步以为法。除之,所得即一人所到尺。按此术,棚阁除邪道有上下之难,故使二当五。置定往来步数十加一,及载输之间三十步,是为往来一返,凡用一百四十步。于今有术为所有行率,笼积一尺六寸为所求到土率,程行五十九里半为所有数,而今有之,即人到尺数[⑥]。以所到约积尺即用徒人数者,此一人之积除其众积尺,故得用徒人数。为术又可令往来一返所用之步,约程行为返数,乘笼积为一人所到[⑦]。以此术与今有术相反复,则乘除之或先后,意各有所在而同归耳[⑧]。以所到约积尺,即用徒人数。

[5-22]今有冥谷,上广二丈,袤七丈;下广八尺,袤四丈;深六丈五尺。问积几何?

答曰:五万二千尺。

载土往来二百步,载输之间一里。程行五十八里。六人共车,车载三十四尺七寸。问人到积尺及用徒各几何?

答曰:人到二百一尺、五十分尺之十三;用徒二百五十八人、一万六十三分人之三千七百四十六。

术曰：以一车积尺乘程行步数为实。置今往来步数，加载输之间一里，以车六人乘之，为法。除之，所得即一人所到尺。按此术今有之义。以载输及往来并，得五百步为所有行率；车载三十四尺七寸为所求到土率；程行五十八里通之为步，为所有数；而今有之。所得则一车所到。欲得人到者，当以六人除之，即得⑨。术有分，故亦更令乘法而并除者，亦用一车尺数以为一人到土率，六人乘五百步为行率也⑩。又亦可五百步为行率，令六人约车积尺数为一人到土率，以负土术入之。入之者，亦可求返数也⑪。要取其会通而已。术恐有分，故令乘法而并除。以所到约积尺，即用徒人数者，以一人所积尺，除其众积，故得用徒人数也。**以所到约积尺，即用徒人数。**

【注释】

①负：以背载物。

②棚除：即徽注所谓的“棚阁除邪道”，指脚手架或其上的坡道。棚阁，原意为敌楼，在此指挖掘盘池时用木搭成的棚架，类似现今的脚手架。除邪道，即为取土之便在棚架上铺设的阶梯坡道。棚，用竹、木等材料搭成的篷架或小屋。除，台阶或道路。

③踟蹰：徘徊不进。在此指运输中的停顿。

④载输之间：指装卸土筐要费的时间。

⑤一返：指运土往返一次。依负土术文所设，“一返”折合行程步数为：

$$\left(70-20+20\times\frac{5}{2}\right)\times\frac{11}{10}+30=140\ (\text{步})$$

即“定一返一百四十步”。

⑥是为往来一返，凡用一百四十步。于今有术为所有行率，笼积一

尺六寸为所求到土率,程行五十九里半为所有数,而今有之,即人到尺数:一返140步,按今有术的意义它为所有率,在问题中的实际意义表示行程之比率,故称“所有行率”;同样,笼积1.6立方尺,按今有术的意义为所求率,而在问题中的实际意义表示运土之比率,故称之为“所求到土率”。依今有术计算每人每天运土量:

$$人到尺数=\frac{所求到土率\times 程行}{所有行率}=\frac{1.6\times(59.5\times300)}{140}$$

$$=204\ (立方尺)$$

故答曰:“人到二百四尺。”

⑦为术又可令往来一返所用之步,约程行为返数,乘笼积为一人所到:“返数”,指运土往返的次数。它有以下计算关系:返数$=\frac{程行步数}{一返步数}$;一人所到=笼积×返数。因而可用返数规定每人每天的工作定额。

⑧以此术与今有术相反复,则乘除之或先后,意各有所在而同归耳:按今有术计算的程序是,人到尺数=(笼积×程行步数)÷一返步数;按此术计算的程序是,人到尺数=笼积×(程行步数÷一返步数)。用此术与今有术两种算法重复演算而加以比较,前者先乘后除,后者先除后乘,两种算法各有不同解释,但结果一致。反复,重复践行之意。

⑨按此术今有之义。以载输及往来并,得五百步为所有行率;车载三十四尺七寸为所求到土率;程行五十八里通之为步,为所有数;而今有之。所得则一车所到。欲得人到者,当以六人除之,即得:此算法是依据今有术原理设计的。

$$一车所到=\frac{所求到土率\times 程行}{所有行率}=\frac{车载\times 程行}{往来+载输}$$

$$一人所到=一车所到\div 共车人数$$

⑩术有分,故亦更令乘法而并除者,亦用以车尺数以为一人到土率,

六人乘五百步为行率也：因为用今有术求一车所到，得数一般为分数，再求一人所到便会遇到分数为被除数的繁分数计算。为避免此情形，可令车载为一人到土率，以人数6乘“往来+载输”为所有行率，即

$$一人到土率：所有行率=\frac{车载}{6人}：(往来+载输)$$
$$=车载：6\times(往来+载输)$$

于是

$$一人所到=\frac{一人到土率\times程行}{所有行率}=\frac{车载\times程行}{6\times(往来+载输)}$$

这相当于用共车人数先去乘“法”(除数)而后一并相除。

⑪又亦可五百步为行率，令六人约车积尺数为一人到土率，以负土术入之。入之者，亦可求返数也：刘徽提出又可仿照以上负土术中先计算“返数”的办法，来求一人所到：

$$一人到土率=\frac{车载积尺}{共车人数} \qquad 返数=\frac{程行步数}{一返步数}$$
$$一人到土=一人到土率\times返数$$

【译文】

[5-19] 假设刍童，下底宽2丈，长3丈；上底宽3丈，长4丈；高3丈。问它的体积多少？

答：体积为26 500立方尺。

[5-20] 假设曲池，上底中周2丈，外周4丈，宽1丈；下底中周1丈4尺，外周2丈4尺，宽5尺；深1丈。问它的容积多少？

答：容积为1 883立方尺$3\frac{1}{3}$立方寸。

[5-21] 假设盘池，上底宽6丈，长8丈；下底宽4丈，长6丈；深2丈。问它的容积多少？

答：容积为70 666$\frac{2}{3}$立方尺。

背筐运土往返70步,其中20步是上下脚手架。在脚手架上行走,每2步按平路5步计算;负重难行每10步按11步计算;现场装卸按30步计算;故确定“一返”为140步。土筐体积为1.6立方尺,规定秋季每人行程$59\frac{1}{2}$里。问每人每天运土体积数、当用劳力数各是多少?

答:每人每天运土204立方尺;当用劳力$346\frac{62}{153}$人。

算法:以一筐的容积数乘所定行程步数作为被除数。来回上下。上脚手架每2步按平路5步计算。脚手架的台阶斜道上下困难,故使其每2步按平路5步计算。取所规定的往返步数,加其$\frac{1}{10}$,再加装卸折合的30步作为除数。以除数去除被除数,所得即是一人运土量的立方尺数。按此算法,脚手架的台阶斜道上下困难,所以使其每2步按5步折算。取所规定的往返步加其$\frac{1}{10}$,再加装卸折合的30步,即是往来“一返”,总计用140步。依“今有术”它作为“所有”的“行率”,土筐容积1.6立方尺作为“所求”的“到土率”,规定行程$59\frac{1}{2}$里为“所有数”,而按今有术计算,即得每人每日运土体积数。每人运土量去除盘池总土方量即得当用劳力之人数,此乃用1人之运土量去除众人的总运土量,故所得为劳力之人数。作为算法又可以令往来“一返”所用步数,去除规定行程得“返数”,用它乘土筐容积得1人的运土量。以此算法与“今有术”相对照比较,则前后两种算法的乘除运算或先或后,意义各有不同而结果却是相同的。以每人运土量去除总土方量,即得当用劳力之人数。

[5-22] 假设冥谷,上底宽2丈,长7丈;下底宽8尺,长4丈;深6丈5尺。问它的容积多少?

答:容积为52 000立方尺。

推车运土往返200步,装卸折合1里行程。每人每天规定行程为58里。6人共推1车,每车载土34.7立方尺。问每人每天运土体积数以及当用劳力之人数各是多少?

答：每人每天运土$201\frac{13}{50}$立方尺；当用劳力$258\frac{3\,746}{10\,063}$人。

算法：以1车容积乘行程步数作为被除数。取如今往返步数，加装卸折合之1里行程，以每车所用6人乘它，作为除数。以除数去除被除数，所得即是1人每天的运土量。按此算法乃"今有术"的意思。以装卸折合之行程和往返路程相加，得500步为"所有"的"行率"；1车容积34.7立方尺为"所求"的"到土率"；行程58里折合为步数，作为所有数；而依今有术计算。所得则是1车的运土量。要得每人运土量，应以人数6除之，即得。算法中出现分数，所以又更改为先乘"除数"而后一并相除，也就是将1车的容积当作1人的"到土率"，以人数6乘步数500当作"行率"。又可以步数500为"行率"，令人数6约1车的容积作为1人的"到土率"，用"负土术"来计算。这种算法，也就是可以求"返数"。重要的是在于算法的融会贯通。算法恐怕中间出现分数，所以令它去乘"除数"而最后一并相除。以1人运土量去约冥谷总土方量，便得当用劳力之人数，此乃用1人的运土量，去除众人的运土量，所以得当用劳力之人数。以每人运土量去除冥谷的总土方量，即得当用劳力之人数。

[5-23]今有委粟平地[①]，下周一十二丈，高二丈。问积及为粟几何？

答曰：积八千尺。于徽术当积七千六百四十三尺、一百五十七分尺之四十九。臣淳风等谨依密率，为积七千六百三十六尺、十一分尺之四。

为粟二千九百六十二斛、二十七分斛之二十六。于徽术当粟二千八百三十斛、一千四百一十三分斛之一千二百一十。臣淳风等谨依密率，为粟二千八百二十八斛、九十九分斛之二十八。

[5-24]今有委菽依垣[②]，下周三丈，高七尺。问积及为菽各几何？

答曰:积三百五十尺。依徽术当积三百三十四尺、四百七十一分尺之一百八十六也。臣淳风等谨依密率,为积三百三十四尺、十一分尺之一。

为菽一百四十四斛、二百四十三分斛之八。依徽术当菽一百三十七斛、一万二千七百一十七分斛之七千七百七十一。臣淳风等谨依密率,为菽一百三十七斛、八百九十一分斛之四百三十三。

[5-25]今有委米依垣内角[3],下周八尺,高五尺。问积及为米各几何?

答曰:积三十五尺、九分尺之五。于徽术当积三十三尺、四百七十一分尺之四百五十七。臣淳风等谨依密率,当积三十三尺、三十三分尺之三十一。

为米二十一斛、七百二十九分斛之六百九十一。于徽术当米二十斛、三万八千一百五十一分斛之三万六千九百八十。臣淳风等谨依密率,为米二十斛、二千六百七十三分斛之二千五百四十。

委粟术曰:下周自乘,以高乘之,三十六而一。此犹圆锥也。于徽术,亦当下周自乘,以高乘之,又以二十五乘之,九百四十二而一也[4]。其依垣者,居圆锥之半也。十八而一。于徽术,当令此下周自乘以高乘之,又以二十五乘之,四百七十一而一。依垣之周,半于全周。其自乘之幂,居全周自乘之幂四分之一。故半全周之法,以为法也[5]。其依垣内角者,角隅也,居圆锥四分之一也。九而一。于徽术,当令此下周自乘而倍之,以高乘之,又以二十五乘之,四百七十一而一。依隅之周半于依垣。其自乘之幂,居依垣自乘之幂四分之一。当半依垣之法以为法;法不可半,故倍其实[6]。又此术亦用周三径一之率。假令以三除周得径,若不尽,通分内子,即为径之积分。令自乘，以高乘之，为三方锥之积分。母自相乘得九，为法。又当三而一，约方锥之积。从方锥中求圆锥之积，亦犹方幂求圆幂，乃当三乘之，四而一，得圆锥之积。前求方锥积乃合三而一，今求圆锥之积，复合三乘之。二母既同，故相准折。惟以四乘分母九，得三十六而连除，得圆锥之积⑦。其圆锥之积与平地聚粟同，故三十六而一。臣淳风等谨依密率，以七乘之，其平地者二百六十四而一，依垣者一百三十二而一，依隅者六十六而一也。

程粟一斛，积二尺七寸⑧。二尺七寸者，谓方一尺深二尺七寸，凡积二千七百寸。**其米一斛，积一尺六寸、五分寸之一**⑨。谓积一千六百二十寸。**其菽、荅、麻、麦一斛，皆二尺四寸十分寸之三**。谓积二千四百三十寸。此为以精粗为率，而不等其概也。粟率五，米率三，故米一斛于粟一斛五分之三，菽、荅、麻、麦亦如本率云。故谓此三量器为概而皆不合于今斛⑩。当今大司农斛，圆径一尺三寸五分五厘，正深一尺。于徽术，为积一千四百四十一寸，排成余分，又有十分寸之三⑪。王莽铜斛于今尺为深九寸五分五厘，径一尺三寸六分八厘七毫，以徽术计之，于今斛为容九斗七升四合有奇⑫。《周官·考工记》："栗氏为量，深一尺，内方一尺而圆其外，其实一鬴。⑬"于徽术，此圆积一千五百七十寸。《左氏传》曰："齐旧四量，豆、区、釜、钟。四升曰豆，各自其四，以登于釜。釜十则钟。"钟六斛四斗，釜六斗四升，方一尺，深一尺，其积一千寸⑭。若此方积容六斗四升，则通外圆积成旁容十斗四合一龠、五分龠之三也⑮。以数相乘之，则斛之制方一尺而圆其外，庣旁一厘七毫，幂一百五十六寸、四分寸之一，深一尺，积一千五百六十二寸半，容十斗⑯。王莽铜斛与《汉书·律历志》所论斛同。

【注释】

①委粟平地:即将粟堆积在平地上,呈圆锥形。委,堆积。

②委菽(shū)依垣:依傍墙壁堆放大豆,呈半圆锥形。菽,大豆。垣,矮墙。

③委米依垣内角:依傍墙壁内角堆放米,呈圆锥的四分之一形状。垣内角,两面正交墙的内部角落。

④于徽术,亦当下周自乘,以高乘之,又以二十五乘之,九百四十二而一也:此即刘徽于圆锥术注中取$\pi=\frac{157}{50}$推得的公式。

$$圆锥体积=\frac{25}{942}下周^2\times 高$$

⑤依垣之周,半于全周。其自乘之幂,居全周自乘之幂四分之一。故半全周之法,以为法也:圆锥体积$=\frac{1}{36}$下周$^2\times$高,而“依垣之周”为“圆锥下周”之半,故半锥之积$=\frac{1}{2}\times\frac{1}{36}$圆锥下周$^2\times$高$=\frac{1}{2}\times\frac{1}{36}\times 4\times$依垣之周$^2\times$高$=\frac{1}{18}$依垣之周$^2\times$高。它的除数18,是底为全圆周时的除数36的一半。

⑥依隅之周半于依垣。其自乘之幂,居依垣自乘之幂四分之一。当半依垣之法以为法;法不可半,故倍其实:由依隅之周$=\frac{1}{2}$依垣之周,故依垣内角之积$=\frac{1}{2}\times\frac{1}{18}\times$依垣之周$^2\times$高$=\frac{1}{2}\times\frac{1}{18}\times 4\times$依隅之周$^2\times$高$=\frac{1}{9}$依隅之周$^2\times$高。故云“当半依垣之法以为法”。但依刘徽圆率计算,依垣之积$=\frac{25}{471}$依垣之周$^2\times$高,其除数471不能被2整除,即“法不可半”,所以2倍其被除数25,得依垣内角之积$=\frac{50}{471}$依隅之周$^2\times$高。

⑦又此术亦用周三径一之率。假令以三除周得径,若不尽,通分内子,即为径之积分。令自乘,以高乘之,为三方锥之积分。母自相乘得九,为法。又当三而一,约方锥之积。从方锥中求圆锥之积,亦犹方幂求圆幂,乃当三乘之,四而一,得圆锥之积。前求方锥积乃合三而一,今求圆锥之积,复合三乘之,二母既同,故相准折。惟以四乘分母九,得三十六而连除,得圆锥之积:这段注文阐明了如何由方锥之积推得圆锥之积,其法不同于圆锥术注而类似于圆亭术注。积分,将带分数之整部“通分内子”化为假分数,称此假分数之分子为“积分”,因它的主要部分是整部与分子之乘积而得名。因筹算中分子、分母要分别计算,故此算法中先以“积分”代替原数计算,最后再用分母为“法”而相除。按刘徽注之意,其推演如下:

$$径=周\div 3=整部+\frac{分子}{分母}$$

$$径之积分=整部\times 分母+分子$$

$$三方锥之积分=径之积分^2\times 高$$

故

$$方锥之积=三方锥之积分\div 3^2\div 3=\frac{1}{27}径之积分^2\times 高$$

而 $$圆锥之积=方锥之积\times 3\div 4=径之积分^2\times 高\div 3^2\div 3\times 3\div 4$$

$$=径之积分^2\times 高\div(9\times 4)=\frac{1}{36}径之积分^2\times 高$$

这里,前求方锥积要除以3,后面求圆锥积又要乘以3,一乘一除,两相抵消,故只须用9×4=36一并相除即可。

⑧程粟一斛(hú):即计量一斛粟的体积。程,计量,考核。斛,量器名,亦为容量单位。古代以十斗为一斛,南宋末年改为五斗一斛。

⑨其米一斛,积一尺六寸、五分寸之一:若计量1斛米的体积,为1.62立方尺。其米,若其程米之意,前文论“程粟”,现在更粟为

米,即计算米的体积。其,若。积一尺六寸、五分寸之一,是说其为底面边长为1尺,高为1尺$6\frac{1}{5}$寸的长方体之体积,即1.62立方尺。

⑩此为以精粗为率,而不等其概也。粟率五,米率三,故米一斛于粟一斛五分之三,菽、荅、麻、麦亦如本率云。故谓此三量器为概而皆不合于今斛:此处粟、米、菽、荅、麻、麦的一斛之体积不等。粟1斛=2.7立方尺;米1斛=1.62立方尺;菽、荅、麻、麦1斛=2.43立方尺。它们有不同的标准,即所谓“不等其概也”。而这种不同的标准是按谷物的精、粗为比率而确定的。

粟1斛之积∶米1斛之积=粟率∶米率=5∶3

故

$$米1斛之积=\frac{3}{5}\times 粟1斛之积=\frac{3}{5}\times 2.7=1.62\ (立方尺)$$

同样,

粟1斛之积∶菽1斛之积=粟率∶菽率=10∶9

故

$$菽1斛之积=\frac{9}{10}\times 粟1斛之积=\frac{9}{10}\times 2.7=2.43\ (立方尺)$$

概,古代量米麦时刮平斗斛的器具。《韩非子·外储说左下》:“概者,平量者也。”引申为刮平或削平,此处可作标准解。

⑪当今大司农斛,圆径一尺三寸五分五厘,正深一尺。于徽术,为积一千四百四十一寸,排成余分,又有十分寸之三:按刘徽的记载,魏斛底面直径=13.55魏寸;斛高=10魏寸。斛为圆垛垮形,其积按刘徽圆垛垮公式推算:

$$魏斛体积=\frac{25}{314}\times 周^2\times 高=\frac{25}{314}\times\left(\frac{157}{50}\times 13.55\right)^2\times 10$$

$$=\frac{157}{20}\times 13.55^2=1\ 441.279\ 625\ (立方魏寸)$$

$$\approx 1\,441\frac{3}{10}\text{（立方魏寸）}$$

⑫王莽铜斛于今尺为深九寸五分五厘，径一尺三寸六分八厘七毫，以徽术计之，于今斛为容九斗七升四合有奇：由于1莽尺=9.55魏寸，故王莽铜斛之深=9.55魏寸；径长=14.332 136莽寸=0.955魏寸×14.332 136=13.687 189 88魏寸≈13.687魏寸。依徽术计算，得

$$\text{莽斛体积}=\frac{157}{200}\times(13.687)^2\times 9.55$$

$$=1\,404.395\,932\,100\,75\text{（立方魏寸）}$$

$$\approx 1\,404\frac{4}{10}\text{（立方魏寸）}$$

故王莽铜斛折合魏斛之容积为：

莽斛容量=1 404.4÷1 441.3=0.974 398 1≈0.974魏斛

故云："于今斛九斗七升四合有奇。"

⑬《周官·考工记》："栗氏为量，深一尺，内方一尺而圆其外，其实一鬴（fǔ）。"于徽术，此圆积一千五百七十寸：鬴，古量器名，呈正圆柱形。其圆柱底圆面的内接正方形边长1尺。故鬴的直径$=\sqrt{2}$尺≈14.142 136寸，依刘徽算法得

$$\text{鬴的容积}=\frac{157}{200}\times(14.142\,136)^2\times 10=1\,570\text{（立方寸）}$$

⑭《左氏传》曰："齐旧四量，豆、区、釜、钟。四升曰豆，各自其四，以登于釜。釜十则钟。"钟六斛四斗，釜六斗四升，方一尺，深一尺，其积一千寸：《左传》中记载了齐国的豆、区、釜、钟四种量器。由豆至釜皆为四进制，即1豆=4升；1区=4豆；1釜=4区=64升=6斗4升；而1钟=10釜=640升=6斛4斗。釜的形状是一个正方体，其棱长1尺，故釜的容积$=10^3=1\,000$（立方寸）。《左氏传》，即《左传》，编年体史书。又称《左氏春秋》。相传为春秋末鲁太

史左丘明撰,大约成书于战国时期。

⑮若此方积容六斗四升,则通外圆积成旁容十斗四合(gě)一龠(yuè)、五分龠之三也:釜的容量为6斗4升;容积为1 000立方寸。作釜的外接圆柱体,得到的这个圆柱形的量器即是鬴。而鬴的容积=1 570立方寸;由今有术推得,1鬴的容量$=\frac{1\,570\times 64}{1\,000}$ $=100.48$(升)。故云"容十斗四合一龠"。合、龠,均为容量单位,1合=2龠。

⑯以数相乘之,则斛之制方一尺而圆其外,庣(tiāo)旁一厘七毫,幂一百五十六寸、四分寸之一,深一尺,积一千五百六十二寸半,容十斗:欲制容量为10斗的斛,由已知数据来推算此斛的尺寸。由鬴量知100.48升的容积为1 570立方寸,故

$$1\text{斛的容积}=\frac{1\,570\times 100}{100.48}=1\,562.5\ (\text{立方寸})$$

由斛深10寸及斛之容积1 562.5立方寸,反求底圆直径,得

$$\text{圆径}=\sqrt{\frac{1\,562.5\times 20}{157}}=14.108\,31\ (\text{寸})$$

$$\text{而}\quad \text{庣旁}=\frac{1}{2}(10\sqrt{2}-14.108\,31)=\frac{1}{2}(14.140\,336-14.108\,31)$$

$$=0.017\ (\text{寸})$$

此即所谓"庣旁一厘七毫"。这里正方形对角线大于圆径,所谓"庣旁"实际应是"减旁"。庣,凹而不满之处。亦指凹形容器。

【译文】

[5-23]假设堆放粟于平地,谷堆下周长12丈,高2丈。问它的体积以及应有粟多少?

答:体积为8 000立方尺。依刘徽圆率应得体积7 643$\frac{49}{157}$立方尺。李淳风等按:依密率计算,得体积7 636$\frac{4}{11}$立方尺。

应有粟2 962$\frac{26}{27}$斛。依刘徽圆率，当有粟2 830$\frac{1\,210}{1\,413}$斛。李淳风等按：依密率推算，应有粟2 828$\frac{28}{99}$斛。

[5-24]假设依傍墙壁堆放菽，菽堆下周长3丈，高7尺。问它的体积以及应有菽各是多少？

答：体积为350立方尺。按照刘徽算法应得体积334$\frac{186}{471}$立方尺。李淳风等按：依密率计算，得体积334$\frac{1}{11}$立方尺。

应有菽144$\frac{8}{243}$斛。依刘徽圆率当得菽137$\frac{7\,771}{12\,717}$斛。李淳风等按：依密率计算，得菽137$\frac{433}{891}$斛。

[5-25]假设依傍墙壁内角堆放米，米堆下周长8尺，高5尺。问其体积以及应有米是多少？

答：体积为35$\frac{5}{9}$立方尺。依刘徽圆率应得体积33$\frac{457}{471}$立方尺。李淳风等按：依密率计算，应得体积33$\frac{31}{33}$立方尺。

应有米21$\frac{691}{729}$斛。依刘徽圆率，应得米20$\frac{36\,980}{38\,151}$斛。李淳风等按：依密率计算，应有米20$\frac{2\,540}{2\,673}$斛。

堆粟算法：下周长自乘，再乘以高，除以36。此算法犹如圆锥一样。依照刘徽圆率，也应下周长自乘，再乘以高，又用25乘之，除以942。**当其为依傍墙壁堆放时，**它占圆锥的一半。**则除以18。**依照刘徽圆率，应令此下周长自乘再乘以高，又以25乘之，除以471。依傍墙壁堆放时的下“周”，是整个圆周的一半。其自乘所得面积，占全圆周自乘所得面积的$\frac{1}{4}$。所以在后者的计算法则中，除数（18）取全圆周情形时除数（36）的一半。**当其为依傍墙壁内角堆放时，**它处在墙壁的角落，占圆锥体积的$\frac{1}{4}$。**则除以9。**依照刘徽圆率，应当令此下周长自乘而后乘以2，再以高乘之，又乘以25，除以471。依傍墙壁角落堆放时的下“周”是依傍墙壁堆放时之下“周”的一半。其自乘所得面积，占依傍墙壁堆放时之下周自乘所得面积的$\frac{1}{4}$。所以在后者的计算法则中除数(9)应是取依傍墙壁堆放情形算法中的除数(18)的一半;当前者除数不可为2所整除时,则代之以被除数乘以2。又此算法也是用周三径一之圆率。假设以3去除圆周而得直径,如果除不尽,则以整数部分去乘分母而加分子,所得即是直径的“积分”。令它自乘,再乘以高,所得为3倍方锥的“积分”。分母自乘得9,作为除数。又当除以3,去约化方锥之体积数。从方锥中求其内切圆锥的体积,也犹如从正方形面积去求其内切圆面积,乃应当用3乘它,除以4,得圆锥之体积。前面求方锥体积时应当除以3,现在求圆锥体积时,又应当乘以3。乘、除二数既然相同,所以互相抵消。只须用4乘分母9,得36而一并相除,即得圆锥体积。其圆锥体积与平地堆放粟之体积相同,皆除以36。李淳风等按:依照密率计算,应当乘以7,当“平地堆放”时除以264,当“依墙堆放”时除以132,当“墙角堆放”时除以66。

计量粟一斛,其体积为$2\frac{7}{10}$立方尺。所谓“二尺七寸”,是说容器底面正方形边长1尺而深为2尺7寸,总体积为2 700立方寸。**而米一斛,其体积为1.62立方尺。**是说体积为1 620立方寸。**而菽、荅、麻、麦一斛,其体积皆为2.43立方尺。**是说体积为2 430立方寸。这是以粮食品种的精粗按比率折算的,并不等同于精确测量。因粟率5,米率3,所以米1斛之积合于粟1斛之积的$\frac{3}{5}$,菽、荅、麻、麦等也是按其本来的折合率换算而言的。所以说要以这三个量器作为标准而都不符于现今的斛。当今大司农斛,其外圆直径1尺3寸5分5厘,垂直深度1尺。按刘徽圆率,得体积1 441立方寸,排列出余分,还有$\frac{3}{10}$立方寸。王莽铜斛依现今的尺测量深为9寸5分5厘,直径1尺3寸6分8厘7毫,用刘徽圆率计算,合于现今之斛其容积为9斗7升4合而有余数。《周官·考工记》载:“栗氏所造量器,深1尺,内方边长1尺而其外周为圆形,容量为1鬴。”按刘徽圆率计算,此容积为1 570立方寸。《左传》说:“齐人原有四种量名,依次为豆、区、釜、钟。4升称为豆,各自按四进制,直到釜为止。而10釜为1钟。”1钟合6斛4斗,1釜合6斗4升,底面正方形边长1尺,深1尺,其容积为1 000立方寸。如果此立方体容积为6斗4升,则它的外接圆柱形量器的容积为10斗4合$1\frac{3}{5}$龠。用数相乘来计算,则斛之制度内方边长1尺而外周为圆形,

“庣旁”为1厘7毫，底圆面积$156\frac{1}{4}$平方寸，深1尺，容积为$1\,562\frac{1}{2}$立方寸，容量为10斗。王莽铜斛与《汉书·律历志》所说的斛相同。

[5-26]今有穿地[①]，袤一丈六尺，深一丈，上广六尺，为垣积五百七十六尺[②]。问穿地下广几何？

答曰：三尺、五分尺之三。

术曰：置垣积尺，四之为实。穿地四为坚三；垣，坚也。以坚求穿地，当四之，三而一也[③]。以深、袤相乘，为深袤之立幂也。又三之，为法。以深袤乘之立幂除垣积，则坑广。又三之者，与坚率并除之[④]。所得倍之，坑有两广。先并而半之，即为广狭之中平。今先得其中平，故又倍之，知两广全也[⑤]。减上广，余即下广。按此术，穿地四为坚三；垣即坚也。今以坚求穿地，当四乘之，三而一。深袤相乘者，为深袤立幂，以深袤立幂除积即坑广。又三之为法，与坚率并除。所得倍之者，为坑有两广，先并而半之，为中平之广。今此得中平之广，故倍之还为两广并。故减上广，余即下广也。

【注释】

①穿地：挖坑。坑的上下底面为长方形，上下底面的长度相等而宽度不等，故横向竖直截面呈等腰梯形，即此坑为底面为等腰梯形的直棱柱横放之形。

②为垣：筑墙。此题之意，为挖坑取土而筑墙。

③穿地四为坚三；垣，坚也。以坚求穿地，当四之，三而一也：挖地与筑成坚土，土方量之比为，挖地∶坚土=4∶3。筑墙之土方为坚土，故由筑墙之土方量换算为挖坑之土方量，依今有术知：挖坑土方量$=\frac{4}{3}\times$垣积。

④以深袤乘之立幂除垣积，则坑广。又三之者，与坚率并除之：按柱体计算，有

$$坑积=\frac{1}{2}(上广+下广)\times 深\times 袤=坑广\times 立幂$$

而

$$坑积=\frac{4}{3}\times 垣积$$

故知

$$坑广=\frac{4\times 垣积}{3\times “立幂”}$$

这里的“坑广”，即是上下广的平均值。

⑤坑有两广。先并而半之，即为广狭之中平。今先得其中平，故又倍之，知两广全也：“坑广”为上、下广之和的一半，故2×坑广=上广+下广。于是，由2×坑广-上广=下广，便得答案。全，全部。此处倍之，即由其“半”求其“全”。

【译文】

[5-26]假设挖坑，其长1丈6尺，深1丈，上底宽6尺，取土筑墙其体积为576立方尺。问所挖之坑下底宽多少？

答：$3\frac{3}{5}$尺。

算法：取墙体积之立方尺数，乘以4为被除数。(按土方比率换算)挖地4折合坚土3；筑墙，为坚土。以坚土求挖地，应当乘以4，而除以3。**以深、长相乘，**得沿深与长方向的竖直截面之面积。**又乘以3，作为除数。**以深与长相乘所得之竖直截面面积去除墙之体积，则得坑之宽度。又乘以3，乃是折合坚土之率数一并去除它。**所得之数乘以2，**坑有上下两个宽度。先相加而除以2，即为宽狭两底的平均宽度。现在先求得其平均数，故乘以2，便知两个宽度之和。**减去上底宽，余数即为下底宽。**按此算法，挖地4折合坚土3；筑墙为坚土。现今以坚土求挖土，应当用4乘之，除以3。深与长相乘，得沿深、长方向的竖直截面之面积，用深、长方向

竖直截面面积去除坑之体积即得坑之广度。又乘以3作为除数，是为了与折合坚土的比率一并去相除。所得之数乘以2，是因为坑有上下两个宽度，先相加再除以2，得上下之平均宽度。现今得到平均宽度，所以乘以2还原为上下两宽度之和。故用和减去上底宽，余数即为下底宽。

[5-27]今有仓广三丈[①]，袤四丈五尺，容粟一万斛。问高几何？

答曰：二丈。

术曰：置粟一万斛积尺为实。广袤相乘为法。实如法而一，得高尺[②]。以广袤之幂除积，故得高。按此术本以广袤相乘，以高乘之得此积。今还原，置此广袤相乘为法除之，故得高也。

【注释】

①仓：贮藏谷物的建筑物，如，米仓、粮仓。《吕氏春秋·仲秋》："修囷仓。"高诱注："圆曰囷，方曰仓。"此仓即为方仓，其形状即现今的长方体。

②置粟一万斛积尺为实。广袤相乘为法。实如法而一，得高尺：按粟1斛体积为2.7立方尺，依术计算得

$$仓高=\frac{2.7\times 10\,000}{30\times 45}=\frac{27\,000}{1\,350}=20（尺）=2（丈）$$

【译文】

[5-27]假设方仓宽3丈，长4丈5尺，容纳粟10 000斛。问其高多少？

答：高为2丈。

算法：取粟10 000斛之体积的立方尺数作为被除数。长与宽相乘作为除数。以除数去除被除数，便得高之尺数。用长宽相乘所得之底面积去除体积，所以得数为它的高。按此算法原本是以长宽相乘，再乘以高得此体积。现今

还原计算,取长宽相乘之数为除数去除体积,所以得高之尺数。

[5-28]今有圆囷,圆囷[①],廪也[②]。亦云圆囤也。高一丈三尺三寸少半寸,容米二千斛。问周几何?

答曰:五丈四尺。于徽术当周五丈五尺二寸、二十分寸之九。臣淳风等谨按密率,为周五丈五尺、一百分尺之二十七。

术曰:置米积尺,此积犹圆垛壔之积。以十二乘之,令高而一,所得,开方除之,即周。于徽术当置米积尺,以三百一十四乘之为实。二十五乘囷高为法。所得,开方除之,即周也。此亦据见幂以求周,失之于微少也[③]。晋武库中有汉时王莽所作铜斛,其篆书字题斛旁云:"律嘉量斛,方一尺而圆其外,庣旁九厘五毫,幂一百六十二寸,深一尺,积一千六百二十寸,容十斗。"及斛底云:"律嘉量斗,方尺而圜其外,庣旁九厘五毫,幂一尺六寸二分,深一寸,积一百六十二寸,容一斗。"合、龠皆有文字。升居斛旁,合、龠在斛耳上。后有赞文,与今《律历志》同,亦魏、晋所常用。今粗疏王莽铜斛文字尺寸分数,然不尽得升、合、勺之文字[④]。按此术,本周自相乘,以高乘之,十二而一,得此积。今还元,置此积,以十二乘之,令高而一,即复本周自乘之数。凡物自乘,开方除之,复其本数。故开方除之,即得也。臣淳风等谨依密率,以八十八乘之为实;七乘囷高为法;实如法而一,开方除之,即周也。

【注释】

①圆囷:圆形谷仓。

②廪(lǐn):米仓。

③此亦据见幂以求周,失之于微少也:此,指刘徽的圆囷求周算法,

$$圆周=\sqrt{\frac{314\times 圆囷体积}{25\times 囷高}}$$

因为,实际上

$$圆周=\sqrt{\frac{\pi\times 圆囷体积}{4\times 囷高}}>\sqrt{\frac{314\times 圆囷体积}{4\times 囷高}}$$

故云:“失之于微少也。”

④今粗疏王莽铜斛文字尺寸分数,然不尽得升、合、勺(zhuó)之文字:勺,通“酌”,原意指古乐器,即籥(yuè),而“籥”为龠的本字。龠有二义:一为乐器名;一为古量器名。故刘徽此注中以“勺”代“龠”。2龠=1合。《汉书·律历志》:“合龠为合,十合为升,十升为斗,十斗为斛,而五量嘉矣。”王莽铜斛集斛、斗、升、合、龠五量器于一身,其各自铭文如下。

斛铭:“律嘉量斛,方尺而圜其外,庣旁九厘五毫,幂百六十二寸;深尺,积千六百廿寸。容十斗。”

斗铭:“律嘉量斗,方尺而圜其外,庣旁九厘五毫,幂百六十二寸;深寸,积百六十二寸。容十升。”

升铭:“律嘉量升,方二寸而圜其外,庣旁一厘九毫,幂六百卅八分;深二寸五分,积万六千二百分。容十合。”

合铭:“律嘉量合,方寸而圜其外,庣旁九毫,幂百六十二分;深寸,积千六百廿分。容二龠。”

龠铭:“律嘉量龠,方寸而圜其外,庣旁九毫,幂百六十二分;深五分,积八百一十分。容如黄钟。”

刘徽按其术推算,与铭文所载数字不尽相合。

【译文】

[5-28]假设圆形谷仓,圆囷,即是“廪”。也称之为圆囤。高1丈3尺$3\frac{1}{3}$寸,容纳米2 000斛。问其周长多少?

答:周长5丈4尺。依刘徽圆率,当得周长5丈5尺$2\frac{9}{20}$寸。李淳风等按:依密率推算,得周长5丈$5\frac{27}{100}$尺。

算法:取米之体积的立方尺数,此体积犹如圆垛垎(圆柱体)之体积。用20乘它,除以高,所得之数,开平方,即得周长。依刘徽算法当取米之体积的立方尺数,用314乘它作为被除数。用25乘圆仓的高作为除数。两数相除所得之商,开平方,即得周长。这也是由已知面积而求周长,此算法有误差而使得数微少。晋朝武库中有汉代王莽所造的铜斛,它上面有篆体字铭文题于斛旁写道:"律嘉量斛,底面为边长1尺正方形的外离圆。外圆周与内方顶点的间距为9厘5毫,其面积为162平方寸,深为1尺,体积为1 620立方寸,容量是10斗。"同样斛底铭文:"律嘉量斗,底面为边长1尺正方形的外离圆。外圆周与内方顶点的间距为9厘5毫,其面积为16.2平方寸,深为1寸,体积为162立方寸,容量是1斗。"升、合、龠都有文字记述。升放在斛旁,合、龠放在斛耳上边。背后有"赞文",与现今《律历志》的记载相同,也是魏、晋时期所常用的。现在粗略地疏解王莽铜斛文字所记尺寸的分数,然而却不完全能够与升、合、勺上之文字相符。按此算法,其原本的周长自乘,再以高乘之,除以12,得此体积。现在还原推算,取此体积之数,乘以12,除以其高,即回复到原本周长自乘之数。凡一数量自乘,开平方,即回复为原本之数。故开平方,即得原本周长。李淳风等按:依密率计算,用88乘其体积数作为被除数;用7去乘圆仓之高作为除数;以除数去除被除数,开平方,即得周长。

卷六　均输以御远近劳费

【题解】

均输，意为平均担负徭役赋税。《九章算术》中，将以田地与人户的多少求赋税，以道路的远近、负载的轻重求脚费，以物价的高低不一求其平均数等问题归于“均输”章，共有28题。

1983年底，湖北江陵（今属湖北荆州）张家山汉墓出土的竹简律书中，有关于“均输律”的简文，由此学者推测均输问题产生于先秦时期。汉武帝元封元年（前110），各郡设置均输官，施行均输法，以调剂运输和平抑物价，因而这种算法在秦汉时期有着广阔的实际应用背景。

均输章前4个问题是典型的均输问题。在解决均输问题时，首先要分清何为“均”，何为“输”，即以什么量作为平均的准绳，又以什么量作为分摊任务的指标。例如，“均输粟”是向路途远近不同的各县征调粟米时徭役的均等问题，以每户出车天数均等为原则来安排各县运输粟米的任务量；“均输卒”是以每名役卒服役天数均等为原则来摊派各县发送役卒人数的指标；第3题和第4题都是“均赋粟”，即摊派各县征缴军粮的指标问题，但两题平均的准则不同，前者是以每户所出费用相等为原则，后者是以每县所出费用相等为原则。

均输术4个问题实际上是分配比例的问题。均输章除了典型的均输问题而外，还包括大量的用比率算法求解各种复杂应用问题的题目。

比例分配问题在粟米章和衰分章都有出现,其基本解法是今有术。值得注意的是,有许多现今看起来并不属于比例分配的问题,在《九章算术》中也使用今有、衰分之类的比率算法来解决。例如主客相追的追及问题、凫雁相遇的相遇问题,在现代初等数学中属行程问题;五渠注水的工程问题、五人分钱的等差数列计算等问题,也都用比率算法来求解。

本章全面讨论了正比例、反比例、连比例、复比例及其综合应用问题,体现了中算家对比率理论应用的普遍性及高超的解题技巧,印证了刘徽"凡九数以为篇名,可以广施诸率"的数学思想。

[6-1]今有均输粟:甲县一万户,行道八日;乙县九千五百户,行道十日;丙县一万二千三百五十户,行道十三日;丁县一万二千二百户,行道二十日,各到输所①。凡四县赋,当输二十五万斛,用车一万乘。欲以道里远近、户数多少衰出之。问粟、车各几何?

答曰:甲县粟八万三千一百斛,车三千三百二十四乘;乙县粟六万三千一百七十五斛,车二千五百二十七乘;丙县粟六万三千一百七十五斛,车二千五百二十七乘;丁县粟四万五百五十斛,车一千六百二十二乘。

术曰:令县户数各如其本行道日数而一,以为衰②。按此均输,犹均运也。令户率出车,以行道日数为均,发粟为输③。据甲行道八日,因使八户共出一车;乙行道十日,因使十户共出一车。计其在道,则皆户一日出一车,故可为均平之率也④。甲衰一百二十五,乙、丙衰各九十五,丁衰六十一,副并为法。以赋粟车数乘未并者,各自为实。衰分科率⑤。实如法得一车。各置所当出车,以其行道日数乘之,如户数而一,得率,户用车二日、四十七分日之三十一，故谓之均[6]。求此率以户，当各计车之衰分也[7]。臣淳风等谨按：县户有多少之差，行道有远近之异。欲其均等，故各令行道日数约户为衰。行道多者少其户，行道少者多其户。故各令约户为衰。以八日约除甲县，得一百二十五；一旬除乙，十三除丙，各得九十五；二旬除丁，得六十一也。于今有术，副并为所有率，未并者各为所求率，以赋粟车数为所有数，而今有之，各得车数。**有分者，上下辈之**[8]。辈，配也。车、牛、人之数，不可分裂，推少就多[9]，均赋之宜。今按甲分既少[10]，宜从于乙。满法除之[11]，有余从丙。丁分又少，亦宜就丙，除之适尽。加乙、丙各一，上下辈益，从少从多也。**以二十五斛乘车数，即粟数。**

【注释】

①输所：输送的目的地。

②令县户数各如其本行道日数而一，以为衰：此算先求分摊比数，即列衰，然后按衰分术演算。本行道日数，即本县运粮的行路天数，它与前云“令县户数”之说相对应。本，指自己或自己方面的。为衰，作为列衰数，即分配比率。

③按此均输，犹均运也。令户率出车，以行道日数为均，发粟为输：这里的均输，如同“均运”。使其按一户为单位出车，以行路的天数为“均”，而以发送粟的数量为“输”。均输是人口（或户数）多少、路途远近、谷物贵贱平均缴纳租税或摊派徭役的算法。“均输”一词，意谓平均担负徭赋。要处理这类问题首先要分清以何为“均”，何以为“输”，即选取什么量作为平均的准绳，又以什么量作为分摊任务的指标。徽注说，此题的均输，即是“均运”：按户平均运输粮食。所谓“以行道日数为均，发粟为输”，即以每户

出车天数均等为原则来安排各县运粮的指标。

④据甲行道八日,因使八户共出一车;乙行道十日,因使十户共出一车。计其在道,则皆户一日出一车,故可为均平之率也:甲县路途行期8天,令该县每8户共出1车;乙县路途行期10天,令该县每10户共出1车。这样,计算它们的出车量,都是每户各出一车行一天,所以用它作为每户均摊出车量的比数。在道,这里指出车量。

⑤衰(cuī)分科率:递减列出不同等级之比率。衰,依照一定的标准递减。科,等级。

⑥各置所当出车,以其行道日数乘之,如户数而一,得率,户用车二日、四十七分日之三十一,故谓之均:刘徽对此题答案进行验算,看其是否合符题问关于“均”的意义。他计算出各县每户的出车量,它有公式

$$每户用车=\frac{出车数\times 行道日}{户数}$$

求得

$$甲县每户出车=\frac{3\,324\frac{176}{376}\times 8}{10\,000}=\frac{1\,000}{376}=2\frac{31}{47}(日)$$

$$乙县每户出车=\frac{2\,526\frac{224}{376}\times 10}{9\,500}=\frac{1\,000}{376}=2\frac{31}{47}(日)$$

$$丙县每户出车=\frac{2\,526\frac{224}{376}\times 13}{12\,350}=\frac{1\,000}{376}=2\frac{31}{47}(日)$$

$$丁县每户出车=\frac{1\,622\frac{128}{376}\times 20}{12\,200}=\frac{1\,000}{376}=2\frac{31}{47}(日)$$

即各县每户皆出1车行$2\frac{31}{47}$日,出车天数相等,“故谓之均”。

⑦求此率以户,当各计车之衰分也:按照各县户数求出车率,得甲

县出车率$=2\frac{31}{47}\times 10\,000=\frac{1\,250\,000}{47}$；乙县出车率$=2\frac{31}{47}\times 9\,500=\frac{1\,187\,500}{47}$；丙县出车率$=2\frac{31}{47}\times 123\,500=\frac{15\,437\,500}{47}$；丁县出车率$=2\frac{31}{47}\times 12\,200=\frac{1\,525\,000}{47}$。而此率恰为各县户数之比$\frac{1\,250\,000}{47}:\frac{1\,187\,500}{47}:\frac{15\,437\,500}{47}:\frac{1\,525\,000}{47}=10\,000:9\,500:123\,500:12\,200$。因为户数的多少是出车（按一车一天为单位）之比数，故云“当各计车之衰分也”。此率，指上述出车率。以户，按照户数。

⑧有分者，上下辈（pèi）之：即推少就多，上下调配成整数。辈，调配。李籍《九章算术音义》：“配也，俗作辈。”

⑨推少就多：即将余分少者的奇零部分推卸掉而归并入余分多者。推，推诿，推卸。就，归，趋。

⑩甲分：甲县出车数之余分。

⑪满法：整个除数。满，全。

【图草】

[6-1]题按均输术推演如下。

（1）列衰；		（2）约简；	
甲 $\frac{10\,000}{8}=1250$	退位约之→	甲 125	以车数遍乘→
乙 $\frac{9\,500}{10}=950$		乙 95	
丙 $\frac{12\,350}{13}=950$		丙 95	
丁 $\frac{12\,200}{20}=610$		丁 61	
		副并（法）376	

甲	1 250 000
乙	950 000
丙	950 000
丁	610 000
副并	3 760 000

以法遍除 →

甲	$\frac{1\,250\,000}{376}=3\,324\frac{176}{376}$
乙	$\frac{950\,000}{376}=2\,526\frac{224}{376}$
丙	$\frac{950\,000}{376}=2\,526\frac{224}{376}$
丁	$\frac{610\,000}{376}=1\,622\frac{128}{376}$
并	$\frac{3\,760\,000}{376}=10\,000$

上下辈之 →

(3) 遍乘；　(4) 遍除；

甲	3 324
乙	2 527
丙	2 527
丁	1 622
并	10 000

以25斛乘之 →

甲	83 100
乙	63 175
丙	63 175
丁	40 550
并	250 000

(5) 车数；　(6) 斛数。

【译文】

[6-1] 假设要均输粟，甲县10 000户，路途行期8天；乙县9 500户，路途行期10天；丙县12 350户，路途行期13天；丁县12 200户，路途行期20天，各自到送粮站。总计4县之赋役，应输送粟250 000斛，用车10 000辆。要依行道里程之远近，各县户数之多少，按比例摊派。问运粟、出车之数各多少？

答：甲县运粟83 100斛，当出车3 324辆；乙县运粟63 175斛，当出车2 527辆；丙县运粟63 175斛，当出车2 527辆；丁县运粟40 550斛，当出车1 622辆。

算法：令每县的户数各除以其各自行路天数，作为列衰数。按这里的均输，如同“均运”。使其按一户为单位出车，以行路的天数为“均”，而以发送粟的数量为“输”。根据甲县行路8天，因而令8户共出1车；乙县行路10天，因而令10户共出1车。计算他们的行程，都相当于每户出1车行1日，所以可以作为均摊的比率。**甲之衰数为125，乙、丙之衰数各为95，丁之衰数为61，另外列置它们之和作为除数。用赋役应送粟的车数乘诸列衰数，各自作为被除数。**按递减列出不同等级之比率。**用除数去除被除数得车数。**各取其应出车数，用其行路天数乘之，除以相应户数，得出车率，每户出车$2\frac{31}{47}$日，所以称之为“均”。按各县户数求此出车率，便相当各县摊派车辆之衰分数。李淳风等按：各县户数有多少之差别，路途行程有远近之不同。要想平均摊派，所以令行路天数去除相应户数作为列衰数。行路天数多的户应当出车少，行路天数少的户应当出车多。所以令行路天数去约户数作为分配比数。以行路天数8去约甲县户数，得125；以行路天数10去除乙县户数，以行路天数13去除丙县户数，各得95；以行路天数20去除丁县户数，得61。依今有术，以另置的列衰之和数为所有率，未曾相加的列衰数各自为所求率，以赋役应送粟的车数为所有数，而按今有术计算，各得其应出车数。**答案有分数出现时，上下调配使各自皆为整数。**辈，即是“调配”。车、牛、人这类名数，不能分割，将余分少的推归给余分多的，这在均摊徭赋中是合适的办法。现在按甲的余分已知为少，宜于加入乙的余分而用分母去整除它。仍有余数，就加到丙的余分中。丁的余分也少，也宜于加入丙的余分中去，以分母除之恰好除尽。在乙、丙所得整车数中各加1，即是上下调配，以少加多。**以斛数25乘出车数，即得运粟之数。**

[6-2]今有均输卒[①]：甲县一千二百人，薄塞[②]；乙县一千五百五十人，行道一日；丙县一千二百八十人，行道二日；丁县九百九十人，行道三日；戊县一千七百五十人，行道五日。凡五县赋，输卒一月一千二百人。欲以远近、户率，多

少衰出之。问县各几何?

答曰:甲县二百二十九人;乙县二百八十六人;丙县二百二十八人;丁县一百七十一人;戊县二百八十六人。

术曰:令县卒,各如其居所及行道日数而一,以为衰[3]。按此亦以日数为均,发卒为输[4]。甲无行道日,但以居所三十日为率。言欲为均平之率者,当使甲三十人而出一人,乙三十一人而出一人;出一人者,计役则皆一人一日,是以可为均平之率[5]。甲衰四,乙衰五,丙衰四,丁衰三,戊衰五,副并为法;以人数乘未并者各自为实。实如法而一。各置所当出人数,以其居所及行道日数乘之,如县人数而一,得户率,人役五日、七分日之五[6]。臣淳风等谨按:为衰,于今有术,副并为所有率,未并者各为所求率,以赋卒人数为所有数。此术以别,考则意同,以广异闻,故存之也[7]。有分者,上下辈之。辈,配也。今按丁分最少,宜就戊除。不从乙者,丁近戊故也。满法除之,有余从乙。丙分又少,亦就乙除。有余从甲,除之适尽。从甲、丙二分,其数正等。二者于乙远近皆同,不以甲从乙者,方以下从上也[8]。

【注释】

①均输卒:即平均发送役卒到边塞服役。卒,旧时泛指差役;此处当释为役卒。

②薄(bó):迫近。如李密《陈情表》:"日薄西山,气息奄奄。"塞(sài):边界险要之处,要塞,关塞。

③令县卒,各如其居所及行道日数而一,以为衰:按题意当取$\frac{\text{县卒人数}}{\text{驻勤天数}+\text{行路天数}}$为各县相应的分摊役卒之比数。居所,即驻

地值勤。居,固定;停留。所,处所,此指边塞。

④以日数为均,发卒为输:徽注解释了本题中“均输”的涵义,即以每名役卒服役天数均等为原则来摊派各县发送役卒人数的指标。

⑤甲无行道日,但以居所三十日为率。言欲为均平之率者,当使甲三十人而出一人,乙三十一人而出一人;出一人者,计役则皆一人一日,是以可为均平之率:甲县每30人出1人,乙县每31人出1人;虽然各县出人的比率不同,但按户计算,皆是每名役卒服役1天。因此可以作为均摊之比率。但,只,仅。是以,因此。

⑥各置所当出人数,以其居所及行道日数乘之,如县人数而一,得户率,人役五日、七分日之五:刘徽对本题答案进行验算,看其是否符合题问关于“均”的意义。由

$$人役=\frac{各县当出人数\times(居所日数+行道日数)}{各县人数}$$

得

$$甲县每户(卒)人役=\frac{228\frac{4}{7}\times 30}{1\,200}=5\frac{5}{7}(日)$$

$$乙县每户(卒)人役=\frac{285\frac{5}{7}\times(30+1)}{1\,550}=5\frac{5}{7}(日)$$

$$丙县每户(卒)人役=\frac{228\frac{4}{7}\times(30+2)}{1\,280}=5\frac{5}{7}(日)$$

$$丁县每户(卒)人役=\frac{171\frac{3}{7}\times(30+3)}{990}=5\frac{5}{7}(日)$$

$$戊县每户(卒)人役=\frac{285\frac{5}{7}\times(30+5)}{1\,750}=5\frac{5}{7}(日)$$

即各县每名役卒皆服役$5\frac{5}{7}$日,此即是“均”的涵义。

⑦此术以别,考则意同,以广异闻,故存之也:此算法好像不同于前问,考察其造术之意则是相同的,为了扩大各种不同见闻,所以保留了它。此术,指本题算法。以,通“似”。考,思虑,研求。广,扩大,扩充。

⑧今按丁分最少,宜就戊除。不从乙者,丁近戊故也。满法除之,有余从乙。丙分又少,亦就乙除。有余从甲,除之适尽。从甲、丙二分,其数正等。二者于乙远近皆同,不以甲从乙者,方以下从上也:按题设之意,甲、乙、丙、丁、戊五县距边塞的路程由近到远及其应派役卒人数的余分如图6-1所示。刘徽解释此题余分之调配,提出三项原则:一是,以少从多,如丁分最少,乙、戊之分最多,故应将丁之余分归乙或戊;二是,从近不从远,如丁之余分归之于戊而不归之于乙,这里的远近并非专指相距路程之远近,还包含邻县的意思,就近调配是方便的;三是,以下从上,如乙之余分归入甲而不归入丙,虽然甲与丙的余分相等,但甲在上,丙在下,在上者距边塞近,故归之于上亦是合理的。满法除之,即求用除数去除所得之整数商。

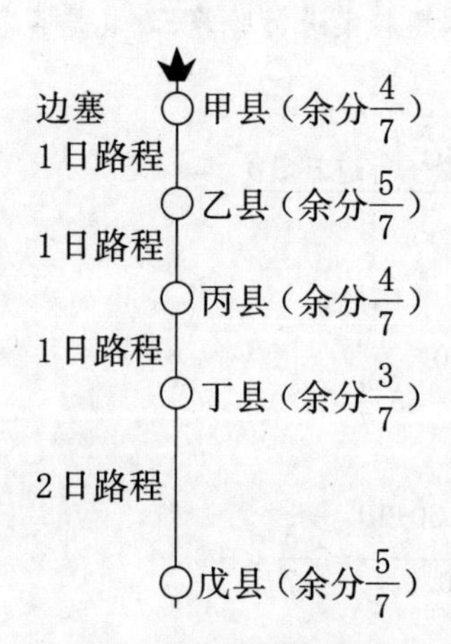

图6-1 各县距离边塞路程及应派人数之余分

【图草】

[6-2]题按均输术推演如下。

甲	$\frac{1\,200}{30}=40$
乙	$\frac{1\,550}{30+1}=50$
丙	$\frac{1\,280}{30+2}=40$
丁	$\frac{990}{30+3}=30$
并	$\frac{1\,750}{30+5}=50$

（1）列衰；

退位约之 →

甲	4
乙	5
丙	4
丁	3
戊	5
并（法）	4+5+4+3+5=21

（2）约简；

以输卒数1 200遍乘 →

甲	4 800
乙	6 000
丙	4 800
丁	3 600
戊	6 000
副并	25 200

（3）遍乘；

以法遍除 →

甲	$\frac{4\,800}{21}=228\frac{4}{7}$
乙	$\frac{6\,000}{21}=285\frac{5}{7}$
丙	$\frac{4\,800}{21}=228\frac{4}{7}$
丁	$\frac{3\,600}{21}=171\frac{3}{7}$
戊	$\frac{6\,000}{21}=285\frac{5}{7}$
并	$\frac{25\,200}{21}=1\,200$

（4）遍除；

上下辈之 →

甲	229
乙	286
丙	228
丁	171
戊	286
并	1 200

（5）输卒人数。

【译文】

[6-2]假设要均输卒：甲县1 200人，迫近边塞；乙县1 550人，路途行期1天；丙县1 280人，路途行期2天；丁县990人，路途行期3天；戊县1 750人，路途行期5天。总计五县之徭赋，应送役卒1 200人役期1个

月。要依行道里程之远近、户数之比率,按多少不等之比数摊派。问诸县输送役卒各多少?

答:甲县输卒229人;乙县输卒286人;丙县输卒228人;丁县输卒171人;戊县输卒286人。

算法:令各县卒数,除以驻勤与行路天数之和,作为分摊的比数。按此题之意也是以每卒服役天数为"均",而以发送役卒的数量为"输"。甲县无行路天数;仅以驻勤30天折算比率。所谓要求均平之比率,应当使甲县每30人而出1人,乙县每31人而出1人;按此出一人,计算他们所服劳役则皆是每人服役1天,所以可作为均摊的比率。甲之衰数为4,乙之衰数为5,丙之衰数为4,丁之衰数为3,戊之衰数为5,另外列置它们之和作为除数;以输送役卒总数乘诸列衰数各自作为被除数。用除数去除被除数。各取所应出之人数,以驻勤与行路天数之和乘它,除以本县人数,得按户出入之率,每个役卒服役$5\frac{5}{7}$天。李淳风等按:所得列衰,按今有术,另置诸衰之和为所有率,未曾相加的列衰数各自为所求率,以赋役应送役卒人数为所有数。此算法好像不同于前问,考察其造术之意则是相同的,为了扩大各种不同见闻,所以保留了它。有分数出现时,上下调整使各自皆为整数。"辈",即是"调配"。现在按丁县余分最少,宜于归并到戊中去作分子。其所以不加到乙中去,是因为丁与戊是临近的县。用分母去整除合并后的分子,仍有余分则加到乙中去。丙县的余分又少,也归入乙县中去整除。尚有余分则归入甲县中去,恰好被整除。从甲、丙两县的余分看,其数相等。它们两县距乙县的远近也相同,其所以不并入甲县而并入乙县,正是以下者并入上者的缘故。

[6-3]今有均赋粟[1]:甲县二万五百二十户,粟一斛二十钱,自输其县;乙县一万二千三百一十二户,粟一斛一十钱,至输所二百里;丙县七千一百八十二户,粟一斛一十二钱,至输所一百五十里;丁县一万三千三百三十八户,粟一斛一十七钱,至输所二百五十里;戊县五千一百三十户,粟

一斛一十三钱，至输所一百五十里。凡五县赋，输粟一万斛。一车载二十五斛，与僦一里一钱[②]。欲以县户赋粟，令费劳等[③]。问县各粟几何？

答曰：甲县三千五百七十一斛、二千八百七十三分斛之五百一十七；乙县二千三百八十斛、二千八百七十三分斛之二千二百六十；丙县一千三百八十八斛、二千八百七十三分斛之二千二百七十六；丁县一千七百一十九斛、二千八百七十三分斛之一千三百一十三；戊县九百三十九斛、二千八百七十三分斛之二千二百五十三。

术曰：以一里僦价乘至输所里，此以出钱为均也。问者曰："一车载二十五斛，与僦一里一钱。"一钱即一里僦价也。以乘里数者，欲知僦一车到输所所用钱也。甲自输其县，则无取僦价也[④]。以一车二十五斛除之，欲知僦一斛所用钱。加一斛粟价，则致一斛之费[⑤]。加一斛之价于一斛僦直[⑥]，即凡输粟取僦钱也[⑦]。甲一斛之费二十，乙、丙各十八，丁二十七，戊十九也。各以约其户数，为衰。言使甲二十户共出一斛，乙、丙十八户共出一斛，计其所费，则皆户一钱，故可为均赋之率也。甲衰一千二十六，乙衰六百八十四，丙衰三百九十九，丁衰四百九十四，戊衰二百七十。副并为法。所赋粟乘未并者，各自为实。实如法得一。各置所当出粟，以其一斛之费乘之，如户数而一，得率，户出三钱、二千八百七十三分钱之一千三百八十一[⑧]。臣淳风等谨按：此以出钱为均。问者曰："一车载二十五斛，与僦一里一钱。"一钱，即一里僦价也。以乘里数者，欲知僦一车到输所所用钱，甲自输其县，则无取僦之价。以一车二十五斛除之者，欲知僦一斛所用钱。加一斛之价于一斛僦直,即凡输粟取僦钱。甲一斛之费二十,乙、丙各十八,丁二十七,戊十九,各以约其户为衰。甲衰一千二十六,乙衰六百八十四,丙衰三百九十九,丁衰四百九十四,戊衰二百七十。言使甲二十户共出一斛,乙、丙十八户共出一斛。计其所费,则皆户一钱,故可为均赋之率也。于今有术,副并为所有率,未并者各为所求率,赋粟一万斛为所有数,此今有衰分之义也。计经赋之率,既有户算之率,亦有远近贵贱之率。此二率者,各自相与通[9]。通户率则甲二十,乙十二,丙七,丁十三,戊五。一斛之费谓之钱率,钱率约户率者,则钱为母,户为子。子不齐,令母互乘为齐,则衰也[10]。若其不然,一斛之费约户数取衰,并有分。当通分内子约之,于算甚繁。此一章皆相与通功共率,略相依似。以上二率下一率亦可放此,从其简易而已[11]。又以分言之,使甲一户出二十分斛之一,乙一户出十八分斛之一,各以户数乘之,亦可得一县凡所当输,俱为衰也。乘之者,乘其子,母报除之。以此观之,则以一斛之费约户数者,其意不异也。然则可置一斛之费而返衰之,约户以成斛率为衰也[12]。合分注曰:"母除为率,率乘子为齐。"返衰注曰:"先同其母,各以分母约,其子,为返衰。"以施其率,为算既约,且不妨上下也[13]。

【注释】

①均赋粟:本题假设,要向五个县共征收赋粟10 000斛,按各县户率均摊。均,平均摊派之意,即使每户所出费用相等。赋粟,即作为军赋征收的谷子。赋,即赋税。它是中国历代政府的强制征课。春秋时,各国向臣属本身征发的军役和军用品称"赋",对臣属土地征发的财物称"税"。后来各国军赋也常从土地征发,赋与税逐渐混合。秦汉时,军赋按人丁征收,田租则按田亩征收。

②与僦（jiù）一里一钱：给予运输费1里1钱。与，给予。僦，即僦费，运输费。《商君书·垦令》："令送粮无取僦。"

③欲以县户赋粟，令费劳等：要依各县户数多少来摊派赋粟，而使每户担负的费用均等。这就是均赋粟的"均"字之涵义。费劳，又作劳费。谓耗费人力、精力或财力。此处"费劳"即指交送赋粟所需的总费用，它包括粟价与运费两部分。

④则无取僦价也：就不用运费。无取，无所取用。取，领取，取得。僦价，运输费。

⑤致一斛之费：即送缴1斛粟所需的费用。它包括粟价与运费。致，送达。

⑥直：通"值"，原义为相遇，引申为对着、当值以及价值、报酬等义。在此作价值解。

⑦凡输粟取僦钱：总计所输1斛粟的粟价与运费的钱数。凡，总计。

⑧各置所当出粟，以其一斛之费乘之，如户数而一，得率，户出三钱、二千八百七十三分钱之一千三百八十一：刘徽据此题答案验算是否符合均赋粟之"均"的意义。他计算出各县每户用钱之数，它有公式

$$每户出钱=\frac{各县所当出粟\times 1斛之费}{各县户数}$$

求得

$$甲县每户出钱=\frac{3\,571\frac{517}{2\,873}\times 20}{20\,520}=\frac{10\,000}{2\,873}=3\frac{1\,381}{2\,873}（钱）$$

$$乙县每户出钱=\frac{2\,380\frac{2\,260}{2\,873}\times 18}{12\,312}=\frac{10\,000}{2\,873}=3\frac{1\,381}{2\,873}（钱）$$

$$丙县每户出钱=\frac{1\,388\frac{2\,276}{2\,873}\times 18}{7\,182}=\frac{10\,000}{2\,873}=3\frac{1\,381}{2\,873}（钱）$$

$$丁县每户出钱=\frac{1\,719\frac{1\,313}{2\,873}\times 27}{13\,338}=\frac{10\,000}{2\,873}=3\frac{1\,381}{2\,873}(钱)$$

$$戊县每户出钱=\frac{939\frac{2\,253}{2\,873}\times 19}{5\,130}=\frac{10\,000}{2\,873}=3\frac{1\,381}{2\,873}(钱)$$

即各县每户皆出赋$3\frac{1\,381}{2\,873}$钱,合于“此以出钱为均”之义。

⑨计经赋之率,既有户算之率,亦有远近贵贱之率。此二率者,各自相与通:分摊赋税徭役的比率一般包括多个事项,既要按户或算之比数分配,又要按路途远近(如[6-1]、[6-2]题)或输送物的贵贱(如[6-3]、[6-4]题)之比数分配。前者为“衰分”(按正比例分配),后者为“返衰”(按反比例分配)。将此二组比率各自相互通约。经赋,分配赋税。经,计度,筹划。

⑩通户率则甲二十,乙十二,丙七,丁十三,戊五。一斛之费为之钱率,钱率约户率者,则钱为母,户为子。子不齐,令母互乘为齐,则衰也:李淳风注先约简户率与钱率,然后计算列衰之数。其户率为,

甲户:乙户:丙户:丁户:戊户

=20 520:12 312:7 182:13 338:5 130

=20:12:7:13:5

其钱率(每致粟1斛所用钱数之比)为,

甲钱:乙钱:丙钱:丁钱:戊钱

$=20:(\frac{1\times 200}{25}+10):(\frac{1\times 150}{25}+12):(\frac{1\times 250}{25}+17):(\frac{1\times 150}{25}+13)$

=20:18:18:27:19

要求分配之比数(列衰),当用“钱率约户率”。而这里的“约”,是将钱率作分母,户率作分子,而施行“令母互乘”的演算,而并

非施行"实如法而一"的除法计算。这种"约"化,当大抵如少广术边通边约使运算简化。推演如下。

	子(户率)	母(钱率)
甲	20	20
乙	12	18
丙	7	18
丁	13	27
戊	5	19

通→

	子	母
甲	20×19=380	20
乙	12×19=228	18
丙	7×19=133	18
丁	13×19=247	27
戊	5	(已通者)

约→

	子	母
甲	19	1
乙	38	3
丙	133	18
丁	247	27
戊	5	

通→

	子	母
甲	19×27=513	(已通者)
乙	38×27=1 026	3
丙	133×27=3 591	18
丁	247	(已通者)
戊	5×27=135	(已通者)

约→

	子	母
甲	513	
乙	342	1
丙	399	2
丁	247	
戊	135	

通→

	子	母
甲	513×2=1 026	
乙	342×2=684	
丙	399	(已通)
丁	247×2=494	
戊	135×2=270	

这便得甲、乙、丙、丁、戊五县之列衰数。

⑪若其不然,一斛之费约户数取衰,并有分,当通分内予约之,于算甚繁。此一章皆相与通功共率,略相依似。以上二率下一率亦可

放此,从简易而已:李注指出,若不按上述约化的算法推演列衰,而取衰数$=\frac{户率}{钱率}$,于是得列衰为几个并排相列的分数$\frac{20}{20}$,$\frac{12}{18}$,$\frac{7}{18}$,$\frac{13}{27}$,$\frac{5}{19}$,要化这样一组分数比率为整数比率,便有"通分内子"和约分的过程,其计算十分复杂。此一章,指均输前四问之"均输本术"。均输本术皆是相互通约而求共同之分配比率。章,原指诗歌的段落,亦泛指诗文的段落。功共率,李潢《九章算术细草图说》:"云此一章皆相与通功共率者,功当作公。"按此说,"功共率"乃"公共率"的声近之误。略相依似,大抵都相互依从而近似。依,依从。上二率下一率,即指上面二题及下面一题中所计算的比率。放,通"仿",相仿。

⑫然则可置一斛之费而返衰之,约户以成斛率为衰也:约户以成斛率,先将各县户数用最大公约数约简,所得为各县赋粟之"斛率"。即化简,

甲户:乙户:丙户:丁户:戊户

=20 520:12 312:7 182:13 338:5 130

=20:12:7:13:5

按李注之意,可按返衰术与之相配合推算分配比数如下。

	子	母
甲	1	20
乙	1	18
丙	1	18
丁	1	27
戊	1	19

返衰→

甲	1×18×18×27×19=166 212
乙	1×20×18×27×19=184 680
丙	1×20×18×27×19=184 680
丁	1×20×18×18×19=123 120
戊	1×20×18×18×27=174 960

二率相乘→

甲	166 212×20=3 324 240	以等约之→	甲	1 026
乙	184 680×12=2 216 160		乙	684
丙	184 680×7=1 292 760		丙	399
丁	123 120×13=1 600 560		丁	494
戊	174 960×5=874 800		戊	270

⑬合分注曰:“母除为率,率乘子为齐。”返衰注曰:“先同其母,各以分母约,其子,为返衰。”以施其率,为算既约,且不妨上下也:这里李注对刘注予以阐释。刘徽合分术注中提出通分使分子同步增长,即“齐”的另一种算法(其一术):“可令母除为率,率乘子为齐。”也就是按公式:乘率$=\frac{\text{最小公分母}}{\text{本分母}}$,计算出各分数之乘率,用它去乘相应分子,便使分子与分母同步增长。李注之意是说,在以钱率约户率时,可用此法“齐其子”而得分配比数。在刘徽返衰术注中,提出计算返衰的另一种方法:“亦可先同其母,各以其母约,其子,为返衰。”这种算法与上述合分“其一术”本质上相通。只是返衰中分子皆为1,故不用“率乘子”。李注意谓,这些本质相同的算法相互变通,都可应用于均输本术中的求公共分配率的通约演算。

【图草】

[6-3]题按均赋粟术推演如下。

甲	20
乙	$10+\frac{1\times 200}{25}=18$
丙	$12+\frac{1\times 150}{25}=18$
丁	$17+\frac{1\times 250}{25}=27$
戊	$13+\frac{1\times 150}{25}=19$

各县户数 / 一斛之费 →

甲	$\frac{20\ 520}{20}=1\ 026$
乙	$\frac{12\ 312}{18}=684$
丙	$\frac{7\ 182}{18}=399$
丁	$\frac{13\ 338}{27}=494$
戊	$\frac{5\ 130}{19}=270$
副并(法)	2 873

以输粟遍乘 →

(1)致一斛之费；(2)列衰；

甲	10 260 000
乙	6 840 000
丙	3 990 000
丁	4 940 000
戊	2 700 000
并(法)	28 730 000

以法遍除 →

甲	$3\ 571\frac{517}{2\ 873}$
乙	$2\ 380\frac{2\ 260}{2\ 873}$
丙	$1\ 388\frac{2\ 276}{2\ 873}$
丁	$1\ 719\frac{1\ 313}{2\ 873}$
戊	$939\frac{2\ 253}{2\ 873}$
并	10 000

(3)遍乘；(4)遍除，命分。

【译文】

[6-3]假设要均摊赋粟：甲县20 520户，粟价1斛值20钱，自行输送本县；乙县12 312户，粟价1斛值10钱，至输送地200里；丙县7 182户，粟价1斛值12钱，至输送地150里；丁县13 338户，粟价1斛值17钱，至

输送地250里；戊县5 130户，粟价1斛值13钱，至输送地150里。总计五县赋税，应输送粟10 000斛。每1车载粟25斛，付给运费每1里1钱。要按各县户数输送赋粟，使其耗费均等。问诸县各输送粟多少？

答：甲县当输送粟3 571$\frac{517}{2\,873}$斛；乙县当输送粟2 380$\frac{2\,260}{2\,873}$斛；丙县当输送粟1 388$\frac{2\,276}{2\,873}$斛；丁县当输送粟1 719$\frac{1\,313}{2\,873}$斛；戊县当输送粟939$\frac{2\,253}{2\,873}$斛。

算法：以1里的运价乘至输送地之里数，此问以每户所出钱数均等为分摊原则。设问者说："每1车载25斛，付给运费每1里1钱。"1钱，也就是1里的运价。用它乘以里数，是要知道运送1车到达输送地所用钱数。甲县自行输送到本县，就不用运费。以1车所载斛数25除之，是要求运送1斛所用钱数。再加1斛粟之价钱，则得送达1斛所需费用。将粟1斛之价钱加到1斛的运费中，即是总计输粟价与运费。甲县每斛费用20钱，乙、丙二县每斛费用各为18钱，丁县每斛费用27钱，戊县每斛费用19钱。用它们各自去除其户数，作为分摊比数（衰）。是说使甲县每20户共出粟1斛，乙、丙两县每18户共出粟1斛，计算它们的费用，则皆是每1户出1钱，所以可以作为均摊赋粟的比率。甲之衰数为1 026，乙之衰数为684，丙之衰数为399，丁之衰数为494，戊之衰数为270。另外列置它们之和作为除数。以所有赋粟之数去乘未相加的诸列衰数，各自作为被除数。用除数去除被除数。各取其县应出粟之数，用该县每1斛粟之费用数乘之，再除以其户数，得出钱率，每户出钱3$\frac{1\,381}{2\,873}$钱。李淳风等按：此题以每户出钱均等为分摊原则。设问者说："每1车载25斛，付给运费每1里1钱。"1钱，也就是1里的运价。用它乘以里数，是要知道运送1车到达输送地所用钱数，甲县自行输送到本县，就不用运费。以1车所载斛数25除之，是要求运送1斛所用钱数。将粟1斛的价钱加到1斛的运费中，即是总计输粟价与运费。甲县每斛费用20钱，乙、丙二县每斛费用各为18钱，丁县每斛费用27钱，戊县每斛费用19钱，各用它们去除其户数作为分摊比数（衰）。甲之衰数为1 026，乙之衰数为684，丙之衰数为399，丁之衰数为

494,戊之衰数为270。是说使甲县每20户共出粟1斛,乙、丙两县每18户共出粟1斛。计算它们的费用,则皆是每1户出1钱,所以可以作为均摊赋税的比率。依照今有术的意义,另置诸衰之和为所有率,未曾相加的列衰数各自为所求率,赋粟10 000斛为所有数,这就是按今有术解释衰分的意义。计算分摊赋税的比率,既有户算的比率,也有远近、贵贱的比率。此二比率,各自相互通约。通约之后则得甲之衰数20,乙之衰数12,丙之衰数7,丁之衰数13,戊之衰数5。输粟1斛的费用作为“钱率”,用钱率去约户率,则钱数为分母,户数为分子。由于分母不同则分子不“齐”,所以令分母交互乘分子使之相“齐”,所得即为列衰数。如果不这样算,用输粟1斛的费用去约户数而取作列衰数,则得并排几个分数。当用整数部分乘分母再加分子而后约简,其计算非常复杂。这一章都是相互通约折算出共同的比率,其算法大略是彼此相似的。以上二题的比率和下面一题的比率都可以仿此计算,怎样简便就怎样算。又用分数来说,使甲县每1户出粟$\frac{1}{20}$斛,乙县每户出粟$\frac{1}{18}$斛,各用其户数乘它,也可得到1县总共所应输粟,它们俱为分摊之比数(衰)。这里的所谓相乘,即是乘它的分子,而再用分母除之。由此看来,则用输粟1斛的费用去约户数,其意义并没有什么奇怪的。然而又可以取输粟1斛的费用而按“返衰术”计算,把各县户数约简后而成斛率即得分摊比数(衰)。合分术注说:“用分母相除(公分母)为乘率,用乘率去乘各分子为‘齐’。”返衰术注说:“先公分母,各用其原分母去除公分母,得数之分子,为返衰之数。”采用这样的比率算法,不仅计算简约,而且无论对上二题、下一题都是通行无阻的。

[6-4] 今有均赋粟,甲县四万二千算[①],粟一斛二十,自输其县;乙县三万四千二百七十二算,粟一斛一十八,佣价一日一十钱[②],到输所七十里;丙县一万九千三百二十八算,粟一斛一十六,佣价一日五钱,到输所一百四十里;丁县一万七千七百算,粟一斛一十四,佣价一日五钱,到输所一百七十五里;戊县二万三千四十算,粟一斛一十二,佣价一日

五钱，到输所二百一十里；己县一万九千一百三十六算，粟一斛一十，佣价一日五钱，到输所二百八十里。凡六县赋粟六万斛，皆输甲县。六人共车，车载二十五斛，重车日行五十里，空车日行七十里，载输之间各一日[③]。粟有贵贱，佣各别价，以算出钱，令费劳等。问县各粟几何？

答曰：甲县一万八千九百四十七斛、一百三十三分斛之四十九；乙县一万八百二十七斛、一百三十三分斛之九；丙县七千二百一十八斛、一百三十三分斛之六；丁县六千七百六十六斛、一百三十三分斛之一百二十二；戊县九千二十二斛、一百三十三分斛之七十四；己县七千二百一十八斛、一百三十三分斛之六。

术曰：以车程行空、重相乘为法，并空、重以乘道里，各自为实，实如法得一日[④]。按此术，重往空还，一输再行道也。置空行一里用七十分日之一；重行一里用五十分日之一。齐而同之，空、重行一里之路，往返用一百七十五分日之六。完言之者，一百七十五里之路，往返用六日也。故并空、重者，齐其子也。空、重相乘者，同其母也。于今有术，至输所里为所有数，六为所求率，齐一百七十五为所有率，而今有之，即各得输所用日也。加载输各一日，故得凡日也。而以六人乘之，欲知致一车用人也，又以佣价乘之，欲知致车人佣直几钱。以二十五斛除之，欲知致一斛之佣直也。加一斛粟价，即致一斛之费。加一斛之价于致一斛之佣直，即凡输一斛粟取佣所用钱。各以约其算数为衰，今按甲衰四十二，乙衰二十四，丙衰十六，丁衰十五，戊衰二十，己衰十六。于今有术，副并为所有率；未并者各自为所求率；所赋粟为所有数。此今有衰分之义也。**副并为法;以所赋粟乘未并者,各自为实;实如法得一斛。**各置所当出粟,以其一斛之费乘之,如算数而一,得率,算出九钱、一百三十三分钱之三⑤。又载输之间各一日者,即二日也。

【注释】

①算:指算赋,是汉代对成年人所征的人头税。高祖四年(前203)"初为算赋"。《汉仪注》谓,人年十五以上至五十六出赋钱,人百二十为一算,治库兵车马。应劭谓,汉律人出一算,算百二十钱,唯贾人与奴婢倍算。

②佣价一日一十钱:雇工每人每天工资为10钱。佣价,即雇脚夫的工价。佣,受雇为人劳动。

③载输之间各一日:指装与卸所用时间各为1天。载,装载。输,送达,引申为缴纳、献纳,在此作卸物解。间,在一定的空间或时间内。

④以车程行空、重相乘为法,并空、重以乘道里,各自为实,实如法得一日:此术分步计算,这里先计算"输所用日"(即输送到指定纳粮地点往返途中所用天数)。术文给出公式

$$\text{输所用日}=\frac{(\text{空车日行}+\text{重车日行})\times\text{道里}}{\text{空车日行}\times\text{重车日行}}$$

道里,即各县到输送地的里程数。

⑤各置所当出粟,以其一斛之费乘之,如算数而一,得率,算出九钱、一百三十三分钱之三:刘徽对答案进行验算,看其是否符合题问关于每算出钱均等的要求。他计算出各县每算的出钱数,有公式

$$\text{每算出钱}=\frac{\text{各县所当出粟数}\times 1\text{斛之费}}{\text{各县算数}}$$

求得

$$\text{甲县每算出钱}=\frac{18\,947\frac{49}{133}\times 20}{42\,000}=\frac{1\,200}{133}=9\frac{3}{133}(\text{钱})$$

$$乙县每算出钱=\frac{10\,827\frac{9}{133}\times\frac{714}{25}}{34\,272}=\frac{1\,200}{133}=9\frac{3}{133}（钱）$$

$$丙县每算出钱=\frac{7\,218\frac{6}{133}\times\frac{604}{25}}{19\,328}=\frac{1\,200}{133}=9\frac{3}{133}（钱）$$

$$丁县每算出钱=\frac{6\,766\frac{122}{133}\times\frac{118}{5}}{17\,700}=\frac{1\,200}{133}=9\frac{3}{133}（钱）$$

$$戊县每算出钱=\frac{9\,022\frac{74}{133}\times\frac{576}{25}}{23\,040}=\frac{1\,200}{133}=9\frac{3}{133}（钱）$$

$$己县每算出钱=\frac{7\,218\frac{6}{133}\times\frac{598}{25}}{19\,136}=\frac{1\,200}{133}=9\frac{3}{133}（钱）$$

符合“以算出钱，令费劳等”的要求。

【图草】

[6-4]题按均赋粟术推演如下。

甲	0
乙	$\frac{6\times70}{175}+2=4\frac{2}{5}$
丙	$\frac{6\times140}{175}+2=6\frac{4}{5}$
丁	$\frac{6\times175}{175}+2=8$
戊	$\frac{6\times210}{175}+2=9\frac{1}{5}$
己	$\frac{6\times280}{175}+2=11\frac{3}{5}$

（1）凡日；

→

甲	20
乙	$18+(4\frac{2}{5}\times6\times10)\div25=\frac{714}{25}$
丙	$16+(6\frac{4}{5}\times6\times5)\div25=\frac{604}{25}$
丁	$14+(8\times6\times5)\div25=\frac{118}{5}$
戊	$12+(9\frac{1}{5}\times6\times5)\div25=\frac{576}{25}$
己	$10+(11\frac{3}{5}\times6\times5)\div25=\frac{598}{25}$

（2）致一斛之费；

→

甲	$42\,000 \div 20 = 2\,100$
乙	$34\,272 \div \frac{714}{25} = 1\,200$
丙	$19\,328 \div \frac{604}{25} = 800$
丁	$17\,700 \div \frac{118}{5} = 750$
戊	$23\,040 \div \frac{576}{25} = 1\,000$
己	$19\,136 \div \frac{598}{25} = 800$

以50约之 →

甲	42
乙	24
丙	16
丁	15
戊	20
己	16
副并(法)	133

以赋粟乘之 →

(3)列衰; (4)约简;

甲	2 520 000
乙	1 440 000
丙	960 000
丁	900 000
戊	1 200 000
己	960 000
并	7 980 000

以法133遍除 →

甲	$2\,520\,000 \div 133 = 18\,947\frac{49}{133}$
乙	$1\,440\,000 \div 133 = 10\,827\frac{9}{133}$
丙	$960\,000 \div 133 = 7\,218\frac{6}{133}$
丁	$900\,000 \div 133 = 6\,766\frac{122}{133}$
戊	$1\,200\,000 \div 133 = 9\,022\frac{74}{133}$
己	$960\,000 \div 133 = 7\,218\frac{6}{133}$
并	$7\,980\,000 \div 133 = 60\,000$

(5)遍乘; (6)遍除;命分。

【译文】

[6-4]假设要均摊赋粟,甲县42 000算;粟价1斛值20钱,自行输送本县;乙县34 272算,粟价1斛值18钱,雇脚夫价每日10钱,到输送地70

里；丙县19 328算，粟价1斛值16钱，雇脚夫价每日5钱，到输送地140里；丁县17 700算，粟价1斛值14钱，雇脚夫价每日5钱，到输送地175里；戊县23 040算，粟价1斛值12钱，雇脚夫价每日5钱，到输送地210里；己县19 136算，粟价1斛值10钱，雇脚夫价每日5钱，到输送地280里。总计六县当缴纳赋粟60 000斛，皆送往甲县。每6人共拉1车，每车载粟25斛，重车每日行50里，空车每日行70里，装卸各用1日。粟价有贵贱之分，雇脚夫有价格不同，按算赋出钱，使其耗费均等。问诸县各输送粟多少？

答：甲县当输送粟18 947$\frac{49}{133}$斛；乙县当输送粟10 827$\frac{9}{133}$斛；丙县当输送粟7 218$\frac{6}{133}$斛；丁县当输送粟6 766$\frac{122}{133}$斛；戊县当输送粟9 022$\frac{74}{133}$斛；己县当输送粟7 218$\frac{6}{133}$斛。

算法：用空车每日行程与重车每日行程相乘作为除数，用空车每日行程与重车每日行程之和乘以到输送地的里数，各自作为被除数，用除数去除被除数便得日数。按此算法之义，乃是重车去空车还，送粟1回得走道两次。取空车每行1里所用时间为$\frac{1}{70}$日；重车每行1里所用时间为$\frac{1}{50}$日，齐其子同其母而通分相加得，重往空还往返1里所用时间为$\frac{6}{175}$日。用整数来表述，即175里路，往返需用6日。所以将空车每日行程与重车每日行程相加，意思在于使分子与分母扩大相同倍数后相加。用空车每日行程与重车每日行程相乘，即是得到公分母。依照今有术之义，到输送地的里数为所有数，此处的分子6为所求率，由“齐”的演算所得之175为所有率，而按今有术计算，即得各县送粟到输送地于行道所用天数。加上装卸各用的1天，要想得总共的日数。而用人数6乘之，要想得送达1车所用脚夫数，又用雇脚夫工价数乘之，要想得知送达1车所需付脚夫工价多少钱。再用车载斛数25除之，要想得知送达1斛粟所需付脚夫工价。加上每1斛粟价，即得送缴每1斛粟之费用。将1斛粟价加到送达1斛粟的雇脚夫工价中，即是总计输粟1斛之价与雇工费。各以所得去约其算数作为分配比数(衰),现按甲县之衰数为42,乙县之衰数为24,丙县之衰数为16,丁县之衰数为15,戊县之衰数为20,己县之衰数为16。依照今有术,另取各衰数之和为所有率;未曾相加的衰数各自作为所求率;所要分摊之赋粟为所有数。这就是以今有解释衰分的意义。另置各衰数之和作为除数;用所要分之赋粟数乘未相加的诸衰数,各自作为被除数;用除数去除被除数即得所求斛数。各取所应出粟数,用其每送达1斛之费用数乘之,除以算数,便得出钱率,每1算出赋钱$9\frac{3}{133}$钱。又所谓"装卸各用1日",即是共用2日的意思。

[6-5]今有粟七斗,三人分舂之,一人为粝米,一人为粺米,一人为糳米,令米数等。问取粟、为米各几何?

答曰:粝米取粟二斗、一百二十一分斗之一十;粺米取粟二斗、一百二十一分斗之三十八;糳米取粟二斗、一百二十一分斗之七十三;为米各一斗、六百五分斗之一百五十一。

术曰:列置粝米三十,粺米二十七,糳米二十四,而返衰之。此先约三率,粝为十,粺为九,糳为八。欲令米等者,其取粟:粝率十分之一,粺率九分之一,糳率八分之一。当齐其子,故曰返衰也。臣淳风等谨按:米有精粗之异,粟有多少之差。据率,粺、糳少而粝多,用粟,则粺、糳多而粝少。米若依本率之分,粟当倍率①,故今返衰之,使精取多而粗得少。副并为法。以七斗乘未并者,各自为取粟实。实如法得一斗。于今有术,副并为所有率,未并者各为所求率,粟七斗为所有数,而今有之,故各得取粟也。若求米等者,以本率各乘定所取粟为实,以粟率五十为法,实如法得一斗。若径求为米等数者,置粝米三,用粟五;粺米二十七,用粟五十;糳米十二,用粟二十五。齐其粟,同其米,并齐为法。以七斗乘同为实。所得即为米斗数[②]。

【注释】

①米若依本率之分，粟当倍率：各个米率若按其本率的倒数取为分数，那么作为它们取粟之率便应扩大相同倍数而化为整数。本率，指“粟米之法”中所列的各种谷物之交换率，在此即粝米率30，粺米率27，糳米率24。本率之分，即由本率为分母的单分数，在此是为粝取粟率$\frac{1}{30}$，为粺取粟率$\frac{1}{27}$，为糳取粟率$\frac{1}{24}$。粟当倍率，取粟率应当倍增，即扩大相同倍数而化为整数。倍，增益。

②若径求为米等数者，置粝米三，用粟五；粺米二十七，用粟五十；糳米十二，用粟二十五。齐其粟，同其米，并齐为法。以七斗乘同为实。所得即为米斗数：刘徽给出用齐同术直接计算舂成相等之米数的方法，而无须先求各取粟数。其推算如下。

	米率	用粟率
粝	3	5
粺	27	50
糳	12	25

（1）列式；

齐其粟，同其米 →

	米率（同）	用粟率（齐）
粝	$3\times9\times4=108$	$5\times9\times4=180$
粺	$27\times4=108$	$50\times4=200$
糳	$12\times9=108$	$25\times9=225$

（2）齐同；

今有之 →

$$为米=\frac{今有粟\times“同”}{并齐}=\frac{7\times108}{180+200+225}=\frac{756}{605}=1\frac{151}{605}（斗）$$

（3）今有。

【译文】

[6-5]假设有粟7斗，由三人分而舂之，一人舂成粝米，一人舂成粺米，一人舂成糳米，要使所得米数相等。问其取粟、得米各多少？

答:舂粝米者取粟$2\frac{10}{121}$斗;舂粺米者取粟$2\frac{38}{121}$斗;舂糳米者取粟$2\frac{73}{121}$斗;得米各为$1\frac{151}{605}$斗。

算法:将粝米率30、粺米率27、糳米率24排成一列,而用返衰术计算。这里先约简三个比数,得粝率10,粺率9,糳率8。要使舂得之米相等,其取粟应是:粝率$\frac{1}{10}$,粺率$\frac{1}{9}$,糳率$\frac{1}{8}$。它们应用齐同术通分而取其诸分子为比率,所以说用返衰。李淳风等按:米有精细与粗糙之不同,取粟之数也就有多与少的差别。按照比率而论,粺、糳二米之率小而粝米之率大,而用粟来说,则是粺、糳为多而粝米为少。各个米率若按其本率之倒数取为分数,那么作为它们取粟之率便应扩大相同倍数而化为整数,所以要用返衰术来推算,使精细者取多数而粗糙者取少数。另取诸衰数之和为除数。用今有粟斗数7乘未曾相加的诸衰数,各自作求取粟的被除数。用除数去除被除数便得取粟之斗数。按今有术之义,诸衰数之和为所有率,未曾相加的衰数各自为所求率,粟之斗数7为所有数,而依今有术计算,所以得各自取粟之数。如果要求各得相等之米数,用其本率各乘所得取粟之数作为被除数,而用粟率50作为除数,以除数去除被除数即得米之斗数。如果直接求舂成相等之米数,取粝米率3,用粟率5;粺米率27,用粟率50;糳米率12,用粟率25。用齐同术使其粟数“齐”,米数“同”,将作为“齐”的诸米数相加以为除数。用粟之斗数7乘作为“同”的米数以为被除数。二者相除所得即为相等的米的斗数。

[6-6]今有人当禀粟二斛[①]。仓无粟,欲与米一、菽二,以当所禀粟。问各几何?

答曰:米五斗一升、七分升之三;菽一斛二升、七分升之六。

术曰:置米一、菽二求为粟之数。并之得三、九分之八,以为法。亦置米一、菽二，而以粟二斛乘之，各自为实。实如法得一斛。臣淳风等谨按：置粟率五乘米一，米率三除之，得一、三分之二，即是米一之粟也。粟率十以乘菽二，菽率九除之，得二、九分之二，即是菽二之粟也。并全得三，齐子并之，得二十四，同母得二十七，约之得九分之八。故云并之得三、九分之八。米一、菽二当粟三、九分之八，此其粟率也。于今有术，米一、菽二皆为所求率，当粟三、九分之八为所有率，粟二斛为所有数。凡言率者当相与通之，则为米九、菽十八，当粟三十五也。亦有置米一、菽二求其为粟之率，以为列衰。副并为法。以粟乘列衰为实。所得即米一、菽二所求粟也。以米、菽本率而今有之，即合所问②。

【注释】

①当稟（lǐn）粟二斛：应给予其粟2斛。稟，通“廪”，给予粮食。

②亦有置米一、菽二求其为粟之率，以为列衰。副并为法。以粟乘列衰为实。所得即米一、菽二所求粟也。以米、菽本率而今有之，即合所问：李注给出本题的又一算法。它先用衰分术计算出粝米1份、菽2份应折合粟之数，即

米一当粟	$\frac{1\times5}{3}=1\frac{2}{3}$
菽二当粟	$\frac{2\times10}{9}=2\frac{2}{9}$
并	$1\frac{1}{3}+2\frac{2}{9}=3\frac{8}{9}$

(1) 列衰；

$\xrightarrow{\text{通约}}$

米	3
菽	4
并（法）	7

(2) 通约；

$\xrightarrow{\text{衰分}}$

米为粟	$\frac{2\times3}{7}=\frac{6}{7}$（斛）
菽为粟	$\frac{2\times4}{7}=1\frac{1}{7}$（斛）
并　粟	$\frac{2\times7}{7}=2$（斛）

（3）衰分。

即得米1份应折合粟$\frac{6}{7}$斛，菽2份应折合粟$1\frac{1}{7}$斛。然后用今有术将所得粟换算为米、菽之数。

【图草】

[6-6]题按粟粟术演算如下。

米一当粟	$\frac{1\times5}{3}=1\frac{2}{3}$
菽二当粟	$\frac{2\times10}{9}=2\frac{2}{9}$
并	$1\frac{2}{3}+2\frac{2}{9}=3\frac{8}{9}$

（1）以米、菽求粟；

今有之 →

与米	$\frac{1\times2}{3\frac{8}{9}}=\frac{18}{35}$斛$=5$斗$1\frac{3}{7}$升
与菽	$\frac{2\times2}{3\frac{8}{9}}=1\frac{1}{35}$斛$=1$斛$2\frac{6}{7}$升

（2）以粟求米、菽。

【译文】

[6-6]假设有人应领粟2斛。仓内无粟，要发给粝米1份、菽2份，以充当所应领之粟。问各应发给多少？

答：应发给粝米5斗$1\frac{3}{7}$升；菽1斛$2\frac{6}{7}$升。

算法：取粝米1、菽2，将它们换算为粟之数。二者相加得$3\frac{8}{9}$，作为除数。又取粝米1、菽2，而用当领粟斛数2乘之，各自作为被除数。以除数去除被除数，便得各当发给斛数。李淳风等按：取粟率5乘米数1，用米率3

除之,得$1\frac{2}{3}$,即是粝米1折合之粟数。又用粟率10乘菽数2,用菽率9除之,得$2\frac{2}{9}$,即是菽数2折合之粟数。将二者的整数部分相加得3,又用齐同术通分后,分子相加得24,公分母为27,约简得$\frac{8}{9}$。所以说二者相加得$3\frac{8}{9}$。米1、菽2与粟$3\frac{8}{9}$相当,这就是它们所当之粟率。按今有术,米1、菽2皆为所求率,当粟之数$3\frac{8}{9}$为所有率,领粟斛数2为所有数。凡是论及率就应相互通约,则得米率9、菽率18,当粟率35。也可以取米1、菽2而求其折合为粟之率,作为一列衰数。另取诸衰数之和作为除数,以当领粟数乘此列衰数作为被除数。二者相除所得即米1份、菽2份所折合的粟数。用粝米、菽的交换率而按今有术计算,即得合于本题的答数。

[6-7]今有取佣,负盐二斛,行一百里,与钱四十。今负盐一斛七斗三升、少半升,行八十里。问与钱几何?

答曰:二十七钱、十五分钱之一十一。

术曰:置盐二斛升数,以一百里乘之为法;按此术以负盐二斛升数,乘所行一百里,得二万里,是为负盐一升行二万里。于今有术为所有率。以四十钱乘今负盐升数,又以八十里乘之,为实;实如法得一钱。以今负盐升数乘所行里,今负盐一升凡所行里也。于今有术为所有数,四十钱为所求率也。衰分章"贷人千钱",与此同①。

【注释】

①衰分章"贷人千钱",与此同:衰分章[3-20]题为"贷人千钱",其算法与此题之意相同。前者以单位时间(日)计算利息,后者以单位容量(升)折算佣钱,然后皆以今有术求解。

【译文】

[6-7]假设雇用脚夫运盐,每背2斛,行100里,付给工钱40钱。现

在背盐1斛7斗$3\frac{1}{3}$升,行80里。问应付工钱多少?

答:应付工钱$27\frac{11}{15}$钱。

算法:取盐2斛化为升数,用里数100乘之作为除数;按此算法,以背盐2斛所含升数,乘所行路程里数100,得20 000里,即是背盐1升行20 000里之意。依照今有术它是所有率。以钱数40乘现今背盐之升数,又以里程数80乘之,作为被除数;用除数去除被除数即得应付钱数。用现今背盐之升数乘所行里数,乃是背盐1升总共所行之里数。依今有术它为所有数,钱数40为所求率。衰分章"贷人千钱"一问,算法与此相同。

[6-8]今有负笼重一石一十七斤,行七十六步,五十返[①]。今负笼重一石,行百步,问返几何?

答曰:四十三返、六十分返之二十三。

术曰:以今所行步数乘今笼重斤数为法,此法谓负一斤一返所行之积步也。故笼重斤数乘故步,又以返数乘之,为实。实如法得一返[②]。按此法,负一斤一返所行之积步;此实者,一斤一日所行之积步。故以一返之课除终日之程,即是返数也[③]。臣淳风等谨按:此术所行步多者得返少,所行步少者得返多。然则故所行者,今返率也;令故所得返乘今返之率为实,而以故返之率为法,今有术也[④]。按此负笼又有轻重。于是为术者因令重者得返少,轻者得返多,故又因其率以乘法、实者,重今有之义也[⑤]。然此意非也。按此笼虽轻而行有限;笼过重则人力遗。力有遗而术无穷,人行有限而笼轻重不等。使其有限之力随彼无穷之变,故知此术率乖理也[⑥]。若故所行有空行返数设以问者,当因其所负以为返率,则今返之数可得而知也。假令空行一日六十里,负重一斛行四十里,减重一斗进二里半，负重三斗以下与空行同。今负笼重六斗，往还行一百步，问返几何？答曰：一百五十返。术曰：置重行率加十里，以里法通之为实，以一返之步为法，实如法而一，即得也⑦。

【注释】

①返：回，归；此取往来一次之意。在《九章算术》中，“返”亦有作为计算运输工作量之单位的意义。如商功章[5-21]题负土术“定一返一百四十步”，即取1返之功，定为行140步折算。此题中定1返为负重1斤行若干步，它是由斤数与步数相乘而得的，故称“积步”。其单位为“斤×步”，也即是力与长度单位之积，它接近物理学中“功”的意义。

②以今所行步数乘今笼重斤数为法，故笼重斤数乘故步，又以返数乘之，为实。实如法得一返：术文给出计算公式并由此得

$$\text{返数}=\frac{\text{故笼重}\times\text{故步}\times\text{返数}}{\text{今笼重}\times\text{今所行}}=\frac{(1\times4\times30+17)\times76\times50}{(1\times4\times30)\times100}$$

$$=43\frac{23}{60}(\text{返})$$

今，当前，现在。故，从前，本来。在此“故”与“今”表示时间先后。“故笼重”“故步”即原先的笼重、原先所行步数；“今笼重”“今所行”即现在的笼重、现在所行步数。

③按此法，负一斤一返所行之积步；此实者，一斤一日所行之积步。故以一返之课除终日之程，即是返数也：注文分析公式中除数（法）与被除数（实）的物理意义。前者表示在1返中所完成的工作量，即“一返之课”；后者表示1日中所完成的工作量，即“终日之程”。“课”与“程”在此同义，皆指工程量，它以将1斤重物运送1步为计量单位。

④此术所行步多者得返少，所行步少者得返多。然则故所行者，今

返率也;今所行者,故返率也。令故所得返乘今返之率为实,而以故返之率为法,今有术也:由于(负重一定时)每日所行步数为一定,故每返所行步数与返数成反比,即有

故所行∶今所行=今返数∶故返数

所以说取"故所行"为今返之率,"今所行"为故返之率。于是由今有术得

$$今返数=\frac{故返数\times 今返之率}{故返之率}=\frac{故返数\times 故所行}{今所行}$$

⑤按此负笼又有轻重。于是为术者因令重者得返少,轻者得返多,故又因其率以乘法、实者,重今有之义也:由于每日所完成的工作量一定,所行返数与负笼的重量成反比,即

今返数∶故返数=故笼重∶今笼重

于是

$$今返数=\frac{故返数\times 故笼重}{今笼重}$$

这里的"故返数"即是前面的"今返数",故得

$$今返数=\frac{故返数\times 故所行\times 故笼重}{今所行\times 今笼重}$$

此公式经两次使用今有术推得,故云"重今有之义也"。

⑥按此笼虽轻而行有限;笼过重则人力遗。力有遗而术无穷,人行有限而笼轻重不等。使其有限之力随彼无穷之变,故知此数率乖理也:注文指出这种规定工作量的方法不合理。一方面,由于每人每日负笼的运输量一定,所行路程与负笼重量成反比,因此当笼重无限减轻时,所行路程无限增长,这和人每日空行路程实际是有限的(一般为60里)相矛盾。另一方面,人的负重能力也是有限的。在人力不支的情况下,如何计算负笼的行程实际上是无法得到确切解法的。因此,理论上笼重与行程可以无穷变化,而实际上其取值是有限的。这两者间的矛盾说明,这种规定工

程定额的方法是脱离实际的,是不合理的。遗,亡失,落下。此作不支解。

⑦若故所行有空行返数设以问者,当因其所负以为返率,则今返之数可得而知也。假令空行一日六十里,负重一斛行四十里,减重一斗进二里半,负重三斗以下与空行同。今负笼重六斗,往还行一百步,问返几何?答曰:一百五十返。术曰:置重行率加十里,以里法通之为实,以一返之步为法,实如法而一,即得也:注文给出已规定空行里程时如何推算各种负重行程的一种算法。假设已规定每日空行60里,负重1斛(10斗)行程40里,则每减重1斗,行程增加$2\frac{1}{2}$里。若负重减至2斗时,行程则为$40+2\frac{1}{2}\times(10-2)=60$(里),已与空行相同,故云"负重三斗以下与空行同"。设若笼重6斗,往返行程100步,求一日返数,则有

$$返数=\frac{(重行里程+增行里程)\times 里法}{一返之步}$$

$$=\frac{\left[40+2\frac{1}{2}\times(10-6)\right]\times 300}{100}$$

$$=\frac{50\times 300}{100}=150(返)$$

里法=300步/里;增行里程$=2\frac{1}{2}\times$(笼重10斗-今笼重),故答曰"一百五十返"。

【译文】

[6-8]假设原背笼重1石17斤,行程76步,日行50返。现今背笼重1石,行程100步,问日行返数多少?

答:日行$43\frac{23}{60}$返。

算法:以"今所行"之步数乘"今笼重"之斤数作为除数,此除数的意

义是负重1斤行1返所行之步数。用“故笼重”之斤数乘“故步”,又用返数乘之,作为被除数。以除数去除被除数即得返数。按此除数,它表示在1返中负重1斤所行之步数;此被除数,它表示在1日内负重1斤所行之步数。所以用1返中所完成的工作量去除1日的工作量,便得返数。李淳风等按:此算法之意行程步数多者所得返数少,行程步数少者所得返数多。因而“故所行”,即为“今返率”;令“故所得返”乘“今返率”作为被除数,而以“故返率”作为除数,乃是按今有术计算。按此处背笼又有轻重不同。于是设计算法的人根据负载重者其所得返数少,负载轻者所得返数多,又依据它们的比率关系去乘除数、被除数,这实际是重复使用今有术的意思。然而此种算法并不符合道理。按此背笼虽轻但人的行程却是有限的;背笼过重则人力不支。人力不支则算法无以穷尽,人每日的行程有限而笼的轻重又不相同。要使人的有限之力去适应那无穷的变化,所以可知此算法是不合道理的。如果“故所行”中有空行之返数来设问,应根据其所负重的多少来确定“返率”,则由此可推知所求之返数。假设空行每1日为60里,负重1斛行40里,每减轻负重1斗所行里程增加$2\frac{1}{2}$里,负重在3斗以下者其行程与空行之里程相同。现今负笼重6斗,往来行100步,问得返数多少?答:得150返。算法:取负重1斛所行里程加上应增里程10里,以“里法”(每里300步)化为步数作为被除数,用1返步数作为除数,以除数去除被除数,即得返数。

[6-9]今有程传委输①,空车日行七十里,重车日行五十里。今载太仓粟输上林②,五日三返。问太仓去上林几何?

答曰:四十八里、一十八分里之一十一。

术曰:并空、重里数,以三返乘之,为法;令空、重相乘,又以五日乘之,为实;实如法得一里。此亦如上术,率一百七十五里之路,往返用六日也。于今有术,则五日为所有数,一百七十五里为所求率,六日为所有率;以此所得,则三返之路。今求一返,当以三约之,因令乘法而并除也。为术亦可各置空、重行一里用日之率，以为列衰。副并为法，以五日乘列衰为实，实如法所得，即各空、重行日数也。各以一日所行以乘，为凡日所行。三返约之，为上林去太仓之数。臣淳风等谨按：此术重往空还，一输再还道。置空行一里用七十分日之一，重行一里用五十分日之一，齐而同之，空、重行一里之路，往返用一百七十五分日之六。完言之者，一百七十五里之路，往返用六日。故并空、重者，并齐也；空、重相乘者，同其母也。于今有术，五日为所有数，一百七十五为所求率，六为所有率，以此所得，则三返之路。今求一返者，当以三约之，故令乘法而并除，亦当约之也。

【注释】

①程传：驿站。委：托付。输：运输。

②太仓：古代设在京城的大谷仓。上林：古宫苑名，即上林苑。初为秦建都咸阳时所置。汉初荒废，许民入苑开垦，汉武帝时又收为宫苑，周围至二百多里。故址在今陕西西安。

【译文】

[6-9]假设驿站受托运粮，空车每日行70里，重车每日行50里。现今载运太仓之粟输送到上林，5日行3返。问太仓距离上林多少里程？

答：相距$48\frac{11}{18}$里。

算法：空行里程与重行里程相加，用返数3乘之，作为除数；令空行里程与重行里程相乘，再用日数5乘之，作为被除数；以除数去除被除数即得里数。这也如同上面的算法，有比率关系：175里路，往返用6日。依照今有术，则天数5为所有数，里数175为所求率，天数6为所有率；由此求得之数为3返的里程。现求1返里程，应当用3去约，故令3去乘除数而一并相除。作为算法也可以各取空行里程与重行里程之比率，作为列衰。以“副并”作为除数，以天数5乘列衰作为被除数,用除数去除被除数,所得之数即是空行日数与重行日数。各用1日所行路程乘之,即为总天数所行路程。用返数3约之,即为上林距太仓的里程数。李淳风等按:此算法之意重车往而空车还,运送一回行道两次。取空行1里所用时间$\frac{1}{70}$日,重行1里所用时间$\frac{1}{50}$日,用齐同术通分相加,得空、重车各行1里,往返所用时间$\frac{6}{175}$日。以整数而论,即行程175里,往返所用时间为6日。故所谓"并空、重",即是将通分后的分子相加;所谓"空、重相乘",即是求公分母。依照今有术,天数5为所有数,175为所求率,6为所有率,由此所得之数,即为3返的路程。现求1返之路程,应当用3约之,所以令3乘除数而一并相除,也应约简之。

[6-10]今有络丝一斤为练丝一十二两[1],练丝一斤为青丝一斤一十二铢[2]。今有青丝一斤,问本络丝几何?

答曰:一斤四两一十六铢、三十三分铢之一十六。

术曰:以练丝十二两乘青丝一斤一十二铢为法;以练丝一斤铢数乘络丝一斤两数,又以青丝一斤乘,为实;实如法得一斤[3]。按练丝一斤为青丝一斤十二铢,此练率三百八十四,青率三百九十六也。又络丝一斤为练丝十二两;此络率十六,练率十二也。置今有青丝一斤,以练率三百八十四乘之为实;实如青丝率三百九十六而一;所得青丝一斤用练丝之数也。又以络率十六乘之所得为实,以练率十二为法;所得,即练丝用络丝之数也。是谓重今有也[4]。虽各有率,不问中间,故令后实乘前实,后法乘前法而并除也。故以练丝两数为法,青丝铢数为法[5]。一曰:又置络丝一斤两数与练丝十二两,约之,络得四,练得三,此其相与之率。又置练丝一斤铢数,与青丝一斤十二铢约之,练得三十二,青得三十三,亦其相与之率。齐其青丝、络丝,同其二练,络得一百二十八,青得九十九,练得九十六,即三率悉通矣。今有青丝一斤为所有数,络丝一百二十八为所求率，青丝九十九为所有率。为率之意犹此，但不先约诸率耳[⑥]。凡率错互不通者，皆积齐同用之。放此，虽四五转不异也。言同其二练者，以明三率之相与通耳，于术无以异也[⑦]。又一术：今有青丝一斤铢数，乘练丝一斤两数为实；以青丝一斤一十二铢为法。所得，即用练丝两数。以络丝一斤乘所得为实；以练丝十二两为法。所得，即用络丝斤数也[⑧]。

【注释】

①络丝：即经缠绕的生丝。络，缠丝。练丝：经过煮晒的熟丝。练，把丝麻或布帛煮得柔软洁白。

②青丝：青色的丝。青，黑色。

③以练丝十二两乘青丝一斤一十二铢为法；以练丝一斤铢数乘络丝一斤两数，又以青丝一斤乘，为实；实如法得一斤：术文给出计算公式并由此算得答数。

$$络丝=\frac{络丝1斤两数\times练丝1斤铢数\times青丝斤数}{练丝12两\times青丝1斤12铢}(斤)$$

$$=\frac{16\times384\times1}{12\times396}=1\frac{29}{99}(斤)=1斤4两16\frac{16}{33}铢$$

④按练丝一斤为青丝一斤十二铢，此练率三百八十四，青率三百九十六也。又络丝一斤为练丝十二两；此络率十六，练率十二也。置今有青丝一斤，以练率三百八十四乘之为实；实如青丝率三百九十六而一；所得青丝一斤用练丝之数也。又以络率十六乘之所得为实，以练率十二为法；所得，即练丝用络丝之数也。是谓重今有也：刘徽以重复使用今有术来解释术文的算法。练丝1斤=384铢，青丝1斤12铢=396铢，故练率∶青率=384∶396，由今有术求青丝一斤用练丝之数：

$$练丝=\frac{青丝1斤\times练率}{青率}=\frac{1\times384}{396}(斤)$$

又由络丝1斤=16两,为练丝12两,故络率:练率=16:12,据今有术由练求络:

$$络丝=\frac{练丝斤数\times络率}{练率}=\frac{练丝斤数\times16}{12}(斤)$$

两次今有术之复合,即

$$络丝=\frac{青丝1斤\times练率384\times络率16}{青率396\times练率12}$$

与术文之算法相合。

⑤虽各有率,不问中间,故令后实乘前实,后法乘前法而并除也。故以练丝两数为法,青丝铢数为法:对于重复运用今有术处理连比类问题,可以不必一一考究其中间过程,而用"令后实乘前实,后法乘前法而并除"的算法,合并为一次计算。就本题而言,"后实"指"络率16","前实"指"青丝1斤×练率384";"后法"指"练率16","前法"指"青率396"。练率16乃为其两数,青率396为其铢数,故云"故以练丝两数为法,青丝铢数为法"。

⑥一曰:又置络丝一斤两数与练丝十二两,约之,络得四,练得三,此其相与之率。又置练丝一斤铢数,与青丝一斤十二铢约之,练得三十二,青得三十三,亦其相与之率。齐其青丝、络丝,同其二练,络得一百二十八,青得九十九,练得九十六,即三率悉通矣。今有青丝一斤为所有数,络丝一百二十八为所求率,青丝九十九为所有率。为率之意犹此,但不先约诸率耳:刘徽用比率的齐同术来处理此类连锁比问题。先将题中两组比率约简为最简比数("相与率"):

$$(络率16,练率12)\xrightarrow{以等数4约之}(络率4,练率3)$$

$$(练率384,青率396)\xrightarrow{以等数12约之}(练率32,青率33)$$

虽每组比率之数相通，但因此两组率中二练之数不同，络4与青33便不相当，故“率错互不通”。因而“积齐同用之”：

$$(\text{络}4,\text{练}3)\xrightarrow{\text{以}32\text{同乘}}(\text{络}128,\text{练}96)$$

$$(\text{练}32,\text{青}33)\xrightarrow{\text{以}3\text{同乘}}(\text{练}96,\text{青}99)$$

于是由两组率中练数相同而知（络128，练96，青99）三率完全相通。于是据今有术由青求络，得

$$\text{络丝之数}=\frac{128\times(\text{青丝})1\text{斤}}{99}=1\frac{29}{99}\text{斤}=1\text{斤}4\text{两}16\frac{16}{33}\text{铢}$$

术文给出的算法，依比率而言意义与此相同，只是术文未先对诸率约简而已。

⑦凡率错互不通者，皆积齐同用之。放此，虽四五转不异也。言同其二练者，以明三率之相与通耳，于术无以异也：在连锁比问题中，由甲比乙、乙比丙而推得甲比丙，这称之为一“转”，即转换一次之意。如上所说，将（络4，练3）和（练32，青33）“齐同”为（络128，练96）和（练96，青99），由于二练之数皆同为32，故青率33与络率128相通。按照比率的意义，这种算法是很自然的，它不言而喻可推广为多次的转换。放，通“仿”。转，转换，转变。

⑧又一术：今有青丝一斤铢数，乘练丝一斤两数为实；以青丝一斤一十二铢为法。所得，即用练丝两数。以络丝一斤乘所得为实；以练丝十二两为法。所得，即用络丝斤数也：刘徽注给出另一种算法步骤。由今有术得

$$\text{用练丝两数}=\frac{\text{练丝}1\text{斤两数}\times\text{青丝}1\text{斤铢数}}{\text{青丝}1\text{斤}12\text{铢之铢数}}(\text{两})$$

又由今有术得

$$\text{用络丝斤数}=\frac{\text{所得用练丝两数}\times\text{络丝斤数}1}{\text{练丝两数}12}(\text{斤})$$

两次今有术复合，即

$$用络丝斤数=\frac{练丝1斤两数\times青丝1斤铢数\times络丝斤数1}{青丝1斤12铢之铢数\times练丝两数12}$$

$$=\frac{16\times384\times1}{396\times12}=1\frac{29}{99}(斤)$$

此与术文算法的不同在于各率所用之单位互易。徽注意在强调此种算法中单位选取的灵活性。

【译文】

[6-10]假设络丝1斤可做成练丝12两,而练丝1斤可染成青丝1斤12铢。现有青丝1斤,问原本有络丝多少?

答:原本有络丝1斤4两$16\frac{16}{33}$铢。

算法:用练丝两数12乘青丝1斤12铢之铢数作为除数;用练丝1斤之铢数乘络丝1斤之两数,又用青丝之斤数1乘之,作为被除数;用除数去除被除数即得络丝斤数。按练丝1斤可染成青丝1斤12铢,这表示练率384,青率396。又络丝1斤可做成练丝12两;这表示络率16,练率12。取现有青丝斤数1,用练率384乘之作为被除数;它被青丝率396除;所得即是染成青丝1斤所用练丝之斤数。又用络率16乘之所得作为被除数,用练率12作为除数;二数相除所得,即是做成练丝所用络丝之数。这种算法即是重复使用今有术。虽然各有比率,却无须过问中间过程,所以令后面的被除数去乘前面的被除数,用后面的除数去乘前面的除数而一并相除。所以用练丝之两数为除数,又用青丝铢数为除数。换一种说法:又取络丝1斤之两数与练丝两数12,相约简,络率得4,练率得3,这即是它们之相关比率。又取练丝1斤之铢数,与青丝1斤12铢之铢数相约,练得32,青得33,这也是它们之相关比率。用齐同术使青、络二丝之数相"齐",前后二练丝之数相"同",于是络得128,青得99,练得96,即是此三个比率完全相通了。现有青丝斤数1为所有数,络丝128为所求率,青丝99为所有率。作为比率算法之意义如此,但并不先约简各比率之数。凡是率数交错而互不相通者,皆反复使用齐同术。仿此进行,虽经四五次转换也没有什么两样。所谓"同其二练",用以说明三个率数乃相关互通的,按此算法是没有什么奇异之处的。又一算法:用现有青丝1斤之铢数,去乘练丝1斤的两数作为被除数;用青丝1斤12铢之铢数作为除数。二数相除所得,即是所用练丝两数。又用络丝斤数1乘所得之数作为被除数;用练丝两数12作为除数。二数相除所得,即是所用络丝之斤数。

[6-11]今有恶粟二十斗[①],舂之,得粝米九斗。今欲求粺米一十斗,问恶粟几何?

答曰:二十四斗六升、八十一分升之七十四。

术曰:置粝米九斗,以九乘之,为法;亦置粺米十斗,以十乘之,又以恶粟二十斗乘之,为实;实如法得一斗。按此术,置今有求粺米十斗,以粝米率十乘之,如粺米率九而一,则粺化为粝。又以恶粟二十斗乘之,如粝米九斗而一,即粝亦化为恶粟矣。此亦重今有之义。为术之意,犹络丝也。虽各有率,不问中间,故令后实乘前实,后法乘前法而并除之也。

【注释】

①恶(è)粟:即劣等粟。恶,坏,与好、善相对。

【译文】

[6-11]假设有劣等粟20斗,舂之去壳,得粝米9斗。现今要求得粺米10斗,问需用劣等粟多少?

答:需用劣等粟24斗6$\frac{74}{81}$升。

算法:取粝米斗数9,用粺米率9乘之,作为除数;也取粺米斗数10,用粝米率10乘之,又用劣等粟斗数20乘之,作为被除数;用除数去除被除数即得劣等粟之斗数。按此算法,取现有求粺米斗数10,用粝米率10乘之,除以粺米率9,则将粺米化为粝米。又用劣等粟斗数20乘之,除以粝米率9,即是将粝米化为劣等粟。这也就是重复使用今有术的意思。设计算法之用意,犹如络丝术一样。虽然各有比率,却无须过问中间过程,所以令后面的被除数去乘前面的被除数,用后面的除数去乘前面的除数而一并相除。

[6-12] 今有善行者行一百步,不善行者行六十步①。今不善行者先行一百步,善行者追之。问几何步及之?

答曰:二百五十步。

术曰:置善行者一百步,减不善行者六十步,余四十步,以为法;以善行者之一百步,乘不善行者先行一百步,为实;实如法得一步。按此术,以六十步减一百步,余四十步,即不善行者先行率也。善行者行一百步为追及率②。约之,追及率得五,先行率得二。于今有术,不善行者先行一百步为所有数,五为所求率,二为所有率,而今有之,得追及步也。

【注释】

①善行者行一百步,不善行者行六十步:此句给出善行者与不善行者的速率之比,即善行者每行100步之距,则不善行者行60步之距。善行者,善于行路的人。善,擅长,善于。行,走。步,长度单位,秦制1步=6尺。

②按此术,以六十步减一百步,余四十步,即不善行者先行之率也。善行者行一百步为追及率:按题意,不善行者先行40步,善行者行100步便可追及。将先行步数40称为“先行率”;追及步数100称为“追及率”。注文指出本算法即由此二者的比率关系而用今有术求解:

$$追及步数=\frac{先行步数\times追及率}{先行率}=\frac{100\times100}{40}=250\ (步)$$

【译文】

[6-12]假设善行者走100步,不善行者相应走60步。现今不善行者先走100步,善行者追之。问要走多少步才能追及?

答:要行250步。

算法:取善行者步数100,减不善行者步数60,所余步数40,作为除数;以善行者步数100,乘不善行者先行步数100,作为被除数;用除数去除被除数即得所求步数。按此算法,用60步去减100步,余40步,此数即是不善行者之"先行率"。善行者所行步数100为"追及率"。相约简,追及率为5,先行率为2。依照今有术,不善行者先走步数100为所有数,5为所求率,2为所有率,而用今有术计算,便得追及之步数。

[6-13]今有不善行者先行一十里,善行者追之一百里,先至不善行者二十里①。问善行者几何里及之?

答曰:三十三里、少半里。

术曰:置不善行者先行一十里,以善行者先至二十里增之,以为法;以不善行者先行一十里,乘善行者一百里,为实;实如法得一里。按此术,不善行者既先行一十里,后不及二十里,并之得三十里也,谓之先行率。善行者一百里为追及率。约之,先行率得三,追及率得十。于今有术,先行十里为所有数,十为所求率,三为所有率,而今有之,即得也。其意如上术也。

【注释】

①先至不善行者二十里:意思是善行者超过不善行者20里。先至,领先到达,在此作超越解。先,次序或时间在前,与"后"相对。至,到。

【译文】

[6-13]假设不善行者先走10里,善行者追之行100里,超过不善行者20里。问善行者行多少里便已追及?

答:$33\frac{1}{3}$里。

算法:取不善行者先行里数10,加上善行者超过里数20,作为除数;以不善行者先行里数10,乘善行者所行里数100,作为被除数;用除数去除被除数即得所求里数。按此算法,不善行者既然先行10里,后又不及20里,两者相加得里数30,称之为先行率。善行者所行里数100为追及率。约简它们,先行率为3,追及率为10。依照今有术,先行里数10为所有数,10为所求率,3为所有率,而用今有术计算,即得所求里数。其意义如同上题算法。

[6-14]今有兔先走一百步,犬追之二百五十步,不及三十步而目。问犬不止,复行几何步及之?

答曰:一百七步、七分步之一。

术曰:置兔先走一百步,以犬走不及三十步减之,余为法;以不及三十步乘犬追步数为实;实如法得一步。按此术,以不及三十步减先走一百步,余七十步为兔先走率。犬行二百五十步为追及率。约之,先走率得七,追及率得二十五。于今有术,不及三十步为所有数,二十五为所求率,七为所有率,而今有之,即得也。

[6-15]今有人持金十二斤出关①。关税之,十分而取一②。今关取金二斤,偿钱五千。问金一斤值钱几何?

答曰:六千二百五十。

术曰:以一十乘二斤,以十二斤减之,余为法;以一十乘五千为实;实如法得一钱。按此术,置十二斤以一乘之,十而一,得一斤、五分斤之一,即所当税者也。减二斤,余即关取盈金。以盈除所偿钱,即金值也。今术既以十二斤为所税,则是以十为母,故以十乘二斤及所偿钱,通其率③。于今有术,五千钱为所有数,十为所求率,八为所有率,而今有之,即得也。

【注释】

①持:握,执。金:此指贵重金属。关:出入的要道。此指征收过境关税的关卡。

②十分而取一:即分为十等分而取其一分。《汉书·食货志上》:"税谓公田什一,及工商衡虞之入也。"什一,即十分而取一。可知"什一"之税在秦汉时期广泛施行。

③今术既以十二斤为所税,则是以十为母,故以十乘二斤及所偿钱,通其率:按税率$\frac{1}{10}$计算12斤之"所税"(应上之税金),当为$\frac{12}{10}$斤。今术文"以十二斤减之",即是以12斤为"所税",这样做是因为筹算推演化分为整的需要。故应当对算法中的"法"与"实"都按比率性质同时扩大10倍。所以对取金斤数2和偿钱数都用10乘之,这实质上即是"法里有分,实里通之"。这类比率的通约,被泛称为"通其率"。

【译文】

[6-14]假设兔先跑出100步,犬追之250步,停止后仍不及30步。问若犬不止步,再跑多少步便可追及?

答:再行$107\frac{1}{7}$步。

算法:取兔先走步数100,用犬走不及步数30去减它,余数作为除数;以不及步数30乘犬追步数作为被除数;用除数去除被除数即得所求步数。按此算法,以不及步数30去减先行步数100,所余步数70为兔先走率。犬行步数250为追及率。约简它们,先走率为7,追及率为25。依照今有术,不及步数30

为所有数,25为所求率,7为所有率,而按今有术计算,即得所求步数。

[6-15]假设有人持金12斤要出关去。关卡向他征税,取其$\frac{1}{10}$。现在关卡收取其金2斤,而偿还钱5 000。问金1斤值多少钱?

答:金1斤值6 250钱。

算法:以10乘斤数2,用斤数12去减它,所余作为除数;以10乘5 000作为被除数;用除数去除被除数即得所求钱数。按此算法,取斤数12乘以1,除以10,得$1\frac{1}{5}$斤,即是所应取之税金。用它去减斤数2,余数即是关卡多取之"盈金"数。用"盈金"数去除所偿还之钱数,即得金1斤所值钱数。本算法既然以斤数12为"所税",实则是以10为分母,所以用10乘斤数2和所偿钱数,将它们按比率算法通约之。依照今有术,钱数5 000为所有数,10为所求率,8为所有率,而按今有术计算,即得所求钱数。

[6-16]今有客马日行三百里。客去忘持衣,日已三分之一,主人乃觉。持衣追及与之而还,至家视日四分之三。问主人马不休,日行几何?

答曰:七百八十里。

术曰:置四分日之三,除三分日之一,按此术,置四分日之三,除三分日之一者,除,其减也。减之余,有十二分之五,即是主人追客还用日率也。半其余以为法;去其还,存其往[①]。率之者,子不可半,故倍母,二十四分之五,是为主人与客均行用日之率也。副置法,增三分日之一,法二十四分之五者,主人往追用日之分也;三分之一者,客去主人未觉之前独行用日之分也;并连此数得二十四分日之十三,则主人追及前用日之分也。是为客用日率也。然则主人用日率者,客马行率也;客用日率者,主人马行率也。母同则子齐,是为客马行率五,主人马行率十三[②]。于今有术,三百里为所有数，十三为所求率，五为所有率，而今有之，即得也。**以三百里乘之，为实；实如法，得主人马一日行。**欲知主人追客所行里者，以三百乘客用日分子十三，以母二十四而一；得一百六十二里半。以此乘主人与客均行日分母二十四，如主人与客均行用日分子五而一，亦得主人马一日行七百八十里也。

【注释】

①去其还，存其往：去掉返回时的行程，而只保留前去时的行程。即只须考虑单程所用的时日，故除以2。去，去掉，放弃。存，保存。去与存意思相反。还，返回。往，前去，与还的意思相反。

②然则主人用日率者，客马行率也；客用日率者，主人马行率也。母同则子齐，是为客马行率五，主人马行率十三：主人追及客人时，二人所行路程均等，所用时间之比率，即是“主人用日率”$\frac{5}{24}$，“客用日率”$\frac{13}{24}$。主人马与客人马在1日内所行路程（即速度）的比率，即是“主人马行率”与“客马行率”。由于路程一定时，速度与所用时间成反比，故有

客马行率：主人马行率＝主人用日率：客用日率＝$\frac{5}{24}:\frac{13}{24}=5:13$

注文之意说，本当取“客马行率”为$\frac{5}{24}$，“主人马行率”为$\frac{13}{24}$，即为分数比率，但是因为它们分母相同，“母同则子齐”，所以取此二率为5：13。

【译文】

[6-16]假设客人的马每日行300里。客人离去忘记拿衣服，时日已过$\frac{1}{3}$，主人才发觉。主人骑马拿上衣服追上客人给他衣服后立即返回，

到家看时日已是$\frac{3}{4}$。问主人的马若不停歇,每日能行路多少?

答:每日行780里。

算法:取日数$\frac{3}{4}$,除去日数$\frac{1}{3}$,按此算法所谓取日数$\frac{3}{4}$,除日数$\frac{1}{3}$,此处的"除",即是减。相减之余数,得$\frac{5}{12}$,即是主人追客而返回所用之日数。**余数除以2作为除数;**除去返回路程,仅保留前往的单程。作为比率,子数不能被2整除,故将母数2倍,得$\frac{5}{24}$,即是主人与客走相同路程所用之时日数。**另取除数,加日数$\frac{1}{3}$,**除数$\frac{5}{24}$,即主人前往追及所用日之分数;$\frac{1}{3}$,即客人离去而在主人未发觉之前独行所用日之分数;两数相加得日数$\frac{13}{24}$,即是主人追及前所用日之分数。也就是客人用日之数。然而"主人用日率",即"客人马行率";"客用日率",即"主人马行率"。分母相同则其分子相"齐",即是"客马行率"为5,"主人马行率"为13。依照今有术,里数300为所有数,13为所求率,5为所有率,而用今有术计算,即得所求里数。**以里数300乘之,作为被除数;用除数去除被除数,即得主人马1日的行程。**要知主人追客所行里数,用300去乘客人单程所用日数之分子13,除以其分母24;得里数$162\frac{1}{2}$。用它乘主人与客单程所用日数之分母24,除以主人与客行相同路程所用日数之分子5,也得主人马1日之行程780里。

[6-17]今有金箠①,长五尺;斩本一尺②,重四斤;斩末一尺③,重二斤。问次一尺各重几何?

答曰:末一尺,重二斤;次一尺,重二斤八两;次一尺,重三斤;次一尺,重三斤八两;次一尺,重四斤。

术曰:令末重减本重,余即差率也④。又置本重,以四间乘之⑤,为下第一衰。副置,以差率减之,每尺各自为衰。按此术,五尺有四间者,有四差也。今本末相减,余即四差之凡数也。以四约之，即得每尺之差。以差数减本重，余即次尺之重也。为术所置，如是而已。今此率，以四为母，故令母乘本为衰，通其率也⑥。亦可置末重以四间乘之，为上第一衰。以差率加之，为次下衰也。**副置下第一衰以为法；以本重四斤遍乘列衰，各自为实。实如法得一斤。**以下第一衰为法，以本重乘其分母之数，而又返此率乘本重为实。一乘一除，势无损益，故惟本存焉⑦。众衰相推为率，则其余可知也。亦可副置末衰为法，而以末重二斤乘列衰为实。此虽迂迴，然是其旧故，就新而言之也。

【注释】

①金箠（chuí）：金属杖。箠，"棰"的异体字。棰，杖；棍。《庄子·天下》："一尺之棰，日取其半，万世不竭。"司马彪注："棰，杖也。"

②斩本：截取较粗的一端。金箠两端粗细不一，粗者谓之"本"，细者谓之"末"。斩，砍。此处意为截取。本，草木的根或茎干。在此指较粗的一端。

③斩末：截取较细的末端。

④差率：公差之比率。因等差数列之公差$=\frac{末项-首项}{项数-1}$，而此处取差率=末项-首项，而各项皆用（项数-1）乘之，保持各项与公差的比率关系。故称此数为"差率"。

⑤四间（jiàn）：将五尺长的金箠斩成一尺长的五段，中间应有四个间断处，故称"四间"。间，隔开，不连接。

⑥按此术，五尺有四间者，有四差也。令本末相减，余即四差之凡数也。以四约之，即得每尺之差。以差数减本重，余即次尺之重也。为术所置，如此而已。今此率，以四为母，故令母乘本为衰，通其率也：按此题算法之意，先算公差$=\frac{本重-末重}{4}$，然后用差数（公

差）去减本重得次一尺之重；再用差数去减所得，又得再次一尺之重。如此相减四次便得各尺之重。但由于此计算中公差通常为分数（如本题有分母4），因此为在筹算中避免分数运算，应利用比率的通约，用分母（4）去乘本数而列衰。用衰分术求解。

⑦以下第一衰为法，以本重乘其分母之数，而又返此率乘本重为实。一乘一除，势无损益，故惟本存焉：依术文计算，下方第一衰之数为（本重 × 间数4），取此数为“法”，又以本重遍乘，故下方得 $\frac{\text{下方第一衰} \times \text{本重}}{\text{下方第一衰（法）}}$ = 本重。所以注云：“一乘一除，势无损益，故惟本存焉。”

【图草】

[6-17]题依金箠术推演如下。

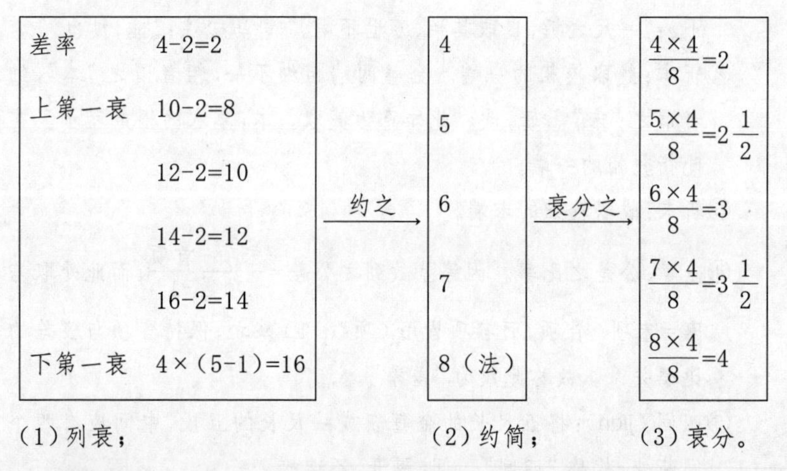

（1）列衰；　（2）约简；　（3）衰分。

【译文】

[6-17]假设有金棰，长5尺；截取本端1尺，重4斤；截取末端1尺，重2斤。问依次每1尺各重多少？

答：末端1尺，重2斤；次1尺，重2斤8两；次1尺，重3斤；次1尺，重3斤8两；次1尺，重4斤。

算法：令“末重”去减“本重”，余数即是“差率”。又取“本重”，用间数4乘之，作为下方第一个衰数。又另取此衰数，以差率去减它，每减一次所得尺数各自作为衰数。按此算法，五尺之长中有4个间隔，故有4个差率。今本重与末重相减，余数即为4个差率之总数。用4约它，即得每尺之差。用差数去减本重，余数即为次1尺之重。设计算法的安排，不过如此罢了。现在此比率，以4为分母，所以用分母去乘本重为列衰之数，以通约各率。也可以取末重用间数4乘之，作为上方第一衰数。用差率加之，作为次下方之衰。**另取下方第一衰作为除数；用本重斤数4遍乘列衰，各自为被除数。用除数去除被除数即得所求斤数。**用下方第一衰为除数，用本重乘它的分母，又取此数乘本重为被除数。一乘一除，其比数不会有所增减，故其本重保持不变。众衰数依次相推而成比率，则其余之数便可求得。也可以另取末衰为除数，而用末重斤数2乘列衰为被除数。此算虽然曲折，然而方法仍如旧，只是换一种新的说法而已。

[6-18]今有五人分五钱[①]，令上二人所得与下三人等。问各得几何？

答曰：甲得一钱、六分钱之二；乙得一钱、六分钱之一；丙得一钱；丁得六分钱之五；戊得六分钱之四。

术曰：置钱锥行衰[②]。按此术，锥行者，谓如立锥，初一、次二、次三、次四、次五，各均为一列衰也。并上二人为九，并下三人为六。六少于九，三。数不得等，但以五、四、三、二、一为率也。以三均加焉，副并为法；以所分钱乘未并者各自为实；实如法得一钱。此问者，令上二人与下三人等。上、下部差一人，其差三。均加上部，则得二三；均加下部，则得三三。下部犹差一人差，得三以通于本率，即上下部等也[③]。于今有术，副并为所有率，未并者各为所求率，五钱为所有数，而今有之，即得等耳。假令七人分七钱,欲令上二人与下五人等,则上、下部差三人,并上部为十三,下部为十五,下多上少,下不足减上,当以上、下部列差而后均减,乃合所问耳④。此可仿下术,令上二人分二钱半为上率,令下三人分二钱半为下率,上、下二率以少减多,余为实。置二人、三人各半之,减五人,余为法。实如法得一钱,即衰相去也。下率六分之五者,丁所得钱数也⑤。

【注释】

①分:此指衰分,即按递减比数分摊。因为按等差数列为比数分摊最为常见,故古算题中若不说明如何列衰,皆指按等差列衰。

②锥行衰:即锥形衰,也就是以5,4,3,2,1为列衰。李籍《九章算术音义》:"下多上少,如立锥之形也。"行,通形,音近通假。形,形象。

③此问者,令上二人与下三人等。上、下部差一人,其差三。均加上部,则得二三;均加下部,则得三三。下部犹差一人差,得三以通于本率,即上下部等也:题设5人分为上、下两部分,若依"锥形衰"计算,其上部诸衰之和为5+4=9,下部诸衰之和为3+2+1=6。下部比上部多1人,而衰数却少3。若给每人衰数同增加(即"均加")3,则上、下部各自衰数的总和恰好相等。故得此5人之列衰为(5+3),(4+3),(3+3),(2+3),(1+3),即8,7,6,5,4。

④假令七人分七钱,欲令上二人与下五人等,则上下部差三人,并上部为十三,下部为十五,下多上少,下不足减上,当以上下部列差而后均减,乃合所问耳:五人分钱术讨论一类特殊的衰分问题。将总数A按等差数列分为$n=n_1+n_2$个数,且使前n_1个数之和与后n_2个数之和相等。中算家用调整"锥形衰"的方法来求列衰,即先依"锥形衰"排列,然后计算出"列差"以"均加"或"均减"。按锥形衰,求得下部之和$A_1=1+2+\cdots+n_1$;上部之和$A_2=(n_1+1)+$

$(n_1+2)+\cdots+(n_1+n_2)$，这里$n_1>n_2$。若$A_1=A_2$，则此锥形衰即可取作此衰分之列衰；若$A_1<A_2$，则取$d=\dfrac{A_2-A_1}{n_1-n_2}$为“列差”，用它同加于各衰数，即将衰数调整为$(1+d)$，$(2+d)$，$(3+d)$，…，$(n+d)$，如本题即得列差$=\dfrac{9-6}{3-2}=3$而“均加”，得所求列衰；若$A_1>A_2$，则取$d=\dfrac{A_1-A_2}{n_1-n_2}$为“列差”，用它去同减各衰数，即将衰数调整为$(1-d)$，$(2-d)$，$(3-d)$，…，$(n-d)$。如注文所举之例，7人分7钱，由锥形衰得下部之和$=1+2+3+4+5=15$；上部之和$=6+7=13$。列差$=\dfrac{15-13}{5-2}=\dfrac{2}{3}$，故以$(1-\dfrac{2}{3})$，$(2-\dfrac{2}{3})$，$(3-\dfrac{2}{3})$，$(4-\dfrac{2}{3})$，$(5-\dfrac{2}{3})$，$(6-\dfrac{2}{3})$，$(7-\dfrac{2}{3})$为列衰，按衰分术推算如下：

(1)列衰		(2)约简		(3)衰分	
甲	$\frac{19}{3}$	甲	19	甲	$\frac{19\times7}{70}=1\frac{9}{10}$
乙	$\frac{16}{3}$	乙	16	乙	$\frac{16\times7}{70}=1\frac{6}{10}$
丙	$\frac{13}{3}$	丙	13	丙	$\frac{13\times7}{70}=1\frac{3}{10}$
丁	$\frac{10}{3}$	丁	10	丁	$\frac{10\times7}{70}=1$
戊	$\frac{7}{3}$	戊	7	戊	$\frac{7\times7}{70}=\frac{7}{10}$
己	$\frac{4}{3}$	己	4	己	$\frac{4\times7}{70}=\frac{4}{10}=\frac{2}{5}$
庚	$\frac{1}{3}$	庚	1	庚	$\frac{1\times7}{70}=\frac{1}{10}$
		副并	70	并	$\frac{70\times7}{70}=7$

（1）列衰；　（2）约简；　（3）衰分。

⑤此可仿下术,令上二人分二钱半为上率,令下三人分二钱半为下率,上、下二率以少减多,余为实。置二人、三人各半之,减五人,余为法。实如法得一钱,即衰相去也。下率六分之五者,丁所得钱数也:注文指出此题可仿照[6-19]题之“有竹九节”术推算。即有

$$上率=\frac{2\frac{1}{2}}{2}=\frac{5}{4};下率=\frac{2\frac{1}{2}}{3}=\frac{5}{6}$$

$$衰相去=\frac{\frac{5}{4}-\frac{5}{6}}{5-(\frac{2}{2}+\frac{3}{2})}=\frac{\frac{5}{12}}{\frac{5}{2}}=\frac{1}{6}$$

$$丁所得=下率=\frac{5}{6};戊所得=\frac{5}{6}-\frac{1}{6}=\frac{4}{6};丙所得=\frac{5}{6}+\frac{1}{6}=1;$$

$$乙所得=1+\frac{1}{6}=1\frac{1}{6};甲所得=1\frac{1}{6}+\frac{1}{6}=1\frac{2}{6}$$

【译文】

[6-18] 假设5人依等差数列分5钱,要使上面2人所得与下面3人所得相等。问各人得钱多少?

答:甲得$1\frac{2}{6}$钱;乙得$1\frac{1}{6}$钱;丙得1钱;丁得$\frac{5}{6}$钱;戊得$\frac{4}{6}$钱。

算法:将钱数之比率取为“锥形衰”。按此算法,“锥形”之意,是说形如立锥,初数为1、其次为2、其次为3、其次为4、再其次为5,各依次均匀递增成一列衰。合并上面2人之衰数得9,合并下面3人之衰数得6。6小于9,其差数为3。上、下之和数不相等,徒然以5、4、3、2、1为比率。用差数3同加于各衰数,以“副并”(各衰之和)作为除数;以所分钱数去乘诸衰数(“未并者”)各自作为被除数;用除数去除被除数便得所求钱数。此题的设问,要求上面2人与下面3人所得钱数相等。上、下两部分人数相差1,衰数相差3。以差数同加上部,则得2个3;同加下部,则得3个3。下部原先犹如差1人之差数,得差数

3而使各率相通，即使上、下部衰数之和相等。依照今有术，“副并”为所有率，“未并者”各为所求率，所分之钱数5为所有数，而按今有术推算，即得所求各数。假设7人按等差数列分7钱，要使上面2人与下面5人所得之钱数相等，则上、下部人数相差为3人，合并上部之衰数得13，下部之衰数相加得15，下部多而上部少，下部去减上部是不够减的，所以应当用上、下部之“列差”去同减各衰数，才合所问。此题可仿照下面题目的算法，令上面2人分钱$2\frac{1}{2}$为“上率”，令下面3人分钱$2\frac{1}{2}$为“下率”，用上、下率之差，作为被除数。取人数2、3之半数，去减人数5，作为除数。用除数去除被除数，所得钱数即是“衰相去”（公差）。“下率”之数$\frac{5}{6}$，即是丁所得之钱数。

[6-19]今有竹九节；下三节容四升；上四节容三升。问中间二节欲均容各多少[1]？

答曰：下初，一升、六十六分升之二十九；次，一升、六十六分升之二十二；次，一升、六十六分升之一十五；次，一升、六十六分升之八；次，一升、六十六分升之一；次，六十六分升之六十；次，六十六分升之五十三；次，六十六分升之四十六；次，六十六分升之三十九。

术曰：以下三节分四升为下率；以上四节分三升为上率。此二率者，各其平率也。上、下率以少减多，余为实；按此上、下节各分所容为率者，各其平率。上、下以少减多者，余为中间五节半之凡差，故以为实也[2]。置四节、三节，各半之，以减九节，余为法；实如法得一升，即衰相去也。按此术，法者，上、下率所容已定之节中间相去节数也。实者，中间五节半之凡差也。故实如法而一，则每节之差也[3]。下率，一升、少半升者，下第二节容也。一升、少半升者，下三节通分四升之平率。平率即为中分节之容也[4]。

【注释】

①均容:使容量均匀变化,即由下至上均匀变少。

②按此上、下节各分所容为率者,各其平率。上、下以少减多者,余为中间五节半之凡差,故以为实也:由于竹节容量均匀变化,故"平率"表示该部分中点处每节之容量。"下三节"的中点在下$1\frac{1}{2}$节处;"上四节"的中点在上2节处。故此上下二中点间之节数为$9-(\frac{3}{2}+\frac{4}{2})=5\frac{1}{2}$;而上、下率之差,即是在此上、下中点处每节容量之差,它是每节容量公差的$5\frac{1}{2}$倍。因此,用节数$5\frac{1}{2}$去除此"凡差",即得"衰相去"(公差)。

③按此术,法者,上、下率所容已定之节中间相去节数也。实者,中间五节半之凡差也。故实如法而一,则每节之差也:上下率所容已定之节,即指题设给出容量的"上四节"和"下三节",它们的中点之间相距$5\frac{1}{2}$节。故知

$$\text{每节之(公)差}=\frac{\text{中间五节半之凡差}}{5\frac{1}{2}}$$

④一升、少半升者,下三节通分四升之平率。平率即为中分节之容也:下率$1\frac{1}{3}$升,即是下部第二节的容量,有了它和公差,便可递推出各节容量。通分,相除之意。中分节,即处于正中间的一节。

【译文】

[6-19]假设竹有九节;下三节之容量为4升,上四节之容量为3升。问若想使中间二节之容量也均匀变化则当各是多少?

答:下面第一节,为$1\frac{29}{66}$升;次一节,为$1\frac{22}{66}$升;次一节,为$1\frac{15}{66}$升;次

一节，为$1\frac{8}{66}$升；次一节，为$1\frac{1}{66}$升；次一节，为$\frac{60}{66}$升；次一节，为$\frac{53}{66}$升；次一节，为$\frac{46}{66}$升；次一节，为$\frac{39}{66}$升。

算法：以下部节数3去除升数4作为“下率”；以上部节数4去除升数3作为“上率”。此二率的意思，各为其每节容量之平均值。**用上、下率中的少者去减多者，余数作为被除数；**按用上下部之节数各除其容量为“率”，即是其各节容量的平均值。用上、下率以少减多，余数为中间五节半容量差数之总和，所以作为被除数。**取节数4和3，各用2除，去减节数9，其余数作为除数；用除数去除被除数，所得升数即为“衰相去”（列衰之公差）。**按此算法，所谓除数，即是上、下部容量已定的竹节其中点之间相距的节数。被除数，即是中间五节半容量差数之总和。所以用除数去除被除数，则得每一节之容量差数。**下率$1\frac{1}{3}$升，即是下部第二节的容量。**此$1\frac{1}{3}$升，是下部节数3去除升数4所得的平均容量数（平率），故此平率即为正中间那一节的容量。

[6-20]今有凫起南海[1]，七日至北海；雁起北海，九日至南海。今凫雁俱起。问何日相逢。

答曰：三日、十六分日之十五。

术曰：并日数为法；日数相乘为实；实如法得一日。按此术，置凫七日一至，雁九日一至。齐其至，同其日，定六十三日凫九至，雁七至。今凫雁俱起而问相逢者，是为共至。并齐以除同，即得相逢日[2]。故并日数为法者，并齐之意；日数相乘为实者，犹以同为实也。一日，凫飞日行七分至之一；雁飞日行九分至之一。齐而同之，凫飞定日行六十三分至之九，雁飞定日行六十三分至之七。是为南、北海相去六十三分，凫日行九分，雁日行七分也。并凫雁一日所行，以除南北相去，而得相逢日也。

【注释】

①凫(fú):动物名,泛指野鸭。海:指大湖。

②按此术,置凫七日一至,雁九日一至。齐其至,同其日,定六十三日凫九至,雁七至。令凫雁俱起而问相逢者,是为共至。并齐以除同,即得相逢日:此术是将日数与至数排成两行列为比率按齐同术求解,

$$\begin{array}{cc} & \begin{array}{cc}\text{雁} & \text{凫}\end{array} \\ \begin{array}{c}\text{日}\\ \text{至}\end{array} & \begin{pmatrix} 9 & 7 \\ 1 & 1\end{pmatrix}\end{array}\xrightarrow{\text{齐同}}\begin{array}{c}\begin{array}{cc}\text{雁} & \text{凫}\end{array}\\ \begin{pmatrix}63 & 63\\ 7 & 9\end{pmatrix}\end{array}\xrightarrow{\text{并其至为共至}}\begin{array}{c}\text{共}\\ \begin{pmatrix}63\\ 7+9\end{pmatrix}\end{array}\xrightarrow{\text{实如法而一}}$$

相逢日数$=\frac{63}{7+9}=3\frac{15}{16}$(日)

至,到,来。此指由始至终的一个单程的距离。

【译文】

[6-20]假设凫从南海起飞,7日到达北海;雁从北海起飞,9日到达南海。现假定凫与雁同时起飞。问经多少日相逢?

答:$3\frac{15}{16}$日。

算法:将日数相加作为除数;日数相乘作为被除数;用除数去除被除数便得所求日数。按此算法,取凫之日数7、至数1,雁之日数9、至数1。用齐同齐使至数相齐,日数相同,定为63日凫7至,雁9至。假定凫与雁同时起飞而问其相逢之意,即是至数相加。将相齐的至数相加去除相同的日数,即得相逢之日数。所以将日数相加作除数,即是将相“齐”之数相加的意思;日数相乘作为被除数,犹如用相“同”之数作为被除数。换一种说法,凫每日飞行$\frac{1}{7}$至;雁每日飞行$\frac{1}{9}$至。用齐同术通分,凫定为每日飞行$\frac{9}{63}$至,雁定为每日飞行$\frac{7}{63}$至。即是南、北二海相距63分,凫每日飞行9分,雁每日飞行7分。将凫、雁1日所行分数相加,去除南北相距之分数,便得相逢日数。

[6-21]今有甲发长安，五日至齐；乙发齐，七日至长安；今乙发已先二日，甲乃发长安。问几何日相逢？

答曰：二日、十二分日之一。

术曰：并五日、七日以为法；按此术，"并五日、七日为法"者，犹并齐为法。置甲五日一至，乙七日一至，齐而同之，定三十五日甲七至，乙五至。并之为十二至者，用三十五日也。谓甲、乙与发之率耳①。然则日化为至当除日，故以为法也②。以乙先发二日减七日，"减七日"者，言甲乙俱发；今以发为始发之端，于本道里则余分也③。余，以乘甲日数为实；七者，长安去齐之率也。五者，后发相去之率也。今问后发，故舍七用五。以乘甲五日，为二十五日。言甲七至，乙五至，更相去，用此二十五日也④。实如法得一日。一日甲行五分至之一；乙行七分至之一。齐而同之，甲定日行三十五分至之七；乙定日行三十五分至之五。是为齐去长安三十五分，甲日行七分，乙日行五分也。今乙先行，发二日已行十分，余相去二十五分。故减乙二日，余令相乘，为二十五分⑤。

【注释】

①按此术，"并五日、七日以为法"者，犹并齐为法。置甲五日一至，乙七日一至，齐而同之，定三十五日甲七至，乙五至。并之为十二至者，用三十五日也。谓甲、乙与发之率耳：此算法以日数、至数为比率，而用齐同术推算，"同"其日数得35，"齐"其至数甲得7，乙得5。将相齐之至数7与5相加，得至数12。此为"甲、乙与发之率"。甲、乙与发之率，即甲、乙同时出发之比率。35日行12至，即是甲乙同时出发而共行的比数。与发，同时出发。与，同，并。

②然则日化为至当除日，故以为法也：要求每至几日，故当用至数去

除日数。然则，这样。日化为至，先同其日数35，再求其共至之数12，此即是“日化为至”。

③“减七日”者，言甲乙俱发；今以发为始发之端，于本道里则有余分也：用乙先发日数2去减乙一至所用日数7，是表示乙与甲同时出发之意；而现在题设以乙出发之时为始发之开端，所以在原有路程中应去掉乙先行的部分，它是“甲乙俱发”之前乙所行的部分，对于“俱发”这部分而言，它是剩余部分，故称“余分”。

④七者，长安去齐之率也。五者，后发相去之率也。今问后发，故舍七用五。以乘甲五日，为二十五日。言甲七至，乙五至，更相去，用此二十五日也：此题算法从分析两个不同路程之比率入手。一是长安距齐地的路程，称为“长安去齐”；二是后者（甲）出发之时，甲乙二人相距的路程，称为“后发相去”。此两段路程之比等于乙走完全程和走完剩余路程所用日数之比，即

$$长安去齐之率:后发相去之率=7:(7-2)=7:5$$

按“长安去齐”之路程，“甲乙与发”，甲行7至，乙行5至，需用日数为：$5\times7=35$。现“更相去”，即将“长安去齐”改换为“后发相去”，路程为原来的$\frac{5}{7}$，故所用天数亦为原用天数的$\frac{5}{7}$，即：$35\times\frac{5}{7}=5\times7\times\frac{5}{7}=5\times5=25$（日）。这相当于将原来的乘数7（它是乙行日数），改换为5。所以注文说：“今问后发，故舍七用五。以乘甲五日，为二十五日。”这即是说按“后发相去”甲乙与发，甲行7至，乙行5至，用25日，故得

$$相逢用日（即一至用日）=\frac{25}{7+5}=2\frac{1}{12}（日）$$

⑤今乙先行，发二日已行十分，余相去二十五分。故减乙二日，余令相乘，为二十五分：相去，即“后发相去”，它由“长安去齐”35分，除去乙已行10分而得，故为余数25分。“余令相乘”的“余”，是

乙行日数7减去先行日数2所得的余数5。令此余数与甲行日数5相乘，得“后发相去”之数25分。这里的甲行日数5，也就是乙日行分数，所以此乘积表示乙5日所行分数，即“后发相去”之分数。

【译文】

[6-21]**假设甲从长安出发，5日到达齐地；乙从齐地出发，7日到达长安；今假定乙先出发2日，甲才从长安出发。问经过多少日二人相逢？**

答：$2\frac{1}{12}$日。

算法：将日数5与7相加作为除数；按此算法，“将日数5与7相加作为除数”之意，犹如将相“齐”之数相加作为除数。取甲之日数5、至数1，乙之日数7、至数1，用齐同术推得，35日甲7至，乙5至。将至数相加得12，而所用日数为35。此为甲、乙同时出发之比率。这样将日化为至则应当以至去除日，故以至数作除数。**用乙先出发日数2去减日数7，**“用2去减日数7”，是说甲乙同时出发；现以乙出发之时为计时之开端，在原路程的里数中则多余了乙先行的那一部分。**所得余数，用以乘甲之日数作为被除数；**数7，是长安相距齐地之比率。数5，是后者出发之时二人相距之比率。现在以后者出发为问，故舍7而用5。用5乘甲之日数5，得日数25。是说甲行7至，乙行5至，而将“至”改换为二人相去，所用之日数即此25。**用除数去除被除数便得所求日数。**每1日甲行$\frac{1}{5}$至；乙行$\frac{1}{7}$至。用齐同术通分，甲定为每1日行$\frac{7}{35}$至；乙定为每1日行$\frac{5}{35}$至。即是齐地相距长安35分，甲每日行7分，乙每日行5分。今乙先行，出发2日已行10分，所余为相距25分。故减去乙之日数2，令余数与甲之日数相乘，得25分。

[6-22]今有一人一日为牡瓦三十八枚[①]；一人一日为牝瓦七十六枚[②]。今令一人一日作瓦，牝、牡相半。问成瓦几何？

答曰：二十五枚、少半枚。

术曰：并牝、牡为法；牝、牡相乘为实；实如法得一枚。此意亦与凫雁同术。牝、牡瓦相并，犹如凫、雁日飞相并也。按此术，并牝、牡为法者，并齐之意。牝、牡相乘为实者，犹以同为实也。故实如法即得也。

【注释】

①牡(mǔ)瓦：俗称公瓦或阳瓦。牡，鸟兽的雄性。《诗经·邶风·匏有苦叶》："雉鸣求其牡。"

②牝(pìn)瓦：俗称母瓦或阴瓦。盖房用瓦，仰面向上而放置于下者为牝瓦；背面朝上而覆盖于牝瓦之上者为牡瓦。牡瓦与牝瓦相配成套。牝，鸟兽的雌性。牝与牡相对。

【译文】

[6-22]假设每人1日制做牡瓦38枚，每人1日制做牝瓦76枚。现在令1人1日制做牝、牡两种瓦各占一半。问能做成各多少？

答：$25\frac{1}{3}$枚。

算法：将牝瓦和牡瓦之数相加作为除数，牝瓦、牡瓦之数相乘作为被除数；用除数去除被除数即得成瓦枚数。此意是说它也与凫雁相逢算法相同。牝瓦与牡瓦之数相加，犹如凫与雁1日所飞之分相加。按此算法之意，将牝瓦与牡瓦之数相加，即是按齐同术将相"齐"二数相加。牝瓦、牡瓦之数相乘为除数，犹如施行齐同术后将所得相"同"之数作为被除数。所以用除数去除被除数即得所成瓦之枚数。

[6-23]今有一人一日矫矢五十[①]；一人一日羽矢三十[②]；一人一日筈矢十五[③]。今令一人一日自矫、羽、筈，问成矢几何？

答曰：八矢、少半矢。

术曰：矫矢五十，用徒一人；羽矢五十，用徒一人、太半人；筈矢五十，用徒三人、少半人。并之，得六人，以为法；以五十矢为实；实如法得一矢。按此术，言成矢五十，用徒六人一日工也。此同工共作，犹凫雁共至之类，亦以同为实，并齐为法。可令矢互乘一人为齐，矢相乘为同。今先令同于五十矢，矢同则徒齐，其归一也。以此术为凫雁者，当雁飞九日而一至；凫飞九日而一至、七分至之二。并之得二至、七分至之二，以为法；以九日为实；实如法而一，得凫雁相逢日数也。

【注释】

①矫（jiǎo）矢：矫正箭杆。矫，正曲使直。《汉书·严安传》："矫箭控弦。"矢，箭。

②羽矢：安装箭羽。羽，指箭羽，此作动词用。

③筈（kuò）矢：安装箭筈。筈，箭的末端，即射时搭在弓弦上的部分，此作动词用。

【译文】

[6-23] 假设每人1日矫矢50支；每人1日羽矢30支；每人1日筈矢15支。今假令1人1日自行完成矫、羽、筈三项工序，问能成矢多少？

答：成矢$8\frac{1}{3}$支。

算法：矫矢50支，用劳力1人；羽矢50支，用劳力$1\frac{2}{3}$人；筈矢50支，用劳力$3\frac{1}{3}$人；相加，得人数6，作为除数；以矢数50为被除数；用除数去除被除数即得所求矢数。按此算法，是说成矢50支，用劳力6人做1日之工。这种"同工共作"问题，犹如"凫雁共至"之类，也是用齐同术推算以其相"同"之数为被除数,以相“齐”之数相加为除数。可以令矢数与人数1交互相乘为“齐”,矢数相乘为“同”。现今先假定“同”为矢数50,矢数相“同”则人数相“齐”,其算法仍归属于同一类。以此算法解“凫雁相逢”题,当是雁飞9日而行1至;凫飞9日而行$1\frac{2}{7}$至。至数相加得$2\frac{2}{7}$,作为除数;以日数9作为被除数;用除数去除被除数,便得凫雁相逢日数。

[6-24]今有假田①:初假之岁三亩一钱;明年四亩一钱;后年五亩一钱。凡三岁得一百。问田几何?

答曰:一顷二十七亩、四十七分亩之三十一。

术曰:置亩数及钱数。令亩数互乘钱数,并以为法;亩数相乘,又以百钱乘之,为实;实如法得一亩。按此术,令亩互乘钱者,齐其钱;亩数相乘者,同其亩。同于六十,则初假之岁得钱二十;明年得钱十五;后年得钱十二也。凡三岁得钱一百为所有数,同亩为所求率,四十七钱为所有率,今有之,即得也。齐其钱,同其亩,亦如凫雁术也。于今有术,百钱为所有数,同亩为所求率,并齐为所有率。臣淳风等谨按:假田六十亩,初岁得钱二十;明年得钱十五;后年得钱十二。并之得钱四十七,是为得田六十亩三岁所假②。于今有术,百钱为所有数,六十亩为所求率,四十七为所有率,而今有之,即合问也。

【注释】

①假田:租赁田亩。假,租赁。《后汉书·和帝纪》:“勿收假税二岁。”李贤注:“假,犹租赁。”

②是为得田六十亩三岁所假:即是得60亩田3年之租金。假,取给与之义。《汉书·龚遂传》:“遂乃开仓廪,假贫民。”颜师古注:

“假，谓给与。”

【译文】

[6-24]假设租赁田亩：出租头一年每3亩得1钱；明年每4亩得1钱；后年每5亩得1钱。总计3年得100钱，问出租田多少？

答：出租田1顷27$\frac{31}{47}$亩。

算法：列置亩数与钱数。令亩数去与钱数交互相乘，得数相加作为除数；亩数相乘，又用钱数100乘之，作为被除数；以除数去除被除数即得所求亩数。按此算法，令亩数去与钱数交互相乘，是为使钱数相“齐”；亩数相乘，是为使亩数相“同”。取相“同”之亩数60，则出租头一年得钱20；明年得钱15；后年得钱12。总计3年得钱100为所有数，相“同”之亩数为所求率，钱数47为所有率，用今有术推算，即得所求亩数。用齐同术，使钱数相“齐”，亩数相“同”，也与凫雁术相仿。依照今有术，钱数100为所有数，相“同”之亩数为所求率，相“齐”之数相加为所有率。李淳风等按：租赁田60亩，头年得钱20；明年得钱15；后年得钱12。相加得钱47，即是得60亩田3年之租金。依照今有术，钱数100为所有数，亩数60为所求率，47为所有率，而按今有术推算，便得与题问相合之答数。

[6-25]今有程耕耰：一人一日发七亩①；一人一日耕三亩；一人一日耰种五亩②。今令一人一日自发、耕、耰种之，问治田几何？

答曰：一亩一百一十四步、七十一分步之六十六。

术曰：置发、耕、耰亩数，令互乘人数，并以为法；亩数相乘为实；实如法得一亩。此犹凫雁术也。臣淳风等谨按：此术亦发、耕、耰种亩数互乘人者，齐其人；亩数相乘者，同其亩。故并齐为法，以同为实。计田一百五亩，发用十五人，耕用三十五人，耰种用二十一人，并之得七十一工。治得一百五亩，故以为实。而一人一日所治,故以人数为法除之,即得也。

【注释】

①发:开发,此作发地解,即翻土或开垦土地。

②耰(yōu)种:播种后用耰平土,掩盖种子。耰,农具名,形如锄头,用以击碎土块,平整土地。《孟子·告子上》:"播种而耰之。"

【译文】

[6-25]假设按规章耕种:每人1日发地7亩;每人1日耕田3亩;每人1日耰种5亩。现今假定令1人1日自行完成发地、耕田、耰种三道农活,问当整治田亩多少?

答:1亩114$\frac{66}{71}$平方步。

算法:列置发地、耕田、耰种之亩数,令其去交互相乘人数,所得相加作为除数;亩数相乘作为被除数;用除数去除被除数即得所求亩数。此算法犹如凫雁术。李淳风等按:此算法以发地、耕田、耰种之亩数去交互相乘人数,是使人数相"齐";用亩数相乘,是使亩数相"同"。所以将相"齐"之数相加作为除数,以相"同"之数作为被除数。算得田105亩,发地用15人,耕田用35人,耰种用21人,合并得所用人工数71。整治田亩数得105,故以此数作为被除数。而要求1人1日所整治田亩数,故以人数为除数去相除,即得所求亩数。

[6-26]今有池,五渠注之①。其一渠开之,少半日一满;次,一日一满;次,二日半一满;次,三日一满;次,五日一满。今皆决之②,问几何日满池?

答曰:七十四分日之十五。

术曰:各置渠一日满池之数,并以为法;按此术,其一渠少半日满者,是一日三满也。次,一日一满;次,二日半满者,是一日五分满之二也；次，三日满者，是一日三分满之一也；次，五日满者，是一日五分满之一也；并之，得四满、十五分满之十四也。**以一日为实；实如法得一日。**此犹矫矢之术也。先令同于一日，日同则满齐。自凫雁至此，其为同齐有二术焉，可随率宜也③。

其一术：列置日数及满数，其一渠少半日满者，是一日三满也；次，一日一满；次，二日半满者，是五日二满；次，三日一满；次，五日一满。此谓之列置日数及满数也。**令日互相乘满，并以为法；日数相乘为实；实如法得一日。**亦如凫雁术也。臣淳风等谨按：此其一渠少半日满池者，是一日三满池也；次，一日一满；次，二日半满者，是五日再满；次，三日一满；次，五日一满。此谓列置日数于右行，及满数于左行。以日互乘满者，齐其满；日数相乘者，同其日。满齐而日同，故并齐以除同，即得也。

【注释】

①注：流入，灌入。

②决：开通水道，导引水流。

③自凫雁至此，其为同齐有二术焉，可随率宜也：从[6-20]题“凫雁相逢”至本题，共7题，皆属“凫雁共至”或“同工共作”之类，均用齐同术，而后“并齐以除同”求解。但是，齐同的方法有两种。一种如凫雁术，以日数相乘为“同”；另一种如矫矢术，以指定矢数50为“同”（即指定同于某定数）。五渠术经文给出两种算法，前者如“矫矢术”，指定日数皆“同”于1；后者如“凫雁术”，列日、满之术而用“互乘”“相乘”之法齐同之。

【译文】

[6-26]假设一水池，有5条渠水流入池中。其中一渠开闸注水，$\frac{1}{3}$

日注满水池;次一渠,1日注满水池;次一渠,$2\frac{1}{2}$日注满水池;次一渠,3日注满水池;次一渠,5日注满水池。现今5条渠皆开渠注水,问多少日注满水池?

答:$\frac{15}{74}$日。

算法:取各渠1日注满水池之数,相加作为除数;按此算法,其中一渠$\frac{1}{3}$日注满,即是1日有3满。次一渠,1日有1满;次一渠,$2\frac{1}{2}$日注满,即是1日有$\frac{2}{5}$满;次一渠,3日注满,即是1日有$\frac{1}{3}$满;次一渠,5日注满,即是1日有$\frac{1}{5}$满;相加,得$4\frac{14}{15}$满。以日数1为被除数;用除数去除被除数即得所求日数。此算法犹如“矫矢术”。先使日数相“同”为1,日数相“同”则满数相“齐”。从“凫雁相逢”问至本题,其所用以比率“同齐”的算法有两种,可以随便使用。

另一算法:排列日数与满数,其中一渠,$\frac{1}{3}$日注满,即日数1、满数3;次一渠,日数1、满数1;次一渠,$2\frac{1}{2}$日注满,即日数5、满数2;次一渠,日数3、满数1;次一渠,日数5、满数1。这就叫做“列置日数及满数”。令日数去交互相乘满数,所得相加作为除数;日数相乘作为被除数;用除数去除被除数便得所求日数。这也如同“凫雁术”。李淳风等按:此算法其中一渠$\frac{1}{3}$日注满水池,即日数1、满数3;次一渠,日数1、满数1;次一渠,$2\frac{1}{2}$日注满,即日数5、满数2;次一渠,日数3、满数1;次一渠,日数5、满数1。此为列置日数于右行,又列置满数于左行。用日数去交互相乘满数,即是使满数相“齐”;日数相乘,即是使日数相“同”。满数相“齐”而日数相“同”,故用相“齐”之数相加去除相“同”之数,即得所求。

[6-27]今有人持米出三关,外关三而取一,中关五而取一,内关七而取一,余米五斗。问本持米几何?

答曰:十斗九升、八分升之三。

术曰:置米五斗,以所税者三之,五之,七之,为实;以余不税者二、四、六相乘为法；实如法得一斗[①]。此亦重今有术也。所税者，谓今所当税之本。三、五、七皆为所求率，二、四、六皆为所有率。置今有余米五斗，以七乘之，六而一，即内关未税之本米也。又以五乘之，四而一，即中关未税之本米也。又以三乘之，二而一，即外关未税之本米也。今从末求本，不问中间，故令中率转相乘而同之。亦如络丝术。

又一术：外关三而取一，则其余本米三分之二也。求外关所税之余，则当置一；二分乘之，三而一。欲知中关，以四乘之，五而一。欲知内关，以六乘之，七而一。凡余分者，乘其母、子，而以三、五、七相乘得一百五，为分母；二、四、六相乘得四十八，为分子。约而言之，则是余米于本所持三十五分之十六也。于今有术，余米五斗为所有数，分母三十五为所求率，分子十六为所有率也。

【注释】

①置米五斗，以所税者三之，五之，七之，为实。以余不税者二、四、六相乘为法；实如法得一斗："所税者"，指应当征税之本米；"不税者"，指上税后所剩的余米。外关收税"三而取一"，所税者之率为3，不税者之率为3-1=2；中关收税"五而取一"，所税者之率为5，不税者之率为5-1=4；内关收税"七而取一"，所税者之率为7，不税者之率为7-1=6。由余米反求本米，余米为所有数，所税者为所求率，不税者为所有率。所以重复使用今有术即得

$$本米=5\times\frac{7}{6}\times\frac{5}{4}\times\frac{3}{2}=\frac{5\times3\times5\times7}{2\times4\times6}=10\frac{15}{16}(斗)$$

【译文】

[6-27]假设有人持米出三关，外关按$\frac{1}{3}$收税，中关按$\frac{1}{5}$收税，内关

按$\frac{1}{7}$收税,最后余米5斗。问原本持米多少?

答:原本持米10斗9$\frac{3}{8}$升。

算法:取米之斗数5,用“所税者之率”3,5,7连乘之,作为被除数;用所余“不税者之率”2、4、6相乘作为除数;以除数去除被除数便得所求斗数。这也是重复使用今有术。所谓“所税者”,即是所应当计税之“本米”。3、5、7皆是所求率,2、4、6皆是所有率。取现有余米斗数5,用7乘之,除以6,即是内关未上税时之本米。又以5乘之,除以4,即是中关未上税时之本米。又以3乘之,除以2,即外关未上税时之本米。现今从末后之余米求本米,不问中间所得,故令其中比率转为相乘而得相同之结果。这也与络丝术一样。

又一种算法:外关取$\frac{1}{3}$,则其余为本米的$\frac{2}{3}$。求外关所税之余米,则取原持米之数;乘以2,除以3。要求中关余米,乘以4,除以5。要求内关余米,乘以6,除以7。一切余分,将其分母、分子各自同类相乘,以3、5、7相乘得105,作为分母;2、4、6相乘得48,作为分子。约简来说,则是余米占“本米”的$\frac{16}{35}$。依照今有术,余米斗数5为所有数,分母35为所求率,分子16为所有率。

[6-28]今有人持金出五关。前关二而税一;次关三而税一;次关四而税一;次关五而税一;次关六而税一。并五关所税,适重一斤。问本持金几何?

答曰:一斤三两四铢、五分铢之四。

术曰:置一斤,通所税者以乘之为实;亦通其不税者以减所通,余为法;实如法得一斤[①]。此意犹上术也。置一斤。通所税者,谓令二、三、四、五、六相乘为分母七百二十也。通其所不税者,谓令所税之余一、二、三、四、五相乘为分子一百二十也。约而言之,是为余金于本所持六分之一也。以子减母,凡五关所税六分之五也。于今有术，所税一斤为所有数，分母六为所求率，分子五为所有率。此亦重今有之义。又虽各有率，不问中间，故令中率转相乘而连除之，即得也。置一以为持金之本率，以税率乘之除之，则其率亦成积分也②。

【注释】

①置一斤，通所税者以乘之为实；亦通其不税者以减所通，余为法；实如法得一斤：古代税率的表示法，如本题所述"前关二而税一"，"二"为"所税者"之率，它代表所税者的本金；"一"为"税者"之率，它代表缴纳的税金；两者相减的余数2-1=1，称为"不税者"之率，它代表纳税后的余金。按本题所设，此五关之税率如表6-1所示。

表6-1　五关税率表

关别 / 税率	前关	次关	第三关	第四关	第五关
所税者之率	2	3	4	5	6
税者之率	1	1	1	1	1
不税者之率	1	2	3	4	5

按"持金出五关"题设之意，前关的"余金"，即为次关的"本金"。换句话说，前关的"不税者"即为次关的"所税者"，由此观之，"持金出五关"之问可化归为连锁比问题：

前关所税者：前关不税者（次关所税者）=2：1

次关所税者：次关不税者（三关所税者）=3：2

三关所税者：三关不税者（四关所税者）=4：3

四关所税者：四关不税者（五关所税者）=5：4

五关所税者：五关不税者(即余者)=6：5

然而,所给连锁比“错互不通”,故应仿照络丝术“积齐同用之”,经四转而通之,如表6-2所示。

表6-2 五关税率“积齐同用之”

税率＼关别	前关	次关	第三关	第四关	第五关
所税者之率	2×3×4×5×6	3×1×4×5×6	4×2×1×5×6	5×3×2×1×6	6×4×3×2×1
不税者之率	1×3×4×5×6	2×1×4×5×6	3×2×1×5×6	4×3×2×1×6	5×4×3×2×1

此时,前关不税者之率即为次关所税者之率,故诸率“相与悉通”,即得前关“所税者”之率=2×3×4×5×6=720;五关“不税者”之率=1×2×3×4×5=120。故前者称为“通所税者”;后者叫做“通其不税者”。正如徽注所云:“通所税者,谓令二、三、四、五、六相乘为分母七百二十也。通其所不税者,谓令所税之余一、二、三、四、五相乘为分子一百二十也。”按今有术,得

$$余金=\frac{本持金\times 五关“不税者”之率}{前关“所税者”之率}$$

$$=本持金\times\frac{1\times2\times3\times4\times5}{2\times3\times4\times5\times6}$$

$$=\frac{1}{6}\times 本持金$$

所以徽注说:“约而言之,是为余金于本所持六分之一也。”又按今有术,得

$$本持金=\frac{税金斤数\times 前关“所税者”之率}{前关“所税者”之率-五关“不税者”之率}$$

$$=\frac{1\times720}{720-120}=\frac{720}{600}=\frac{6}{5}=1\frac{1}{5}(斤)$$

②置一以为持金之本率,以税率乘之除之,则其率亦成积分也:取原本持金之比率为1,则用前后五关之税率乘之、除之,即得

$$余金之率=1\times\frac{2-1}{2}\times\frac{3-1}{3}\times\frac{4-1}{4}\times\frac{5-1}{5}\times\frac{6-1}{6}$$

$$=\frac{1\times1\times2\times3\times4\times5}{2\times3\times4\times5\times6}$$

此率之分子、分母皆表现为乘积的形式,故徽注云:“则其率亦成积分也。”

【译文】

[6-28]假设有人持金出五关。前关取税$\frac{1}{2}$;次关取税$\frac{1}{3}$;次关取税$\frac{1}{4}$;次关取税$\frac{1}{5}$;次关取税$\frac{1}{6}$。五关所取之税相加,其和恰为1斤。问原本持金多少?

答:原本持金1斤3两$4\frac{4}{5}$铢。

算法:取斤数1,通其“所税者”之率而后乘之作为被除数;也通其“不税者”之率去减已通之“所税者”之率,以此余数作为除数;用除数去除被除数便得所求斤数。本题与上一题的算法相似。取斤数1。所谓通“所税者”之率,即是令率数2、3、4、5、6相乘得分母720。所谓通其所“不税者”之率,即是令所税者率之余数1、2、3、4、5相乘得分子120。约简来说,即是余金占本所持金的$\frac{1}{6}$。用分子去减分母,便知总计五关所取税金占本所持金之$\frac{5}{6}$。依照今有术,所税斤数1为所有数,分母6为所求率,分子5为所有率。这也是重复使用今有术的意思。又虽然各有比率,但毋须过问中间所得之数,所以令中间各率转为相乘而后一并相除,即得所求。取数1作为持金之本率,用税率之数去乘之、除之,则所得之率的分子、分母皆表现为乘积的形式。

卷七　盈不足以御隐杂互见

【题解】

李籍《九章算术音义》:“盈者,满也。不足者,虚也。满虚相推,以求其适,故曰盈不足。”盈,即盈余;不足,即亏损;盈不足术是中国古算中解决问题的一种特别的方法,刘徽注“以御隐杂互现”表明本章处理关系隐蔽复杂、条件错互难辨的数学问题,共有20题。

盈不足术在西方称为“双假设法”,即对任何数学问题,先设一数为答案,验算其解是否合理,相合则为问题的解,否则或有盈余,或有不足,再次通过假设验算即可获得答案。盈不足章的前8题,以共买物设问,是盈不足本术,根据两次假设的结果对应着盈不足、两盈、两不足、盈适足、不足适足等具体类型,是古代数学中假设试验与推理论证两种方法综合应用的产物。

共买物的盈不足模型可描述为:每人出钱a_1,盈b_1,每人出钱a_2,不足b_2,求物价x和人数y各多少。盈不足术给出下面三个公式:

每人应出钱$x_0=\dfrac{a_1b_2+a_2b_1}{b_2+b_1}$,物价$x=\dfrac{a_1b_2+a_2b_1}{a_1-a_2}$,人数$y=\dfrac{b_1+b_2}{a_1-a_2}$。

这种根据两个条件求解两个未知数的问题,本质上是一种线性插值算法。如果原问题是一个线性问题,则盈不足术得到的就是一个精确的解,这个解也可以通过构造并求解一个线性方程组来获得。如果原问题是一个非线性问题，则盈不足术给出的就是一个近似的结果。

刘徽用齐同术与比率理论解释盈不足术的造术原理巧妙而自然。他从分析两次假设出钱与盈不足等数量之间的比率关系入手，运用齐同思想，使盈与不足相同而抵消，得人出钱$a_1b_2+a_2b_1$时，买物b_2+b_1，于是由今有术得每人应出钱公式。再通过分析得出两次假设出钱的差数a_1-a_2可看作是一人的差数，盈不足之并b_1+b_2为众人两次出钱的总差，故$\frac{b_1+b_2}{a_1-a_2}$为人数。最后以每人应出钱数与人数相乘即可得物价公式。

本章后12题是盈不足术的应用。当所涉及的数量之间呈现线性关系时，《九章算术》的编撰者通过模型的转化，将本不属于盈不足设问的问题运用双假设转化为盈不足模型求解。盈不足术的这些应用题目，在现今的算术问题中也是难题，所设问的数量关系有的十分复杂，如第11题蒲莞并生，第12题两鼠对穿，两题涉及的数量呈指数变化；第19题良驽相逢题涉及等差数列求和，给出了中国数学史上第一个等差数列通项公式和等差数列求和公式。若用现代数学方法求解，第11、12题需要列出超越方程求解，而第19题需要运用二次方程求解。三道题目都是非线性问题，《九章算术》将这些问题也转化为盈不足术求得近似解。作为一种线性插值算法，盈不足术在古代数学中曾被称为是一种万能解法。

[7-1] 今有共买物，人出八，盈三；人出七，不足四。问人数、物价各几何？

答曰：七人；物价五十三。

[7-2] 今有共买鸡，人出九，盈一十一；人出六，不足十六。问人数、鸡价各几何？

答曰：九人；鸡价七十。

[7-3]今有共买琎[1],人出半,盈四;人出少半,不足三。问人数、琎价各几何?

答曰:四十二人;琎价十七。

[7-4]今有共买牛,七家共出一百九十,不足三百三十;九家共出二百七十,盈三十。问家数、牛价各几何?

答曰:一百二十六家;牛价三千七百五十。按此术,并盈、不足者,为众家之差,故以为实。置所出率各以家数除之,各得一家所出率,以少减多者,得一家之差。以除,即家数[2]。以出率乘之,减盈、增不足,故得牛价也[3]。

盈不足,按盈者,谓之朓;不足者,谓之朒[4]。术曰:置所出率,盈、不足各居其下。令维乘所出率,并以为实;并盈、不足为法;实如法而一[5]。所出率谓之假令。盈朒维乘两设者,欲为齐同之意[6]。据"共买物,人出八,盈三;人出七,不足四",齐其假令,同其盈朒,盈朒俱十二。通计齐则不盈不朒之正数,故可并之为实;并盈、不足为法。齐之三十二者,是四假令,有盈十二;齐之二十一者,是三假令,亦朒十二。并七假令合为一实,故并三、四为法[7]。有分者,通之[8]。若两设有分者,齐其子,同其母。此问两设俱见零分,故齐其子,同其母[9]。令下维乘上讫,以同约之。不可约,故以乘,通之[10]。盈不足相与同其买物者,置所出率,以少减多,余以约法、实。实为物价,法为人数[11]。所出率以少减多者,余谓之设差。以为少设,则并盈朒是为定实。故以少设约定实,则为人数,约适足之实故为物价[12]。盈朒当与少设相通;不可遍约,亦当分母乘。设差为约法、实[13]。

其一术曰:并盈、不足为实。以所出率以少减多,余为法。实如法得一人。以所出率乘之，减盈、增不足即物价。此术意谓并盈、不足为众人之差，以所出率以少减多，余为一人之差。以一人之差约众人之差，故得人数也。

【注释】

①琎（jīn）：似玉的石。《说文解字·玉部》："石之似玉者，从玉进声，读若津。"

②按此术，并盈、不足者，为众家之差，故以为实。置所出率各以家数除之，各得一家所出率，以少减多者，得一家之差。以除，即家数：盈不足题设之所出钱数，称为"所出率"；两次"所出率"之差，称为"设差"。所出率是以1个出钱者单位（如人、家等）来计算的，故[7-4]题的"所出率"分别为：每家出$\frac{190}{7}=27\frac{1}{7}$（钱）和每家出$\frac{270}{9}=30$（钱）。"设差"为$30-27\frac{1}{7}=2\frac{6}{7}$（钱）。盈与不足之和为：30+330=360（钱），它表示众家"设差"的总和，故有

$$家数=\frac{盈+不足}{设差}=\frac{30+330}{2\frac{6}{7}}=\frac{360\times7}{2\times7+6}=\frac{2\,520}{20}=126（家）$$

③以出率乘之，减盈，增不足，故得牛价也：乘之，即乘家数。因为"所出率"有二，所以乘得之结果亦不相同，要得物价则或以盈数减之，或以不足增之。如[7-4]题求牛价：牛价$=27\frac{1}{7}\times126+330=3\,420+330=3\,750$（钱）；或者，牛价$=30\times126-30=3\,780-30=3\,750$（钱）。

④朓（tiǎo）：多余。朒（nǜ）：不足。

⑤置所出率，盈、不足各居其下。令维乘所出率，并以为实；并盈、不足为法；实如法而一：此盈不足算法，按刘徽之注释是据比率的

齐同而推算的,但其程序可以简化。如术文所述,可简化为以下程序。

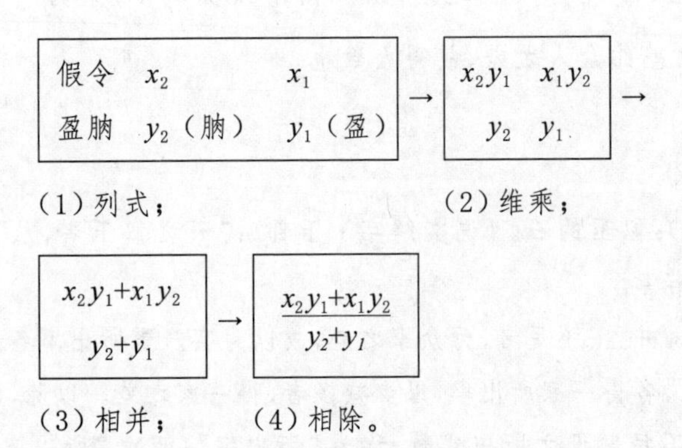

⑥所出率谓之假令。盈朒维乘两设者,欲为齐同之意:所出之率称之为假令。用盈、朒之数与两个假令对角交叉相乘,是为使之"齐同"的意思。假令,即是假设。下文的"两设",即是两个假令;两假令之差,称为"设差"。可见徽注又将"假令"简称为"设"。假令,在盈不足术中用以代所出之率,故云:"所出率谓之假令。"维乘,排列在方形四角上的4个数,对角上两数交叉相乘。维,隅。《淮南子·天文训》:"东北为报德之维也。"注曰:"四角为维也。"刘徽用比率的齐同来解释盈不足算法。人出钱、买物数、盈朒可视为一组比率;盈不足问题两次假令的结果归结为两组比率的如下模式:"每人出钱x_1,买物1,盈钱y_1;每人出钱x_2,买物1,朒钱y_2。"将它排列成由两行比率构成的筹式,用齐同术,齐其假令,同其盈朒,即有

$$\begin{matrix}\text{假令}\\\text{买物}\\\text{盈朒}\end{matrix}\begin{bmatrix}x_2 & x_1\\ 1 & 1\\ y_2(\text{朒}) & y_1\end{bmatrix}\xrightarrow{\text{齐同}}\begin{bmatrix}x_2y_1 & x_1y_2\\ y_1 & y_2\\ y_2y_1(\text{朒}) & y_1y_2(\text{盈})\end{bmatrix}\xrightarrow{\text{通计}}$$

$$\begin{bmatrix} x_1y_2+x_2y_1 \\ y_2+y_1 \\ \text{不盈不朒} \end{bmatrix} \xrightarrow[y_2+y_1]{\text{同约以}} \begin{bmatrix} \dfrac{x_2y_1+x_1y_2}{y_2+y_1} \\ 1 \\ \text{不盈不朒} \end{bmatrix}$$

齐同之后，盈、朒之数相同，将此两项“通计”则盈朒相抵，而得“不盈不朒之正数”，即人出钱$x_1y_2+x_2y_1$，买物y_2+y_1，则不盈不朒，即得每人应出$=\dfrac{x_1y_2+x_2y_1}{y_2+y_1}$，它是“假令”应取之准确值（真值），也就是所谓“正数”。由此观之，维乘实质上是比率的“齐同”，故徽注云：“盈朒维乘两设者，欲为齐同之意。”

⑦齐之三十二者，是四假令，有盈十二；齐之二十一者，是三假令，亦朒十二。并七假令合为一实，故并三、四为法：此以[7-1]题为例说明盈不足术的意义。依术推演：

$$\begin{matrix}\text{假令}\\ \text{盈朒}\end{matrix}\begin{bmatrix} 7 & 8 \\ 4\text{（朒）} & 3\text{（盈）} \end{bmatrix} \rightarrow \begin{bmatrix} 7\times3=21 & 8\times4=32 \\ 4 & 3 \end{bmatrix} \rightarrow$$

$$\begin{bmatrix} 21+32=53 \\ 4+3=7 \end{bmatrix} \rightarrow \frac{53}{7}=7\frac{4}{7}$$

所得为每人应出钱数。前设之假令为8，相“齐”后得32，为假令的4倍，而盈数3亦4倍，则得盈12，故曰：“齐之三十二者，是四假令，有盈十二。”同样，后设之假令为7，相“齐”后得21，为假令之3倍，而朒数4亦3倍之，则朒12，故曰：“齐之二十一者，是三假令，亦朒十二。”将此两设“通计”，盈朒之数相“同”因而相抵消；假令之倍数相加4+3=7，它亦即是两次买物个数之和；“并齐”之数21+32=53，它表示假令之7倍所得，亦即买物7个所出之钱，故有

$$每人应出钱数=\frac{并“齐”之数}{盈朒之并}=\frac{21+32}{3+4}=\frac{53}{7}=7\frac{4}{7}$$

由于假令之倍数即是买物之个数,而假令之倍数乃取盈、朒之数,所以盈朒相并之数即是买物个数,用它作为除数去求每人共买一物应出钱数,故云:“故并三、四为法。”

⑧有分者,通之:指两设中若有分数出现,则应通约而化法、实为整数然后计算。

⑨若两设有分者,齐其子,同其母。此问两设俱见零分,故齐其子,同其母:此问指[7-4]题。零分,奇零分数。按[7-4]题所设,每家出钱则为分数,列盈不足式推算当先通约:

$$\begin{matrix}假令\\盈朒\end{matrix}\begin{bmatrix}\frac{270}{9}=30 & \frac{190}{7}\\ 30(盈) & 330(朒)\end{bmatrix}\xrightarrow{维乘}\begin{bmatrix}30\times330=9\ 900 & \frac{190}{7}\times30=\frac{5\ 700}{7}\\ 30 & 330\end{bmatrix}$$

$$\xrightarrow{通计}\begin{bmatrix}9\ 900+\frac{5\ 700}{7}\\ 30+330=360\end{bmatrix}\xrightarrow{通之}\begin{bmatrix}9\ 900\times7+5\ 700=75\ 000\\ 360\times7=2\ 520\end{bmatrix}\xrightarrow{约之}\begin{bmatrix}625\\ 21\end{bmatrix}$$

$$\xrightarrow{相除}\frac{625}{21}=29\frac{16}{21}$$

所得为每家应出钱数。

⑩令下维乘上讫,以同约之。不可约,故以同乘,通之:在[7-4]题的演算过程中,维乘之后本应用分母7去除分子,但除之不尽,故反用分母7乘法、实,而化分为整进行计算。

⑪盈不足相与同其买物者,置所出率,以少减多,余以约法、实。实为物价,法为人数:“盈不足相与同其买物者”,是说盈不足题设涉及“共买物问题”的情形,如本卷的前四题皆属此列。这类“共买物”问题需要求人数与物价,而一般应用问题用盈不足术求解,则无须求人数、物价之类。换言之,这段术文是为“共买物”

问题而专用的。它给出计算公式：物价 $=\frac{x_1y_2+x_2y_1}{x_1-x_2}$；人数 $=\frac{y_1+y_2}{x_1-x_2}$ $(x_1>x_2)$。相与，相关。

⑫所出率以少减多者，余谓之设差。以为少设，则并盈朒是为定实。故以少设约定实，则为人数，约适足之实故为物价：按盈不足术之术语，所出率称为“假令”，即假设；前后两假令之差，称为“设差”。盈朒之和即是众人之“设差”总和（即众人“少设”之数），它是“设差”的“人数”倍，所以求人数时，应以它为被除数，故称为“定实”。由于每人应出钱数 $=\frac{\text{并齐之数（实）}}{\text{盈朒之并（法）}}$，而按定义，每人应出钱数 $=\frac{\text{物价}}{\text{人数}}$，故实为物价之率，法为人数之率，即

$$\text{物价}:\text{人数}=\text{实}:\text{法}=\frac{\text{实}}{\text{少设}}:\frac{\text{法}}{\text{少设}}$$

按比率的对应关系，当有人数 $=\frac{\text{法}}{\text{少设}}$，则亦有物价 $=\frac{\text{实}}{\text{少设}}$，此“少设”即是“设差”。

⑬盈朒当与少设相通；不可遍约，亦当分母乘。设差为约法、实：由盈、朒与“少设”计算人数，当出现分数时应先通约化简而计算。如[7-4]题，其少设 $=30-27\frac{1}{7}=2\frac{6}{7}$，为分数，故应用其分母7去遍乘法、实，而后用分母去遍乘为整数，然后以“设差”再去约法、实。此亦即所谓“法里有分，实里通之”的“通其率”运算。

【译文】

[7-1]假设合伙买物，每人出8钱，盈3钱；每人出7钱，不足4钱。问人数、物价各多少？

答：7人；物价为53钱。

[7-2]假设合伙买鸡，每人出9钱，盈11钱；每人出6钱，不足16钱。问人数、鸡价各多少？

答:9人;鸡价70钱。

[7-3]假设合伙买琎石,每人出$\frac{1}{2}$钱,盈4钱;每人出$\frac{1}{3}$钱,不足3钱。问人数、琎价各多少?

答:42人;琎价17钱。

[7-4]假设合伙买牛,每7家共出190钱,不足330钱;每9家共出270钱,盈30钱。问家数、牛价各多少?

答:126家;牛价3 750钱。按此算法,盈与不足之数相加,即为众家(前后出钱)之"设差",所以作为被除数。取所出钱数各以家数除之,各得一家所出之钱数,以少减多,得一家(前后出钱)之"设差"。用除数去除被除数,即得家数。用所出钱数乘家数,减盈或加不足,便得牛价钱数。

盈不足按所谓盈,又称为朓;所谓不足,又称为朒。算法:列置所出之率,盈与不足之数各自排在其下方。令盈、不足之数交叉相乘所出之率,所得相加作为被除数;盈与不足之数相加作为除数;用除数去除被除数。所出之率称之为假令。用盈、朒之数与两个假令"维乘"(对角交叉相乘)是为使之"齐同"的意思。根据"合伙买物,每人出8钱,盈3钱;每人出7钱,不足4钱",使其"假令"之数相"齐",而其盈、朒之数相"同",则盈、朒俱为12。将两个相"齐"之数相加合计,则盈、朒之数恰好相互抵消,它对应于"假令"之准确值(真值),故此"并齐"之数可以作为被除数。相"齐"所得之数32,即是"假令"的4倍,有盈数12;相"齐"所得之数21,即是"假令"的3倍,有朒数也是12。相加得"假令"之7倍合成一个被除数,所以将3与4相加作为除数。若有分数,则作通分计算。假若两设中有分数,则使分子相"齐",分母相"同"。此题中两设都有奇零分数,所以要使分子相"齐",分母相"同"。用下行之数交叉去乘上行之数完毕,应以公分母去同除之。若除之不尽,则以此公分母同乘"法"与"实"。盈不足之设若与"共买物"问题相关,取所出之率,以少减多,用所得余数去约"法"(除数)和"实"(被除数)。约"实"得物价,约"法"得人数。用所出之率以少减多,其余数称为"设差"。作为众人"少设"之数,则盈、朒之数相加即为"定实"。所以用"少设”去约“定实”则得人数，去约“适足之实”则得物价之数。盈、朒之数应当与“少设”相通约；若不能遍约诸数，也应当用分母去遍乘化为整数，然后以设差再去约“法”与“实”。

另一种算法：盈与不足之数相加，作为被除数。用所出之率以少减多，所得余作为除数。用除数去除被除数，即得人数。用所出之率乘所得人数，减盈数或加不足之数，即得物价。此算法之意，是说盈与不足之数相加为众人之“设差”，用所出率以少减多，所得余数为一人之“设差”。用一人之“设差”去约众人之“设差”，所得即为人数。

[7-5]今有共买金，人出四百，盈三千四百；人出三百，盈一百。问人数、金价各几何？

答曰：三十三人；金价九千八百。

[7-6]今有共买羊，人出五，不足四十五；人出七，不足三。问人数、羊价各几何？

答曰：二十一人；羊价一百五十。

两盈、两不足术曰：置所出率，盈、不足各居其下。令维乘所出率，以少减多，余为实；两盈、两不足以少减多，余为法；实如法而一。有分者，通之。两盈、两不足相与同其买物者，置所出率，以少减多，余以约法、实。实为物价，法为人数①。按此术，两不足者，两设皆不足于正数②。其所以变化，犹两盈，而或有势同而情违者③。当其为实，俱令不足维乘相减，则遗其所不足焉④。故其余所以为实者，无朒数以损焉。盖出而有余两盈，两设皆逾于正数。假令与共买物，人出八，盈三；人出九，盈十。齐其假令，同其两盈，两盈俱三十。举齐则兼去⑤，其余所以为实者，无盈数。两盈以少减多，余为法。齐之八十者，是十假令，而凡盈三十者,是十以三之。齐之二十七者,是三假令,而凡盈三十者,是三以十之。今假令两盈其十、三;以二十七减八十,余五十三为实;故令以三减十,余七为法。所出率以少减多,余谓之设差。因设差为少设,则两盈之差是为定实。故以少设约法则为人数,约实即得物价。

其一术曰:置所出率,以少减多,余为法;两盈、两不足,以少减多,余为实;实如法而一得人数。以所出率乘之,减盈、增不足,即物价。置所出率,以少减多,得一人之差;两盈、两不足相减,为众人之差。故以一人之差除之,得人数。以所出率乘之,减盈、增不足,即物价。

【注释】

①置所出率,盈、不足各居其下。令维乘所出率,以少减多,余为实;两盈、两不足以少减多,余为法;实如法而一。有分者,通之。两盈、两不足相与同其买物者,置所出率,以少减多,余以约法、实。实为物价,法为人数:这里总结了两盈或两不足问题的模式。其模式可归结为:"人出x_1钱,盈(不足)y_1钱;人出x_2钱,盈(不足)y_2钱。"术文前部分给出计算每人应出钱公式:

$$x_0=\frac{|x_1y_2-x_2y_1|}{|y_1-y_2|}$$

术文后部分给出计算物价与人数的公式:

$$B(\text{物价})=\frac{|x_1y_2-x_2y_1|}{|x_1-x_2|};\qquad A(\text{人数})=\frac{|y_1-y_2|}{|x_1-x_2|}$$

②两不足者,两设皆不足于正数:徽注指出"两不足"的实际意义,即是由于两个假令的数(x_1和x_2)皆小于其真值(x_0)所致。正数,即真值。指每人应出钱数的准确值,它与假令(假设)之数相对,一真一假。正,正中,不偏斜。

③其所以变化，犹两盈，而或有势同而情违者：徽注指出，盈不足类问题之所以有“盈、不足”“两盈”“两不足”（以及下面的“盈、适足”“不足、适足”）等几种不同类型，是由于两设取值大小与“正数”（真值）的大小关系变化而引起的。两不足与两盈的道理相同，但情况恰好相反。势同，关系相同，此指人数与物价之数没有变化。势，作关系解。情违，情况相反，指假令取值与真值相较有或大或小的不同情况。情，情况，情形；此指假令之数的取值情况。

④当其为实，俱令不足维乘相减，则遗其所以不足焉：作为两不足算法中的被除数项（实），它表示众人所出钱数；而作为算法中的除数项（法），它表示人数。然而，只有在“不盈不朒”之时才能以“法”去除“实”而求得每人应出钱数。故用“维乘”来“同”其两不足之数；用“相减”使两不足相互抵消，这样遗弃了其“不足”的尾巴，才能当做法、实相除。徽注指出，盈不足类问题解法的关键在于消去其盈朒，具体的方法是齐而同之，然后相并或相减，它是比率理论的应用与发展。

⑤举：擎起。齐：指由齐同算法所得相“齐”之数。兼去：两者相减。兼，本义为一手执两禾，此作二者解。

【译文】

[7-5]假设合伙买金，每人出钱400，盈钱3 400；每人出钱300，盈钱100。问人数、金价各多少？

答：33人；金价9 800钱。

[7-6]假设合伙买羊，每人出钱5，不足45钱；每人出7钱，不足3钱。问人数、羊价各多少？

答：21人；羊价150钱。

两盈或两不足算法：列置所出之率，盈或不足各自排在其下方。令盈或不足交叉相乘所出之率，所得之数以少减多，其余数作为被除数；两盈或两不足之数以少减多，其余数作为除数；用除数去除被除数。若有分数,则作通分计算。两盈或两不足之设若与“共买物”问题相关,取所出之率,以少减多,用所得余数去约“法”(除数)和“实”(被除数)。约“实”得物价,约“法”得人数。按此算法,所谓两不足,即是两个假令都小于其应取之准确值(真值)。其所以有盈与不足的变化,如变化为两盈,这也许是数量关系相同,而选取的假令数值情况却相反的缘故。当要确定此算法中的被除数项时,皆用不足去交叉相乘假令而相减,如此则遗弃了它的“不足”。此余数之所以作为被除数,是因为它没有朒数的减损。凡是所出之率对应而有两盈的,是因为两个假令都大于其真值的缘故。假设合伙买物,每人出8钱,则盈3钱;每人出9钱,则盈10钱。使假令之数相“齐”,两盈之数相“同”,两盈皆为30。取相“齐”之数两者相减,则其余数之所以可作为被除数,乃是因为已无盈数的缘故。两盈之数以少减多,所余之数作为除数。相“齐”所得之数80,是假令的10倍,而总盈之数30,是盈数3用10去乘而相“齐”的结果。相“齐”所得之数27,是假令的3倍,而总盈之数30,是盈数10用3去乘而相“齐”的结果。现今假设两个盈数为10与3,用27去减80,余数得53作为被除数;所以用3去减10,以余数7作为除数。所出之率以少减多,其余数称之为“设差”。因为“设差”即为“少设”,所以两盈之差即是“定实”。故用少设去约除数则得人数,去约被除数则得物价之数。

另一种算法:取所出之率,以少减多,其余数作为除数;取两盈或两不足,以少减多,其余数作为被除数;用除数去除被除数,即得人数。以所出率乘人数,减盈或加不足,即得物价。取所出率以少减多,所得为一人之“设差”;两盈或两不足相减,余数为众人之“设差”。故以一人之“设差”去除它,所得为人数。以所出率乘人数,减盈或加不足,即得物价。

[7-7]今有共买豕[1],人出一百,盈一百;人出九十,适足[2]。问人数、豕价各几何?

答曰:一十人;豕价九百。

[7-8]今有共买犬,人出五,不足九十;人出五十,适

足。问人数、犬价各几何？

答曰：二人；犬价一百。

盈、适足，不足、适足术曰：以盈及不足之数为实；置所出率，以少减多，余为法；实如法得一人。其求物价者，以适足乘人数得物价[③]。此术意谓以所出率以少减多者，余是一人不足之差。不足数为众人之差。以一人差约之，故得人之数也。盈及不足数为实者，数单见即众人差[④]，故以为实。所出率以少减多，余即一人差，故以为法。以除众人差，得人数。以适足乘人数，即得物价也。

【注释】

①豕（shǐ）：猪。

②适足：不盈不朒。适，正，恰好。

③以盈及不足之数为实；置所出率，以少减多，余为法；实如法得一人。其求物价者，以适足乘人数得物价：这里总结了盈、适足或不足、适足类问题的模式。其模式为："人出x_1钱，盈（不足）y_1钱；人出x_0钱，适足。"y_1称为盈或不足之数；x_0称为适足之数。术文给出人数及物价公式：

$$A(\text{人数})=\frac{y_1}{|x_1-x_0|};\qquad B(\text{物价})=\frac{y_1}{|x_1-x_0|}\cdot x_0$$

及，此当或者解。适足，在此指适足之数，即"不盈不朒之正数"。

④单见：独自出现；指在这类问题中盈或不足之数只出现一次，另一次为适足。这样，盈或不足之数正好即是众人之"设差"。见，与"现"相通，是出现、存在之意。

【译文】

[7-7]假设合伙买豕，每人出100钱，盈100钱；每人出90钱，适足。问人数、豕价各多少？

答:10人;豕价900钱。

[7-8]假设合伙买犬,每人出5钱,不足90钱;每人出50钱,适合。问人数、犬价各多少?

答:2人;犬价100钱。

盈、适足或不足、适足算法:以盈或不足之数作为被除数。取所出率以少减多,所得余数作为除数。用除数去除被除数,便得人数。欲求物价,用适足之数去乘人数便得物价。此算法的意思是,用所出率以少减多,其余数即是一人之不足的"设差"。不足之数为众人之"设差"。用一人之"设差"约之,所以得人数。盈或不足之数取作被除数,此数独自出现即为众人之"设差",所以作为被除数。用所出率以少减多,其余数即为一人之"设差",所以作为除数。用它除众人之差,便得人数。用适足之数去乘人数,即得物价之数。

[7-9]今有米在十斗桶中,不知其数。满中添粟而舂之,得米七斗。问故米几何①?

答曰:二斗五升。

术曰:以盈不足术求之。假令故米二斗,不足二升;令之三斗,有余二升。按桶受一斛②。若使故米二斗,须添粟八斗以满之。八斗得粝米四斗八升③;课于七斗,是为不足二升④。若使故米三斗,须添粟七斗以满之。七斗得粝米四斗二升;课于七斗,是为有余二升。以盈、不足维乘假令之数者,欲为齐同之意。实如法,即得故米斗数,乃不盈不朒之正数也。

【注释】

①故米:故米,原有的米。故,从前,本来。

②受:容纳。斛:容量单位,1斛即10斗。

③八斗得粝米四斗八升:此为以粟求粝米。按其本率依今有术计

算，得

$$\text{粝米}=\frac{\text{粟数}\times\text{粝率}}{\text{粟率}}=\frac{8\times3}{5}=4\frac{4}{5}(\text{斗})$$

④课于：减去。课，试验，考核。此作比较解。其意如“课分术”之“课”。

【译文】

[7-9]假设有米装入容量为10斗的桶中，不知米的斗数。添粟使桶装满而又舂之，得米7斗。问原有米多少？

答：原有米2斗5升。

算法：用盈不足算法求解。假设原有米2斗，则不足2升；设原有米3斗，则有余2升。按桶能容纳1斛。若设原有米2斗，须添粟8斗才满一桶。粟8斗舂得粝米4斗8升；用所得米数减去米数7斗，即为不足2升。若假令原有米3斗，则须添粟7斗使桶装满。粟7斗舂得粝米4斗2升；用所得米数减去7斗，即是有余2升。用盈与不足之数去交叉相乘假令之数，意在使之“齐同”。用除数去除被除数，即得原有米之斗数，也就是不盈不朒的真值。

[7-10]今有垣高九尺；瓜生其上。蔓日长七寸；瓠生其下①，蔓日长一尺。问几何日相逢？瓜、瓠各长几何？

答曰：五日、十七分日之五；瓜长三尺七寸、一十七分寸之一；瓠长五尺二寸、一十七分寸之一十六。

术曰：假令五日，不足五寸；令之六日，有余一尺二寸。按假令五日不足五寸者，瓜生五日，下垂蔓三尺五寸；瓠生五日，上延蔓五尺。课于九尺之垣，是为不足五寸。令之六日，有余一尺二寸者，若使瓜生六日，下垂蔓四尺二寸；瓠生六日，上延蔓六尺。课于九尺之垣，是为有余一尺二寸。以盈、不足维乘假令之数者，欲为齐同之意。实如法而一，即设差不盈不朒之正数，即得日数。以瓜、瓠一日之长乘之，故各得其长之数也。

【注释】

①瓠（hù）：蔬菜名。瓠瓜，也叫扁蒲、葫芦、夜开花。

【译文】

[7-10] 假设垣高9尺；瓜生在它的上方。瓜蔓每日长7寸；瓠生在垣的下端，瓠蔓每日长1尺。问经过多少日两者相遇，瓜、瓠之蔓各长多少？

答：经$5\frac{5}{17}$日相遇；瓜蔓长3尺$7\frac{1}{17}$寸；瓠蔓长5尺$2\frac{16}{17}$寸。

算法：假令为5日，则不足5寸；若假令6日，则有余1尺2寸。按假令为5日则不足5寸之意，瓜生长5日，下垂之瓜蔓为3尺5寸；瓠生长5日，上延之瓠蔓为5尺。要用它减去垣长9尺，即是不足5寸。若假令6日则有余1尺2寸之意，若使瓜生长6日，下垂之瓜蔓为4尺2寸；瓠生长6日，上延之瓠蔓为6尺。用它减去垣长9尺，即为有余1尺2寸。用盈与不足之数去交叉相乘假令之数，意在使之“齐同”。用除数去除被除数，即得假令的不盈不朒之真值，也就是相遇日数。用瓜、瓠之蔓每1天生长之长度去乘相遇日数，所以得到各自蔓长之数。

[7-11] 今有蒲生一日①，长三尺；莞生一日②，长一尺。蒲生日自半；莞生日自倍。问几何日而长等？

答曰：二日、十三分日之六；各长四尺八寸、一十三分寸之六。

术曰：假令二日，不足一尺五寸；令之三日，有余一尺七寸半。按假令二日，不足一尺五寸者，蒲生二日，长四尺五寸；莞生二日，长三尺；是为未相及一尺五寸，故曰不足。令之三日，有余一尺七寸半者，蒲增前七寸半，莞增前四尺，是为过一尺七寸半，故曰有余。以盈不足乘除之[3]。又以后一日所长，各乘日分子，如日分母而一者，各得日分子之长也。故各增二日定长，即得其数。

【注释】

①蒲：水生植物名，又名香蒲。可以制席，嫩蒲可食。

②莞（guān）：植物名，俗名水葱、席子草。

③以盈不足乘除之：即用盈不足术推算之意，其与[7-12]题两鼠对穿术注文“以盈不足术求之即得”意义相同。乘除，在此处的意思是计算。

【译文】

[7-11]假设蒲生长1日，长为3尺；莞生长1日，长为1尺。蒲的生长逐日减其一半；莞的生长逐日增加一倍。问经多少日它们之长相等？

答：经$2\frac{6}{13}$日；各自皆长4尺$8\frac{6}{13}$寸。

算法：假令为2日，则不足1尺5寸；若假令为3日，则有余1尺$7\frac{1}{2}$寸。按假令为2日，则不足1尺5寸之意，蒲生长2日，其长为4尺5寸；莞生长2日，其长为3尺；即是莞不及蒲1尺5寸，所以说“不足”。若假令3日，则有余1尺$7\frac{1}{2}$寸之意，蒲长较前增加$7\frac{1}{2}$寸；莞长较前增加4尺，即是莞超过蒲1尺$7\frac{1}{2}$寸，所以说“有余”。用盈不足术来进行乘除计算而求解。又用最后一日所长之长度，各自用其日数之分子去乘，再除以日数的分母，便得各自在最后几分之几日内所长的长度。所以各自增加前二日的定长，即得各自之长。

[7-12]今有垣厚五尺，两鼠对穿。大鼠日一尺，小鼠亦日一尺。大鼠日自倍，小鼠日自半。问几何日相逢？各穿几何？

答曰:二日、一十七分日之二;大鼠穿三尺四寸、十七分寸之一十二;小鼠穿一尺五寸、十七分寸之五。

术曰:假令二日,不足五寸;令之三日,有余三尺七寸半。大鼠日自倍,二日合穿三尺;小鼠日自半,合穿一尺五寸,并大鼠所穿,合四尺五寸;课于垣厚五尺,是为不足五寸。令之三日,大鼠穿得七尺;小鼠穿得一尺七寸半;并之,以减垣厚五尺,有余三尺七寸半。以盈不足术求之即得。以后一日所穿乘日分子,如日分母而一,即各得日分子之中所穿。故各增二日定穿,即合所问也①。

【注释】

①以后一日所穿乘日分子,如日分母而一,即各得日分子之中所穿。故各增二日定穿,即合所问也:要计算“各穿”之数,应先计算最后$\frac{2}{17}$日内各穿垣之数。其“2”为日分子,“17”为日分母,依注文有大鼠最后$\frac{2}{17}$日内所穿为:$\frac{4\times2}{17}=\frac{8}{17}$(尺),故总计大鼠所穿为:$(1+2)+\frac{8}{17}=3\frac{8}{17}$(尺);小鼠最后$\frac{2}{17}$日内所穿为$\frac{\frac{1}{4}\times2}{17}=\frac{1}{34}$(尺),故总计小鼠所穿为$(1+\frac{1}{2})+\frac{1}{34}=1\frac{9}{17}$(尺)。这里假定在每日内穿垣的进度是均匀的。

【译文】

[7-12]假设垣厚5尺,两鼠相对穿垣。大鼠1日穿垣1尺,小鼠也1日穿垣1尺。大鼠穿垣逐日增加1倍,小鼠则是逐日减其一半。问经多少日两鼠相遇?它们各穿垣多少?

答:经$2\frac{12}{17}$日;大鼠穿垣3尺$4\frac{12}{17}$寸;小鼠穿垣1尺$5\frac{5}{17}$寸。

算法：假令为2日，则不足5寸；若假令为3日，则有余3尺$7\frac{1}{2}$寸。大鼠穿垣逐日加倍，2日共穿垣3尺；小鼠穿垣逐日减其一半，共穿垣1尺5寸。将大、小鼠穿垣之数相加，其和为4尺5寸；要减去垣厚5尺，即是不足5寸。若假令为3日，大鼠穿垣数为7尺；小鼠穿垣数得1尺$7\frac{1}{2}$寸；二数相加，减去垣厚5尺，有余数3尺$7\frac{1}{2}$寸。用盈不足算法求解即得答数。用最后一日穿垣之数去乘其日数之分子，而除以日数之分母，即得各自在最后几分之几日内所穿垣之数。所以用它各增加前二日所穿之数，得数即合所问。

[7-13]今有醇酒一斗①，直钱五十；行酒一斗②，直钱一十。今将钱三十，得酒二斗。问醇、行酒各得几何？

答曰：醇酒二升半；行酒一斗七升半。

术曰：假令醇酒五升，行酒一斗五升，有余一十；令之醇酒二升，行酒一斗八升，不足二。据醇酒五升，直钱二十五；行酒一斗五升，直钱一十五；课于三十，是为有余十。据醇酒二升，直钱一十；行酒一斗八升，直钱一十八；课于三十，是为不足二。以盈不足术求之。此问已有重设及其齐同之意也③。

【注释】

①醇酒：味道浓厚的美酒。醇，指酒质厚。

②行（háng）：质量差。如“行货”即指质量差的货物。《新方言·释言》：“今吴越谓器物楛窳，曰‘行货’。”楛窳，粗糙恶劣之意。

③此问已有重设及其齐同之意也：此问所给的条件，有些像两次“假令”和对它们作过“齐同”的样子。前者相当于“买酒2斗，用钱60”；后者则是说“买酒2斗，用钱30”。酒数同为2斗，所以说有些“齐同”的意味。但实际上这是貌似而神异。

【译文】

[7-13]假设醇酒1斗,值50钱;行酒1斗,值10钱。现今用30钱,买得酒2斗。问醇、行两种酒各得多少?

答:得醇酒$2\frac{1}{2}$升;行酒1斗$7\frac{1}{2}$升。

算法:假令醇酒为5升,行酒即为1斗5升,则有余10钱;若假令醇酒为2升,行酒即为1斗8升,则不足2钱。据醇酒5升,值25钱;行酒1斗5升,值15钱;用其和减去30钱,即是有余10钱。据醇酒2升,值10钱;行酒1斗8升,值18钱;用其和减去30钱,即为不足2钱。用盈不足术求解。此问已有些"重设"及其"齐同"的意味。

[7-14]今有大器五、小器一容三斛;大器一、小器五容二斛。问大、小器各容几何?

答曰:大器容二十四分斛之十三;小器容二十四分斛之七。

术曰:假令大器五斗,小器亦五斗,盈一十斗;令之大器五斗五升,小器二斗五升,不足二斗。按大器容五斗,大器五,容二斛五斗。以减三斛,余五斗,即小器一所容。故曰小器亦五斗。小器五,容二斛五斗,大器一容五斗,合为三斛。课于两斛,乃多十斗。令之大器五斗五升,大器五,合容二斛七斗五升。以减三斛,余二斗五升,即小器一所容。故曰小器二斗五升。大器一容五斗五升,小器五合容一斛二斗五升,合为一斛八斗。课于二斛,少二斗。故曰不足二斗。以盈、不足维乘、除之①。

【注释】

①以盈、不足维乘、除之:据两设的结果,按盈不足术计算得

$$\begin{matrix}\text{假令} \\ \text{盈朒}\end{matrix}\begin{bmatrix}55 & 50 \\ 20\text{（朒）} & 100\text{（盈）}\end{bmatrix}\rightarrow\begin{bmatrix}55\times100=5\,500 & 50\times20=1\,000 \\ 20 & 100\end{bmatrix}$$

$$\rightarrow\begin{bmatrix}5\,500+1\,000=6\,500 \\ 20+100=120\end{bmatrix}$$

故得　大器容量$=\frac{6\,500}{120}=\frac{325}{6}$（升），即$\frac{325}{600}$斛$=\frac{13}{24}$斛。

又由

$$\begin{matrix}\text{假令} \\ \text{盈朒}\end{matrix}\begin{bmatrix}25 & 50 \\ 20\text{（朒）} & 100\text{（盈）}\end{bmatrix}\rightarrow\begin{bmatrix}25\times100=2\,500 & 50\times20=1\,000 \\ 20 & 100\end{bmatrix}$$

$$\rightarrow\begin{bmatrix}2\,500+1\,000=3\,500 \\ 20+100=120\end{bmatrix}$$

故得　小器容量$=\frac{3\,500}{120}=\frac{175}{6}$（升），即$\frac{175}{600}$斛$=\frac{7}{24}$斛。

【译文】

[7-14]假设大器5枚和小器1枚之总容量为3斛；大器1枚与小器5枚之总容量为2斛。问大、小容器各自的容量是多少？

答：大器容量为$\frac{13}{24}$斛；小器容量为$\frac{7}{24}$斛。

算法：假令大器容量为5斗，小器也应容5斗，则盈10斗；若假令大器容量为5斗5升，小器应容2斗5升，则不足2斗。按大器容量为5斗，大器5枚则容2斛5斗。用它去减3斛，余数为5斗，即是小器1枚所容之数。所以说小器也容5斗。小器5枚则容2斛5斗，大器1枚容5斗，容量相加为3斛。用它减去2斛，乃多10斗。若假令大器容量为5斗5升，大器5枚则共容2斛7斗5升。用它去减3斛，余数为2斗5升，即是小器1枚所容之数。所以说小器应容2斗5升。大器1枚容5斗5升，小器5枚共容1斛2斗5升，容量相加为1斛8斗。用它减去2斛，乃少2斗。所以说不足2斗。用盈不足术来进行乘除计算而求解。

[7-15]今有漆三得油四；油四和漆五[①]。今有漆三斗，

欲令分以易油,还自和余漆。问出漆、得油、和漆各几何?

答曰:出漆一斗一升、四分升之一;得油一斗五升;和漆一斗八升、四分升之三。

术曰:假令出漆九升,不足六升;令之出漆一斗二升,有余二升。按此术三斗之漆,出九升,得油一斗二升,可和漆一斗五升。余有二斗一升,则六升无油可和,故曰不足六升。令之出漆一斗二升,则易得油一斗六升,可和漆二斗。于三斗之中已出一斗二升,余有一斗八升。见在油合和得漆二斗,则是有余二升。以盈、不足维乘之为实;并盈、不足为法;实如法而一,得出漆升数。求油及和漆者,四、五各为所求率,三、四各为所有率,而今有之,即得也②。

【注释】

①和(huò)漆:漆中加油搅拌,和成油漆。和,混和,拌。

②求油及和漆者,四、五各为所求率,三、四各为所有率,而今有之,即得也:由出漆之数按今有术推算得油、和漆之数,当有,

$$得油=\frac{出漆\times 4}{3};和漆=\frac{得油\times 5}{4}。$$

【译文】

[7-15]假设出漆3分换得油4分;油4分可和漆5分。现有漆3斗,要想从中分出一部分去换油,返回用以和所余之漆。问出漆、得油、和漆之数各多少?

答:出漆1斗$1\frac{1}{4}$升;得油1斗5升;和漆1斗$8\frac{3}{4}$升。

算法:假令出漆为9升,则不足6升;若假令出漆1斗2升,则有余2升。按此算法,有漆3斗,出9升,换得油1斗2升,可和漆1斗5升。余漆有2斗1升,则有漆6升无油可和,所以说不足6升。若假令出漆1斗2升,则换得油1斗6升,

可和漆2斗。于漆3斗之中已出1斗2升，余漆1斗8升。现在油折算可和漆2斗，则是有余2升的意思。用盈与不足交叉相乘假令之数而作为被除数；盈与不足相加作为除数；用除数去除被除数，便得出漆之升数。求得油与和漆之数，则以4、5各自为所求率，3、4各自为所有率，而用今有术计算，即得所求之数。

[7-16]今有玉方一寸，重七两；石方一寸，重六两。今有石立方三寸，中有玉，并重十一斤。问玉、石重各几何？

答曰：玉一十四寸，重六斤二两；石一十三寸，重四斤一十四两。

术曰：假令皆玉，多十三两；令之皆石，不足十四两。不足为玉，多为石。各以一寸之重乘之，得玉、石之积重。立方三寸是一面之方[①]，计积二十七寸。玉方一寸重七两，石方一寸重六两，是为玉、石重差一两。假令皆玉，合有一百八十九两。课于一十一斤，有余一十三两。玉重而石轻，故有此多。即二十七寸之中有十三寸，寸损一两则以为石重，故言多为石。言多之数出于石以为玉。假令皆石，合有一百六十二两。课于十一斤，少十四两。故曰不足。此不足即以重为轻。故令减少数于并重，即二十七寸之中有十四寸，寸增一两也。

【注释】

①立方三寸：棱长为3寸的正方体。徽注云“立方三寸是一面之方”，是说此“3寸”为立方体的棱长；“立方三寸”即它的体积是3寸的立方，合27立方寸。

【译文】

[7-16]已知玉1立方寸，重7两；石1立方寸，重6两。现有石为棱

长3寸的正方体,其中含有玉,共重11斤。问玉、石各重多少?

答:有玉14立方寸,重6斤2两;石13立方寸,重4斤14两。

算法:假令27立方寸全为玉,则多余13两;若假令27立方寸全为石,则不足14两。不足之数即为玉的体积数;多余之数即为石的体积数。各用1立方寸的重量乘之,即得玉、石各自的重量。所谓立方之"3寸"乃是棱长,计算体积则为27立方寸。玉每1立方寸重7两,石每1立方寸重6两,即是玉与石每立方寸的重量相差1两。假令全为玉,当折合189两。从中减去11斤,有余数13两。玉重而石轻,所以有此多余之数。即是27立方寸中有玉13立方寸,每立方寸减1两则成为石重,故说此多余之数为石之体积数。此即是说多余之数是出自于把石当作了玉。假令全为石,当折合162两。从中减去11斤,则少14两。所以称为不足。此不足之数即是把重者当作轻者之数。所以令从石重(11斤)中减去少者之数(162两),即是在27立方寸中有14立方寸,每寸应增加1两。

[7-17]今有善田一亩[①],价三百;恶田七亩[②],价五百。今并买一顷,价钱一万。问善、恶田各几何?

答曰:善田一十二亩半;恶田八十七亩半。

术曰:假令善田二十亩,恶田八十亩,多一千七百一十四钱、七分钱之二;令之善田一十亩,恶田九十亩,不足五百七十一钱、七分钱之三。按善田二十亩,直钱六千;恶田八十亩,直钱五千七百一十四、七分钱之二。课于一万,是多一千七百一十四、七分钱之二。令之善田十亩,直钱三千;恶田九十亩,直钱六千四百二十八、七分钱之四。课于一万,是为不足五百七十一、七分钱之三。以盈不足术求之也。

【注释】

①善田：好田。善，美好。

②恶田：坏田。恶，坏，与“善”相对。

【译文】

[7-17]假设善田每1亩价值300钱；恶田每7亩价值500钱。现今合买两种田共1顷，价格为10 000钱。问善田、恶田各多少？

答：善田$12\frac{1}{2}$亩；恶田$87\frac{1}{2}$亩。

算法：假令善田为20亩，恶田为80亩，则多$1\ 714\frac{2}{7}$钱；若假令善田为10亩，恶田90亩，则不足$571\frac{3}{7}$钱。按善田20亩值钱6 000；恶田80亩，值钱$5\ 714\frac{2}{7}$。从中减去10 000，即是多余$1\ 714\frac{2}{7}$钱。若假令善田为10亩，值钱3 000；恶田90亩，值钱$6\ 428\frac{4}{7}$钱。从中减去10 000，即为不足$571\frac{3}{7}$钱。用盈不足算法求解。

[7-18]今有黄金九枚，白银一十一枚，称之重适等；交易其一，金轻十三两。问金、银一枚各重几何？

答曰：金重二斤三两一十八铢；银重一斤一十三两六铢。

术曰：假令黄金三斤，白银二斤一十一分斤之五，不足四十九，于右行。令之黄金二斤，白银一斤一十一分斤之七，多一十五，于左行[①]。以分母各乘其行内之数，以盈、不足维乘所出率，并以为实；并盈、不足为法；实如法，得黄金重[②]。分母乘法以除，得银重[③]。约之得分也[④]。按此术，假令黄金九，白银一十一，俱重二十七斤。金，九约之得三斤。银，一十一约之得二斤、一十一分斤之五。各为金、银一枚重数。就金重二十七斤之中减一金之重以益银,银重二十七斤之中减一银之重以益金,则金重二十六斤、一十一分斤之五,银重二十七斤、一十一分斤之六。以少减多,则金轻一十七两、一十一分两之五。课于一十三两,多四两、一十一分两之五。通分内子言之,是为不足四十九。又令之黄金九,一枚重二斤,九枚重一十八斤,白银一十一亦合重一十八斤也。乃以一十一除之,得一斤、一十一分斤之七,为银一枚之重数。今就金重一十八斤之中减一枚金以益银,复减一枚银以益金,则金重一十七斤、一十一分斤之七,银重一十八斤、一十一分斤之四。以少减多,即金轻一十一分斤之八,课于一十三两,少一两、一十一分两之四。通分内子言之,是为多一十五。以盈不足为之,实如法得金重。分母乘法以除者,为银两分母故同之⑤,须通法而后乃除,得银重。余皆约之者,术省故也。

【注释】

①假令黄金三斤,白银二斤一十一分斤之五,不足四十九,于右行。令之黄金二斤,白银一斤一十一分斤之七,多一十五,于左行:按题设,假令黄金为3斤,则白银当为$3\times9\div11=2\frac{5}{11}$(斤),金方比银方轻$(27+3-2\frac{5}{11})-(27-3+2\frac{5}{11})=1\frac{1}{11}$(斤),即$17\frac{5}{11}$两,与题设"金轻"之数比较,$13-17\frac{5}{11}=-4\frac{5}{11}$,故为不足$4\frac{5}{11}$两;若假令黄金为2斤,则白银为$2\times9\div11=1\frac{7}{11}$(斤),金方比银方轻$(18+2-1\frac{7}{11})-(18-2+1\frac{7}{11})=\frac{8}{11}$(斤),即$11\frac{7}{11}$两,与题设"金轻"之数比较,$13-11\frac{7}{11}=1\frac{4}{11}$两。故为多$1\frac{4}{11}$两。将此两设所得数据列为筹

式，其分数之分子、分母当分列于上、下，如下所示：

	左行	右行
假令黄金	‖（全）	|||（全）
假令白银	|（全） ∏（子） —|（母）	‖（全） |||||（子） —|（母）
盈朒	多　—|||||（子） —|（母）	不足≡Ⅲ（子） —|（母）

将“不足”与“多”之数“通分内子”化为假分数，即为$\frac{49}{11}$和$\frac{15}{11}$；所谓“不足四十九”“多一十五”，是略去分母仅就分子而言的。

②以分母各乘其行内之数，以盈、不足维乘所出率，并以为实；并盈、不足为法；实如法，得黄金重：所谓“以分母各乘其行内之数”，是说用公分母11去乘白银、盈朒中之分数而去分，即化分为整的意思，如下所示：

	左行	右行
假令黄金	2	3
假令白银	18（内寄分母11）	27（内寄分母11）
盈朒	（多）15（内寄分母11）	不足49（内寄分母11）

本当按盈不足术计算：

$$\text{黄金重量}=\frac{2\times\frac{49}{11}+3\times\frac{15}{11}}{\frac{49}{11}+\frac{15}{11}}=\frac{\frac{143}{11}}{\frac{64}{11}}=\frac{143}{64}=2\frac{15}{64}\text{（斤）}$$

而本题术文约去内寄分母,简化为

$$黄金重量=\frac{2\times49+3\times15}{49+15}=\frac{143}{64}=2\frac{15}{64}(斤)$$

即得“金重二斤三两一十八铢”。

③分母乘法以除,得银重:计算白银重量本当按下式

$$白银重量=\frac{\frac{18}{11}\times\frac{49}{11}+\frac{27}{11}\times\frac{15}{11}}{\frac{49}{11}+\frac{15}{11}}$$

而本题术文约去内寄分母,简化为

$$白银重量=\frac{18\times49+27\times15}{(49+15)\times11}=\frac{1\,287}{704}=1\frac{53}{64}(斤)$$

即得“银重一斤十三两六铢”。

④约之得分也:依术所得白银之重,应约简而后得分数。

⑤为银两分母故同之:因为银两之数的分母原本相同。故,本来。之,矣。此由关于白银的两次假令(枚重$2\frac{5}{11}$斤及$1\frac{7}{11}$斤)和盈朒(不足$4\frac{5}{11}$两及多$1\frac{4}{11}$两)皆以11为分母可见。

【译文】

[7-18]假设黄金9枚,白银11枚,称它们的重量正好相等;互相交换1枚,则金方轻13两。问金、银每1枚各重多少?

答:金重2斤3两18铢;银重1斤13两6铢。

算法:假令黄金为3斤,白银即为$2\frac{5}{11}$斤,则不足49,置于右行。若假令黄金为2斤,白银即为$1\frac{7}{11}$斤,则多余15,置于左行。用分母各自去乘本行中的各数,以盈、不足之数去交叉相乘所出率,得数相加作为被除数;盈与不足相加作为除数;用除数去除被除数,便得黄金之重。用分母去乘除数项(“法”)然后相除,便得白银之重。约简而得分数。按此算

法，假令黄金9枚，白银11枚，俱重27斤。金重用9约之得3斤。银重用11约之得$2\frac{5}{11}$斤。各为金、银1枚的重量。从金重27斤之中减去1枚金重以加到银重之中，银重27斤之中减去1枚银重以加到金重之中，则金方重量为$26\frac{5}{11}$斤，银方重量为$27\frac{6}{11}$斤。以少减多，则知金方轻$17\frac{5}{11}$两。用它减去13两，多余$4\frac{5}{11}$两。“通分内子”化分为整之后来说，即为不足49。若假令黄金9枚，每1枚重2斤，9枚重18斤，白银11枚也就合重18斤。于是用11去除它，得$1\frac{7}{11}$斤，即为银1枚的重量。现在从金重18斤之中减去1枚金重以加到银重中去，再从银方减去1枚银重以加到金方，则金方重量为$17\frac{7}{11}$斤，银方重量为$18\frac{4}{11}$斤。以少减多即金方轻$\frac{8}{11}$斤，用它减去13两，则少$1\frac{4}{11}$两。“通分内子”化分为整之后来说，即为多余15。用盈不足算法求解，除数去除被除数，便得黄金之重。所谓用分母去乘除数然后相除，是说求银重时，因上下两行分母相同，必须用分母去乘除数项（“法”）之后相除，便得银之重量。余数皆约之，是为算法简便的缘故。

[7-19]今有良马与驽马发长安至齐①。齐去长安三千里。良马初日行一百九十三里，日增一十三里；驽马初日行九十七里，日减半里。良马先至齐，复还迎驽马。问几何日相逢及各行几何？

答曰：一十五日、一百九十一分日之一百三十五而相逢；良马行四千五百三十四里、一百九十一分里之四十六；驽马行一千四百六十五里、一百九十一分里之一百四十五。

术曰：假令十五日，不足三百三十七里半；令之十六日，多一百四十里。以盈、不足维乘假令之数，并而为实；并盈、不足为法；实如法而一，得日数。不尽者，以等数除之而命分。求良马行者：十四乘益疾里数而半之，加良马初日之行里数，以乘十五日，得十五日之凡行。又以十五日乘益疾里数，加良马初日之行,以乘日分子,如日分母而一,所得加前良马凡行里数,即得;其不尽而命分[②]。求驽马行者:以十四乘半里,又半之,以减驽马初日之行里数,以乘十五日,得驽马十五日之凡行。又以十五日乘半里,以减驽马初日之行,余以乘日分子,如日分母而一;所得加前里,即驽马定行里数[③]。其奇半里者为半法,以半法增残分,即得;其不尽者而命分[④]。按令十五日,不足三百三十七里半者,据良马十五日凡行四千二百六十里,除先去齐三千里,定还迎驽马一千二百六十里;驽马十五日凡行一千四百二里半;并良、驽二马所行,得二千六百六十二里半;课于三千里,少三百三十七里半,故曰不足。令之十六日,多一百四十里者,据良马十六日凡行四千六百四十八里,除先去齐三千里,定还迎驽马一千六百四十八里;驽马十六日凡行一千四百九十二里;并良、驽二马所行,得三千一百四十里;课于三千里,余有一百四十里,故谓之多也。以盈不足之。"实如法而一,得日数"者,即设差不盈不朒之正数。以二马初日所行里乘十五日,为一十五日平行数[⑤]。求初末益疾、减迟之数者[⑥],并一与十四,以十四乘而半之,为中平之积[⑦];又令益疾、减迟里数乘之,各为减益之中平里[⑧]。故各减益平行数,得一十五日定行里[⑨]。若求后一日,以十六日之定行里数乘日分子,如日分母而一,各得日分子之定行里数。故各并十五日定行里,即得。其驽马奇半里者,法为全里之分,故破半里为半法[⑩],以增残分,即合所问也。

【注释】

①驽(nú)马:能力低下的马。与良马的意思相对。

②求良马行者:十四乘益疾里数而半之,加良马初日之行里数,以乘

十五日，得十五日之凡行。又以十五日乘益疾里数，加良马初日之行，以乘日分子，如日分母而一，所得加前良马凡行里数，即得；其不尽而命分：益疾里数，即逐日多行的里数，可将其视为良马在进行加速运动，求良马的行程即为计算匀加速运动的路程。疾，急速，猛烈。刘徽求良马行程的分步计算过程如下。

$$\text{良马15日行程}=\left[\text{良马初行}+\frac{\text{益疾}\times(15-1)}{2}\right]\times 15$$

$$=\left(193+\frac{13\times 14}{2}\right)\times 15=4\ 260\text{（里）}$$

$$\text{良马最后}\frac{135}{191}\text{日行程}=(\text{良马初行}+\text{益疾}\times 15)\times\frac{135}{191}$$

$$=(193+13\times 15)\times\frac{135}{191}=274\frac{46}{191}\text{（里）}$$

$$\text{良马所行里程}=4\ 260+274\frac{46}{191}=4\ 534\frac{46}{191}\text{（里）}$$

③求驽马行者：以十四乘半里，又半之，以减驽马初日之行里数，以乘十五日，得驽马十五日之凡行。又以十五日乘半里，以减驽马初日之行，余以乘日分子，如日分母而一；所得加前里，即驽马定行里数：求驽马行程的计算过程即为计算匀减速运动的路程，类似于良马，具体如下。

$$\text{驽马15日行程}=\left[\text{驽马初行}-\frac{\text{半里}\times(15-1)}{2}\right]\times 15$$

$$=\left(97-\frac{\frac{1}{2}\times 14}{2}\right)\times 15=1\ 402\frac{1}{2}\text{（里）}$$

$$\text{驽马最后}\frac{135}{191}\text{日行程}=(\text{驽马初行}-\text{半里}\times 15)\times\frac{135}{191}$$

$$=\left(97-\frac{1}{2}\times 15\right)\times\frac{135}{191}=63\frac{99}{382}\text{（里）}$$

$$\text{驽马所行里程}=1\ 402\frac{1}{2}+63\frac{99}{382}=1\ 465\frac{145}{191}\text{（里）}$$

④其奇半里者为半法,以半法增残分,即得;其不尽者而命分:计算驽马定行里程的余分,过程如下。

$$\frac{1}{2}+\frac{99}{382}=\frac{191+99}{382}=\frac{290}{382}=\frac{145}{191}$$

其,指驽马,它有奇零分数$\frac{1}{2}$里。将$\frac{1}{2}$里,取作分母382的一半,即191。其意指分母为382分,它占191分。残分,指驽马最后$\frac{135}{191}$日行程中的余分$\frac{99}{382}$的分子99。

⑤以二马初日所行里乘十五日,为一十五日平行数:将马视为按初日速度匀速行驶,则有,15日应行路程=初日所行×15。平行数,即匀速运动所行的里程数。平,作均匀解。

⑥减迟之数:即逐日减速少行的里数$\frac{1}{2}$里,可视为做匀减速运动。减迟,作减速解。迟,缓慢,与"疾"相对。

⑦中平之积:即计算连续自然数之和有公式,$1+2+3+\cdots+(n-1)=\frac{n}{2}\times(n-1)$,其中$\frac{n}{2}$是诸数1,2,…,$(n-1)$的平均数,用平均数乘以项数而求其和,故称"中平之积"。

⑧又令益疾、减迟里数乘之,各为减益之中平里:中平之积×益疾(减迟)$=\frac{n}{2}\times(n-1)\times$益疾(减迟),它表示自始至终由加速(或减速)而增加(或减少)的行程,即所谓"减益之中平里"。

⑨故各减益中平里,得一十五日定行里:刘徽利用自然数前n项和公式,给出计算匀加(减)速运动路程的又一计算公式,由此可得

$$\text{良马15日行程}=193\times15+\frac{15-1}{2}\times15\times13$$

$$=2\,895+1\,365=4\,260\text{(里)}$$

$$驽马15日行程=97\times15-\frac{15-1}{2}\times15\times\frac{1}{2}$$

$$=1\ 455-52\frac{1}{2}=1\ 402\frac{1}{2}（里）$$

⑩故破半里为半法：即将“半里”分割为若干等分，其等分之个数为分母的一半。破，劈开，此处作分化解。

【译文】

[7-19]假设有良马和驽马从长安出发到齐地去。齐地相距长安3 000里。良马初日行程193里，逐日增加13里。驽马初日行程97里，逐日减少$\frac{1}{2}$里。良马先到达齐地，再返回迎接驽马。问经多少日相遇以及各行里程多少？

答：经$15\frac{135}{191}$日相遇；良马行程为$4\ 534\frac{46}{191}$里；驽马行程为$1\ 465\frac{145}{191}$里。

算法：假令为15日，则不足$337\frac{1}{2}$里。若假令为16日，则多余140里。以盈与不足之数交叉相乘假令之数，所得相加作为被除数；盈与不足相加作为除数；用除数去除被除数，即得所求日数。除之不尽者，用最大公约数约简而后确定分数。求良马所行里程：用14去乘“加速里数”而除以2，加上良马初日所行里数，再用日数15乘之，得15日之总行程。又用日数15乘“加速里数”，加上良马初日之行程，去乘日数之分子除以日数之分母，所得之数加上前15日良马之总行程，即得良马行程里数；以不尽部分命为分数。求驽马所行里程：用14去乘减速里数$\frac{1}{2}$，又除以2，所得去减驽马初日所行里数，再乘以日数15，得驽马15日之总行程。又用日数15去乘减速里数$\frac{1}{2}$，所得去减驽马初日所行里数，其余数乘以日数的分子，除以日数的分母，所得之数加上前15日所行里数，即是驽马所定行程里数。其奇零部分之半里化为“半法”（分母的一半），用此“半法”去增减残余分数之分子，即得；不尽部分命为分数。按假令为15日，则不足$337\frac{1}{2}$里，乃是据良马15日之总行程4 260里，减去先到齐地所行之3 000里，确定返回迎向驽马所行为

1 260里;驽马15日总行程为1 402$\frac{1}{2}$里;良、驽二马所行相加得2 662$\frac{1}{2}$里,从中减去3 000里,则少337$\frac{1}{2}$里,所以说“不足”。若假令为16日,则多余140里,乃是据良马16日之总行程4 648里,先减去到齐地所行3 000里,确定返回迎向驽马所行为1 648里;驽马16日之总行程为1 492里;良、驽二马所行相加得3 140里;从中减去3 000里,余数为140里,所以说“多余”。用盈不足术计算。“用除数去除被除数,便得所求日数”,也就是“设差”不盈不朒的真值。用二马初日所行里数乘以日数15,为15日的“平行里数”(匀速行进之里数)。求自始至终由于加速或减速所得之里数,乃将1和14相加,用14乘之再除以2,所得称为“中平之积”;又用加速或减速之里数乘它,各自为增加或减少“中平里”(适当里程)。所以用它去增或减“平行里数”,便得15日所定行里程。若要求最后一日内的行程,用第16日之所定行里程,乘日数之分子,除以日数之分母,各得在几分之几日内所定行之里数。所以各自加上前15日所定行里程,即得各行里程。其驽马所行有奇零分数$\frac{1}{2}$里,因为分母之数表示1里所含的全部“分”数,所以将半里分化为分母数之一半,用它去加残余分数之分子,即得合问之答数。

[7-20] 今有人持钱之蜀贾[①],利十三[②]。初返归一万四千[③];次返归一万三千;次返归一万二千;次返归一万一千;后返归一万。凡五返归钱,本利俱尽。问本持钱及利各几何?

答曰:本三万四百六十八钱、三十七万一千二百九十三分钱之八万四千八百七十六;利二万九千五百三十一钱、三十七万一千二百九十三分钱之二十八万六千四百一十七。

术曰:假令本钱三万,不足一千七百三十八钱半;令之四万,多三万五千三百九十钱八分。按假令本钱三万,并利为三万九千,除被返归留,余加利为三万二千五百;除二返归留,余又加利为二万五千三百五十;除第三返归留,余又加利为一万七千三百五十五；除第四返归留，余又加利为八千二百六十一钱半；除第五返归留，合一万钱，不足一千七百三十八钱半。若使本钱四万，并利为五万二千，除初返归留，余加利为四万九千四百；除第二返归留，余又加利为四万七千三百二十；除第三返归留，余又加利为四万五千九百一十六；除第四返归留，余又加利为四万五千三百九十钱八分；除第五返归留，合一万，余三万五千三百九十钱八分，故曰多。

又术：置后返归一万，以十乘之，十三而一，即后所持之本；加一万一千，又以十乘之，十三而一，即第四返之本；加一万二千，又以十乘之，十三而一，即第三返之本；加一万三千，又以十乘之，十三而一，即第二返之本；加一万四千，又以十乘之，十三而一，即初持之本。并五返之钱以减之，即利也。

【注释】

①之：前往，去到。蜀：古族名、国名。分布在今四川中部偏西。周武王时曾参加“伐纣”的盟会。西周中期以后始称蜀王。秦朝于其地置蜀郡。贾（gǔ）：作买卖。

②利十三：利率为十分取三。利，利率。十三，即十分取三。

③初返归一万四千：即初次回家留14 000钱。返，回。归，归还。此作归留解。

【图草】

[7-20]题按盈不足术推算如下。

假令本钱30 000，初返本利和为$30\,000\times\frac{13}{10}=39\,000$（钱）

第二返本利和为$(39\,000-14\,000)\times\frac{13}{10}=32\,500$（钱）

第三返本利和为$(32\,500-13\,000)\times\frac{13}{10}=25\,350$(钱)

第四返本利和为$(25\,350-12\,000)\times\frac{13}{10}=17\,355$(钱)

第五返本利和为$(17\,355-11\,000)\times\frac{13}{10}=8\,261\frac{1}{2}$(钱)

则为　不足　$10\,000-8\,261\frac{1}{2}=1\,738\frac{1}{2}$(钱)

假令本钱40 000,初返本利和为$40\,000\times\frac{13}{10}=52\,000$(钱)

第二返本利和为$(52\,000-14\,000)\times\frac{13}{10}=49\,400$(钱)

第三返本利和为$(49\,400-13\,000)\times\frac{13}{10}=47\,320$(钱)

第四返本利和为$(47\,320-12\,000)\times\frac{13}{10}=45\,916$(钱)

第五返本利和为$(45\,916-11\,000)\times\frac{13}{10}=45\,390\frac{8}{10}$(钱)

则为　有余$45\,390\frac{8}{10}-10\,000=35\,390\frac{8}{10}$(钱)

$$\begin{matrix}\text{假令}\\ \text{盈朒}\end{matrix}\left[\begin{matrix}40\,000 & 30\,000\\ 35\,390\frac{8}{10}(\text{盈}) & 1\,738\frac{1}{2}(\text{朒})\end{matrix}\right]\rightarrow\text{原本持钱}$$

$$=\frac{40\,000\times1\,738\frac{1}{2}+30\,000\times35\,390\frac{8}{10}}{35\,390\frac{8}{10}+1\,738\frac{1}{2}}$$

$$=\frac{69\,540\,000+1\,061\,724\,000}{37\,129\frac{3}{10}}$$

$$=\frac{11\,312\,640\,000}{371\,293}=30\,468\frac{84\,876}{371\,293}\text{(钱)}$$

故得　利钱$=(14\,000+13\,000+12\,000+11\,000+10\,000)$

$$-30\,468\frac{84\,876}{371\,293}$$

$$=29\,531\frac{286\,417}{371\,293}\text{（钱）}$$

[7-20]题依“又术”（还原算法）推算如下。

后返之本为$10\,000\times\frac{10}{13}=7\,692\frac{4}{13}$（钱）

第四返之本为$\left(7\,692\frac{4}{13}+11\,000\right)\times\frac{10}{13}=\frac{2430\,000}{169}$

$$=14\,378\frac{118}{169}\text{（钱）}$$

第三返之本为$\left(14\,378\frac{118}{169}+12\,000\right)\times\frac{10}{13}=\frac{44\,580\,000}{2\,197}$

$$=20\,291\frac{673}{2\,197}\text{（钱）}$$

第二返之本为$\left(20\,291\frac{673}{2\,197}+13\,000\right)\times\frac{10}{13}=\frac{731\,410\,000}{28\,561}$

$$=25\,608\frac{19\,912}{28\,561}\text{（钱）}$$

初返之本为$\left(25\,608\frac{19\,912}{28\,561}+14\,000\right)\times\frac{10}{13}=\frac{11\,312\,640\,000}{371\,293}$

$$=30\,468\frac{84\,876}{371\,293}\text{（钱）}$$

同上可得利钱为$29\,531\frac{286\,417}{371\,293}$钱。

【译文】

[7-20]假设有人持钱到蜀地经商，利率为$\frac{3}{10}$。初返归留14 000钱；第二返归留13 000钱；第三返归留12 000钱；第四返归留11 000钱；第五返归留10 000钱。总计五次返归留钱，本利皆已用尽。问原本持钱及利钱各多少？

答：本钱为 $30\,468\frac{84\,876}{371\,293}$ 钱；利钱为 $29\,531\frac{286\,417}{371\,293}$ 钱。

算法：假令本钱为30 000，则不足 $1\,738\frac{1}{2}$ 钱；若假令本钱为40 000，则多余 $35\,390\frac{8}{10}$ 钱。按假令本钱为30 000钱，加利钱共为39 000钱，除去初返归留之数，余数加利钱共为32 500钱；除去第二返归留之数，余数加利钱共为25 350钱；除去第三返归留之数，余数加利钱共为17 355钱；除去第四返归留之数，余数加利钱共为 $8\,261\frac{1}{2}$ 钱；除去第五返归留之数，它折合10 000钱，不足 $1\,738\frac{1}{2}$ 钱。若假令本钱为40 000钱，加利钱共为52 000钱；除去初返归留之数，余数加利钱共为49 400钱；除去第二返归留之数，余数加利钱共为47 320钱；除去第三返归留之数，余数加利钱共为45 916钱；除去第四返归留之数，余数再加利钱共为 $45\,390\frac{8}{10}$ 钱；除去第五返归留之数，它折合10 000钱，有余 $35\,390\frac{8}{10}$ 钱，所以称"多余"。

又一种算法：取后返归留之数10 000，用10乘之，除以13，即得后返所持之本钱；加上11 000，又用10乘之，除以13，即第四返之本钱；加上12 000，又用10乘之，除以13，即第三返之本钱；加上13 000，又用10乘之，除以13，即第二返之本钱；加上14 000，又用10乘之，除以13，即得初返所持之本钱。将五返归留之钱相加，减去初返所持之本钱，即得利钱。

卷八　方程以御错糅正负

【题解】

作为古代数学分类的“方程”,是现代数学中线性方程组求解问题。现代数学中,方程是指含有未知数的等式,古今意义大相径庭。为了不引起歧意,当“方程”指代线性方程组时,加引号表示。本章共有18题。

方,意为合并;程,与谷禾相关,本义是一种度量单位,《九章算术》中在计算禾的产量时,取上、中、下三等禾统计产量,将每种等级的谷穗数量和产量数值自上而下排成竖行,记录在筹算板上,称为一程。“方程”,即是将每次记录结果并列起来,考察其度量标准。刘徽注“以御错糅正负”,说明本章用以处理关系错杂且有正负的应用问题。

方程术是中国古代最早的线性方程组解法。中国古代没有数学符号,在运算中用数值在算板上的变化呈现运算过程和结果,《九章算术》中记录了完整的演算程序。以三禾求实题目为例,将每次获得的上禾、中禾、下禾的捆数和总量排成一竖行,三次的结果分别按右、中、左的位置排列,这相当于列出线性方程组的增广矩阵。刘徽注指出,“方程”中的两行不能相同或成比例,每行数据不可臆造,这是现代线性方程组有解的条件。其解法也采用了与现代数学求解线性方程组相同的消元法,即“高斯消元法”,用右行上禾遍乘中行,直接用“少行”或者它的适当倍数去减“多行”,消去中行上禾,同样方法再消去左行上禾,通过这种程序化的演算,使“方程”各行的禾数逐一缺位,直至化为各行仅剩一禾及总数,再用今有术得到“方程”的解。这个演算程序相当于对线性方程组的增广矩阵做行初等变换求解的方法。

方程术两行相消采用遍乘、直除的变换,直除是以少减多,以保证减法运算畅行无阻。但这个限制对“方程”消元条件苛刻,有些“方程”无法直除消元,于是导致了正、负数的产生,而正负术的发明,推动了方程术的发展。方程章的正负术有两条法则:

同名相除,异名相益,正无入负之,负无入正之;其异名相除,同名相益,正无入正之,负无入负之。

“同名”“异名”即同号、异号;“相益”“相除”是二数绝对值相加、相减。前一段给出正负数减法法则,后一段给出正负数加法法则。正负术文只讲正负数的加减法,未论及乘法。而在刘徽注中,他从正负数的相对性出发,认为“方程”每行皆可同时变号,这相当于用-1遍乘某行。在一些题目的运算中,用正数遍乘某行的之后,再对结果变号,实际上相当于将正负数遍乘某行的法则进行了应用。

对负数的认识是数系扩充的重要步骤。《九章算术》中为了保证“方程”行的直除,中算家自然地引入了负数概念,并建立起相应的运算法则。中国数学史上引入负数及正负数运算法则,是人类历史上最早的,超前于其他文化几百年甚至上千年。印度数学家7世纪才开始使用负数,欧洲对负数的认识和接受更晚,直至16世纪,法国数学家韦达的著作中还回避使用负数。

方程章第13题五家共井,此问有6个未知数,只给出5组数值之间的关系,原文给出了一组解,刘徽注中指出答案是“举率以言之”,即是说给出的解是一组比率,换言之,这个“方程”的解是不定的,有无穷多组解,在中算史上第一次明确指出不定方程问题。方程章共18题,除此题为不定解而外,其余解均为唯一解。

刘徽在对“方程”解法进行研究之后,在第18题中,又提出了“方程新术”，与原方程术的不同之处在于，他先消总量，再消各行的禾，以获得禾与总量间的比率关系，再用比率算法求解，以此探索方程术与比率理论之间的联系。

[8-1]今有上禾三秉[①]，中禾二秉，下禾一秉，实三十九斗；上禾二秉，中禾三秉，下禾一秉，实三十四斗；上禾一秉，中禾二秉，下禾三秉，实二十六斗。问上、中、下禾实一秉各几何？

答曰：上禾一秉，九斗、四分斗之一；中禾一秉，四斗、四分斗之一；下禾一秉，二斗、四分斗之三。

方程[②]程，课程也[③]。群物总杂，各列有数，总言其实，令每行为率[④]。二物者再程，三物者三程，皆如物数程之[⑤]。并列为行，故谓之方程[⑥]。行之左右无所同存，且为有所据而言耳[⑦]。术曰：置上禾三秉，中禾二秉，下禾一秉，实三十九斗，于右方。中、左行列如右方。此都术也。以空言难晓，故特系之禾以决之。又列中、左行如右行也。以右行上禾遍乘中行而以直除[⑧]。为术之意，令少行减多行，反复相减，则头位必先尽。上无一位则此行亦阙一物矣。然而举率以相减，不害余数之课也[⑨]。若消去头位则下去一物之实。如是叠令左右行相减，审其正负，则可得而知。先令右行上禾乘中行，为齐同之意。为齐同者，谓中行直减右行也[⑩]。从简易虽不言齐同，以齐同之意观之，其义然矣。又乘其次，亦以直除。复去左行首。然以中行中禾不尽者遍乘左行而以直除。亦令两行相去行之中禾也。左方下禾不尽者，上为法，下为实。实即下禾之实。上、中禾皆去，故余数是下禾实，非但一秉。欲约众秉之实,当以禾秉数为法。列此,以下禾之秉数乘两行,以直除,则下禾之位皆决矣[11]。各以其余一位之秉除其下实,即计数矣。用算繁而不省。所以别为法,约也。然犹不如自用其旧,广异法也[12]。**求中禾,以法乘中行下实,而除下禾之实。**此谓中两禾实[13]。下禾一秉实数先见,将中秉求中禾,其列实以减下实[14]。而左方下禾虽去一秉,以法为母,于率不通。故先以法乘,其通而同之,俱令法为母,而除下禾实[15]。以下禾先见之实令乘下禾秉数,即得下禾一位之列实。减于下实,则其数是中禾之实也[16]。**余如中禾秉数而一,即中禾之实。**余中禾一位之实也。故以一位秉数约之,乃得一秉之实也。**求上禾亦以法乘右行下实,而除下禾、中禾之实[17]。**此右行三禾共实。今中、下禾之实,其数并见,令乘右行之禾秉以减之,故亦如前,各求列实以减下实也。**余如上禾秉数而一,即上禾之实。实皆如法,各得一斗。**三实同用,不满法者,以法命之。母、实皆当约之。

【注释】

①上禾:上等之禾。禾,即粟。亦为黍、稷、稻等粮食作物的总称。秉,禾束。《说文解字》:“秉,禾束也。”

②方程:中国古算分科之一,李籍《九章算术音义》:“方者,左右也。程者,课率也。左右课率,总统群物,故曰方程。”此说与刘徽的注释相近。程,即是考核相关数据构成的比率关系,它在筹算板上被排成一竖行;方,即指若干数据左右并排,其形方正。所以中算之“方程”,相当于现今的增广矩阵,用以解决线性方程组问题。但它的每行被视为一组比率,亦近于现今“行向量”的概念。

③课程:徽注指出,这里的“程”与“课”同义,即取课、程相通之义。

"课"的本义是试验、考核,如《管子·七法》:"成器不课不用,不试不藏。"而"程"也含有计量、考核的意思,如《汉书·东方朔传》:"程其器能。"

④群物总杂,各列有数,总言其实,令每行为率:将上、中、下三种禾的束数自上而下各占一列,最下列为它们之总"实",这样排成一竖行,将每个这样的行看作一组比率。则每行便可遍乘、遍除,施行类似于现今矩阵初等变换之类的运算。群物,多个同类事物,如题设中的上、中、下三等禾。群,众,诸。行与列用以表示位次。古时直排叫"行",横排叫"列",与今天的习惯相反。物与实又用以表示"方程"之行中数据的名称,上面各列为"物数",最下列则为"实数"。实,果实,种子。

⑤二物者再程,三物者三程,皆如物数程之:有多少"物"便"程"多少次,也就有多少"行"。古算中的"方程"要求行数等于物的个数,这显然是为了使"方程"的解答唯一确定。这种条件可从解"方程"消去法的过程中自然得出。

⑥并列为行,故谓之方程:将各列之数并排成行,即是将它排成齐整的数码方阵,故称之为"方程"。换句话说,"方程"即是由课率所得数据排成的方阵。

⑦行之左右无所同存,且为有所据而言耳:这里要求"方程"中每行的左右皆不能有相同的行出现,否则依术推演消元将不能得到唯一确定的解。要求"方程"每行数据都"有所据而言",即不应出现彼此矛盾的不合理情形。这说明中算家从解"方程"的实践中懂得,随意臆造的"方程"可能会无解或得到不合理的负数解。

⑧直除:又称直减,即直接用"少行"或者它的适当倍数去减"多行",以消去头位之数。直除相消不同于互乘相消主要在于它只乘被减行,而减行于筹式中不变,这就避免了相消后减行还要约简还原的反复之劳。有的著作释"直除"为连续相减,即如果一

次减不尽,可连续不断地减下去直到消去头位为止。此说似是而非。事实上决不会有这样的算家笨拙地成百上千次地逐一累减下去(而在两行头位之数相差倍数太大时便会遇到这种情形),而必然会选用减去“少行”适当倍数的办法来代替逐一相减。这种倍数的选择可能是灵活的。譬如,要减去“少行”的111倍,则可先减去其100倍,再减去其10倍,再减其1倍。这比用111乘“少行”后去减“多行”,在运算中可能更为方便。直,径直,直接。

⑨然举率以相减,不害余数之课也:“方程”的每行皆由“课率”而得,即是经过实际考核的一组比数;而两行相减,其余数亦成一组比率,它理应符合实际,即经得起考核。这句话已含有新“方程”与原“方程”同解的意思。举率,全组比率。以行减行,是全组比率对应相减,故称“举率以相减”。举,全。害,妨碍。

⑩先令右行上禾乘中行,为齐同之意。为齐同者谓中行直减右行也:按比率的齐同,应当“先令右行上禾乘中行”,然后“中行上禾亦乘右行”。然而直减(即直除)相消,实际被去的右行之倍数与“中行上禾”之数理应相同。因此,这种先乘被减行而后直除的演算,本质上与比率的“齐同”无异。故云“为齐同者谓中行直减右行也”。

⑪列此,以下禾之秉数乘两行,以直除,则下禾之位皆决(quē)矣:列此,指演算到左行仅有下禾一位时,如本题图草所示,再用下禾秉数乘中、右两行,而后以左行直除相消,则中、右两行的下禾亦被消去而空缺,即得如下所示的筹码方阵。决,通“缺”,空缺。

0	0	108
0	180	72
36	0	0
99	765	1305

0	0	19440
0	180	0
36	0	0
99	765	179820

⑫各以其余一位之秉除其下实，即计数矣。用算繁而不省。所以别为法，约也。然犹不如自用其旧，广异法也：如果继续施行直除相消，除去右行中禾，即得注释⑪中所示的筹码方阵。这样便可“各以其余一位之秉除其下实”而求得上、中、下禾一秉之实。但在本题中，这种方法的计算过程比较复杂，因此术文为了省便而使用了另外的方法。如果不是这样，则仍用旧法，即继续施行直除相消。刘徽主张“广异法”，即不拘泥于一种方法，灵活运用，以省约为善。

⑬此：指术文中的“中行下实”。中：指中行。两禾：即中行所未消去的中、下两禾。

⑭下禾一秉实数先见，将中秉求中禾，其列实以减下实：见，通“现”，在此作得知解。中秉，中禾之秉数。其，指上文所说的下禾。列实，一位之实。因“方程”的行里由上而下其每一位属于一列，故称其实为“列实”。如刘注下文所说：“以下禾先见之实令乘下禾秉数，即得下禾一位之列实。”换言之，列实＝一秉之实×秉数；而下实为诸列实之和。

⑮而左方下禾虽去一秉，以法为母，于率不通。故先以法乘，其通而同之，俱令法为母，而除下禾实：依术推演此题，到此中行下禾适为一秉，如图草所示，而左方行中已得一秉之斗数为$\frac{11}{4}$。但它是分数，而下实为整数，从比率的观点看，分数与整数是不相通的，不能直接相减。故云：“而左方下禾虽去一秉，以法为母，于率不通。”为此，必须进行通分，化整数为积分。徽注指出术文中的“以法乘中行下实”，即是为了“通而同之”。这样化为同分母分数（俱令法为母）后，便可以“列实”去减下实（而除下禾实）了。

⑯以下禾先见之实令乘下禾秉数，即得下禾一位之列实。减于下

实,则其数是中禾之实也:徽注对“列实”的含义作了补充说明,它是已求出的某种禾的一秉之实乘以该列秉数而得。中行下实包含中、下两列实;从下实中减去下禾一位之列实,所余自然是中禾之列实。

⑰求上禾亦以法乘右行下实,而除下禾、中禾之实:依术演算当于右行求上禾之实。右行下实为上、中、下三禾之共实,故仿前面的算法先除去中、下两禾之列实。

【图草】

[8-1]题依“方程”术推演如下。

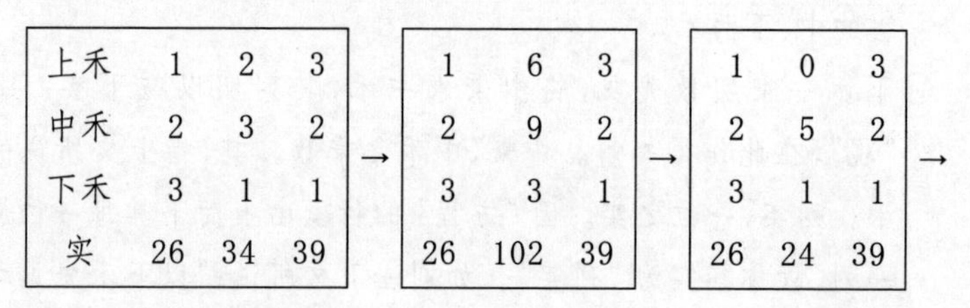

(1)置上禾三秉,中禾二秉,下禾一秉,实三十九斗,于右方,中、左禾列如右方;

(2)以右行上禾遍乘中行;

(3)而以直除;

3	0	3
6	5	2
9	1	1
78	24	39

→

0	0	3
4	5	2
8	1	1
39	24	39

→

0	0	3
20	5	2
40	1	1
195	24	39

→

(4)又乘其次,

(5)亦以直除;

(6)以中行中禾不尽者遍乘左行;

0	0	3
0	5	2
法36	1	1
实99	24	39

→

0	0	3
0	5（×36）	2
法36	0	1
实99	24×36-99=765	39

→

（7）而以直除。左方下禾不尽者，上为法，下为实，实即下禾之实；

（8）求中禾，以法乘中行下实，而除下禾之实；

0	0	3
0	法36	2
法36	0	1
实99	765÷5=153	39

→

0	0	3（×36）
0	法36	0
法36	0	0
实99	实153	39×36-99-153×2=999

（9）余如中禾秉数而一，即中禾之实；

（10）求上禾亦以法乘右行下实，而除下禾、中禾之实；

→

0	0	法36
0	法36	0
法36	0	0
实99	153	999÷3=333

→

0	0	1
0	1	0
1	0	0
$\frac{99}{36}=2\frac{3}{4}$	$\frac{153}{36}=4\frac{1}{4}$	$\frac{333}{36}=9\frac{1}{4}$

（11）如上禾秉数而一，即上禾之实；

（12）实皆如法，各得一斗。

【译文】

[8-1] 已知上禾3束，中禾2束，下禾1束，得实39斗；上禾2束，中禾3束，下禾1束，得实34斗；上禾1束，中禾2束，下禾3束，得实26斗。问

上、中、下禾每1束得实各多少?

答:上禾每1束得实$9\frac{1}{4}$斗;中禾每1束得实$4\frac{1}{4}$斗;下禾每1束得实$2\frac{3}{4}$斗。

"方程"程,即是课程之"程"。多个"物"的数量被错杂地总合在一起,各列依次排出它们的件数,下方之数表示其总"实",将每行作为一组比率(这样对比率的考核就称之为"程")。问题涉及二"物"便要"程"两次;涉及三"物"也就要"程"三次;总之有几"物"便"程"几次。将各列之数并排成行构成行列方阵,所以称之为"方程"。每行左右没有相同的行出现,并且这些行列都是根据实际而提出的。**算法:取上禾束数3,中禾束数2,下禾束数1,实之斗数39,列于右方。中、左两行也仿右方同样列置。**这是一种普遍的算法。用抽象的叙述难以明白,所以特别联系"程禾"的实例来疏解它。再仿照右行来列置中、左两行。**用右行上禾之数遍乘中行各数而相"直除"(即从中行减去右行适当倍数以消去头位)**构造算法的用意是,用"少行"去减"多行",反复相减,则必可使头位被减尽。上方失去一位则此行也就缺少一"物"了。然而两组比率完全对应项相减,其余数也构成一组经得起考核的比率。若是消去了头位,则下方总实亦去掉相应一"物"之实。这样不断地令左右行相减,详查其正负,便可得知问题的解答。先令右行上禾之束数去乘中行,是为了"齐同"的意思。作为齐同算法是说中行"直减"右行(以消头位)。为简便起见虽然不申明"齐同",但用齐同的观念来考察,它的意义便是显然的。**再同样遍乘下一行而相"直除"(减去右行适当倍数以消去头位)。**再消去左行之头位。**然后用中行中禾未减尽的束数去遍乘左行而用中行"直除"左行(减去中行适当倍数以消去左行中禾之数)。**也就是令两行相消去掉行中的中禾数。**左行下禾未减尽之数,其上面的束数作为除数,下面的"实"数作为被除数。这个被除数即是下禾的"实"数。**上、中二禾皆已消去,所以余数仅为下禾之"实",但不只是一束的"实",要约化多束之"实"为一束之"实",应当用禾之束数作为除数。列算到此,以下禾之束数去乘右、中两行，用左行去“直除”它们，则其下禾之位都缺空而被消去了。继续直除相消各用其余一位之束数去除下“实”之数，从其运算过程看来，计算繁而不省。所以另设计别种算法，是为了简便。如若不然则用其旧法，可以广泛采用不同算法。**求中禾之数，用左行下禾之束数去乘中行下“实”之数，而减去左行里下禾之“实”数。**这是中行内两种禾之“实”。下禾一束之“实”数已先得知，以中禾秉数求中禾之实，应以下禾一位之“列实”去减下实。而从左行虽然恰好可以除去下禾一束，但它以“法”为分母，从比率的观点看，分数与整数是不相通的。所以先用“法”去乘它的“实”，而使之相同，皆令“法”数为分母，而除去下禾之“实”。用下禾先得知的“实”数令乘下禾的束数，即得下禾一位的“列实”。用它去减下实，则其余数即是中禾之实。**余数除以中禾的束数，即为中禾之实。**余数为中禾一位之实。故用一位束数去约它，乃得其一束之实。**求上禾也用“法”去乘右行下实，而除去下禾、中禾之“实”数。**此右行为三种禾共同之“实”。现在中、下禾之“实”，其数同时得知，令“法”乘右行之禾的束数而用以减它，所以也如前面一样，各求“列实”用以去减下实。**余数除以上禾束数，即得上禾之实。所得之实皆除以“法”，各得所求斗数，**三种实皆通用。不足“法”的余数，用“法”为分母而得分数。母数、“实”数都应当约简。

[8-2] 今有上禾七秉，损实一斗[①]，益之下禾二秉[②]，而实一十斗；下禾八秉，益实一斗与上禾二秉，而实一十斗。问上、下禾实一秉各几何？

答曰：上禾一秉实一斗、五十二分斗之一十八；下禾一秉实五十二分斗之四十一。

术曰：如方程[③]，损之曰益，益之曰损[④]。问者之辞，虽今按实云：上禾七秉、下禾二秉，实一十一斗；上禾二秉，下禾八秉，实九斗也。“损之曰益”，言损一斗，余当一十斗；今欲全其实[⑤]，当加所损也。“益之曰损”，言益实以一斗乃满一十斗，今欲知本实，当减所加即得也。损实一斗者,其实过一十斗也。益实一斗者,其实不满一十斗也。重谕损益数者,各以损益之数损益之也。

【注释】

①损:减少。

②益:增长,加多。与损相对。

③如方程:即依照"方程"算法或仿照"方程"算法。如,作依照或仿照解。

④损之曰益,益之曰损:"方程"为古算中的模式,其每行为上"物"下"实"依固定顺序排列。若设问之辞中有对上列之"物"作"损实"或"益实"的假定,则在列"方程"时,对"物"为损者对"实"曰益;反之,对"物"为益者对"实"曰损。此"损益说"被视为古算列"方程"中的一个简单法则。

⑤全其实:使"实"还原为其全部。全,完全。题云"损实一斗","而实一十斗",即"十斗"并非完全之"实",而是部分之"实"。

【译文】

[8-2] 已知上禾7束,损实1斗,对它再益下禾2束,则得实10斗;下禾8束,对它益实1斗及上禾2束,则得实10斗。问上、下禾每1束得实各多少?

答:上禾1束得实$1\frac{18}{52}$斗;下禾1束得实$\frac{41}{52}$斗。

算法:依照"方程"术推算,在列"方程"折算下"实"时,题设中凡言"损"之数对下实则应相"益";凡言"益"之数对下实则应减"损"。设问者的叙述,虽现今按实际来说:即是上禾7束、下禾2束,实11斗;上禾2束、下禾8束,实9斗。所谓"损之曰益",是说减损1斗之余数当为10斗;现要完全其"实",故应当对实增加所损之数。所谓"益之曰损",是说对实"益"之1斗才满10斗,现要求原本之实,故当对实减去所加之数即得。所谓"损"实的"1斗",即是它的实超过10斗之数。而“益”实的“1斗”,即是它的实不满10斗之数。这里再次提出损益之数,意思是说应当用此损益之数去损益下实。

[8-3] 今有上禾二秉,中禾三秉,下禾四秉,实皆不满斗;上取中,中取下,下取上各一秉而实满斗。问上、中、下禾实一秉各几何?

答曰:上禾一秉实二十五分斗之九;中禾一秉实二十五分斗之七;下禾一秉实二十五分斗之四。

术曰:如方程,各置所取,置上禾二秉为右行之上,中禾三秉为中行之中,下禾四秉为左行之下,所取一秉及实一斗各从其位。诸行相借取之物,皆依此例。以正负术入之[1]。

正负术曰:今两算得失相反,要令正负以名之[2]。正算赤,负算黑,否则以邪正为异[3]。方程自有赤黑相取,法实数相推求之术,而其并减之势不得广通,故使赤黑相消夺之[4]。于算或减或益,同行异位,殊为二品,各有并减之差,见于下焉[5]。著此二条[6],特系之禾以成此二条之意。故赤黑相杂足以定上下之程[7],减益虽殊足以通左右之数[8],差实虽分足以应同异之率[9]。然则其“正无入负之,负无入正之”,其率不妄也[10]。同名相除,此为以赤除赤,以黑除黑,行求相减者,为去头位也。然则头位同名者当用此条,头位异名者当用下条。异名相益,益行减行当各以其类矣。其异名者,非其类也。非其类者,犹无对也,非所得减也。故赤用黑对则余黑,黑无对则余赤。赤黑并于本数,此为相益之,皆所以为消夺。消夺之与减益成一实也[11]。术本取要,必除行首,至于他位,不嫌多少,故或令相减,或令相并,理无同异而一也。正无入负之,负无入正之。无入,为无对也。无所得减,则使消夺者居位也。其当以列实减下实,而行中正负杂者亦用此条。此条者,同名减实,异名益实,正无入负之,负无入正之也[12]。**其异名相除,同名相益,正无入正之,负无入负之。**此条异名相除为例,故亦与上条互取。凡正负所以记其同异,使二品互相取而已矣[13]。言负者未必负于少,言正者未必正于多,故每一行之中虽复赤黑异算无伤[14]。然则可得使头位常相与异名,此条之实兼通矣[15]。遂以二条反复一率[16],观其每与上下,互相取位,则随算而言耳,犹一术也[17]。又本设诸行,欲因成数以相去耳。故其多少无限,令上下相命而已[18]。若以正负相减,如数有旧[19]。增法者,每行可均之,不但数物左右之也[20]。

【注释】

①入:由外到内,古人用其描写运算中放置算筹到位的动作,故常作计算、推算等意解。

②今两算得失相反,要令正负以名之:运算时增加一枚红筹等于减少一枚黑筹,而减少一枚红筹等于增加一枚黑筹。用现代术语来说,即是"加正等于减负;减正等于加负"。这样来定义正负,便可化异号数的相减相加,为同号数的相加相减,因而它蕴涵着正负数的加减法则。得,取得,增益。失,丧失,减损。即增为"得",减损为"失"。

③正算赤,负算黑,否则以邪正为异:徽注记述了古筹算中正负数的两种表示法。一是以算筹的颜色区分,正算用红色,负算用黑色;二是以算筹的形状区分,正算的截面为三角形,负算的截面为方形。所谓"以邪正为异",皆指算筹本身形状的差异。邪与正相对,正者方正之意;邪者不方而呈三角形,如称三角形之三边为三

"斜",斜与邪相通。李俨《筹算制度考》引《隋书·律历志》:"其算用竹,广二分,长三寸。正策三廉,积二百一十六枚,成六觚,乾之策也。负策四廉,积一百四十四枚,成方,坤之策也。觚、方皆经十二,天地之大数也。"其不仅描述了"正策三廉,负策四廉"(见图8-1),而且引用《北史·贾思伯传》说明早在蔡邕(132—192年)的"论明堂之制"中就已记述了正、负策(算筹)用不同形状表示的方法。

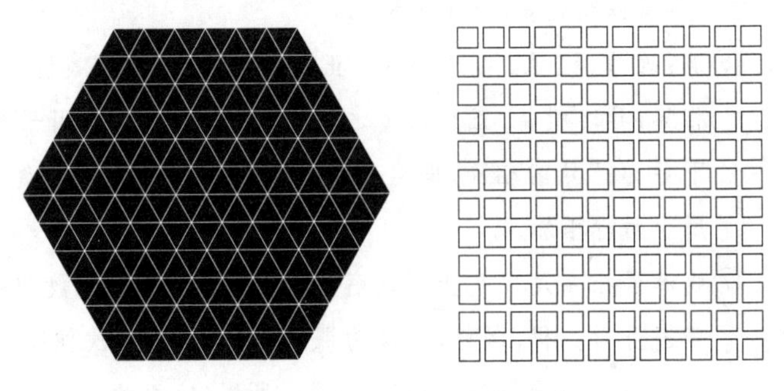

图8-1 正策三廉,负策四廉

④方程自有赤黑相取,法实数相推求之术,而其并减之势不得广通,故使赤黑相消夺之:"方程"的布列常会出现同一行中正负兼用的情形(如[8-4]题至[8-9]题),因而,若不用赤黑两种算筹来表示正负,则左右两行之数的相加相减便无法普遍通行,所以需要进行两行相加相减以达到消元的运算过程。相取,兼相取用的意思。关于"消夺",李潢《九章算术细草图说》曰:"云故令赤黑相消夺之者,本设诸行意主相减,其相除者为减余;其相益得亦为减余;故曰消。云夺者,谓以相除相益者夺其位也。"按李潢的解释,在方程之左右相推求中,无论"相除"或是"相益",其实都是为了相减求其余数,直至消去某位物数,所以称这种演算为"消";而当被加、被减之数为零即在筹算中表为空位时,则用加数

或减数反号（称之为“消夺者”）夺取该空位，所以称这种演算为“夺”。总之，“消夺”是指筹算中方程两行相加相减以达到消元的运算过程。

⑤于算或减或益，同行异位，殊为二品，各有并减之差，见于下焉：置于“方程”同一行里上、下不同列位的数，它们或正或负有两种不同的品类，即“同行异位，殊为二品”。这正、负两类数分别表示相加、相减两种不同的意义，这是相对于下“实”来说的，故云“各有并减之差，见于下焉”。

⑥著：著录，记录。此二条：指正负术的两条法则。上条为：“同名相除，异名相益，正无入负之，负无入正之。”这应用于两行相减。下条为：“异名相除，同名相益，正无入正之，负无入负之。”这应用于两行相加。

⑦故赤黑相杂足以定上下之程：本句强调有了正负数使列“方程”普遍可行。程，课程，原义为课率。每“程”一次便得“方程”之一行，故一“行”即为一“程式”。所以，这里的“程”即是由上下各位数字组成的“行”。

⑧减益虽殊足以通左右之数：有了这两条不同的法则，“方程”的左右相消便可畅行了。减益，两行的相减或相加，即指正负术中的上、下两条法则。

⑨差实虽分足以应同异之率：有下“实”可正可负的自由，则“损益算法”也就无所阻碍了。差实，指余实，即除去各“列实”之外所余之下实。它亦有正负的区分，从而可以应对上列各位数值正负的不同。

⑩然则其“正无入负之，负无入正之”，其率不妄也：入，在此作减法解，正无入，即以正数去减零（空位）便无所得减，由于“两算得失相反”，故将正数变号为负数而夺取空位，这也就是“负之”，即变号成负数作为减余之数。负无入正之，与之情况相反。徽注云

“其率不妄也”，强调这种“无对互之”的穷则变通的思想是正负数加减运算的灵魂。

⑪其异名者，非其类也。非其类者，犹无对也，非所得减也。故赤用黑对则余黑，黑无对则余赤。赤黑并于本数，此为相益之，皆所以为消夺。消夺之与减益成一实也：异号之数，不是同类。若用一数去减它的异类数，就犹如用它去减空位一样无所应对者，也就无所得减。根据“无对互之”的法则，若是以红筹去减黑筹，就变通为黑筹去加黑筹，所得为黑筹，反之亦然。由于这一法则化异号相减为同号相加，因此减余之数的绝对值即是正、负二数绝对值之和，此即“赤黑并于本数”；本数在此即指绝对值。这就是术文所谓“异名相益”的意思。“相益”也和“相除”一样被视为“消夺”；所谓“消夺”就是将两个“实”相加减而成为一个“实”。

⑫其当以列实减下实，而行中正负杂者亦用此条。此条者，同名减实，异名益实，正无入负之，负无入正之也：“方程”求解常用列实（一秉之实乘以其秉数）去减下实的演算，若行中各列正负相杂，便会用到正负数相减，即上条之法则。具体地说：若列实与下实同号，则以列实减下实，此曰“同名减实”；若列实与下实异号，则将列实反号后去加下实，此曰“异名益实”；若下实为空位（零）两列实为正，则将列实反号为负置于下实之空位上，此曰“正无入负之”；若下实为空位而列实为负，则将列实反号为正置于下实空位上，此曰“负无人正之”。

⑬二品：指正与负两种品类的数。互相取：交互取用。即正与负可以彼此交换，强调它们只有相对的意义。

⑭虽复赤黑异算：虽然正负号同时彼此交换之意。

⑮然则可得使头位常相异名，此条之实兼通矣：意思是说，既然“方程”的行中各数可以同时变号，那么总可使两行头位异号，因而可普遍采用正负术之下条法则来进行消夺。然则，这样……那么，此

处指上文的“使二品互相取”既然可行,那么正负术的下条法则便事实上可以普遍通用。兼通,普遍通行。兼,此作完全、普遍解。

⑯遂以二条反复一率:即用正负术的上、下两条法则施行于“方程”的同一行。遂,进,荐。此作进一步解。率,指“方程”的行,即可将每一行视为一率。

⑰观其每与上下,互相取位,则随算而言耳,犹一术也:依据算法,例如,用右行去消左行之头位,则亦可将右行上下同时变号(互相取位)去消左行,这即是对右行反复使用正负术的上下两条法则。从左行被“消夺”后的结果看是完全一致的。故云“则随算而言耳,犹一术也”。

⑱又本设诸行,欲因成数以相去耳。故其多少无限,令上下相命而已:本设诸行,指列“方程”时原本所置的各行。因成数以相去,靠行中对应数的相减而消去。因,依据,依靠。上下相命,以上“法”命下“实”,即以“法”除“实”而得所求一秉之数。意谓这种“因成数以相去”的演算,进行多少次没有限制,直到化成行中只剩一“法”一“实”,可以“上下相命”为止。而已,而后停止。李潢《九章算术细草图说》解释道:“此又以多行者言之,故云诸行列行虽多,亦是逐位相减至一法一实,上下相命而止也。”其说近于原意。

⑲若以正负相减,如数有旧:用正负术相减来解“方程”就如同在“方程”术中所熟知的办法一样去进行相消。有旧,过去有过交往。数,在这里是指通常不分正负的数。

⑳增法者,每行可均之,不但数物左右之也:算法的推广,在于将每行一视同仁,行与行相消不必依左右顺序进行。增法,即推广的算法。增,扩展。均,相同。

【图草】

依正负术推演[8-3]题如下。

上禾	1	0	2
中禾	0	3	1
下禾	4	1	0
实	1	1	1

(1)如方程，各置所取；

→

2	0	2
0	3	1
8	1	0
2	1	1

(2)以右行上禾遍乘左行；

同名相除
正无入负之
→（以右行减左行）
同名相除

0	0	2
-1	3	1
8	1	0
1	1	1

(3)以正负术入之，用上条；

→

0	0	2
-3	3	1
24	1	0
3	1	1

(4)以中行中禾遍乘左行；

异名相除
→（以中行加左行）同名相益
同名相益

0	0	2
0	3	1
25	1	0
4	1	1

(5)以正负术入之，用下条；

→

0	0	2
0	75	1
25	25	0
4	25	1

(6)以左行下禾遍乘中行；

→（以左行减中行）

0		0	2
0		75	1
25	同名相除	0	0
4	同名相除	21	1

(7)以正负术入之，用上条；

→

0	0	150
0	75	75
25	0	0
4	21	75

(8)以中行中禾遍乘右行；

→（以中行减右行）

0	0		150
0	75	同名相除	0
25	0		0
4	21	同名相除	54

(9)以正负术入之，用上条；

→

0	0	1
0	1	0
1	0	0
$\frac{4}{25}$	$\frac{21}{75}=\frac{7}{25}$	$\frac{54}{150}=\frac{9}{25}$

(10)以上命下。

【译文】

[8-3]假设取上禾2束,或中禾3束,或下禾4束,它们的实都不满1斗;如果于上禾里添取中禾1束,于中禾里添取下禾1束,于下禾里添取上禾1束,则它们的实皆正满1斗。问上、中、下禾每1束得实各多少?

答:上禾1束得实$\frac{9}{25}$斗;中禾1束得实$\frac{7}{25}$斗;下禾1束得实$\frac{4}{25}$斗。

算法:仿照"方程"算法,各列置所取禾、实之数,放置上禾束数2于右行之上位,中禾束数3于中行之中位,下禾束数4于左行之下位,所添加的束数1及实之斗数1皆各随之而放置在其相应的位置上。凡诸行有相借取之"物"的设问,皆照此例列筹式。用正负算法来推算。

正负算法:现有得失相反的两种数,所以要用正、负来对它们命名。表示正数的算筹用红色,表示负数的算筹用黑色,如若不这样也可以算筹截面形状的邪与正来区别它们。"方程"自然应有兼取正、负之数,和"法""实"两数相互推求的算法,但常出现相加相减的运算不能得以普遍通行,所以使用红黑两种算筹来进行"消夺"(两行相加减以消去某位)。对于数的或减或加,在同一行中不同的位置上,表示为正、负两种不同品类的数,它们有当加或当减的差别,是相对于下实而表现出来的。著录正负算法的这两条法则,特别联系"程禾"的实例以阐明这两条法则的意义。所以红黑两种筹相杂就足以确定"方程"各行上下之数,两行虽有相减相加的不同却足以使左右之数相互推求而畅通无阻,下实虽然有为正为负的分别却足以应对上列各位设问或损或益的变化。这样"正数无所得减变为负,负数无所得减变为正",

其法则并不是虚妄的。**同号之数则相减**，这即是以红减红，以黑减黑，乃用于行与行相减，为了消去头位。这样两行头位同号的情形当用本条法则，两头位异号的情形则当用下一条法则。**异号之数则将减数反号而后相加**，加行或减行应当是用同类之数相加减。当其两数异号，即非同类。既非同类，就犹如同用数去减空位一样无有应对者，便无所得减。所以红筹去减黑筹则所余之数为黑筹，以黑筹去减红筹则所余之数为红筹。而余数的绝对值等于正负二数绝对值之和，这就是“相益”的意思，也都是用来作行与行之间的“消夺”。所谓消夺即是将两行之“实”相加减而成一个“实”。算法原本的要旨在于必须消除行之首位，至于其他各位则不管其数的多少，所以或令相减，或令相加，理论上无所谓异同，两种算法是一致的。**正数去减零（无入）则易正为负作余数，负数去减零（无入）则易负为正作余数**。所谓“无入”，即是“无对”（无所应对）。无所得减，则将“消夺者”（减行之数反号）放置在被减行的空位上。当其计算列实去减下实，而该行各列正、负相杂的情形也使用此条法则。在这时此条法则即是，两数同号则用列实减下实，两数异号则将列实反号后加下实，正数去减零则易正为负作余实，负数去减零则易负为正作余实。**或者当两行相加时异号之数相减，同号之数则相加，正数去加零（无入）则得此正数，负数去加零（无入）则得此负数**。这条法则是以“异名相除”为规程，所以也就与上条法则相反相成。凡是言“正”“负”只是用来表示它们的同异，使两种品类交互取用而已。称它为“负”者未必真是其实际的值较小，而称它为“正”者也未必真是其实际的值较大，所以“方程”中每行虽然重新将正、负统统反号来计算也是无妨的。这样就可使得两行头位之数总保持异号，因而这条法则实际上总是到处通行无阻的。进而应用此两条法则反复施行于“方程”的同一行，观察其每次上下列相关联地互取相反符号，则从计算的过程看，犹如同一算法。再则“方程”原本设立的诸行要依靠数的相减而相互消去。所以其相减多少次没有限制，只要消得一法一实，能使上“法”与下“实”相除为止。若是以正负相消，则依下实之数进行。增添的算法，使每行可以同样消去下实之数，不只是在几个“物”数的左右之间进行相减消的运算。

[8-4] 今有上禾五秉,损实一斗一升,当下禾七秉;上禾七秉,损实二斗五升,当下禾五秉。问上、下禾实一秉各几何?

答曰:上禾一秉五升;下禾一秉二升。

术曰:如方程,置上禾一秉正,下禾七秉负,损实一斗一升正。言上禾五秉之实多,减其一斗一升,余是与下禾七秉相当数也。故互其算,令相折除,以一斗一升为差①。为差者②,上禾之余实也③。次置上禾七秉正,下禾五秉负,损实二斗五升正。以正负术入之。按正负之术,本设列行物程之数不限多少,必令与实上下相次,而以每行各自为率。然而或减或益,同行异位,殊为二品,各自并减之差见于下也。

【注释】

①故互其算,令相折除,以一斗一升为差:故互其算,故将其算互取反号。因为上禾的束数取作"正",故其所"损"之实当反号而取作"负",即"-11"升。令相折除,令其反减下实之意。折除,反转相减。下实为空位,依"负无入正之",故得差实之数为"+11"。

②差:差实。

③余实:上禾5束减下禾7束所余之实。

【译文】

[8-4] 假设上禾5束,损实1斗1升,与下禾7束相当;上禾7束,损实2斗5升,与下禾5束相当。问上、下禾每1束得实多少?

答:上禾每1束得实5升;下禾每1束得实2升。

算法:仿照"方程"算法,列置上禾束数"+5",下禾束数"-7",损

“实”之升数“+11”于右行。其意是说上禾5束之实较下禾7束之实为多，减去其1斗1升，余数正与下禾7束之实数相等。所以将损实之数反号，用它去减下实，得升数“+11”为差实。所谓“差实”，即是上禾之“余实”。其次列置上禾束数“+7”，下禾束数“-5”，损实之升数“+25”于左行。用正负算法来推算。按正负之算法，原“方程”中所设列行中“物”数之多少没有限制，但必须使“物”与“实”按一定的次序上下排列，而以每行各自成为一组率。然而一行之数或减或加，同行而不同位的数区分为正负两种不同品类的数，它们相对于下实表现出相加或相减的差别。

[8-5]今有上禾六秉，损实一斗八升，当下禾一十秉。下禾一十五秉，损实五升，当上禾五秉。问上、下禾实一秉各几何？

答曰：上禾一秉实八升；下禾一秉实三升。

术曰：如方程，置上禾六秉正，下禾一十秉负，损实一斗八升正；次，上禾五秉负，下禾一十五秉正，损实五升正。以正负术入之。言上禾六秉之实多，减损其一斗八升，余是与下禾十秉相当之数。故亦互其算，而以一斗八升为差实。差实者，上禾之余实也。

【译文】

[8-5]假设上禾6束，损实1斗8升，与下禾10束相当。下禾15束，损实5升，与上禾5束相当。问上、下禾每1束得实多少？

答：上禾每1束得实8升；下禾每1束得实3升。

算法：仿照“方程”算法，列置上禾束数“+6”，下禾束数“-10”，损“实”之升数“+18”于右行。其次，列置上禾束数“-5”，下禾束数“+15”，损“实”之升数“+5”于左行。用正负算法来推算。其意是说上禾

6束之实较下禾10束之实为多,减去其1斗8升,所余之数正与下禾10束之实数相等。所以将损实之数反号而取升数“+18”为差实。所谓“差实”即是上禾去掉下禾之余实。

[8-6] 今有上禾三秉,益实六斗,当下禾一十秉。下禾五秉,益实一斗,当上禾二秉。问上、下禾实一秉各几何?

答曰:上禾一秉实八斗;下禾一秉实三斗。

术曰:如方程,置上禾三秉正,下禾一十秉负,益实六斗负。次置上禾二秉负,下禾五秉正,益实一斗负。以正负术入之。言上禾三秉之实少,益其六斗,然后于下禾十秉相当也。故亦互其算,而以六斗为差实。差实者,下禾之余实。

【译文】

[8-6] 假设上禾3束,益实6斗,与下禾10束相当。下禾5束,益实1斗,与上禾2束相当。问上、下禾每1束得实多少?

答:上禾每1束得实8斗;下禾每1束得实3斗。

算法:仿照“方程”算法,列置上禾束数“+3”,下禾束数“-10”,益“实”之斗数“-6”于右行。其次列置上禾束数“-2”,下禾束数“+5”,益“实”之斗数“-1”于左行。用正负算法来推算。其意是说上禾3束之实较下禾10束之实少,对其增加6斗,然后与下禾10束之实数相等。所以将益实之数反号,而取斗数“-6”为差实。所谓差实,即下禾去掉上禾之余实。

[8-7] 今有牛五、羊二,直金十两;牛二、羊五,直金八两。问牛、羊各直金几何?

答曰:牛一,直金一两、二十一分两之一十三;羊一,直金二十一分两之二十。

术曰：如方程。假令为同齐，头位为牛，当相乘左右行定。更置右行，牛十、羊四，直金二十两；左行，牛十、羊二十五，直金四十两。牛数等同，金多二十两者，羊差二十一使之然也。以少行减多行，则牛数尽，惟羊与直金之数见，可得而知也。以小推大，虽四、五行不异也①。

【注释】

①以小推大，虽四、五行不异也：此题徽注用互乘相消法求解。对于两行的“方程”这很简便。注文进而指出，对于多行的“方程”亦可用互乘相消来代替遍乘直除。以小推大，即推而广之。

【译文】

[8-7]已知牛5头，羊2头，共值金10两；牛2头，羊5头，共值金8两。问牛、羊每头各值金多少？

答：牛1头，值金$1\frac{13}{21}$两；羊1头，值金$\frac{20}{21}$两。

算法：依照“方程”算法。假使作为“同齐”演算，头位为牛，当用牛数交相去乘左右行而定。从而改作右行是，牛数10，羊数4，值金两数20；左行是，牛数10，羊数25，值金两数40。两行之牛数等同，而金多出20两，这是羊数相差21只所造成的。用少行去减多行，则牛数被消去，只出现羊与值金之数，便可推得所求之数。由小推大，即使有四、五行也可仿此进行。

[8-8]有卖牛二、羊五，以买一十三豕，有余钱一千；卖牛三、豕三，以买九羊，钱适足；卖羊六、豕八，以买五牛，钱不足六百。问牛、羊、豕价各几何？

答曰：牛价一千二百；羊价五百；豕价三百。

术曰:如方程,置牛二、羊五正,豕一十三负,余钱数正;次,牛三正,羊九负,豕三正;次,牛五负,羊六正,豕八正,不足钱负。以正负术入之。此中行买卖相折,钱适足,但互买卖算而已,故下无钱直也。设欲以此行如方程法,先令牛二遍乘中行,而以右行直除之,是故终于下实虚缺矣①。故注曰正无实负,负无实正,方为类也②。方将以别实加适足之数,与实物作实③。

【注释】

①设欲以此行如方程法,先令牛二遍乘中行,而以右行直除之,是故终于下实虚缺矣:由于中行"下无钱直",也就是"下实虚缺",因而"以右行直除之"受到了阻碍。故云:"终于下实虚缺矣。"终,终止。因有阻碍而不能继续进行之意。李潢"说曰"云:"注云'设欲以此行如方程法'者,此行,中行也。中行钱适足,下实虚缺。先令牛二遍乘中行,而以右行直除之,移右行下实为中行下实,正无入负之,是不终于虚缺矣。"言有了"无入互之"的法则,便可化"终"为"不终"。

②故注曰正无实负,负无实正,方为类也:李潢说:"云注曰者,'正无入负之'之注也。前注作'入',此注作'实'。前注在同名减实,异名益实之下,故作'入'。此注承终于下实虚缺而言,故作'实'。云方为类也,实在此方为正,移入彼方为负;实在此方为负,移入彼方为正,是各为类也。"依李潢的解释,"正无实负,负无实正"即是由"正无入负之,负无入正之"而来,其以"实"代"入",是因为承接上文"终于下实虚缺"来说的。而"正无实负,负无实正",表明下实在左右两方符号相反,即依其所在左右方(行)的不同而归属(正负)不同类的数。

③方将以别实加适足之数,与实物作实:中行原先"下实虚缺","以

右行直除之”后，它有了下实，这好似将别行的下实“加”到适足之数里，而给行中那些实有之“物”充当下实。方，比拟，比方。别实，别行的下实。与，给予。实物，实有之物。李潢说：“别实，别行之下实也。实物，今实有之物也。中行本无下实，以别行下实加适足之位，作中行实物之下实也。”

【译文】

[8-8]假设卖牛2头及羊5头，用以买豕13头，有余钱1 000；卖牛3头及豕3头，用以买羊9头，钱适足；卖羊6头及豕8头，用以买牛5头，钱不足600。问牛、羊、豕每头价值多少？

答：牛价1 200；羊价500；豕价300。

算法：仿照“方程”算法，列置牛数“+2”，羊数“+5”，豕数“-13”，余钱数“+1 000”于右行；其次，牛数“+3”，羊数“-9”，豕数“+3”于中行；再其次，牛数“-5”，羊数“+6”，豕数“+8”，不足之钱数“-600”于左行。用正负算法来推算。此处中行内买卖两项相折算，钱数刚好，只须将买卖牲畜头数取作相反数，所以下方无值钱之数。假设要以此行依照“方程”算法，先令牛数2遍乘中行，而用右行去“直除”它，于是会终止于下实的虚缺。所以注解说：“以正实去减空位所得下实为负，以负实去减空位所得下实为正”，实数按其在左右方而归类。犹如将“别实”添加到适足之数，而给那些实有之“物”充当下实。

[8-9]今有五雀、六燕，集称之衡①，雀俱重，燕俱轻②。一雀一燕交而处，衡适平。并雀、燕重一斤。问雀、燕一枚各重几何③？盈不足章黄金白银与此相当④。假令黄金九、白银一十一，称之重适等。交易其一，金轻十三两。问金、银一枚各重几何。与此同。

答曰：雀重一两、一十九分两之一十三；燕重一两、一十九分两之五。

术曰:如方程,交易质之,各重八两[⑤]。此四雀一燕与一雀五燕衡适平。并重一斤,故各八两。列两行程数[⑥]。左行头位其数有一者,令右行遍除亦可。今于左行而取其法实于左[⑦]。左行数多,以右行取其数。左头位减尽,中下位算当燕与实。右行不动;左上空,中法、下实。即每枚当重宜可知也[⑧]。按此四雀一燕与一雀五燕其重等,是三雀四燕重相当,雀率重四,燕率重三也。诸再程之率皆可异术求之,即其数也。

【注释】

①集称之衡:即分别聚集而以衡器称之。集,群鸟栖止在树上。《诗经·周南·葛覃》:"黄鸟于飞,集于灌木。"引申为聚集,会合。衡,衡器,指秤或天平。

②雀俱重,燕俱轻:即是说五雀的重量大于六燕的重量。俱,在一起。

③枚:量词,相当于个、只。

④盈不足章黄金白银与此相当:盈不足章第[7-18]题以"黄金白银"设问,其内容与本题相仿。相当,指黄金、白银与雀、燕可相互对应。

⑤交易质之,各重八两:将五雀、六燕交换一枚之后而评量,推算"四雀一燕"与"一雀五燕"之重量,由题意可见各为半斤,即"各重八两"。质,评量,评断。

⑥程数:即下文所谓"程率"。"方程"每行各数皆由"课率"(亦称"程率")而得,故称之为"程数"或"程率"。

⑦左行头位其数有一者,令右行遍除亦可。今于左行而取其法实于左:依术列"方程",其左行头位为1,便令右行遍减去左行,计算过程如下。

	左	右
雀	1	4
燕	5	1
重	8	8

→

左	右
1	0
5	-19法
8	-24实

1.左行头位其数一者　2.令右行遍除

遍除，从上至下逐位被减之意。令“遍除”者即是确立被减行。如前所述，“方程”算法一般是由右行消去左行头位，此处为“省乘”而由左消右，故云“亦可”。但由于左行下位数较大，因此若于左行“遍除”，即消去左行头位，被减后无须变号，故仍“取法实于左”。

⑧左行数多，以右行取其数。左头位减尽，中下位算当燕与实。右行不动；左上空，中法、下实。即每枚当重宜可知也：本题所列“方程”，左行中、下两列之数比之右行为大，此即“左行数多”。由前述可见，以左行反消右行所得法、实皆为负数，似有反号之繁。故徽注又提出仍以右行消左行。使左行头位被消去，而中、下位所得之数便当为燕与实之数。进而“右行不动；左上空，中法、下实”，于是燕与雀每枚之重便可推得了，具体计算过程如下所示。

	左	右
雀	1	4
燕	5	1
重	8	8

遍乘→

4	4
20	1
32	

直除→

0	4
19法	1
24实	8

【译文】

[8-9]假设有雀5枚、燕6枚，分别聚集而用衡器称之，雀在一起为重，燕在一起为轻。若将一雀与一燕交换位置，衡器适平。燕、雀加在一

起重1斤。问燕、雀每1枚各重多少？盈不足章有“黄金白银”问题与此题相仿。假设黄金9枚，白银11枚，称它们的重量正好相等。互相交换1枚，则金方轻13两。问金、银每1枚各重多少？其意思与此题相同。

答：雀重为$1\frac{13}{19}$两；燕重为$1\frac{5}{19}$两。

算法：依照“方程”算法，按交换各一枚后评量，各重8两。这里是指4雀加1燕与1雀加5燕的重量相等。它们共重1斤，所以各重8两。由此列出两行之“程数”。左行头位之数是1，令右行遍减去左行即可。今在左行相消而得一法一实于左行。本题中左行下两位之数较大，所以用右行去减左行之数。左行头位被减尽，中、下两列当为燕与实之数。右行不动；左行上列空缺，中为法，下为实。即每枚之重量便应当可以推知了。按此4雀加1燕与1雀加5燕重量相等，即是3雀与4燕的重量相当，雀重之率为4，燕重之率为3。“方程”中再一行的各位“程率”皆可用不同的方法求得，即确定“方程”中另一行各位之数。

[8-10]今有甲、乙二人持钱不知其数。甲得乙半而钱五十；乙得甲太半而亦钱五十。问甲、乙持钱各几何？

答曰：甲持三十七钱半；乙持二十五钱。

术曰：如方程，损益之。此问者，言一甲、半乙而五十；太半甲、一乙亦五十也。各以分母乘其全内子，行定：二甲、一乙而钱一百；二甲、三乙而钱一百五十，于是乃如方程。诸物有分者仿此。

【译文】

[8-10]假设有甲、乙二人持钱不知其多少。甲若得乙之$\frac{1}{2}$则钱数为50；乙若得甲之$\frac{2}{3}$则钱数也为50。问甲、乙所持钱数各多少？

答：甲持$37\frac{1}{2}$钱；乙持25钱。

算法：依照“方程”算法，对其相减相加。 此问之意，即是说1倍甲数、$\frac{1}{2}$倍乙数，其和为50；$\frac{2}{3}$倍甲数、1倍乙数，其和也为50。各行以其分母乘整部而加分子，其右、左二行定为：甲数2，乙数1，钱数100；甲数2，乙数3，钱数150，于是乃依“方程”算法推算。各“物”若分数者皆仿此进行。

[8-11] 今有二马、一牛价过一万，如半马之价。一马、二牛价不满一万，如半牛之价。问牛、马价各几何？

答曰：马价五千四百五十四钱、一十一分钱之六；牛价一千八百一十八钱、一十一分钱之二。

术曰：如方程，损益之。此一马半与一牛价直一万也，二牛半与一马亦直一万也。一马半与一牛直钱一万，通分内子，右行为三马、二牛、直钱二万。二牛半与一马直钱一万，通分内子，左行为二马、五牛、直钱二万也。

【译文】

[8-11] **已知马2头与牛1头的价值超过10 000钱，其超出之数相当半头马的价值。马1头与牛2头的价值不足10 000钱，其不满之数相当于半头牛的价值。问牛、马每1头价值各多少？**

答：马价5 454$\frac{6}{11}$钱；牛价1 818$\frac{2}{11}$钱。

算法：依照“方程”算法，对其相减相加。 这即是马1头半与牛1头价值为10 000钱，牛2头半与马1头也值10 000钱。马1头半与牛1头值10 000钱，用分母遍乘该行（通分内子），右行为：马数3，牛数2，值钱数20 000。牛2头半与马1头值10 000钱，用分母遍乘该行，左行为：马数2，牛数5，值钱数20 000。

[8-12] 今有武马一匹[①]，中马二匹，下马三匹，皆载四十

石至阪[2],皆不能上。武马借中马一匹,中马借下马一匹,下马借武马一匹,乃皆上。问武、中、下马一匹各力引几何[3]?

答曰:武马一匹力引二十二石、七分石之六;中马一匹力引一十七石、七分石之一;下马一匹力引五石、七分石之五。

术曰:如方程,各置所借。以正负术入之。

【注释】

①武马:军马或勇猛有力之马。武,泛指干戈军旅之事;也作勇猛解。

②阪(bǎn):山坡,斜坡。

③力引:力所牵引,即指马的力气所能牵引的物重。引,牵引,拉。

【译文】

[8-12]假设用武马1匹,或中马2匹,或下马3匹,皆载重40石行至山坡,都不能上去。若用武马借中马1匹,或中马借下马1匹,或下马借武马1匹,于是皆能上坡。问武、中、下马每1匹各自力引多少?

答:武马每1匹力引$22\frac{6}{7}$石;中马每1匹力引$17\frac{1}{7}$石;下马每1匹力引$5\frac{5}{7}$石。

算法:仿照"方程"算法,各列置所借之数。用正负算法推算之。

[8-13]今有五家共井,甲二绠不足,如乙一绠[1];乙三绠不足,如丙一绠;丙四绠不足,如丁一绠;丁五绠不足,如戊一绠;戊六绠不足,如甲一绠。如各得所不足一绠,皆逮。问井深、绠长各几何?

答曰:井深七丈二尺一寸。甲绠长二丈六尺五寸;乙绠长一丈九尺一寸;丙绠长一丈四尺八寸;丁绠长一丈二尺九寸；戊绠长七尺六寸。

术曰：如方程，以正负术入之。此率初如方程为之[②]，名各一逮井[③]。其后，法得七百二十一，实七十六，是为七百二十一绠而七十六逮井[④]。用逮之数以法除实者，而戊一绠逮井之数定，逮七百二十一分之七十六[⑤]。是故七百二十一为井深，七十六为戊绠之长，举率以言之[⑥]。

【注释】

①甲二绠（gěng）不足，如乙一绠：甲用绳2根不够，差乙之绳1根。“……不足，如……”，此句式中“如”之后部分用以说明“不足”，表示其相差之数。绠，汲水器上的绳索。《荀子·荣辱》：“短绠不可汲深井之泉。”

②此率：指所列“方程”各行之数（令每行为率）。初：起初，与下文“其后”相呼应。

③逮（dài）井：达到井深。此处因井深为未知之数，故列“方程”时将它作为下“实”，取名1“逮井”。此“逮井”可视为长度单位，用它表示井深的长度。逮，及，到。

④其后，法得七百二十一，实七十六，是为七百二十一绠而七十六逮井：经过左右相消之后，左行上列各位被消去，仅剩戊之绠数721，下实“逮井”之数76，故云“法得七百二十一，实七十六”。这就表示戊绠721与“逮井”76两者长度相当。

⑤用逮之数以法除实者，而戊一绠逮井之数定，逮七百二十一分之七十六：采用“逮井”为单位来计算，“以法除实”，便得戊之1绠所当之逮井数为$\frac{76}{721}$。逮，即逮井的简称。

⑥是故七百二十一为井深，七十六为戊绠之长，举率以言之：由于井

深未定,因此计算所得实为井深与戊绠长度之比数为721∶76。刘徽注指出了此题解的不定性。举率,按照比率的观点。举,擎起,抬起。

【译文】

[8-13]假设五家共用一井取水,甲用绳2根不够,差乙之绳1根;乙用绳3根不够,差丙之绳1根;丙用绳4根不够,差丁之绳1根;丁用绳5根不够,差戊之绳1根;戊用绳6根不够,差甲之绳1根。如果各得所差之绳1根,皆能达到井深。问井深、绳长各多少?

答:井深7丈2尺1寸。甲绳长2丈6尺5寸;乙绳长1丈9尺1寸;丙绳长1丈4尺8寸;丁绳长1丈2尺9寸;戊绳长7尺6寸。

算法:仿照"方程"算法,用正负数算法推算之。此题列置各行起初亦仿"方程"来进行,下实之名各为1"逮井"。其左行经消夺后,法数得721,实数得76,即是戊用绳721根而相当76"逮井"。用逮井之数来以"法"除"实"。而戊之绳1根的"逮井"之数可以确定,即到达井深的$\frac{76}{721}$。于是取721为井深,76为戊绳1根之长,这是按比率而言的。

[8-14]今有白禾二步、青禾三步、黄禾四步、黑禾五步①,实各不满斗。白取青、黄;青取黄、黑;黄取黑、白;黑取白、青,各一步,而实满斗。问白、青、黄、黑禾实一步各几何?

答曰:白禾一步实一百一十一分斗之三十三;青禾一步实一百一十一分斗之二十八;黄禾一步实一百一十一分斗之一十七;黑禾一步实一百一十一分斗之一十。

术曰:如方程,各置所取。以正负术入之。

【注释】

①白禾二步、青禾三步、黄禾四步、黑禾五步:白、青、黄、黑为四色,

用以命名不同种类的禾。以色命物,犹如用天干地支以及八音之名而为物命名一样,为古代算家所常用。步,即亩法“二百四十步”之“步”,指平方步。禾在田中,以其面积大小预测产量,故以“步”为单位。

【译文】

[8-14]假设白禾2平方步、青禾3平方步、黄禾4平方步、黑禾5平方步,各自之实皆不足1斗。若白禾添取青、黄二禾;青禾添取黄、黑二禾;黄禾添取黑、白二禾;黑禾添取白、青二禾,皆各添1平方步,而其实都满1斗。问白、青、黄、黑之禾每1平方步的“实”各是多少?

答:白禾每1平方步之实为$\frac{33}{111}$斗;青禾每1平方步之实为$\frac{28}{111}$斗;黄禾每1平方步之实为$\frac{17}{111}$斗;黑禾每1平方步之实为$\frac{10}{111}$斗。

算法:仿照“方程”算法,列置所取各数。用正负算法推算之。

[8-15]今有甲禾二秉、乙禾三秉、丙禾四秉,重皆过于石:甲二重如乙一;乙三重如丙一;丙四重如甲一。问甲、乙、丙禾一秉各重几何?

答曰:甲禾一秉重二十三分石之一十七;乙禾一秉重二十三分石之一十一;丙禾一秉重二十三分石之一十。

术曰:如方程,置重过于石之物为负。此问者,言甲禾二秉之重过于一石也。其“过”者何?云:如乙一秉重矣。言互其算,令相折除,而以一石为之差实。差实者,如甲禾余实,故置算相与同也。以正负术入之。此“入”,头位异名相除者,正无入正之,负无入负之也[1]。

【注释】

①此"入",头位异名相除者,正无入正之,负无入负之也:由所列"方程"可见,左、右两行头位异号,故要以右行消去左行头位,将用正负术之下条法则,即按两行相加推算。此"入",即解释此推算所用之法则。

甲禾	-1	0	2
乙禾	0	3	-1
丙禾	4	-1	0
重量(石)	1	1	1

【译文】

[8-15]假设甲禾2束、乙禾3束、丙禾4束,它们的重量都超过1石:甲禾2束所超之重如同乙禾1束;乙禾3束所超之重如同丙禾1束;丙禾4束所超之重如同甲禾1束。问甲、乙、丙禾每1束各重多少?

答:甲禾1束重$\frac{17}{23}$石;乙禾1束重$\frac{11}{23}$石;丙禾1束重$\frac{10}{23}$石。

算法:仿照"方程"算法,取重量超出1石的那部分之"物"为负数。此问之意,是说甲禾2束之重超过1石。其超出的那部分是多少?如同乙禾1束之重量。将其数反号,令它反转相减,而以1石为其"差实"。所谓差实,犹如甲禾去掉乙禾的余实,所以它们所取之数相关而同号。用正负算法推算之。此"入"的算法,乃是头位不同的两数异号相减的情形,正数去加零则得此正数,负数去加零则得此负数。

[8-16]今有令一人、吏五人、从者一十人①,食鸡一十;令一十人、吏一人、从者五人,食鸡八;令五人、吏一十人、从者一人,食鸡六。问令、吏、从者食鸡各几何?

答曰:令一人食一百二十二分鸡之四十五;吏一人食一

百二十二分鸡之四十一;从者一人食一百二十二分鸡之九十七。

术曰:如方程。以正负术入之。

【注释】

①令:官名。战国、秦汉时,县的行政长官称为令,历代相沿,明清改称知县。吏:指官府中的胥吏(办理文书的小官)或差役,按题意,此当指前者。从者:随从的人,如仆从。

【译文】

[8-16]假设令1人、吏5人、从者10人,共吃鸡10只;令10人、吏1人、从者5人,共吃鸡8只;令5人、吏10人、从者1人、共吃鸡6只。问令、吏、从者每人吃鸡之数各多少?

答:令每人吃鸡$\frac{45}{122}$只;吏每人吃鸡$\frac{41}{122}$只;从者每人吃鸡$\frac{97}{122}$只。

算法:仿照"方程"算法,用正负算法推求之。

[8-17]今有五羊、四犬、三鸡、二兔,直钱一千四百九十六;四羊、二犬、六鸡、三兔,直钱一千一百七十五;三羊、一犬、七鸡、五兔,直钱九百五十八;二羊、三犬、五鸡、一兔,直钱八百六十一。问羊、犬、鸡、兔价各几何?

答曰:羊价一百七十七;犬价一百二十一;鸡价二十三;兔价二十九。

术曰:如方程。以正负术之入。

【译文】

[8-17]已知羊5头、犬4条、鸡3只、兔2只,值钱1496;羊4头、犬2

条、鸡6只、兔3只,值钱1175;羊3头、犬1条、鸡7只、兔5只,值钱958;羊2头,犬3条、鸡5只、兔1只,值钱861。问羊、犬、鸡、兔价钱各多少?

答:羊价177钱;犬价121钱;鸡价23钱;兔价29钱。

算法:仿照"方程"算法,用正负算法推求之。

[8-18]今有麻九斗、麦七斗、菽三斗、苔二斗、黍五斗,直钱一百四十;麻七斗、麦六斗、菽四斗、苔五斗、黍三斗,直钱一百二十八;麻三斗、麦五斗、菽七斗、苔六斗、黍四斗,直钱一百一十六;麻二斗、麦五斗、菽三斗、苔九斗、黍四斗,直钱一百一十二;麻一斗、麦三斗、菽二斗、苔八斗、黍五斗,直钱九十五。问一斗直几何?

答曰:麻一斗七钱;麦一斗四钱;菽一斗三钱;苔一斗五钱;黍一斗六钱。

术曰:如方程,以正负术入之。此"麻麦"与均输、少广之章重衰、积分,皆为大事①。其拙于精理徒按本术者,或用算而布毡,方好烦而喜误,曾不知其非,反欲以多为贵②。故其算也,莫不暗于设通而专于一端③。至于此类,苟务其成,然或失之不可谓要约。更有异术者,庖丁解牛,游刃理间,故能历久其刃如新④。夫数犹刃也,易简用之则动中庖丁之理。故能和神爱刃,速而寡尤⑤。凡《九章》为大事,按法皆不尽一百算也。虽布算不多,然足以算多。世人多以方程为难,或尽布算之象在缀正负而已⑥。未暇以论其设动无方,斯胶柱调瑟之类⑦。聊复恢演为作新术,著之于此,将亦启导疑意。网罗道精,岂传之空言?记其施用之例,著策之数,每举一隅焉。

方程新术曰:以正负术入之。令左右相减,先去下实,又转去物位,则其求一行二物正负相借者,易其相当之率。又令二物与他行互相去取,转其二物相借之数,即皆相当之率也[8]。各据二物相当之率,对易其数,即各当之率也[9]。更置成行及其下实[10],各以其物本率今有之,求其所同,并以为法。其当相并而行中正负杂者,同名相从,异名相消,余以为法。以下置为实。实如法,即合所问也。一物各以本率今有之,即皆合所问也。率不通者齐之。

其一术曰:置群物通率为列衰,更置成行群物之数,各以其率乘之,并以为法。其当相并而行中正负杂者,同名相从,异名相消,余为法。以成行下实乘列衰,各自为实。实如法而一,即得[11]。以旧术为之,凡应置五行。今欲要约。先置第三行。以第四行反减第三行。以第三行去其头位。次以第二行减右行。次置右行去其头位;余可半。次以第四行减左行。次以左行去第四行及第二行头位。次以第二行去第四行头位。余,约之为法实。如法而一得六,即黍价。以法治第二行得荅价,左行得菽价,右行得麦价,第三行麻价。如此凡用七十七算[12]。

以新术为此:先以第四行减第三行。次以第三行去右行及第二行、第四行下位。又以减左行,下位不足减乃止。次以左行减第三行。次以第三行去左行下位。讫,废去第三行。次以第四行去左行下位。又以减右行。次以右行去第二行及第四行下位。次以第二行减第四行及左行。次以第四行减左行,菽位不足减乃止。次以左行减第二行;余,可再半。次以第四行去左行及第二行头位。次以第二行去左行头位。余约之,上得五,下得三,是菽五当荅三。次以左行去第二行菽位。又以减第四行及右行,菽位不足减乃止。次以右行减第二行,头位不足减乃止。次以第二行去右行头位。次以左行去右行头位。余,上得六,下得五,是为荅六当黍五。次以左行去右行荅位,余,约之,上为二,下为一。次以右行去第二行下位。以第二行去第四行下位;又以减左行。次以左行去第二行下位。余,上得三,下得四,是为麦三当菽四。次以第二行减第四行。次以第四行去第二行下位。余,上得四,下得七,是为麻四当麦七。是为相当之率举矣。据麻四当麦七,即为麻价率七而麦价率四;又麦三当菽四,即为麦价率四而菽价率三;又菽五当荅三,即为菽价率三而荅价率五;又荅六当黍五,即为荅价率五而黍价率六,而率通矣。更置第三行,以第四行减之,余有麻一斗,菽四斗正,荅三斗负,下实四正。求其同为麻之数,以菽率三、荅率五,各乘其斗数,如麻率七而一,菽得一斗、七分斗之五正,荅得二斗、七分斗之一负。则菽、荅化为麻;以并之,令同名相从,异名相消,余得定麻七分斗之四,以为法。"置四"为实。以分母乘之,实得二十八,而分子化为法矣。以法除得七,即麻一斗之价。置麦率四、菽率三、荅率五、黍率六,皆以麻价乘之,各自为实。以麻率七为法,所得即各为价。亦可使置本行实与物同通之,各以本率今有之,所得并以为法,如此即无正负之异矣,择异同而已。

又可以其一术为之:置五行通率,为麻七、麦四、菽三、荅五、黍六,以为列衰。成行麻一斗、菽四斗正、荅三斗负,各以其率乘之,讫。令同名相从,异名相消,余为法。又置下实,乘列衰,所得各为实。此可以置约法,则不复乘列衰,各以列衰为价[13]。如此则凡用一百二十四算也[14]。

【注释】

①麻麦:此题以麻麦菽荅黍为问,故称之为"麻麦"。重衰:指均输

章前四问，其可归结为几个衰分与返衰的复合运算；重衰即衰分与返衰之重叠。积分：指少广章前十一问之少广术，其所列算式上列所得即为全步之“积分”，它相当于诸分数之公分母。大事：大事项。指它们在《九章算术》的算法中，所列的算式最为庞大，计算也最为复杂。

②其拙于精理徒按本术者，或用算而布毡，方好烦而喜误，曾不知其非，反欲以多为贵：不精通算理而只能按照原算法推算的人，或许会为了用算而铺开毡毯，将非常麻烦而爱出错误，竟不知道这样不对，反而以为用算多是可贵的。拙于，不善于。拙，笨拙。用算而布毡，在地面铺开毡毯来作运算，言其作算场面之宏大。方，将。《诗经·秦风·小戎》：“方何为期？”好，表示程度深或数量多。喜误，爱出错误，即容易出错之意。喜，爱好。

③暗：愚昧不明。设通：设法变通。设，筹划。通，变通。专于一端：独用一法。端，头，头绪。

④庖（páo）丁解牛，游刃理间，故能历久其刃如新：如同“庖丁解牛”，使刀刃在肌肉的纹理与骨节的缝隙中来回活动，所以能经历很长时间刀刃仍像新的一样。庖丁解牛的典故见于《庄子·养生主》。庖，厨师。丁，厨师的名字。解牛，分解牛的肢体。游刃理间，用以描述庖丁掌握了解牛的技术，使用刀刃得心应手，运用自如，使刀刃经久如新。游刃，使刀刃来回活动。理，腠理，即肌肉的纹理。间，间隙，指骨节中的缝隙。

⑤夫数犹刃也，易简用之则动中（zhòng）庖丁之理。故能和神爱刃，速而寡尤：然而数犹如刀刃，简单省便地使用它则操作合乎庖丁之理，故能不吃力而爱惜刀刃，动作敏捷而少有失误。动中庖丁之理，行动合于庖丁解牛的道理。动，操作，行动。中，适合。和神，精神和谐。和，和缓。寡尤，少有过失。

⑥世人多以方程为难，或尽布算之象在缀正负而已：世上之人大多

以为“方程”算法的困难,或许尽在布算方面,不过像正与负的相互连缀而已。尽,全部,都。缀,连结,拼合。

⑦未暇以论其设动无方,斯胶柱调瑟之类:未能有时间讨论其设法变通的不得法,这就如同“胶柱调瑟”一样。无方,方法不对头。胶柱调瑟,又作胶柱鼓瑟。瑟上有柱张弦,用以调节声音。柱被粘住,音调就不能变换。在此比喻拘泥不知变通。

⑧则其求一行二物正负相借者,易其相当之率。又令二物与他行互相去取,转其二物相借之数,即皆相当之率也:将“方程”的行先消去下实,再转向消物,以至于化为行中仅有二物,一正一负互相依存。如下文刘徽演草所记之“上得五,下得三”,即是上面菽位得负五,下面荅位得正三;此即“一行二物正负相借”。将此行所得结果用相当之率来解释,即是演草所谓“是菽五当荅三”。这就是“化其相当之率”。借,凭借,依靠。易,更改,改变。在此意指化为。

⑨各据二物相当之率,对易其数,即各当之率也:二物相当之率,是二种物价值相当时其所取数量之比率,如“菽五当荅三”,表示菽5斗与荅3斗的价值相当,此即“相当之率”。相当之率与物价之比,恰好成反比关系。故对易其数即成物价之比。如由此得菽价率3,荅价率5。所谓“各当之率”,即所求之各物价的比率。

⑩更置成行:另列置“成行”。成行,既定之行。成,成熟,已成。成行在此指用以消去“头位”的第三行,它因作为“减行”而于消元过程中被保留。如刘徽演草中以“更置第三行,以第四行减之,余有麻一斗、菽四斗正,荅三斗负,下实四正”为“成行”。成行的选取是有条件的:一是成行必须有下实,否则下实空缺则无从由“以法除实”来推算物价;二是行中各位的数字越简单,空缺物位越多计算越省便。

⑪置群物通率为列衰,更置成行群物之数,各以其率乘之,并以为

法。其当相并而行中正负杂者，同名相从，异名相消，余为法。以成行下实乘列衰，各自为实。实如法而一，即得：刘徽的“其一术”，是从比率的观点出发仿照衰分术给出“方程”的另一种解法。它以“群物通率”（各物物价之比数）为列衰，乘以成行中“群物之数”（各物之斗数）对应相乘，所得各项按“同号相加，异号相减”的原则相合并，所得之数作“法”（除数）。用“成行”之下实去乘列衰，各自作为“实”（被除数），以法除实，便得各物之价。演算如下。

	列衰	成行
麻	7	1
麦	4	0
菽	3	4
苔	5	-3
黍	6	0
		（下实）4

→

	实	成行
麻	7×4	1×7=7
麦	4×4	0×4=0
菽	3×4	4×3=12
苔	5×4	-3×5=-15
黍	6×4	+)0×6=0
		并 7+12-15=4

→

	物价
麻	$\frac{7\times4}{4}=7$
麦	$\frac{4\times4}{4}=4$
菽	$\frac{3\times4}{4}=3$
苔	$\frac{5\times4}{4}=5$
黍	$\frac{6\times4}{4}=6$

从比率的观点看，物价与下实为一组比率，它应合于成行各位之数。将“群物通率”乘减行对应“群物之数”，所得各项相并。此“并数”即为下实对应之率。于是，据成行已知之下实，及各物物价与下实之率，据今有术便可推知各物之价。

⑫如此凡用七十七算：按此算法，总共要在“方程”的行列中计算77个新数据。如本题图草所示，合计当为77算。算，在“方程”计算中，每计算出行列中某位上的一个新数据，则称之为一“算”。通常用“算”的多少作为计算量的测度。

⑬此可以置约法，则不复乘列衰，各以列衰为价：此，指本题。置，为

上文“置下实”的省语。以置约法，用“所置下实”数去约掉“法”数。如注⑪图草所示，所得成行各项之“并数”为4，亦即取“4”为法；而它与成行的下实之数4恰好相等，可以相互约去。所以不必再乘除，各取列衰之数为其物价。

⑭如此则凡用一百二十四算：参见本题图草，总计用算之数为124算。

【图草】

1.[8-18]题刘徽“以旧术为之”，推演如下。

	㊧	㊃	㊂	㊁	㊨
麻	1	2	3	7	9
麦	3	5	5	6	7
菽	2	3	7	4	3
荅	8	9	6	5	2
黍	5	4	4	3	5
实	95	112	116	128	140

→

㊂
3-2=1
5-5=0
7-3=4
6-9=-3
4-4=0
116-112=4

→

先置第三行，以减第四行（用6算）；

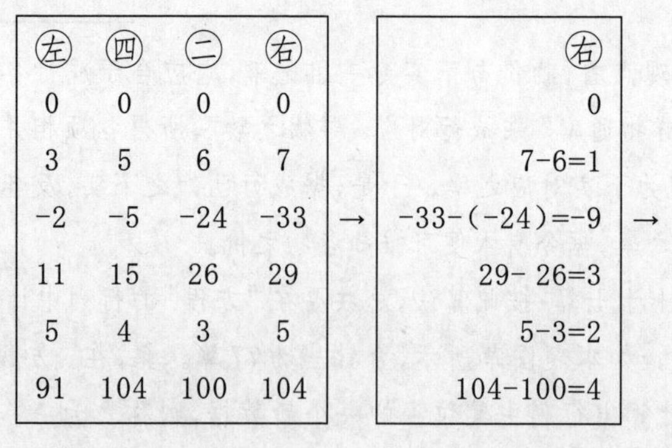

㊧	㊃	㊁	㊨
0	0	0	0
3	5	6	7
-2	-5	-24	-33
11	15	26	29
5	4	3	5
91	104	100	104

→

㊨
0
7-6=1
-33-(-24)=-9
29- 26=3
5-3=2
104-100=4

→

以第三行去其头位（用24算）；

次以第二行减右行（用5算）；

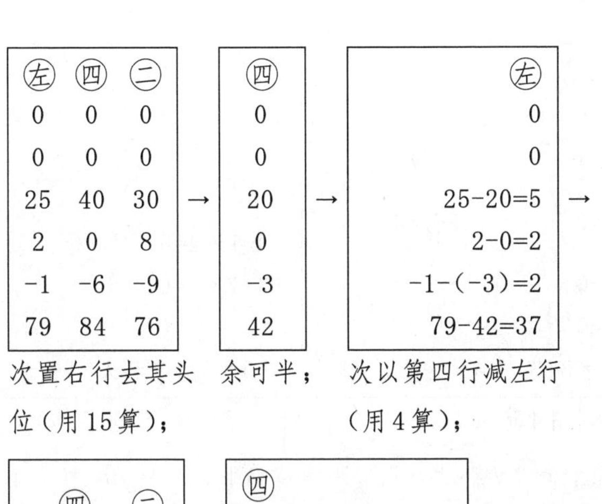

次置右行去其头位（用15算）；

余可半；

次以第四行减左行（用4算）；

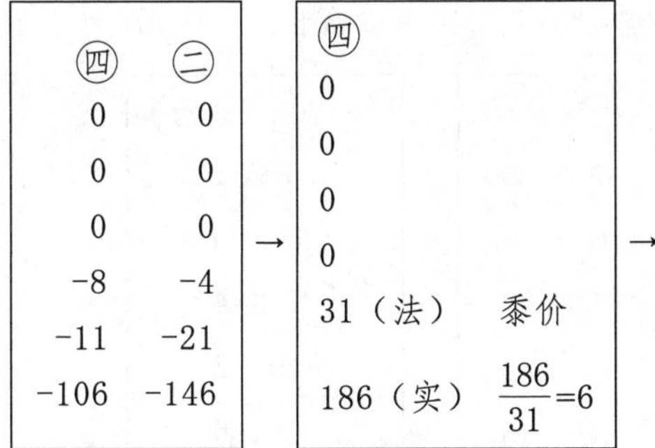

次以左行去第四行及第二行头位（用8算）；

次以第二行去第四行头位，余，约之为法实，如法而一得六，即黍价（用3算）；

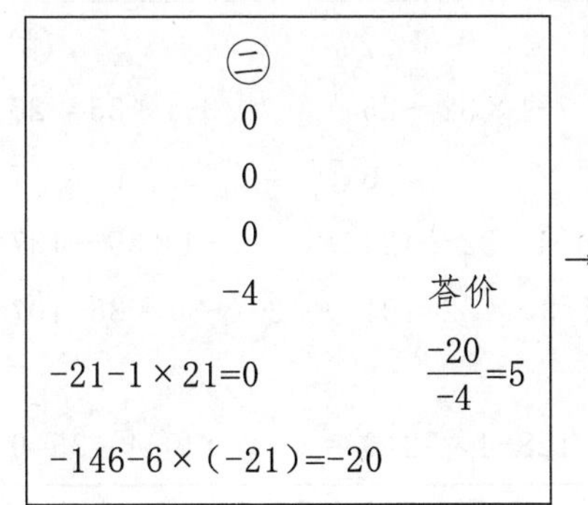

以法治第二行得荅价（用2算）；

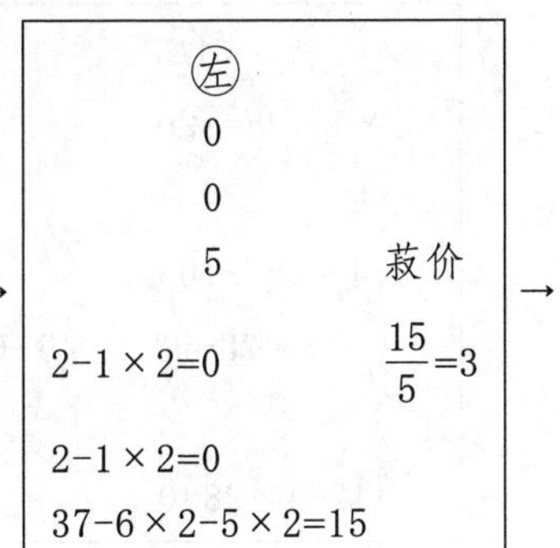

左行得菽价（用3算）；

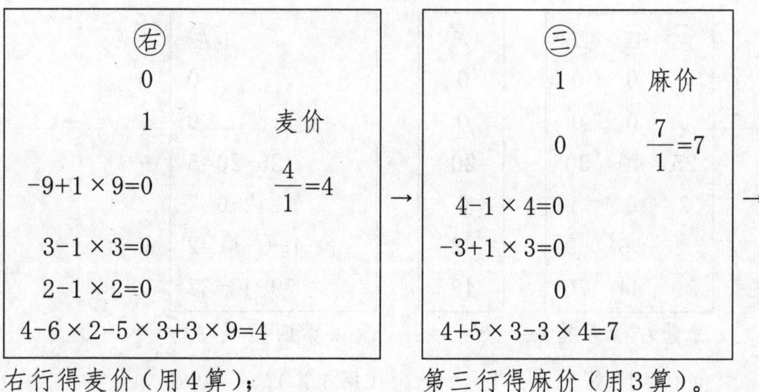

右行得麦价(用4算);　　第三行得麻价(用3算)。

2.[8-18]题刘徽“以新术为此”,当推演如下。

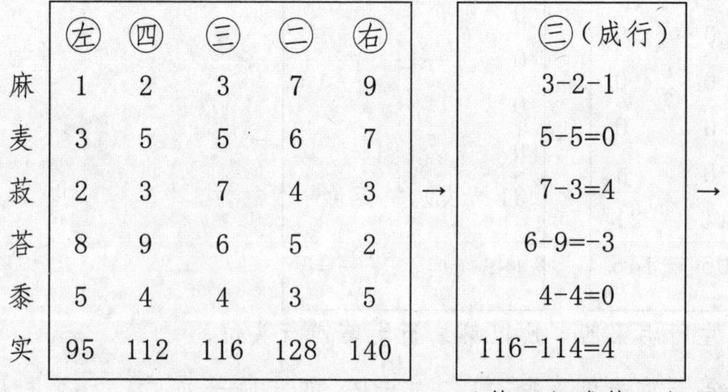

以第四行减第三行(用6算);

四	二	右
2-1×28=-26	7-1×32=-25	9-1×35=-26
5	6	7
3-4×28=-109	4-4×32=-124	3-4×35=-137 →
9-(-3)×28=93	5-(-3)×32=101	2-(-3)×35=107
4	3	5
112-4×28=0	128-4×32=0	140-4×35=0

次以第三行去右行及第二行、第四行下位(用12算);

左

1-1×23=-22
3
2-4×23=-90
8-(-3)×23=77
5
95-4×23=3

→

又以减左行，下位不足减乃止（用4算）；

三

1-(-22)=23
0-3=-3
4-(-90)=94
-3-77=-80
0-5=-5
4-3=1

→

次以左行减第三行（用6算）；

左

-22-23×3=-91
3-(-3)×3=12
-90-94×3=-372
77-(-80)×3=317
5-(-5)×3=20
3-1×3=0

→

次以第三行去左行下位。讫，废去第三行（用6算）；

左

-91-(-26)×5=39
12-5×5=-13
-372-(-109)×5=173
317-93×5=-148
20-4×5=0
0

→

次以第四行去左行下位（用5算）；

右

-26-(-26)=0
7-5=2
-137-(-109)=-28
107-93=14
5-4=1
0

→

又以减右行下位（用5算）；

四	二
-26	-25
5-2×4=-3	6-2×3=0
-109-(-28)×4=3	-124-(-28)×3=-40
93-14×4=37	101-14×3=59
4-1×4=0	3-1×3=0
0	0

→

次以右行去第二行及第四行下位（用8算）；

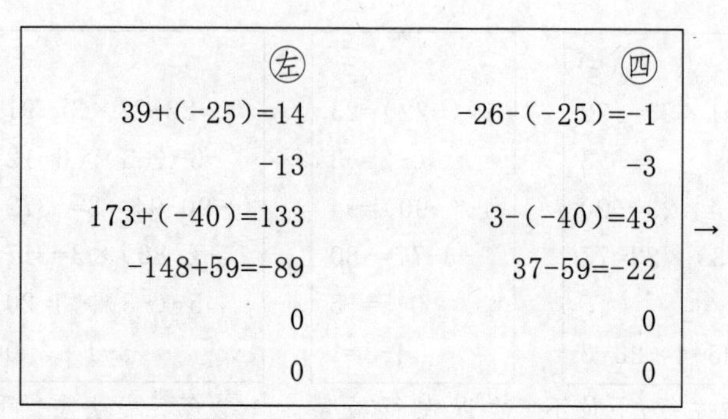

左	四
39+(-25)=14	-26-(-25)=-1
-13	-3
173+(-40)=133	3-(-40)=43
-148+59=-89	37-59=-22
0	0
0	0

→

次以第二行减第四行及左行头位（用6算）；

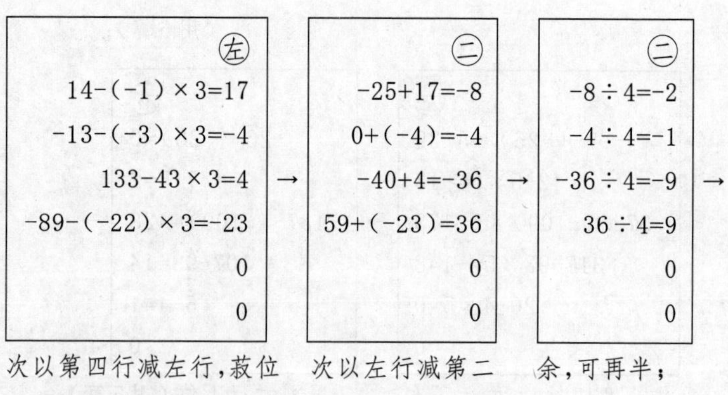

左
14-(-1)×3=17
-13-(-3)×3=-4
133-43×3=4
-89-(-22)×3=-23
0
0

→

二
-25+17=-8
0+(-4)=-4
-40+4=-36
59+(-23)=36
0
0

→

二
-8÷4=-2
-4÷4=-1
-36÷4=-9
36÷4=9
0
0

→

次以第四行减左行，薮位不足减乃止（用4算）；　次以左行减第二行（用4算）；　余，可再半；

左	二
17+(-1)×17=0	-2-(-1)×2=0
-4+(-3)×17=-55	-1-(-3)×2=5
4+43×17=735	-9-43×2=-95
-23+(-22)×17=-397	9-(-22)×2=53
0	0
0	0

→

次以第四行去左行及第二行头位（用8算）；

左
0
−55+5×11=0
735+(−95))×11=−310
−397+53×11=186
0
0

→

左
0
0
−310÷62=−5 菽
186÷62=3 荅
0
0

→

次以第二行去左行头位(用3算);　余约之,上得五,下得三,是菽五当荅三;

二
0
5 麦
−95−(−5)×19=0
53−3×19=−4 荅
0
0

→

次以左行去第二行菽位,[上得五,下得四,是麦五当荅四](用2算);

四	右
−1	0
−3	2
43+(−5)×8=3	−28−(−5)×5=−3
−22+3×8=2	14−3×5=−1
0	1
0	0

→

又以减第四行及右行,菽位不足减乃止(用4算);

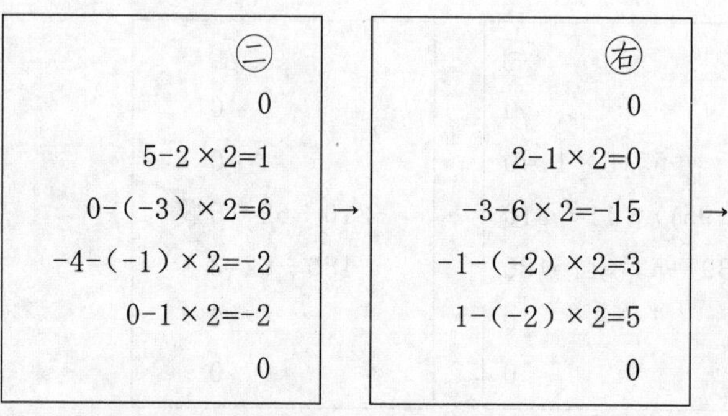

次以右行减第二行,头位不足减,乃止(用4算);　次以第二行去右行头位(用4算);

右		右	
0		0	
0		0	
$-15-(-5)\times 3=0$	→	$0+(-5)\times 2=-10$	→
$3-3\times 3=-6$ 荅		$-6+3\times 2=0$	
5 黍		5	
0		0	

次以左行去右行头位。余上得六,下得五,是为荅六当黍五(用2算);　次以左行去右行荅位(用2算);

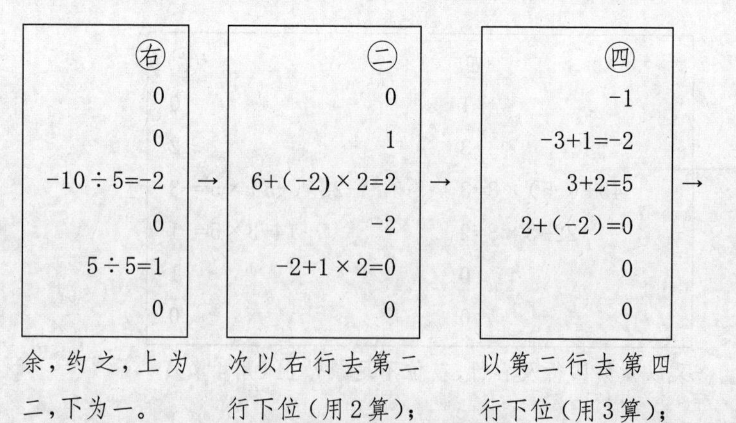

余,约之,上为二,下为一。　次以右行去第二行下位(用2算);　以第二行去第四行下位(用3算);

㊧
0
0+1=1
−5+2=−3
3+(−2)=1
0
0

→

又以减左行下位(用3算);

㊁
0
1+1×2=3 麦
2+(−3)×2=−4 菽
−2+1×2=0
0
0

→

次左行去第二行下位，余，上得三，下得四，是为麦三当菽四(用3算);

㊃
−1
−2+3=1
5+(−4)=1
0
0
0

→

次以第二行减第四行(用2算);

㊁
0+(−1)×4=−4 麻
3+1×4=7 麦
−4+1×4=0
0
0
0

→

次以第四行去第二行下位，余，上得四，下得七，是为麻四当麦七(用3算);

物	价率
麻	7
麦	4
菽	3
荅	5
黍	6

→

而率通矣。

成行		同为麻之数	物价
麻	1	1	麻价 $4:\frac{4}{7}=28:4=\frac{28}{4}=7$
麦	0	0	麦价 $\frac{4\times7}{7}=4$
菽	4	$\frac{4\times3}{7}=1\frac{5}{7}$	菽价 $\frac{3\times7}{7}=3$
荅	-3	$\frac{-3\times5}{7}=-2\frac{1}{7}$	荅价 $\frac{5\times7}{7}=5$
黍	0	0	黍价 $\frac{6\times7}{7}=6$
下实	4	并之为法 $1+1\frac{5}{7}-2\frac{1}{7}=\frac{4}{7}$	

更置第三行,以第四行减之,余有麻一斗、菽四斗正,荅三斗负,下实四正。求其同为麻之数,以菽率三,荅率五,各乘其斗数,如麻率七而一,菽得一斗、七分斗之五正,荅得二斗、七分斗之一负。则菽荅化为麻,以并之,令同名相从,异名相消,余得定麻七分斗之四,以为法。置四为实,以分母乘之,实得二十八,而分子化为法矣。以法除得七,即麻一斗之价。置麦率四,菽率三、荅率五、黍率六,皆以麻价乘之,各自为实。以麻率七为法,所得即各为价(用13算,仅计算求出法实所需算)。

按此总计共用124算。若按徽注"其一术",则最后步骤改为:

列衰	
麻	7
麦	4
菽	3
荅	5
黍	6

→

成行	各以其率乘之	物价
1	×7=7	麻价$\frac{7\times4}{4}$=7
0	0	麦价$\frac{4\times4}{4}$=4
4	×3=12	菽价$\frac{3\times4}{4}$=3
-3	×5=-5	荅价$\frac{5\times4}{4}$=5
0	0	黍价$\frac{6\times4}{4}$=6
下实4	并之为法	7+12+(-15)=4

置五行通率，……以为列衰；

成行麻一斗、菽四斗正，荅三斗负，各以其率乘之，讫。令同名相从，异名相消，余为法。又置下实，乘列衰，所得各为实。此可以置约法，则不复乘列衰，各以列衰为价。

【译文】

[8-18] 已知麻9斗、麦7斗、菽3斗、荅2斗、黍5斗，值钱140；麻7斗、麦6斗、菽4斗、荅5斗、黍3斗，值钱128；麻3斗、麦5斗、菽7斗、荅6斗、黍4斗，值钱116；麻2斗、麦5斗、菽3斗、荅9斗、黍4斗，值钱112；麻1斗、麦3斗、菽2斗、荅8斗、黍5斗，值钱95。问它们每1斗各值多少钱？

答：麻1斗值7钱；麦1斗值4钱；菽1斗值3钱；荅1斗值5钱；黍1斗值6钱。

算法：仿照"方程"算法，以正负算法推求之。此"麻麦"问题与均输、少广诸章"重衰""积分"，皆为"大事项"。不精通算理而只能按照原算法推算的人，或许会为了用算而铺开毡毯，将非常麻烦而爱出错误，竟不知道这样不对，反而以为用算多是可贵的。故他们的推算，无不是不懂得设法变通而只能固执一端。至于此类复杂问题,只能苟且搬用现成算法,这样往往失之于可简便。变换使用不同的方法,如同"庖丁解牛",使刀刃在肌肉的纹理与骨节的缝隙中来回活动,所以能经历很长时间仍其刃如新。然而数犹如刀刃,简单省便地使用它则操作合乎庖丁之理,故能不吃力而爱惜刀刃,动作敏捷而少有失误。凡《九章》所作的"大事项",按算法皆用不了一百算。虽然用算不多,然而足以计算所得甚多。世上之人多以为"方程"算法之困难,或许尽在布算方面,不过像正与负的相互连缀而已。未能有时间讨论其设法变通的不得法,这就如同"胶柱调瑟"一样。略再扩充推演而设计新的算法,著录于此,将启发与疏导其疑惑之处。搜求算法之精华,岂能用抽象的叙述?记录其应用的实例,而显示数字推算的过程,只是每每举一隅来说明。

"方程"新算法:用正负算法推算之。令左右行相减,先消去下实,又转过来消去物位,则当求一行为二物其恰为正负相依,化为其相当之率。又令此二物与他行互相消减,转换二物相依之数,即皆为相当之率。各自根据二物相当之率,互相对换其数,即是各物价所当之比数。另列置"成行"及其下实,各用其物之本率依"今有术"推算,求其所同为一物之数,相加而作为"法"(除数)。若当相并时而行中各列正负相杂,同号相加,异号相减,所得余数作为"法"。以下置作为"实"(被除数)。用"法"去除"实",得数即合所问。每一物各用本率而按"今有术"推算,得数皆为合于所问的答数。比率通者齐同之。

另一种算法:取群物相通之率为列衰,另列置成行中群物之数,各用其相应之率去乘它,相加作为"法"。若当相加而行中各项正负相杂,则同号相加,异号相减,所得余数作为"法"。用减行下实乘列衰,各自作为"实"。用法去除实,即得所求。按旧算法计算,总共应列置五行。现今是为了简约。先取第三行。用第四行反减第三行。以第三行所得之数消去其余各行头位。其次取第二行减右行。再用右行所得之数消去其他各行头位;其余行可同除以2。其次用第四行减损左行。再以左行所得之数消去第四行及第二行头位。其次用第二行消去第四行头位。余行,约简得"法"与"实"。用法去除实,得6,即是黍价。尔后以"方程"算法计算,由第二行可得荅价,左行得菽价,右行得麦价,第三行得麻价。如此计算,总计用77算。

用新算法计算此题:先用第四行去减第三行。其次用第三行消去右行及第二行、第四行下位。又用以去减损左行，不够减为止。其次用左行去减。其次用第三行消去左行下位。计算完毕，废去第三行。其次用第四行消去左行下位。又用以减右行下位。其次用右行消去第二行及第四行下位。其次用第二行减第四行及左行头位。其次用第四行去减损左行，到菽位不够减为止。其次用左行减第二行；余行可以用2再除。其次用第四行消去左行及第二行头位。其次用第二行消去左行头位。余行约简之，上得5，下得3，是菽5个单位相当于荅3个单位的价值。其次用左行消去第二行菽位。又用以减损第四行及右行，到菽位不够减为止。其次用右行减损第二行头位，到不够减为止。其次用第二行消去右行头位。其次左行消去右行头位。余行，上得6，下得5，即是荅6个单位相当于黍5个单位的价值。其次用左行消去右行荅位，余行，约简，上得2，下得1。其次用右行消去第二行下位。用第二行消去第四行下位；又用以减损左行下位到不够减为止。其次用左行消去第二行下位。余行，上得3，下得4，即是麦3个单位相当于菽4个单位的价值。其次用第二行减损第四行。其次用第四行消去第二行下位。余行，上得4，下得7，即是麻4个单位相当于麦7个单位的价值。于是各物相当之率已完备。根据麻4相当麦7，即是麻价率为7而麦价率为4；又据麦3相当菽4，即是麦价率为4而菽价率为3；又据菽5相当荅3，即是菽价率为3而荅价率为5；又据荅6相当黍5，即是荅价率为5而黍价率为6，于是各率相通。另取第三行，用第四行减它，余有麻1斗、菽4斗为正数，荅3斗为负数，下实4为正数。求它们同折合为麻之数，用菽率3、荅率5，各乘菽、荅之斗数，而除以麻率7，菽得$1\frac{5}{7}$斗，荅得$-2\frac{1}{7}$斗。则菽、荅化为麻；而为同类项相并，令同号相加，异号相减，余数定为麻$\frac{4}{7}$斗，作为“法”（除数）。“取4”为“实”（被除数）。用分母乘之，实得28，而分子4化为法。用法除实得7，即是麻1斗之价。列置麦率4、菽率3、荅率5、黍率6，皆用麻价乘之，各自作为“实”。以麻率7为“法”，相除所得商即为各物之价。又可以选取“本行”的实与物之数同而通之，各用本率按今有术计算，所得相加而作为“法”，这样便没有正负之不同，只不过是选择行中正负号的异同而已。

又可用另一算法推算：取“方程”五行所得之通率，即为麻7、麦4、菽3、荅5、黍

6,作为列衰。减行之各物之斗数,麻“+1”、菽“+4”、荅“-3”,各用其相应之率乘它,计算完毕。令同号相加,异号相减,所得余数作为“法”。又取下实,乘列衰,所得之数各自作为“实”。本题可以所置下实去约法,所以不必再乘列衰,各以列衰作为其物价。这样推求则总共使用124算。

卷九　勾股以御高深广远

【题解】

中算家将直角三角形的两条直角边分别称为勾、股，斜边称为弦。勾股，为古代传统数学的一个分支，《九章算术》勾股章是中国古代最早的系统的勾股理论，共24题，包含两部分内容：前13题讨论用勾股定理解勾股形问题，后11题包含了整勾股数、勾股容方、勾股容圆及勾股测量问题。

勾股术是解决本章问题的理论基础。勾股术原文写在第3题之后，刘徽用出入相补原理对勾股术进行了证明。学者对刘徽勾股术注的研究发现，其文字与《周髀算经》中赵爽"勾股圆方图说"有雷同与相近之处，但难以判断两人之间是否有直接的学术渊源，只能说明以弦图的分割移补来证明勾股定理及其相关勾股公式的做法，在魏晋以前就已被中算家熟练应用。

解勾股形，是在勾、股、弦及其中两项之和、差九个元素中，已知其中两项而求解勾股形的边。勾股章讨论了五类解勾股形问题：第1～5题为勾、股、弦三边互求；第6～10题为已知勾及股弦差，求股、弦；第11题是已知弦及勾股差，求勾、股；第12题是已知勾弦差及股弦差，求勾、股、弦；第13题是已知勾及股弦并，求股、弦。刘徽利用弦图与出入相补原理对这些题目得出的勾股公式逐一进行了证明。

第14题“今有二人同所立”的解法被认为是在世界数学史上,独立于古希腊数学家,提出了完整的整勾股数通解公式,并由刘徽补充了严格的几何证明,是中国数学史上的杰出成就。若以m表示甲行率,以n表示乙行率,若股∶勾弦并$=m:n$,则《九章算术》术文给出了

$$勾:股:弦=\frac{1}{2}\left(m^2-n^2\right):mn:\frac{1}{2}\left(m^2+n^2\right)$$

的整勾股数通项公式,刘徽用出入相补原理证明了以上结论。

整勾股数,也被称为毕达哥拉斯数。寻找整勾股数的通项公式,是古典整数论的一个重要内容,在古代东、西方数学中都占有重要的地位。古希腊诸如毕达哥拉斯、柏拉图、欧几里得等数学大师都对直角三角形性质进行过深入研究,直到古希腊后期学者丢番图才在3世纪得到完满的结果。《九章算术》给出的整勾股数的通项公式较《几何原本》的公式更为完整,刘徽给出的严格证明毫不逊色于与其同时代的丢番图,因此,《九章算术》及刘徽的这项数学成果是值得表彰的。

第15题勾股容方,讨论勾股形内接正方形边长计算法。刘徽在勾股容方注中提出一条重要的原理,本质上即是相似勾股形对应边成比例。中国古代几何学不讨论角的度量,也没有平行线性理论,因而无法建立起一般相似形理论,但相似形理论在几何测量中又必不可少,刘徽用勾股比率论巧妙地回避了“相似”的概念,为勾股测量奠定了理论基础。

第16题勾股容圆,讨论勾股形内切圆直径的计算法。刘徽分别用出入相补和衰分术给出容圆公式的两种证明。勾股容圆问题在宋元时期重新受到数学家的青睐,李冶在《测圆海镜》(1248)中,将勾股容圆扩展到一个圆与16个勾股形的关系,设计了270个数学问题,其问题的设计及解法都令人叹为观止,是勾股容圆的成功应用。

本章最后8个题目属于勾股测量问题,其对于不可直接丈量的目标,借助参直法、立表法或连索法等测量技术,在数学原理上构成勾股容方,利用勾股比率论原理计算结果。这种勾股测量问题在先秦九数中归

类为“旁要”,意为从目标旁布点观测以获得测量结果。计算中以勾股术为理论基础,使得测量问题无论在深度和广度上都超过了“旁要”的范畴,因此《九章算术》将这部分内容归为一类,改为“勾股”。

刘徽在勾股测量问题的基础上进行深入研究,将勾股测量发展为重差术,编写《重差》一卷,附于《九章算术》之后,是古代重差理论的经典著作。唐代初年这个附录独立刊行,因其中第1问为“望海岛”,于是后人称其为《海岛算经》流传至今,标志着中算家在测量技术与理论方面达到了一个崭新的高度。

[9-1]今有勾三尺,股四尺,问为弦几何?

答曰:五尺。

[9-2]今有弦五尺,勾三尺,问为股几何?

答曰:四尺。

[9-3]今有股四尺,弦五尺,问为勾几何?

答曰:三尺。

勾股[①]短面曰勾,长面曰股,相与结角曰弦。勾短其股,股短其弦。将以施于诸率[②],故先具此术以见其源也[③]。术曰:勾股各自乘,并而开方除之,即弦。勾自乘为朱方,股自乘为青方,令出入相补,各从其类,因就其余不移动也。合成弦方之幂[④],开方除之,即弦也。

又股自乘,以减弦自乘,其余开方除之,即勾。臣淳风等谨按:此术以勾、股幂合成弦幂。勾、股方于内,则勾短于股。令股自乘以减弦自乘,余者即勾幂也。故开方除之,即勾也。

又勾自乘,以减弦自乘,其余开方除之,即股。勾、股幂合以成弦幂。令去其一,则余在者皆可得而知之。

【注释】

①勾股:古算书作句股。古代算家称直角三角形的短直角边为勾,长直角边为股,斜边为弦。勾股是古代中算的一个分支,它研究有关解勾股形的算法与理论,即所谓勾股术。正如李籍《九章算术音义》所释:"短长相推,以求其弦,故曰勾股。"

②诸率:各种算法。

③具:陈述。

④勾自乘为朱方,股自乘为青方,令出入相补,各从其类,因就其余不移动也。合成弦方之幂:勾自乘得红色正方形,股自乘得黑色正方形,图形割去的部分与拼入的部分互相补偿、与同类合并,保留其余部分不动,拼合成"弦方"的面积。古代算家用弦图论证勾股定理。如图9-1所示,勾自乘之数以朱方表示;股自乘之数用青方表示。以弦图为背景,从朱青相连之方中分割出下方两个勾股形移动于上方相应勾股形位置之上,而保留其余部不动,便合成"弦方之幂",即以弦为边长之正方形的面积。朱方,红色正方形;青方,黑色正方形。出入相补,图形割去的部分与拼入的部分互相补偿。出,割开而后取出。入,移入而后拼合。各从其类,即各按其图形之类别来分割与拼合。从,表示采取某种处理方式,如从简。因就,作保留解。因,沿袭。就,留。

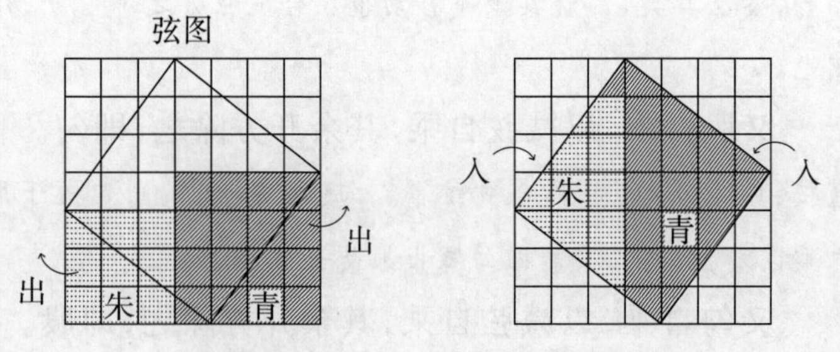

图9-1 朱方与青方合成弦方

【译文】

[9-1] 已知勾长3尺,股长4尺,问其弦长多少?

答:弦长5尺。

[9-2] 已知弦长5尺,勾长3尺,问其股长多少?

答:股长4尺。

[9-3] 已知股长4尺,弦长5尺,问其勾长多少?

答:勾长3尺。

勾股(在直角三角形中)短边称为勾,长边称为股,连结两角隅的斜边称为弦。勾边比相应的股边短,股边又比相应的弦边短。它将应用于各种有关计算,所以先陈述此算法以明了它的理论根源。**算法:勾、股各自乘,相加而后开平方,即得弦长。**勾自乘即是"朱方",股自乘即是"青方",令"出入相补,各从其类",保留其余部分不动。拼合成"弦方"之面积,开平方,即得弦长。

又:股自乘,去减弦自乘,其余数开平方,即得勾长。李淳风等按:此算法用勾方、股方之积合并成弦方之积。勾方与股方都在弦方之内,而勾比股短。令股自乘去减弦自乘,所余之数即是"勾方"之积。所以对它开平方,即得勾长。

又:勾自乘,去减弦自乘,其余数开平方,即得股长。勾方、股方之积合并而成弦方之积。令它减去其中之一,则所余之另外一数皆可以推知。

[9-4] 今有圆材径二尺五寸,欲为方版,令厚七寸。问广几何?

答曰:二尺四寸。

术曰:令径二尺五寸自乘,以七寸自乘减之,其余开方除之,即广。此以圆径二尺五寸为弦,版厚七寸为勾,所求广为股也。

[9-5] 今有木长二丈①,围之三尺②。葛生其下,缠木七周,上与木齐。问葛长几何?

答曰:二丈九尺。

术曰：以七周乘之围为股，木长为勾，为之求弦。弦者，葛之长。据围广、木长求葛之长，其形葛卷裹袤。以笔管青线宛转有似葛之缠木，解而观之，则每周之间，自有相间成勾股弦[③]。则其间葛青七弦。周乘之围，并合众勾以为一勾，木长而股短。术云木长谓之勾，言之倒互[④]。勾与股求弦亦如图[⑤]。二十五青弦之自乘幂，出上第一图[⑥]，勾、股幂合为弦幂，明矣。然二幂之数谓倒互于弦幂之中而可更相表里，其居里者则成方幂，其居表者则成矩幂[⑦]。二表里形诡而数均[⑧]。又按此图，勾幂之矩青卷白表，是其幂以股弦差为广，股弦并为袤，而股幂方其里[⑨]。股幂之矩青卷白表，是其幂以勾弦差为广，勾弦并为袤，而勾幂方其里，是故差之与并用除之，短长互相乘也[⑩]。

【注释】

①木：指树或木柱。

②围之三尺：测量木的周长为3尺。围，环绕，周围。

③以笔管青线宛转有似葛之缠木，解而观之，则每周之间，自有相间成勾股弦：用笔管上缠绕青线以仿作葛藤缠木，作为一种直观的教具。解，此处可理解为展开。每周之间，每进一周的区间之内。相间，相互间隔。如图9-2所示，展开青线，则在横向上每相距一周长（3尺），间隔成一个小勾股弦。

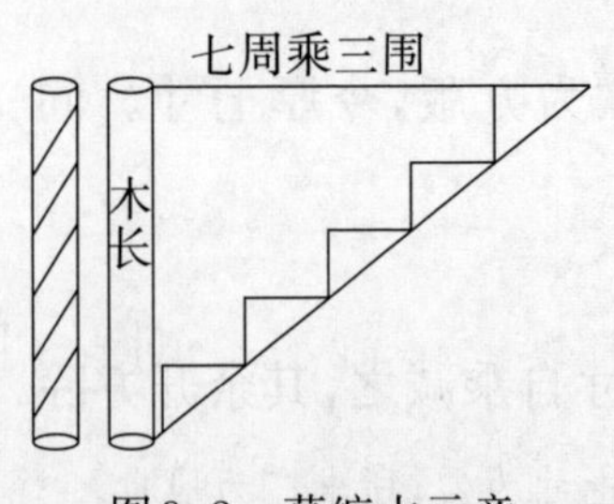

图9-2　葛缠木示意

④则其间葛青七弦。周乘之围，并合众勾以为一勾，木长而股短。术云木长谓之勾，言之倒互：按勾股之本义，“股”就是“髀”（测

日影表），因其“直立如股”而得名。木直立于地，其形如股，因此一般应以“木长为股”，自然相应地有“围之为勾”。但是，如此计算勾长=3×7=21（尺），长于股长20尺，则与勾股的数学定义“短面曰勾，长面曰股”不符。所以舍弃勾股之原始意义于不顾，而“言之倒互”。刘徽注释强调勾股这一术语的运用，应以其数学规定为准。

⑤图：指前面题目中论证勾股定理的弦图。

⑥出上第一图：从这段注文看，刘徽此处补绘附图列于注释之上，共有三幅图。其所谓“第一图”即是弦图，另两幅为“勾幂之矩”图与“股幂之矩”图，可参见图草。

⑦然二幂之数谓倒（dǎo）互于弦幂之中而可更相表里，其居里者成方幂，其居表者则成矩幂：然而，勾、股二幂之数可有所谓“倒互”构成弦幂的情形，且可互相为表里。在里边的其形状为方形，在外边的其形状则为曲尺形。倒互于弦幂之中，即将其变形后转移到弦方的面积之内。倒，倒塌，含有变形之意。又可作搬移、转移解。更相，互相更换。表里，内外；表指外，里指内。矩幂，即曲尺形面积。矩，古代画方形的用具，也就是现在的曲尺。

⑧二表里形诡而数均：勾方与股方之积，无论其居表或是居里，形状虽然各异但数量都是均等的。诡，怪异。

⑨又按此图，勾幂之矩青卷（quán）白表，是其幂以股弦差为广，股弦并为袤，而股幂方其里：勾幂之矩，指图9-3中表示勾方面积的曲尺形。青卷白表，指勾幂之矩在弦方图中着青色，其形弯曲而处于外表的位置。卷，原指膝曲，引申为凡曲之称。此曲尺形若引直为长方形，则其宽为股、弦两边之差，其长为股、弦两边之和。这在图中是显见的。

⑩是故差之与并用除之，短长互相乘也：由勾幂之矩知股、弦的差与并，可以除法来互求，

$$股弦差=\frac{勾^2}{股弦并} \quad 股弦并=\frac{勾^2}{股弦差}$$

同样由股幂之矩知有，

$$勾弦差=\frac{股^2}{勾弦并} \quad 勾弦并=\frac{股^2}{勾弦差}$$

即

$$勾^2=股弦差\times股弦并 \quad 股^2=勾弦差\times勾弦并$$

所谓“短长互相乘”，其“短”即是差；其“长”即是并。

【图草】

依刘徽注文，葛之缠木术注上原有三幅附图，补绘如图9-3所示。

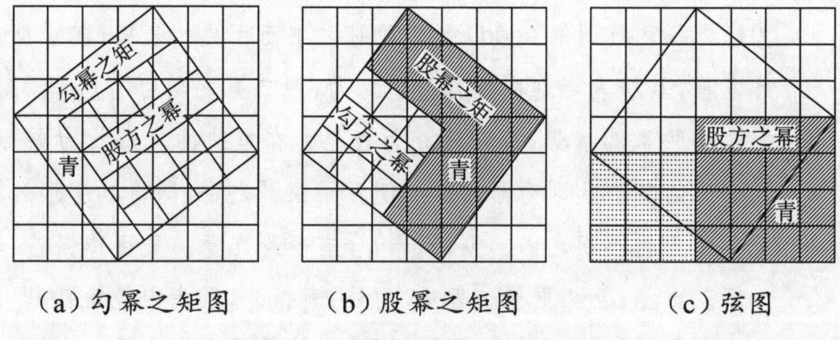

（a）勾幂之矩图　（b）股幂之矩图　（c）弦图

图9-3　补绘葛之缠木术附图

【译文】

[9-4] 假设有圆材其直径为2尺5寸，要想作成方板，使其厚为7寸。问板之宽度为多少？

答：板宽2尺4寸。

算法：令直径2尺5寸自乘，用7寸自乘之数去减它，其余数开平方，便得板宽。此算法以圆径2尺5寸作为弦长，板厚7寸作为勾长，所求板宽为股长。

[9-5] 假设木长2丈，周围之长为3尺。葛生在其下方，缠木7周，上到与木高相齐平处。问葛长是多少？

答：葛长2丈9尺。

算法：用周数7乘周长（3尺）作为股，木长作为勾，由此而求弦。此弦，即是葛长。根据围广、木长求葛之长，纵向上的木柱之长，在图形中它即是“卷裹着葛藤”的袤。用笔管为青线宛转缠绕好像葛藤缠木，展开来观察它，则在每周之间，自然相间隔成为勾股弦。那么其中葛藤即青线，被分为7段小弦。用周数7乘以围广尺数3，即将多个小勾合为一个大勾，而“木长二丈”若作为大股却反而较勾为短了。故算法中将木长称为勾，围长称为股，乃将二者的称谓互相颠倒过来。由勾股而求弦也可如同前面的弦图来推证。在上面第一图中，只要将其弦方“二十五”作为此处葛青之弦自乘幂，那么由勾、股二幂合成弦幂同样可以明了。然而，（勾、股）二幂之数可有所谓“倒互”构成弦幂之情，且可互相为表里，在里边的其形状为方形，在外边的其形状则为曲尺形。但是，不论勾幂或股幂之积是居表还是居里，其形状虽异而数值相等。又按此图，勾幂为曲尺形着青色而卷曲在白色的股方表面，它的面积是以股弦差为宽，股弦并为长，股方之积处于里面。股幂为曲尺形着青色而卷曲在白色的勾方表面，它的面积是以勾弦差为宽，勾弦并为长，勾方之积处于里面。其所以可用“差”与“并”去方幂而互相推求，乃是因为方幂可表为相应的长短不同的两边长度之乘积。

[9-6] 今有池方一丈①，葭生其中央②，出水一尺。引葭赴岸，适与岸齐。问水深、葭长各几何？

答曰：水深一丈二尺；葭长一丈三尺。

术曰：半池方自乘，此以池方半之，得五尺为勾，水深为股，葭长为弦。以勾及股弦差求股、弦。故令勾自乘，先见矩幂也③。以出水一尺自乘，减之，出水者，股弦差。减此差幂于矩幂，则除之。余，倍出水除之，即得水深。差为矩幂之广，水深是股④。令此幂得出水一尺为长，故为弦而得葭长也。加出水数，得葭长。臣淳风等谨按：此葭本出水一尺，既见水深，故加出水尺数而得葭长也。

【注释】

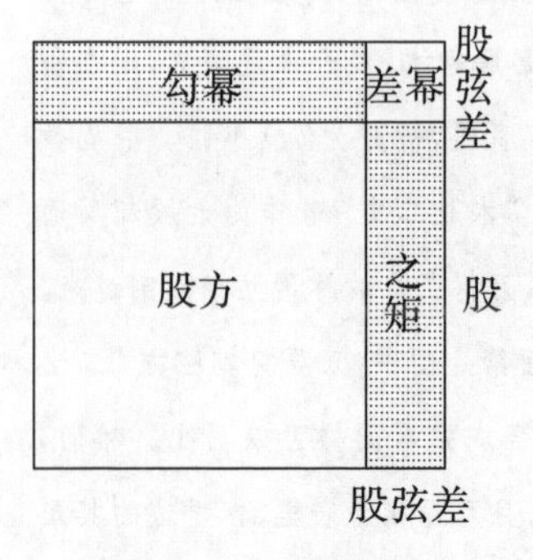

图9-4　勾幂之矩

①池方一丈:即水池为一尺见方。方,指正方形边长。

②葭(jiā):初生的芦苇。

③矩幂:尺形的面积,在此指"勾幂之矩"的面积,如图9-4所示。

④差为矩幂之广,水深是股:此处计算水深。矩幂,指股自乘幂减去弦幂所得之余幂。它是由两块长为股,宽为股弦差的长方形及股弦差幂组成的。故有

$$股=\frac{勾^2-股弦差^2}{2\times 股弦差}$$

此即水深公式。

【译文】

[9-6]假设有水池为边长1丈的正方形,葭生长在它的中央,露出水面的部分长1尺。将葭向池岸牵引,恰好与水岸齐平。问水深、葭长各是多少?

答:水深1丈2尺;葭长1丈3尺。

算法:取"池方"(水池边长)的一半以自乘,此乃用"池方"除以2,得5尺作为勾,水深为股,葭长即为弦。由勾及股弦差而求股与弦。所以令勾自乘,首先得到"矩幂"。以"出水"之尺数1自乘,去减它,所谓出水,即是股弦差。从"矩幂"中减去此差幂,即可进行下步除法。余数,用2倍出水之数去除它,即得水深之数。(在矩勾之幂中减去股弦差幂,所剩为两块长方形)股弦差是此余幂的宽,水深即股。所以令此余幂的宽股弦差1尺之长度加股即为弦长,即葭长。再加出水尺数,则得葭长。李淳风等按:此葭之本干出水面1尺,既已求得水深,故加上出水尺数即得葭长。

[9-7] 今有立木，系索其末，委地三尺[①]。引索却行，去本八尺而索尽[②]。问索长几何？

答曰：一丈二尺、六分尺之一。

术曰：以去本自乘，此以去本八尺为勾，所求索者弦也。引而索尽、开门去阃者，勾及股弦差求弦，同一术[③]。去本自乘者，先张矩幂。令如委数而一，委地者，股弦差也。以除矩幂，即是股弦并也。所得，加委地数而半之，即索长[④]。子不可半者，倍其母。加差者并，则成两索长，故又半之。其减差者并，而半之，得木长也[⑤]。

【注释】

①今有立木，系索其末，委地三尺：假设有立木，将绳索系在它的末梢，堆置在地面部分的索长为3尺。立木，竖木于地上。《列子·汤问》："泰豆乃立木为涂，仅可容足，计步而置，履之而行，趣走往还，无跌失也。造父学之，三日尽其巧。"在中国古代测量术中，将使用的标竿称之为表，亦称立木。末，上端末梢。委地，堆放于地上。

②引索却行，去本八尺而索尽：如图9-5所示，立木为股，索长为弦，去本8尺为勾，委地3尺为股弦差。引索却行，牵引绳索后退而行。却，退却。去本，在地面上的索端到立木根部的距离。

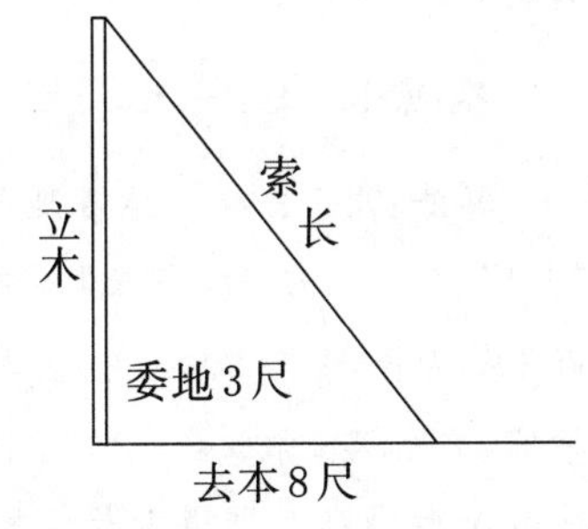

图9-5　[9-7]题的勾股关系

③引而索尽、开门去阃（kǔn）者，勾及股弦差求弦，同一术："引而索尽"即本题之设问；"开门去阃"指本章[9-10]题之设问。

此二题皆为已知股弦差与勾而求弦,所以实际是“同一术”。阃,门槛。

④术曰:以去本自乘,令如委数而一,所得,加委地数而半之,即索长:术文给出索长公式,

$$索长=\frac{1}{2}(\frac{去本^2}{委数}+委数)$$

它实际是

$$弦=\frac{1}{2}(\frac{勾^2}{股弦差}+股弦差)$$

⑤其减差者并,而半之,得木长也:徽注给出木长公式,

$$木长=\frac{1}{2}(\frac{去本^2}{委数}-委数)$$

它实际是

$$股=\frac{1}{2}(\frac{勾^2}{股弦差}-股弦差)$$

者,于。

【译文】

[9-7]假设有立木,将绳索系在它的末梢,委地堆置在地面部分的索长为3尺。牵引绳索退行,到与立木根部相距8尺处而索用尽。问索长多少?

答:索长1丈$2\frac{1}{6}$尺。

算法:用“去本”(索在地面一端至木根部的距离)尺数自乘,这是用“去木”尺数8为勾,所求索长即是弦。“引而索尽”与“开门去阃”,即由勾及股弦差而求弦,乃是同一种算法。用“去本”自乘,乃是先得“矩幂”。令用委地之数去除它,委地,即是股弦差。用它去除“矩幂”,所得即为股弦并。所得之数,加委地数而后除以2,即得索长。若分子不能被2整除,则反以2乘分母。将股弦差与股弦并相加则成2倍索长,所以要除以2。若用股弦差去减股弦并而后除以2,便得木长。

[9-8] 今有垣高一丈。倚木于垣，上与垣齐。引木却行一尺，其木至地。问木长几何？

答曰：五丈五寸。

术曰：以垣高一十尺自乘，如却行尺数而一，所得，以加却行尺数而半之，即木长数。此以垣高一丈为勾，所求倚木者为弦，引却行一尺为股弦差。为术之意，与"系索"问同也[①]。

【注释】

①为术之意，与"系索"问同也："系索"问，指[9-7]题。此问以垣高1丈为勾，倚木之长为弦，却行1尺为股弦差，即由勾与股弦差而求弦，故与"系索"题同术。

【译文】

[9-8] 已知垣高1丈。木杆斜靠在垣上，它的上端与垣顶相齐平。牵引木杆下端退行1尺，则木杆滑落地上。问木长多少？

答：木长5丈5寸。

算法：用垣高尺数10自乘，除以却行尺数，所得之数加上却行尺数而除以2，即得木长之数。此题以垣高1丈为勾，所求倚木之长为弦，引而却行之数1尺为股弦差。其造术的意义，与前面的"系索"问相同。

[9-9] 今有圆材，埋在壁中，不知大小。以锯锯之，深一寸，锯道长一尺。问径几何？

答曰：材径二尺六寸。

术曰：半锯道自乘，此术以锯道一尺为勾，材径为弦，锯深一寸为股弦差之一半。锯道长是半也[①]。臣淳风等谨按：下锯深得一寸为半股弦差，注云为股弦差者，盖勾即锯道也[②]。如深寸而一，

以深寸增之,即材径。亦以半增之,如上术去本当半之。今此皆同半差,不复半也[③]。

【注释】

①此术以锯道一尺为勾,材径为弦,锯深一寸为股弦差之一半,锯道长是半也:此算为由勾及股弦差而求弦,按勾实之矩当有公式,

$$弦=\frac{1}{2}(\frac{勾^2}{股弦差}+股弦差)$$

但本题所设锯深$=\frac{1}{2}$股弦差。所以若在上述算法中,以锯深代替股弦差,则相应的锯道(即勾)也应取半数,故云“锯道长是半也”,即锯道之长于是也应取半数。即得术文公式

$$材径=\frac{半锯道^2}{锯深}+锯深$$

是,于是。

②下锯深得一寸为半股弦差,注云为股弦差者,盖勾即锯道也:下锯的深度1寸是股弦差的一半,刘注的意思是,与股弦差相对应的勾乃锯道之数(亦应取半数)。李淳风此按语系解释刘徽注文。刘注“锯道长是半也”一句,其意难明,故李淳风为解释此语而发。下锯,即入锯。“下”在此作动词用,有放进、投入的意思。“注云”,指刘注所说。为股弦差,即谓相对于股弦差。为,可理解为相对于。

③亦以半增之,如上术去本当半之。今此皆同半差,不复半也:徽注将此算法与前面的“系索”题算法相比较,说明此算法何以不再除以2的道理。按上题算法

$$索长=\frac{1}{2}(\frac{去本^2}{委数}+委数),即弦=\frac{1}{2}(\frac{勾^2}{股弦差}+股弦差)$$

从勾股比率的观点看,这是由勾及股弦差而求弦的算法。若其中

股弦差皆取半数入算，那么勾亦应取半数入算。故注云："亦以半增之，如上术去本当半之。"如上术去本，即指相当于上算法中"去本"（即勾率）之数。如此勾及股弦差皆取半数而按原算法推算，所得则当为弦之半数。因此，为求弦长，则应倍之。这一除一乘相消，即得

$$材径=\frac{1}{2}\left(\frac{半锯道^2}{锯深}+锯深\right)\times2=\frac{半锯道^2}{锯深}+锯深$$

【译文】

[9-9]假设有圆柱形木材，埋在墙壁之中，不知其尺寸大小。用锯去锯木，锯口深1寸，锯道则长1尺。问圆木之直径多少？

答：木材直径2尺6寸。

算法：用锯道长除以2而后自乘，此算法以锯道长1尺为勾，材径之长为弦，锯深1寸为股弦差的一半。锯道之长也当取半数。李淳风等按：下锯深度1寸是股弦差的一半，上面刘注之意是，与股弦差相对应的勾乃是锯道之长（亦应取半数）。用锯深的寸数去除，再用锯深的寸数相加，即得圆材直径。也用股弦差的一半相加，如同上题算法中的"去本"之数也应取一半。现今皆同取股弦差之半数，所以算法最后一步不再"除以2"了。

[9-10]今有开门去阃一尺，不合二寸[①]。问门广几何？

答曰：一丈一寸。

术曰：以去阃一尺自乘，所得，以不合二寸半之而一，所得，增不合之半，即得门广[②]。此去阃一尺为勾，半门广为弦，不合二寸，以半之得一寸为股弦差，求弦。故当半之。今次以两弦为广数，故不复半之也[③]。

【注释】

①开门去阃一尺，不合二寸：如图9-6所示，半门广为弦，去阃为勾，

不合之半为股弦差。去闸，指门框下隅至门槛的距离。不合，两门缝隙的宽度。

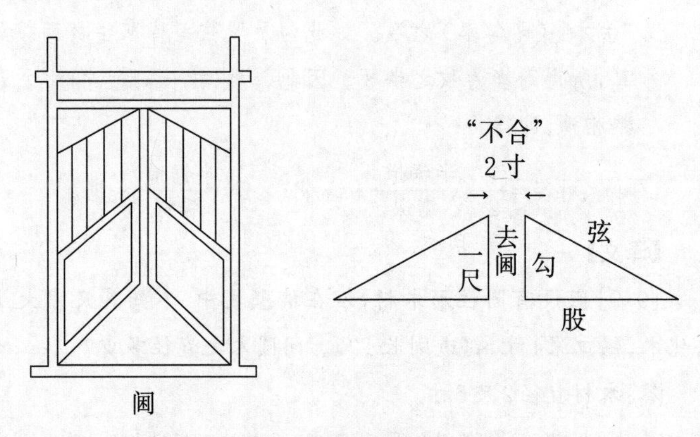

图9-6 [9-10]题的勾股关系

②以去阃一尺自乘，所得，以不合二寸半之而一，所得，增不合之半，即得门广：此算法给出公式，

$$门广=\frac{去阃^2}{\frac{不合}{2}}+\frac{不合}{2}$$

③今次以两弦为广数，故不复半之也：在前面由勾及股弦差而求弦的计算中，最后一步是"除以2"。而本题是由勾及股弦差而求2倍弦，故不再"除以2"。

【译文】

[9-10]假设推开双门，门框距门槛1尺（去阃），则双门之间隙2寸（不合）。问门宽多少？

答：门宽1丈1寸。

算法：用去阃1尺的寸数自乘，所得之数，用$\frac{1}{2}$不合的寸数去除它，所得之数，再加以$\frac{1}{2}$不合，便得门宽之数。此"去阃"1尺为勾，门宽之半为弦,“不合”2寸,除以2得1寸为股弦差,而求弦。所以由“不合”求股弦差应当除以2。现在乃以2倍弦长为门宽,所以最后一步不再除以2。

[9-11]今有户高多于广六尺八寸,两隅相去适一丈[1]。问户高、广各几何?

答曰:广二尺八寸;高九尺六寸。

术曰:令一丈自乘为实。半相多,令自乘,倍之,减实,半其余,以开方除之;所得,减相多之半,即户广;加相多之半,即户高[2]。令户广为勾,高为股,两隅相去一丈为弦,高多于广六尺八寸为勾股差。按图为位,弦幂适满万寸。倍之,减勾股差幂。开方除之,其所得即高广并数[3]。以差减并而半之即户广,加相多之数即户高也[4]。今此术先求其半。一丈自乘为朱幂四,黄幂一。半差自乘,又倍之,为黄幂四分之二。减实,半其余,有朱幂二,黄幂四分之一。其于大方弃四分之三。故开方除之,得高广并数之半。半并数减差半得广;加得户高[5]。又按此图幂,勾股相乘,倍之,并而加其差幂,亦成弦幂。为积盖先见,其弦然后知[6]。其勾与股今适等。自乘亦各为方,合为弦幂[7],令“半相多而自乘,倍之”,亦为弦幂,而差数复见。此各自乘之而与相乘数各为门实。及股长勾短,同源而分流焉[8]。假令勾股各五,弦幂五十。开方除之得七尺,有余一不尽。假令弦十,其幂有百,半之为勾、股二幂,各得五十,当亦不可开。故曰,周三径一,方五斜七,虽不正得尽理,亦可言相近耳[9]。其勾股合而自乘;相乘之幂者,令自乘为四幂以减之。其余开方除之,为勾股差;加于合而半之为股;减差于合而半之为勾。勾股弦即高、广、邪[10]。其出此图也,其倍弦为袤合,矩勾即为幂,得广即股弦差。

其矩勾之幂,倍股为从法,开之亦股弦差[11]。其一术:以勾股差幂减弦幂,半其余,差为从法,开方除之,即勾也[12]。

【注释】

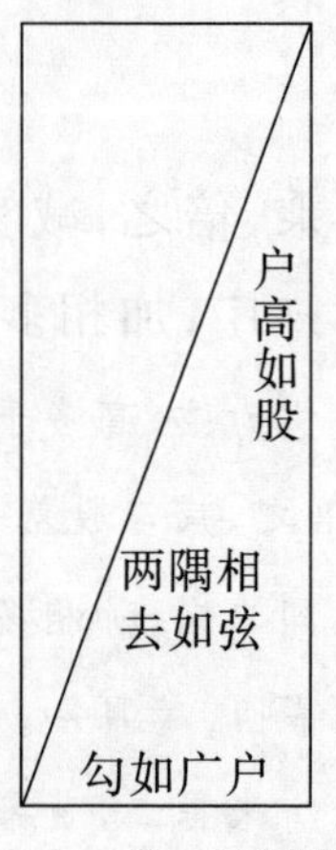

图9-7 [9-11]题的勾股关系

①户高多于户广六尺八寸,两隅相去适一丈:如图9-7所示,单扇门的高比宽多6尺8寸,其两对角相距正好1丈。即户高为股,户广为勾,两隅相去为弦。户,单扇的门。《说文解字》:"户,护也,半门曰户,象形。"故户为单扇,门为双扇。两隅相去,即指门户对角线之长。两隅,指门户之相对的两角隅。

②令一丈自乘为实。半相多,令自乘,倍之,减实,半其余;以开方除之;所得,减相多之半,即户广;加相多之半,即户高:按术文之意给户之高、广两个算法,即

$$户广=\sqrt{\frac{1}{2}[两隅相去^2-2(\frac{相多}{2})^2]}-\frac{相多}{2}$$

$$户高=\sqrt{\frac{1}{2}[两隅相去^2-2(\frac{相多}{2})^2]}+\frac{相多}{2}$$

亦即

$$勾=\sqrt{\frac{1}{2}[弦^2-2\times(\frac{勾股差}{2})^2]}-\frac{勾股差}{2}$$

$$股=\sqrt{\frac{1}{2}[弦^2-2\times(\frac{勾股差}{2})^2]}+\frac{勾股差}{2}$$

实,古代中算术语,一般指被除数。由于开方运算来自除法,故也用实来称被开方数。

③按图为位,弦幂适满万寸。倍之,减勾股差幂。开方除之,其所得即高广并数:如图9-8所示,外面的"大方",即勾股并幂,它等于

2倍弦幂减去勾股差幂，所以有

$$勾股并=\sqrt{2\times 弦^2-勾股差^2}$$

按图为位，考察弦图中各部分的相互关系。按，审察，研求。图，指弦图。为，与，对。位，地位，位置；此作关系解。弦幂，即以弦长为边的正方形面积，按题设计算，它恰好等于10 000平方寸。

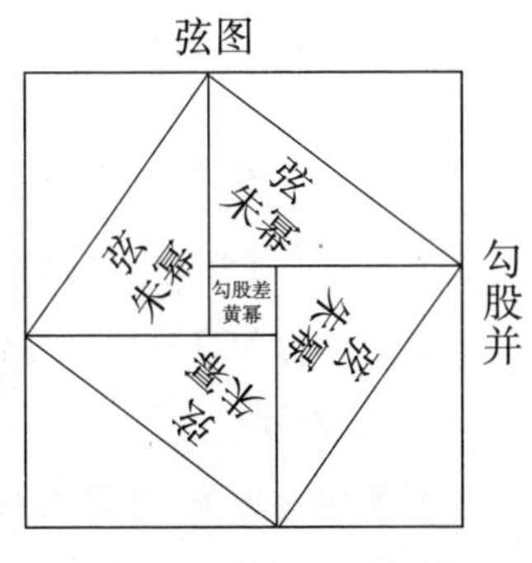

图9-8　[9-11]题弦图

④以差减并而半之即户广，加相多之数即户高也：计算出勾股并后，便可推求户之高、广。

$$户广（勾）=\frac{1}{2}（勾股并-勾股差）$$

$$户高=户广+相多$$

差，勾股差之简称，亦代表本题中的相多。

⑤今此术先求其半。一丈自乘为朱幂四、黄幂一。半差自乘，又倍之，为黄幂四分之二。减实，半其余，有朱幂二，黄幂四分之一。其于大方弃四分之三。故开方除之，得高广并数之半。半并数减差半得广；加得户高：由所附弦图可见，

$$两隅相去^2=弦^2=4朱幂+黄幂$$

$$2\left(\frac{相多}{2}\right)^2=2\left(\frac{勾股差}{2}\right)^2=\frac{2}{4}黄幂$$

$$\frac{1}{2}\left[两隅相去^2-2\left(\frac{相多}{2}\right)^2\right]=2朱幂+\frac{1}{4}黄幂=\frac{1}{4}大方$$

此“大方”，即以勾股并为边的正方形，所以

$$\sqrt{\frac{1}{2}\left[两隅相去^2-2\left(\frac{相多}{2}\right)^2\right]}=\frac{1}{2}勾股并$$

由所得$\frac{1}{2}$勾股并，便可推知

$$\frac{1}{2}\text{勾股并}-\frac{1}{2}\text{勾股差}=\text{勾}=\text{户广}$$

$$\frac{1}{2}\text{勾股并}+\frac{1}{2}\text{勾股差}=\text{股}=\text{户高}$$

这样,刘徽通过考察弦图中各部分的相互关系,逐步论证了术文所给出的算法的正确性。此术,指本题“术曰”所载算法。“先求其半”之“其”,是指勾股并,它是上述计算所求得的关键数。

⑥又按此图幂,勾股相乘,倍之,并而加其差幂,亦成弦幂。为积盖先见,其弦然后知:并而加,即加,同义重复。“其差幂”的其,指勾与股。有

$$2\text{勾}\times\text{股}+(\text{股}-\text{勾})^2=\text{勾}^2+\text{股}^2=\text{弦}^2$$

故称“亦成弦幂”。这里先假令已知勾股相乘积与勾股差幂,据弦图的构成而推知弦长,故曰“为积盖先见,其弦然后知”。

⑦其勾与股今适等。自乘亦各为方,合为弦幂:假设勾股之长正好相等,其自乘各得一正方形,则可拼为弦方,如图9-9所示。

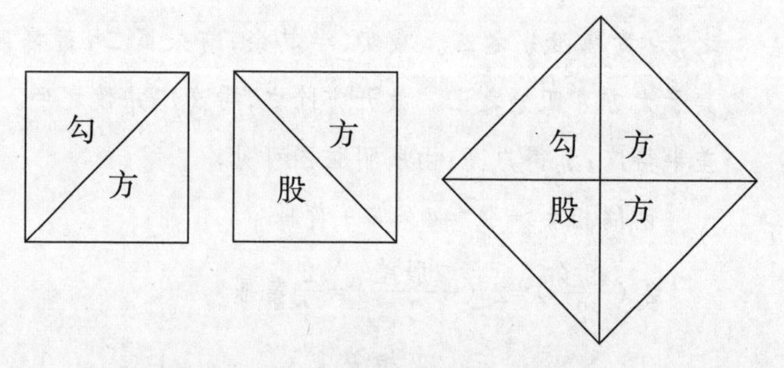

图9-9　勾、股相等各为方,合成弦幂

⑧及股长勾短,同源而分流焉:本句是说此处“勾股适等”时的勾股自乘之数,就是彼处“股长勾短”时的勾股相乘之数,各自都为“门实”。及,就。同源,指算法与理论的根源相同;分流,指由“源”而派生出来的具体算法有别。此处同源指皆出自弦图,分

流指弦图的构成不同，如图9-10所示。

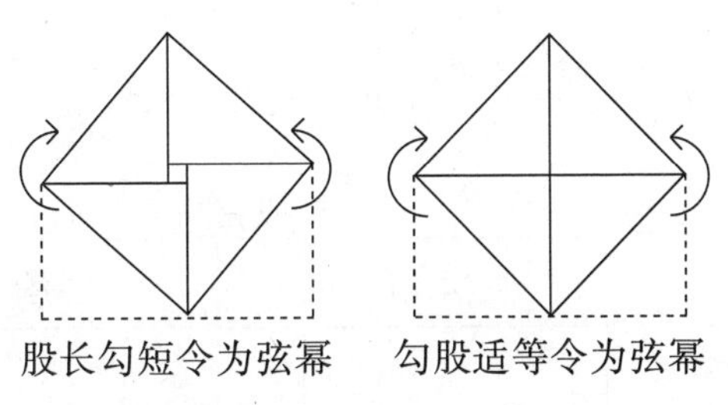

图9-10　弦幂同源分流图

⑨故曰，圆三径一，方五斜七，虽不正得尽理，亦可言相近耳：圆三径一，即周三径一，因与下文的“方”相对，故用“圆”代“周”。圆、周皆作圆周的简称。方五斜七，即说正方形的边与对角线之比为5∶7。这两对比率，乃是古代度量几何学处理圆、方问题的重要工具，虽然不够精密，但于实用一般已合于要求了。

⑩其勾股合而自乘；相乘之幂者，令自乘为四幂以减之。其余开方除之，为勾股差；加于合而半之为股；减差于合而半之为勾。勾股弦即高、广、邪：由弦图可见，

$$勾股差=\sqrt{勾股并^2-4勾\times股}$$

故得

$$股=\frac{1}{2}(勾股并+\sqrt{勾股并^2-4勾\times股})$$

$$勾=\frac{1}{2}(勾股并-\sqrt{勾股并^2-4勾\times股})$$

这里的勾股弦即代表门之高、广、邪。邪，两隅相去的对角线长。刘徽由弦图论证了以勾股积及勾股并而求勾、股（即由门实及高广并而求高、广）的算法，为“同源而分流”进一步作内容上的补充。

⑪其出此图也，其倍弦为广袤合，矩勾即为幂，得广即股弦差。其矩勾之幂，倍股为从法，开之亦股弦差：如图9-11所示，此图，即指

“矩勾之幂”图。它以2倍弦长为长宽之并,以勾自乘之数为面积,所以由它可求得矩勾之宽,亦即

$$矩广=\frac{矩勾之幂}{矩袤}\quad 或\quad 股弦差=\frac{勾^2}{股弦并}$$

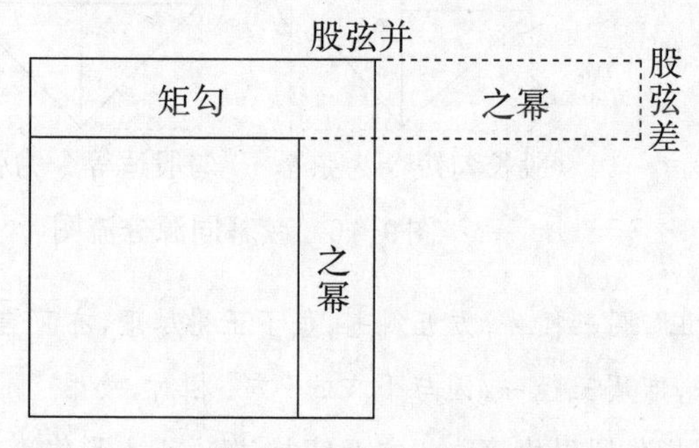

图9-11 矩勾之幂

由矩勾之幂可见,若取矩勾的面积之数为被开方数(“实”),以2倍股长为“从法”,开带从平方,也可以求得股弦差。刘徽这段注文,蕴涵着已知长方形面积,及长、宽之和或差,而求它的长、宽这两类问题的解法。即将已知面积设为“勾^2”,长宽之和设为“2弦”,于是宽即为股弦差,长即为股弦并。即可推得,

$$长方形之宽=\frac{长宽并}{2}-\sqrt{(\frac{长宽并}{2})^2-长方形面积}$$

同样,若将已知面积设为“勾^2”,长宽之差设为“2股”,于是所求之宽当为股弦差,长即股弦并。即可推得

$$长方形之宽=\sqrt{(\frac{长宽差}{2})^2+长方形面积}-\frac{长宽差}{2}$$

或者,以长方形面积为被开方数,长宽差为“从法”,开带从平方,即得长方形之宽。

⑫以勾股差幂减弦幂,半其余,差为从法,开方除之,即勾也:由弦图可见,$\frac{1}{2}$(弦幂-勾股差幂)=2朱实,它即是以勾、股为宽、长的长

方形。所以，用2朱实为被开方数，以勾股差为“从法”，开带从平方，即得勾。

【译文】

[9-11] 已知门高比门宽多6尺8寸，其两对角相距正好1丈。问门高、门宽各多少？

答：门宽2尺8寸；门高9尺6寸。

算法：令两隅相去之数1丈自乘为“实”。取“相多”（高多于广之数）的一半，令它自乘，乘以2，去减“实”数，其余数再除以2，然后开平方；所得之数，减去$\frac{1}{2}$相多，即得门宽；加上$\frac{1}{2}$相多，即得门高。设门宽为勾，门高为股，两角相距1丈为弦，高多于宽6尺8寸为勾股差。考察弦图中各部分的相互关系，“弦幂”（弦方的面积）恰好为10 000平方寸。它乘以2，减去“勾股差幂”（以勾股差为边的正方形面积）。开平方后所得之数即是“高广并”之数。用“高广差”去减“高广并”而除以2便得门宽（广），再加“相多”之数即得门高。现今的算法先计算勾股并数的一半。用1丈自乘作成朱幂4块，黄幂1块。$\frac{1}{2}$勾股差自乘，又乘以2，即为黄幂的$\frac{2}{4}$。用它去减“实”数，其余再取一半，便有朱幂2块，黄幂$\frac{1}{4}$块。即在整个“大方”中舍弃$\frac{3}{4}$。开平方，便得$\frac{1}{2}$“高广并”。由它减去$\frac{1}{2}$“高广差”得门宽；加上$\frac{1}{2}$“高广差”则得门高。又按此图中的面积关系，勾股相乘之长方形它的2倍加上勾股差幂，亦可合成弦幂。现假定已知勾股相乘积与勾股差幂，于是据此弦图便可推知弦长。今勾与股相等。令勾、股自乘为方幂，易将此二方幂合为弦幂，若像术文所云“令半相多而自乘，倍之……”则在其所作成的弦幂里，又再现了“勾股差”之数。此“勾股适等”时的勾、股各自乘之数，就是彼“股长勾短”时的勾股相乘之数，各自都为“门实”（门的面积数）。两种情形，乃“同源分流”而已。假设勾、股之长各为5，弦幂为50。开平方得7，被开方数还余1而不能开尽。假设弦长为10，其面积为100，除以2即勾幂与股幂，各得50，也当为不可开尽。所以说“周三径一，方五斜七”，虽然在理论上不精密，也可说给出近似的答案。由勾股之和为边长,自乘得正方形面积,又取勾股相乘所得长方形面积,用自乘而得的正方形以4个勾股相乘的长方形减之。余数开平方,得勾股差;勾股差加勾股合,再除以2得股;勾股合内减去勾股差后除以2,即为勾。勾、股、弦即高、广、邪。由此矩勾之幂图看出,2倍弦为广与袤之并数,以勾自乘之数为面积,它所得之广即是股弦差。或者由其矩勾之幂,以2倍股为"从法",开带从平方也得股弦差。另一算法:用"勾股差幂"去减弦幂,所得余数除以2,以勾股差为"从法",开带从平方,即得勾。

[9-12]今有户不知高广,竿不知长短。横之不出四尺;从之不出二尺;邪之适出①。问户高、广、邪各几何?

答曰:广六尺;高八尺;邪一丈。

术曰:从、横不出相乘,倍而开方除之。所得,加从不出即户广②;此以户广为勾,户高为股,户邪为弦。凡勾之在股,或矩于表,或方于里。连之者举表矩而端之③。又从勾方里令为青矩之表,未满黄方;满此方则两端之邪重于隅中;各以股弦差为广,勾弦差为袤④。故两差相乘,又倍之,则成黄方之幂。开方除之,得黄方之面。其外之青矩亦以股弦差为广,故以股弦差加之,则为勾也⑤。加横不出即户高;两不出加之,得户邪⑥。

【注释】

①横之不出四尺;从(zòng)之不出二尺;邪之适出:横放竿比门广长4尺;竖放竿比门高长2尺;沿对角线斜放竿正好等长。之,代词,指竹竿。不出,竿比门之广、高为长,不能横、从出门,故称"不出"。此处作为竿比门广、高长出部分的简单用语。从,直,南北曰从,东西曰横。邪,沿门之斜边方向。适出,恰好可以通过门框。

②从、横不出相乘，倍而开方除之。所得，加从不出即户广：术文给出户广公式，

$$户广=\sqrt{2(从不出\times横不出)}+从不出$$

③连之者举表矩而端之：所谓二者相连，即是取勾幂之矩与股幂之矩两个“表矩”，使它们端正地相连接成弦方。古代算家以图形移补拼合来论证其中的数量关系。此以勾幂之矩与股幂之矩相连的构图来讨论本题公式。举，擎起，抬起。端，正。举……而端之，即把某物放端正。表矩，即居于其表的曲尺形。

④又从勾方里令为青矩之表，未满黄方；满此方则两端之邪（yú）重于隅中：再从处于其内的勾方使之化为青色之曲尺形而居于其外，则原勾方未被充满处即为黄方；应充满此方的那部分面积乃作为矩之两端越出勾方的多余部分相重在角隅之中。又，再；更。此作另一方面解。从勾方里令为青矩之表，即由“方于其里”的勾幂，假定使之化为青色的“勾幂之矩”。令为，使之成为。如图9-12所示，青矩自然不能铺满原先的勾方，而不满之处即是中黄方。满此方则两端之邪重于隅中，意思是，本当铺满黄方的那部分，乃作为矩之两端越出原勾方之外的多余部分而与股幂之矩相重于角隅之处。则，乃，就。满此方，指铺满此黄方的面积。邪，通“余”。

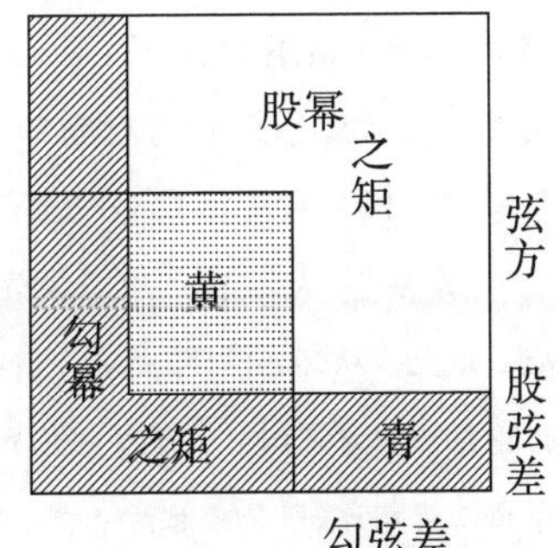

图9-12　二表矩相连

⑤故两差相乘，又倍之，则成黄方之幂。开方除之，得黄方之面。其外之青矩亦以股弦差为广，故以股弦差加之，则为勾也：矩之两端越出勾方之“余（邪）幂”=股弦差 × 勾弦差，故得

$$黄方=2\times 股弦差\times 勾弦差$$

$$黄方之边长=\sqrt{2\times 股弦差\times 勾弦差}$$

又,如图9-12所示,勾=黄方之面+青矩之广,所以有

$$勾=\sqrt{2\times 股弦差\times 勾弦差}+股弦差$$

亦即

$$户广=\sqrt{2\times 从不出\times 横不出}+从不出$$

⑥加横不出即户高;两不出加之,得户邪:术文给出另两个公式,

$$户高=\sqrt{2\times 从不出\times 横不出}+横不出$$

$$户邪=\sqrt{2\times 从不出\times 横不出}+从不出+横不出$$

这同样可由图9-12中显见的以下关系推知:

$$黄方之面+股矩之广=股$$

$$黄方之面+勾矩之广+股矩之广=弦$$

【译文】

[9-12]假设有门不知其高与广,有竿不知其长短。横而放之,竿比门广长出(横不出)4尺;竖而放之,竿比门高长出(从不出)2尺;斜着沿对角线放之,竿正好与对角线等长。问门之高、广、邪三边各是多少?

答:门广6尺;门高8尺;门之对角线长1丈。

算法:“从不出”乘“横不出”,以所得乘积之2倍开平方。所得之数,加上“从不出”即是门广;这里门广即是勾,门高即是股,门邪即是弦。大凡讨论弦图中勾幂相对于股幂的位置,或成曲尺之形处于其外,或者成方形处于其内。所谓二者相连,即是拿起两个表矩使之端正相合而成正方形。另一方面从处于其内的勾方使之化为青色之曲尺形而居于其外,则原勾方未被充满处即为黄方;应充满此方的那部分面积乃作为矩之两端越出勾方的多余部分相重在角隅之中;它以股弦差为宽,勾弦差为长。所以,用股弦差与勾弦差相乘,又乘以2,便得中黄方之面积。开平方,得黄方之边长。黄方之外的“青矩”也以股弦差为宽,所以用股弦差去加黄幂之边长,便得勾。加上“横不出”即是门高;用“从不出”与“横不出”同加之,便得门邪。

[9-13]今有竹高一丈，末折抵地，去本三尺。问折者高几何？

答曰：四尺、二十分尺之十一。

术曰：以去本自乘，此去本三尺为勾，折之余高为股，以先令自乘见矩勾之幂。令如高而一，竹高一丈为股弦并，以除此幂得差。所得，以减竹高而半其余，即折者之高也。此术与系索之类，更相反覆也[①]。亦可如下术，令高自乘为股弦并幂，去本自乘为矩幂，减之，余为实，倍高为法，则得折之高数也[②]。

【注释】

①此术与系索之类，更相反覆也：此算法的关键是由勾及股弦并而求股弦差，系索之类问题的关键是由勾及股弦差而求股弦并。二者皆由关系：勾^2=股弦并×股弦差，而推求。一是由差求并，一是由并求差，互为相逆问题，故云“更相反覆也”。

②亦可如下术，令高自乘为股弦并幂，去本自乘为矩幂，减之，余为实，倍高为法，则得折之高数也：注文给出另一算法。

$$折之高=\frac{竹高^2-去本^2}{2\times 竹高}$$

此即由图9-13所显见的下述公式：

$$股=\frac{股弦并^2-勾^2}{2\times 股弦并}$$

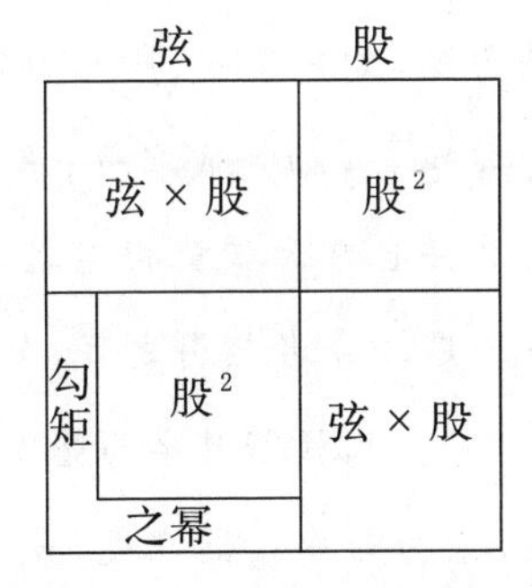

图9-13　由勾与股弦并求股

【译文】

[9-13]已知竹高1丈，竹梢被折断而抵达地面，与竹根部相距（“去本”）为3尺。问折断处高多少？

答:高$4\frac{11}{20}$尺。

算法:以"去本"自乘,这里去本3尺为勾,折断后的余高为股,此术先令去本自乘乃得矩勾之幂。令以高除之,竹高1丈为股弦并,用它去除勾幂便得股弦差。所得之数,用以去减竹高而所余之数除以2,即得折断处之高。此算法与"系索"之类,互为相逆问题。也可以依照下面的算法:令高自乘设为"股弦并幂",去本自乘为勾矩之幂,两幂相减,余数作为被除数,以2倍高为除数,便可求得折断处之高数。

[9-14]今有二人同所立①。甲行率七,乙行率三②。乙东行。甲南行十步而邪东北与乙会。问甲、乙行各几何?

答曰:乙东行一十步半;甲邪行一十四步半及之。

术曰:令七自乘,三亦自乘,并而半之,以为甲邪行率。邪行率减于七自乘,余为南行率。以三乘七为乙东行率③。此以南行为勾,东行为股,邪行为弦,并勾,率七,欲引者,当以股自乘为幂,如并而一,所有为勾弦差。加并,半之为弦率;以减并率,余为勾率④。如是或有分,当通而约之乃定⑤。术可以使无分母,故令勾弦并自乘为朱黄相连之方。股自乘为青幂之矩。以勾弦并为袤,差为广。今者相引之直,加损同之。其图大体,以两弦为袤,勾弦并为广⑥。引横断其半为弦率⑦;列用率七自乘者,勾弦并之率,故弦减之,余为勾率。同立处,是中停也⑧。皆勾弦并为袤,故亦以股率同其袤也⑨。置南行十步,以甲邪行率乘之,副置十步,以乙东行率乘之,各自为实。实如南行率而一,各得行数。南行十步者,所有见勾。求弦、股,故以弦、股率乘,如勾率而一。

【注释】

①同所立：所立处相同。

②甲行率七，乙行率三：即在相同时间内，甲、乙行程之比为7∶3。行率，行程之比数。

③令七自乘，三亦自乘，并而半之，以为甲邪行率。邪行率减于七自乘，余为南行率。以三乘七为乙东行率：术文给出由甲行率与乙行率（即勾弦并与股的比率），推求南行率、邪行率与东行率（即勾、弦、股三边的比率）之公式。

$$\text{邪行率}=\frac{1}{2}\times(\text{甲行率}^2+\text{乙行率}^2)$$

$$\text{南行率}=\text{甲行率}^2-\frac{1}{2}(\text{甲行率}^2+\text{乙行率}^2)$$

$$\text{东行率}=\text{甲行率}\times\text{乙行率}$$

④邪行为弦，并勾，率七，欲引者，当以股自乘为幂，如并而一，所有为勾弦差。加并，半之为弦率；以减并率，余为勾率：当以股自乘为幂，是说应取股自乘而作成股矩之幂。由股矩之幂便得

$$\text{勾弦差}=\frac{\text{股}^2}{\text{勾弦并}}$$

于是有

$$\text{弦率}=\frac{1}{2}\times(\text{勾弦并}+\frac{\text{股}^2}{\text{勾弦并}})$$

$$\text{勾率}=\text{勾弦并率}-\text{弦率}$$

依题设股=3，勾弦并=7，用上式便得

$$\text{弦率}=\frac{1}{2}\times(7+\frac{9}{7})=\frac{29}{7};\text{勾率}=7-\frac{29}{7}=\frac{20}{7}$$

⑤如是或有分，当通而约之乃定：若按股矩之幂所得弦率与勾率之公式来计算，一般会出现分数计算的麻烦，所以术文给出了另一种算法。或，或许，表可能。

⑥术可以使无分母,故令勾弦并自乘为朱黄相连之方。股自乘为青幂之矩。以勾弦并为衺,差为广。今者相引之直,加损同之。其图大体,以两弦为衺,勾弦并为广:刘徽注文阐明术文中推求勾、股、弦三率公式的几何来源。即将勾、股、弦三边之比表示为长度皆为勾弦并的三块长方形面积之比。因为长度之比改作面积之比,要同乘以长度"勾弦并",于是便可消去原比率中的分母。故注云:"术可以使无分母,故令勾弦并自乘为朱黄相连之方。"意谓原术使比率无分母乃先作边长为勾弦并率的正方形,使它为朱方(即勾方)与黄方(即弦方)相连而成,作成面积为股自乘的青色之矩,如图9-14所示。引之直,伸展至长条形。引,伸。之,至,直到。直,直田,即长方形。加损同之,使割与补之面积相等。这样便拼合成图形的整体。大体:大局,即事物之整体,此指图形的整体。即以2倍弦为长,勾弦并为宽的大长方形。

⑦横:水平直线段。断其半:截取其中的一半。

⑧同立处,是中停也:朱、黄二方相连处的水平直线,正好等分整个图形。亦即等分线与朱、黄方相连成的水平线相重合。正因为如此,才有弦率用"图形大体"面积的一半来表示。同立处,指朱方与黄方共同所在的那条水平直线。立,设置。中停,从中等分之意。

⑨皆勾弦并为衺,故亦以股率同其衺也:勾率和弦率都用长度为勾弦并的面积来表示,那么股率也应用相同长度的面积来表示。

【图草】

依刘徽注文之意,其勾、股、弦三率的推求,当用如图9-14所示的图形移补拼割来说明。

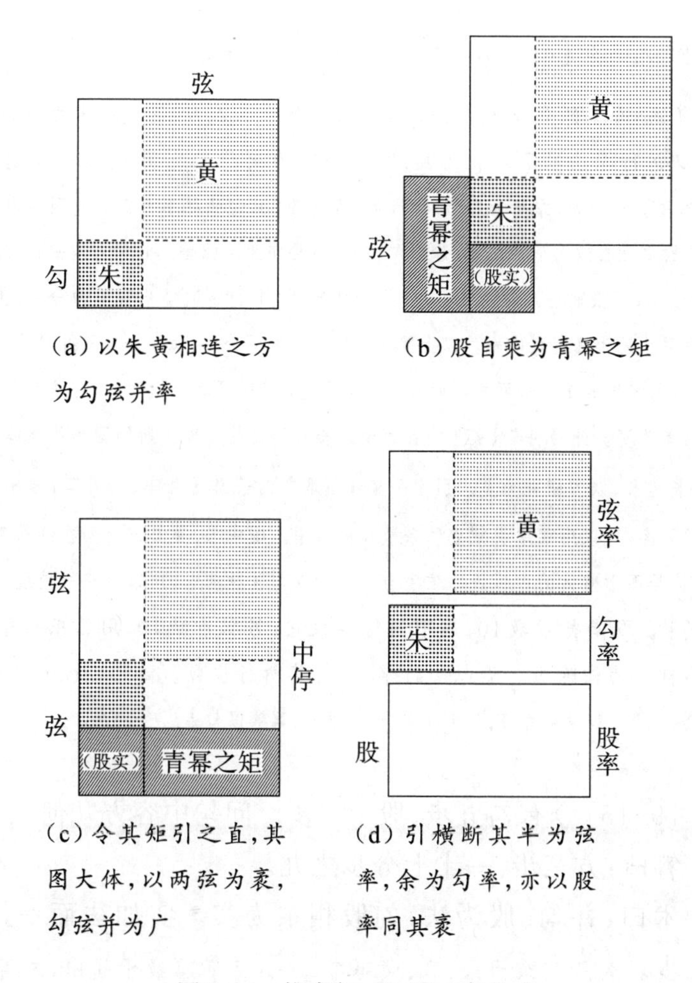

图9-14　推求勾、股、弦三率公式

【译文】

[9-14]假设甲、乙二人站在同一处。他们在相同时间内的行程之比是甲行率为7，乙行率为3。乙向东走。甲同时出发向南走10步而后斜向东北方恰与乙相会合。问甲、乙的行程各多少？

答:乙向东走$10\frac{1}{2}$步;甲斜向东北走$14\frac{1}{2}$步追及乙。

算法:令7自乘,3也自乘,二数相加而除以2,所得之数作为甲斜行率。以斜行率去减7自乘之数,所得余数为南行率。用3去乘7为东行率。这里南行为勾,东行为股,斜行为弦(股率为3),勾弦并率为7,要想引而申之,应当取股之数自乘为股矩之幂,除以勾弦并,所得即为勾弦差。它加上勾弦并,除以2即为弦率;以弦率去减勾弦并率,余数为勾率。这样计算可能出现率为分数,应当通分而后约简为确定之比率。以上算法可以使各率无分母,所以令勾弦并自乘作为朱、黄二色相连的正方形面积。股自乘作为青色的"股幂之矩"。它以勾弦并为长,以勾弦差为宽。此乃将"青矩"伸直为横放长条形之故。以上所绘图形的整体,以2倍弦长为长,以勾弦并为宽。引水平直线割取它的$\frac{1}{2}$作为弦率;列用率7自乘,乃勾弦并之率,所以用弦率去减它的余数作为勾率。图中朱、黄二方所同在的那条水平线,恰是图形整体的中位线。弦率与勾率皆以勾弦并为长,所以也应当使股率有相同的长。取南行步数10,用甲斜行率乘它;另取步数10,用乙东行率乘它,各自作为被除数。除以南行率,各得其所行步数。南行步数10,即为已知的"见勾"。要求弦与股,故用弦率、股率乘它,再除以勾率。

[9-15]今有勾五步,股十二步。问勾中容方几何①?

答曰:方三步、一十七分步之九。

术曰:并勾、股为法,勾股相乘为实。实如法而一,得方一步。勾股相乘为朱、青、黄幂各二②。令黄幂袤于隅中,朱青各以其类合,从其两径共成修之幂③。方中黄为广,并勾股为袤。故并勾股为法。幂图方在勾中,则方之两廉各自成小勾股邪,而其相与之势不失本率也④。勾面之小股,股面之小勾,并为中方,令股为中方率,并勾股为率,据见勾五步而今有之,得中方也。复令勾为中方率,以并勾股为率,据股十二步而今有之,则中方又可知。此则虽不效而法[⑤]，实有法由生矣[⑥]。下容圆率而似[⑦]，今有衰分言之[⑧]，可以见之也。

【注释】

①勾中容方几何：即“勾中容方，方为几何”的简略说法。勾中容方，又称勾股容方，即勾股形中所容的内接正方形，它有一边重于勾边。

②勾股相乘为朱、青、黄幂各二：勾股相乘，即以勾与股为两边的长方形面积。按勾中容方图，将它分块为6块，分别涂上朱、青、黄三种颜色，如图9-15所示。中算家用以演示公式的由来。

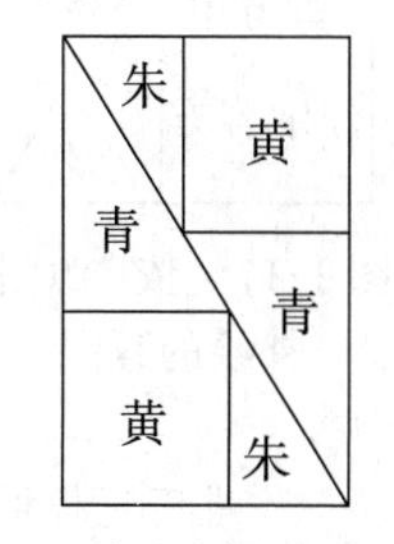

图9-15 在勾中容方图中涂色推演

③令黄幂袤于隅中，朱青各以其类合，从其两径共成修之幂：将二黄幂沿南北方向放置在接近中部之处，朱、青二幂各按其类合并，拼凑成一个以勾股二线段之和为长的条形。袤，一般指南北之长。《说文解字》：“南北曰袤，东西曰广。”隅中，原指将午之时。《淮南子·天文训》：“日出于旸谷……至于桑野，是谓晏食；至于衡阳，是谓隅中；至于昆吾，是谓正中。”此处指空间位置，即稍偏离正中的中部区域。由图9-16可见，由于勾股不等，故两黄方一般不居于长条形的正中。以其类合，按同类者相拼合，将同色者相拼为长方形。从，跟随，听从。此作符合解。其两径共成

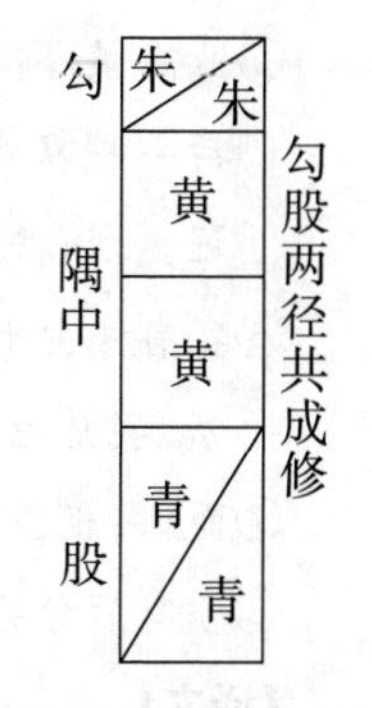

图9-16 拼合成长条形

修,是说勾与股两线段合成它的长(高)。如图9-16所见,合成的长条形的长即为勾股并。其两径,即勾股形中的勾与股两条直线段。修,长、高。

图9-17 依“源图”补绘的幂图

④幂图方在勾中,则方之两廉各自成小勾股邪,而其相与之势不失本率也:幂图,刘徽所绘的长方形附图,今参照宋代杨辉《续古摘奇算法》中所绘“源图”补绘,如图9-17所示。由上、下两勾股形中去掉朱、青二幂各一,则知有

黄甲之积=黄乙之积

此即

青股 × 朱勾=朱股 × 青勾

写成比率关系,即是

青股 : 青勾=朱股 : 朱勾

进而可推得

青股 : 青勾=朱股 : 朱勾=大股 : 大勾

这就是所谓“勾股不失本率原理”。相与之势,即指相互的比率关系。本率,原有的大勾股形中各边之比率。

⑤此则虽不效而法:是说与上面图形分割移补的证法相比较而言,后一种算法似不能直观验证。此则,指由勾股比率原理所作的论证。则,法则。效,征验。而,其。

⑥实有法由生矣:即算法程序有了来由。实有法,即实与法。有,与。法、实原指算法中所求除数与被除数,此处借以代表算法的程序。

⑦而似:相仿。

⑧今有衰分:即今有术、衰分术,此泛指比率算法。

【译文】

[9-15]假设勾长5步,股长12步。问勾股形中内接正方形的边长多少?

答：边长$3\frac{9}{17}$步。

算法：勾与股相加作为除数，勾与股相乘作为被除数。用除数去除被除数，便得内接正方形的边长。勾、股相乘之积为朱幂、青幂、黄幂各2块。令二黄幂沿南北方向放置在接近中部之处，朱、青二幂各按其类相合，拼凑成一个以勾股二线段之和为长的条形。它以中黄幂的边长为宽，勾与股相加为长。所以用勾股相加为除数。在幂图中可见，小方内接于勾股形之中，则小方之两侧各自成为小勾股弦，而它们相应的线段方向保持着原勾股形的比率。勾边上的小股、股边上的小勾，同为中黄方之边，令股长作为"中方"之率，勾股相加作为所有率，据已知勾长步数5而按今有术推算，即可得"中方"。又可以令勾长作为"中方"之率，以勾股相加为所有率，据股长步数12而按今有术推算，则"中方"之数又可得到。此基于率的方法虽然没有效法基于出入相补的直观方法，实与法却由此产生出来。下题容圆术中诸率的由来与此相仿，以今有衰分来解释，便可明白了。

[9-16]今有勾八步，股一十五步。问勾中容圆[①]，径几何？

答曰：六步。

术曰：八步为勾，十五步为股，为之求弦。三位并之为法；以勾乘股，倍之为实。实如法，得径一步[②]。勾股相乘为图本体，朱、青、黄幂各二之，则为各四。可用画于小纸，分裁邪正之会，令颠倒相补，各以类合，成修幂。圆径为广，并勾股弦为袤。故并勾股弦以为法[③]。又以图大体言之，股中青、勾中朱与弦必合[④]。立规于横广，勾、股及邪三径均，而复连规从横量度勾股，必合成小方矣[⑤]。又画中弦，以规涂会，则勾、股之面中央小勾股弦，勾之小股、股面小勾，皆小方之面，皆圆径之半[⑥]。其数故可衰[⑦]。以勾股弦为列衰，副并为法。以勾乘未并者各自为实。实如法而一，勾面之小股可知也[⑧]。以股乘列衰为实，则股面之小勾可知。言虽异矣，及其所以成法之实,则同归矣。然则圆径又可以勾股邪之差、并:勾弦差减股为圆径;又弦减勾股并,余为圆径。以勾弦差乘股弦差而倍之,开方除之,亦圆径也[⑨]。

【注释】

①勾中容圆:又称勾股容圆,即勾股形内所包容的内切圆。

②三位并之为法;以勾乘股,倍之为实。实如法,得径一步:术文给出勾中容圆算法。

$$圆径=\frac{2\times(勾\times股)}{勾+股+弦}$$

三位,指勾、股、弦三项,它们在筹算板上各占一位置,故而称之为"位"。

③勾股相乘为图本体,朱、青、黄幂各二之,则为各四。可用画于小纸,分裁邪正之会,令颠倒相补,各以类合,成修幂。圆径为广,并勾股弦为袤。故并勾股弦以为法:刘徽注文用图形割补来论证容圆公式。图之本体,图形的本原。它是图形分割移补的原始出发点。这里选取以勾与股为两邻边的长方形为"图之本体"。由两块这样的长方形,如图9-18所示,分割拼补为一个以勾股弦三边之和为长、以圆径为宽的长条形,即有2×(勾×股)=(勾+股+弦)×圆径,便可推知圆径公式。颠倒相补,各以类合,乃指拼合的方式。类合,即同色相合。因为画于小纸上的图形只是单面着色,故拼补时图形不可翻转。

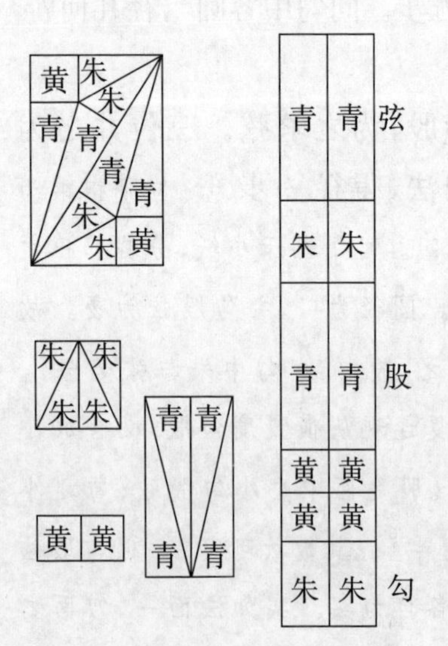

图9-18　颠倒相补,各以类合

相邻两块同色勾股形不能拼合成方，必须上、下各取一块相拼成方，故云“颠倒相补”。

④又以图大体言之，股中青、勾中朱与弦必合：如图9-19所示，股中青与弦中青同长；勾中朱与弦中朱同长。于是股中青与勾中青相加必等于弦长。图之大体，即勾股容方图之整体。股中青，股边上着青色的部分。股边由青幂与黄幂两块图形的一边界拼成，此指图中处于上方的部分。勾中朱，即勾边上着朱色的部分。

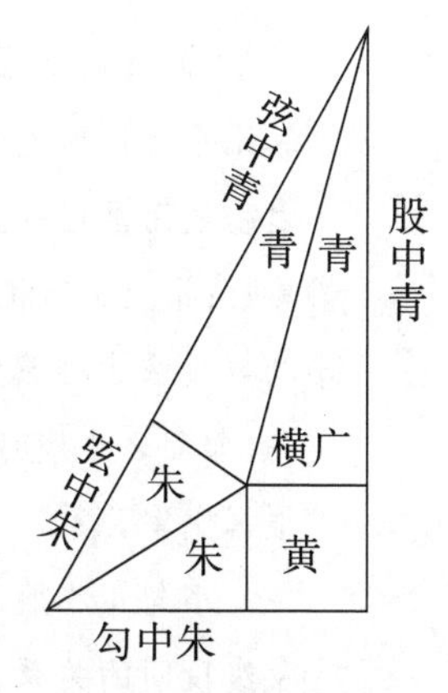

图9-19　股中青、勾中朱与弦必合

⑤立规于横广，勾、股及邪三径均，而复连规从横量度勾股，必合成小方矣：将圆规的两脚置于横广两端而站立着。绕中心旋转圆规，则可验明所画之圆与勾、股、弦三边相切，即中心到三边之距离皆等于横广之长。故云“勾、股及邪三径均”。再用规在勾、股两边上，一从一横地接连量度，恰得圆之切点。故知连接圆心与勾、股两边切点之半径，必与勾股围成小正方形。故云：“而复连规从横量度勾股，必合成小方矣。”横广，指垂直于股边的水平半径，它是青色勾股形与黄方之广，故称为“横广”；因为其长为圆径之半，故不能称“横径”。

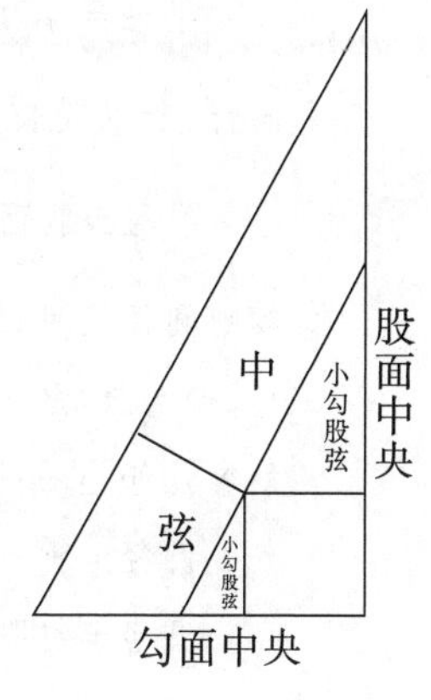

图9-20　合成小方

⑥又画中弦，以规涂会，则勾、股之面中央小勾股弦，勾之小股、股面之小勾，皆小方之面，皆圆径之半：如图9-20所示，绘制过内切圆心而与弦同垂直于过切点半

径的线段，于勾、股两面上各形成小勾股形，且有

股面之小勾＝勾面之小股＝黄方＝半径

中弦，即过内切圆心而与弦同垂直于过切点半径的线段。中国古算无平行性理论与平行线作法，故它是用矩尺过圆心作切点半径之垂线而画出的。以规涂会，即观察所绘图形。

⑦其数：指上文所说半径之数。可衰：可以列衰而求之。

⑧以勾股弦为列衰，副并为法。以勾乘未并者各自为实，实如法而一，勾面之小股可知也。以股乘列衰为实，股面之小勾可知：刘徽根据比率关系，

小勾：小股：小弦＝(本)勾：(本)股：(本)弦

及线段间的关系，

股面之小勾＋股面之小股＋股面之小弦＝(本)股

勾面之小勾＋勾面之小股＋勾面之小弦＝(本)勾

将求小勾股弦视为已知总和及列衰而求各数的衰分问题。于是以原本之勾、股、弦为列衰，以勾长为所分，依衰分术而求勾面之小股即圆径之半，得

$$半径＝勾面之小股＝\frac{股\times勾}{勾+股+弦}$$

同样，若以股长为所分，依衰分术而求股面之小勾即圆径之半，得

$$半径＝股面之小勾＝\frac{勾\times股}{勾+股+弦}$$

⑨然则圆径又可以勾股邪之差、并：勾弦差减股为圆径；又弦减勾股并，余为圆径。以勾弦差乘股弦差而倍之，开方除之，亦圆径也：刘徽注给出另外3个容圆公式，

圆径＝股－勾弦差

圆径＝勾股并－弦

$$圆径=\sqrt{2\times 勾弦差\times 股弦差}$$

前2个公式可由图形中显见的关系：勾＋股＝弦＋径，直接推出；后一个公式是由勾股基本公式：勾－股弦差＝$\sqrt{2\times 勾弦差\times 股弦差}$，与上面第一式推出的。

【译文】

[9-16] 已知勾长8步，股长15步。问勾股形中内切圆的直径长多少？

答：径长6步。

算法：以勾长8步，股长15步，求相应的弦长。勾股弦三项相加作为除数；用勾乘股，再乘以2作为被除数。以除数去除被除数，便得圆径步数。以勾股相乘之面积作为圆形的"本体"，它包括朱、青、黄三种面积各2块，加倍则各为4块。可作画于小纸上，依照线条的斜正交叉而分裁它，令它们颠倒相补，各按同类相拼合，成一长条形面积。圆径是它的宽，勾股弦之和是它的长。所以用勾股弦相加作为除数。又从图形的整体而论，股中着青色的部分、勾中着朱色的部分，二者与弦中的相应部分必然相合。将圆规立于"横广"（垂直于股边的水平半径），勾、股、弦三边与圆心之距与此相等，而再接连用规沿从、横方向来量度勾、股两边，则它们与两条半径必然围合成为一小正方形。又画出"中弦"（过圆心而与弦同垂直于过切点半径的线段）以考察它们的交会，则在勾、股两面的中央各有一个小勾股形，勾面上的小股、股面上的小勾，皆是小正方形的边，即皆为圆径的一半。半径数故可以用衰分术来推求。以勾、股、弦为列衰，"副并"（另置它们之并数）作为除数。以勾长之数去乘未曾相加的诸衰数各自为被除数，则勾面上之小股可求得了。用股长之数去乘列衰作为被除数，则股面之小勾也可得到。所说的算法虽然有差异，论及其所以成为算法中的法与实，则是"同归殊途"了。然而，圆径还可以用勾股弦的差与和表示：勾弦差减股得圆径；又用弦去减勾股并，所得余数为圆径。以勾弦差乘股弦差再乘以2，开平方，也得圆径。

[9-17] 今有邑方二百步[①]，各中开门。出东门一十五步有木。问出南门几何步而见木？

答曰:六百六十六步、太半步。

术曰:出东门步数为法,以勾率为法也。半邑方自乘为实,实如法得一步。此以出东门十五步为勾率,东门南至隅一百步为股率,南门东至隅一百步为见勾步。欲以见勾求股,以为出南门数[2]。正合半邑方自乘者,股率当乘见勾,此二者数同也。

【注释】

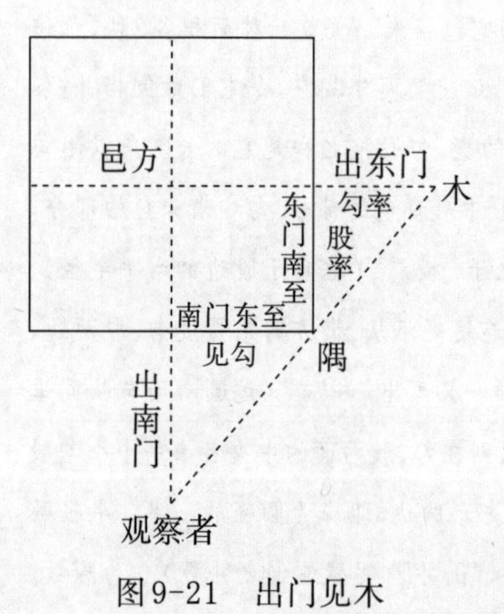

图9-21 出门见木

①邑方:正方形城的边长。邑,泛指一般城市。大曰都,小曰邑。方,边长。

②此以出东门十五步为勾率,东门南至隅一百步为股率,南门东至隅一百步为见勾步。欲以见勾求股,以为出南门数:如图9-21所示,以邑之中心出东门至木为勾,以中心出南门至见木处为股,则邑之东南隅与之构成“勾股容方”图,由不失本率原理,知

$$\text{出南门}:\text{南门东至隅}=\text{东门南至隅}:\text{出东门}$$

即得

$$\text{出南门}=\frac{\text{南门东至隅}\times\text{东门南至隅}}{\text{出东门}}$$

此即按勾股比率算法,以出东门为勾率,东门南至隅为股率,南门东至隅为见勾(已知之勾)而求股。

【译文】

[9-17]假设方城边长(邑方)200步,各方中央开一城门。出东门

50步处有树。问出南门走多少步而能看见树？

答：$666\frac{2}{3}$步。

算法：以出东门步数为除数，这是用勾率作除数。以$\frac{1}{2}$邑方作自乘而为被除数，用除数去除被除数便得所求步数。这里以出东门步数15为勾率，东门向南至城角步数100作为已知勾边的步数。要由已知勾长而求相应股长，作为所求出南门步数。其所会与$\frac{1}{2}$邑方作自乘之数巧合，乃是应以股率乘已知勾长，而此二数相同的缘故。

[9-18]今有邑，东西七里，南北九里，各中开门。出东门一十五里有木。问出南门几何步而见木[①]？

答曰：三百一十五步。

术曰：东门南至隅步数，而乘南门东至隅步数为实。以木去门步数为法。实如法而一。此以东门南至隅四里半为勾率，出东门一十五里为股率，南门东至隅三里半为见股。所问出南门即见股之勾。为术之意，与上同也。

【注释】

①步：长度单位。古代以三百步为一里。

【译文】

[9-18]假设有城，东西宽7里，南北长9里，各方中央处开一城门。出东门15里有树。问出南门走多少步而能看见树？

答：315步。

算法：用东门向南至城角的步数，去乘南门向东至城角步数作为被除数。用树距东门的步数作为除数。用除数去除被除数即为所求。这里以东门向南至城角$4\frac{1}{2}$里(步数)作为勾率,出东门15里(步数)作为股率,南门向东至城角$3\frac{1}{2}$里(步数)作为已知股边。所问出南门之步数即是已知股边对应的勾。造术的用意,与上题相同。

[9-19]今有邑方不知大小,各中开门。出北门三十步有木,出西门七百五十步见木。问邑方几何?

答曰:一里。

术曰:令两出门步数相乘,因而四之,为实。开方除之,即得邑方。按半方邑,令半方自乘,出门除之,得步①。令两出门相乘,故为半方邑自乘,居一隅之积分②。因而四之,即得四隅之积分。故为实,开方除,即邑方也。

【注释】

①按半方邑,令半方自乘,出门除之,得步:此处引用[9-17]题之造术,"出门",即出东门步数;"得步",即得所求"出南门而见木处"之步数。因为此类问题只须考察勾股形中所容之"半方邑",故云"按半方邑"。按,审查,研求。

②居:作当解。一隅:一个角落或一个地区。全城分为东北、东南、西南、西北四个"隅",故下文说"得四隅之积分……开方除,即邑方也"。积分:面积之数。

【译文】

[9-19]假设有方城不知其大小,各方中央开一城门。出北门30步处有树,出西门750步便能看见树。问城之边长多少?

答:一里。

算法:令两个"出门"步数相乘,再乘以四,作为被开方数。开平方,便得城之边长。考察"邑方"之半,令"半邑方"自乘,除以"出门"之数,便得所求之步数。令两个“出门”步数相乘,故所得为“半邑方”自乘,它当为城邑一隅之面积数。用4去乘它,即得4“隅”之面积数。所以将它作为被开方数,开平方,所得即“邑方”之数。

[9-20]今有邑方不知大小,各中开门。出北门二十步有木。出南门一十四步,折而西行一千七百七十五步见木。问邑方几何?

答曰:二百五十步。

术曰:以出北门步数乘西行步数,倍之为实;此以折而西行为股,自木至邑南一十四步为勾。以出北门二十步为勾率,北门西至隅为股率,即半广数①。故以出北门乘西行,得半广乘勾之幂。然此幂居半以西。故又倍之合东,尽之也②。并出南门步数为从法,开方除之,即邑方③。此术之幂,东西如邑方、南北自木尽邑南十四步。二幂各南北步为广,邑方为袤。故连两广为从法,并以为隅外之幂也④。

【注释】

①此以折而西行为股,自木至邑南十四步为勾。以出北门二十步为勾率,北门西至隅为股率,即半广数:如图9-22所示,由勾股不失本率原理,显见有

$$\frac{\text{折而西行}}{\text{自木至邑南十四步}}=\frac{\text{北门西至隅}}{\text{出北门}}$$

此即以出北门步数为勾率,以邑之半广数为股率。

②然此幂居半以西。故又倍之合东,尽之也:此幂,指上文所说的“半广(股率)乘勾之幂”,如图9-22所示,它占据图中大长方形的西半部分。用此面积乘以2,亦是再“合”上东半部分使之完

整无余。尽之,使它完整无余。尽,全部。

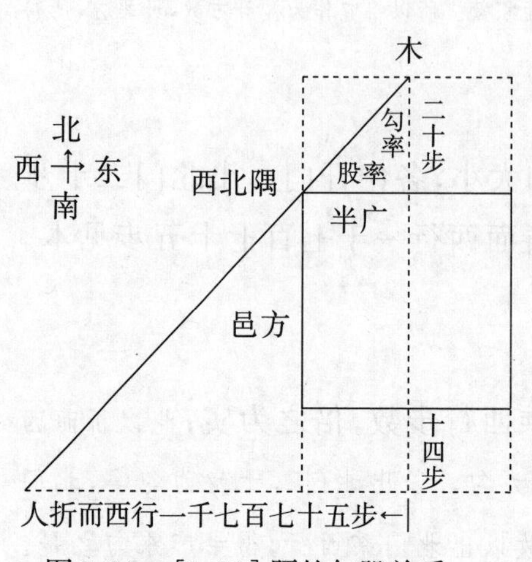

图9-22 [9-20]题的勾股关系

③以出北门步数,乘西行步数,倍之为实;并出南门步数为从法,开方除之,即邑方:开方运算是由除法而来,它也是用“法”去除“实”而得的商数。所不同者,除法中的“法”是已知的确定数,而开方运算中的“法”并非预先给定,它是在上下折算的过程中推算出来的。从法,“法”中的附加部分。从,随从。开带从平方,即在开平方运算中,以法除实时,法中有一确定的附加部分。由图9-22可见,按不失本率原理有

$$1\,775:(20+\text{邑方}+14)=\frac{1}{2}\text{邑方}:20$$

故得

$$\text{邑方}\times(\text{邑方}+34)=2\times1\,775\times20$$

所以术云,以2×1 775×20=71 000为实,以34为从法,开带从平方:

商	
实	7 1 0 0 0
法(定法)	3 4
借算	1

→

商	2
实	2 4 2 0 0
法	2 3 4
(副)	2 0 0
借算	1

→

(1)置积为实。从法为定法。借一算步之,超一等;

(2)议所得,以一乘所借一算,所得副,以加定法,而以除;

商		2 5 0
实		
法		4 8 4
	（副）	5 0
借算		1

（3）复除，折下如前。

便得所求邑方=250（步）。

④二幂各南北步为广，邑方为袤。故连两广为从法，并以为隅外之幂也：二幂，即方隅之外上、下两块长方形的面积。南北步，即出南门步数与出北门步数。连两广，即连接此二幂之广度，它等于出北门步数与出南门步数之和。它所对应的面积即是方隅之外的面积，这正是“从法”的几何意义所在。

【译文】

[9-20]假设有方城不知其大小，各方中央开一城门。出北门20步处有树。出南门14步，折转而向西行1 775步便能看见树。问城之边长多少？

答：250步。

算法：用出北门步数，乘西行之步数，再乘以2作为被开方数；这里以折转而向西行步数为股长，由树至城南14步处之距离为勾长。以出北门20步为勾率，北门向西至城角之长为股率，即是城之“半广”。所以用“出北门”去乘西行步数，便得“半广”乘勾长所成之面积。然而此面积仅占据图中西半部分。所以又乘以2而添加东半部分，从而得到全部图形面积。**用出北门步数加上出南门步数作为“从法”，开带从平方，所得即为城之边长。**此算法所计算的面积，它的东西之宽等于城之边长，南北之长是从树至城南14步的终点。城外两块面积，它们各以出南、北门步数为宽，以城之边为长。所以将两个宽度连在一起作为“从法”，即并合起来作为城方之外的面积。

[9-21]今有邑方一十里,各中开门。甲乙俱从邑中央而出。乙东出;甲南出,出门不知步数,邪向东北磨邑隅,适与乙会。率:甲行五;乙行三。问甲、乙行各几何?

答曰:甲出南门八百步,邪东北行四千八百八十七步半,及乙;乙东行四千三百一十二步半。

术曰:令五自乘,三亦自乘,并而半之,为邪行率。邪行率减于五自乘者,余为南行率。以三乘五,为乙东行率[①]。求三率之意与上甲乙同。置邑方半之,以南行率乘之,如东行率而一,即得出南门步数。今半方,南门东至隅五里;半邑者,谓为小股也。求以为出南门步数,故置邑方半之,以南行勾率乘之,如股率而一[②]。以增邑方半,即南行。半邑者,谓从邑心中停也[③]。置南行步求弦者,以邪行率乘之;求东者以东行率乘之,各自为实。实如南行率得一步。此术与上甲乙同。

【注释】

①令五自乘,三亦自乘,并而半之,为邪行率。邪行率减于五自乘者,余为南行率。以三乘五,为乙东行率:此为已知股率及勾弦并率,而求勾、股、弦相通之率。本题与[9-14]题原理相同,故直接应用其公式计算邪行、南行、东行之率。

②今半方,南门东至隅五里;半邑者,谓为小股也。求以为出南门步数,故置邑方半之,以南行勾率乘之,如股率而一:如图9-23所示,半邑即南门东至隅五里,它为南面小勾股形的小股,而出南门为小勾,故

$$出南门=\frac{半邑方\times 勾率}{股率}$$

今，当前，现在。半方，将邑方半之，此处的半是动词，取其$\frac{1}{2}$，或除以2之意。半邑，城的中轴线或边长之半。南行勾率，意谓南行率即勾率。

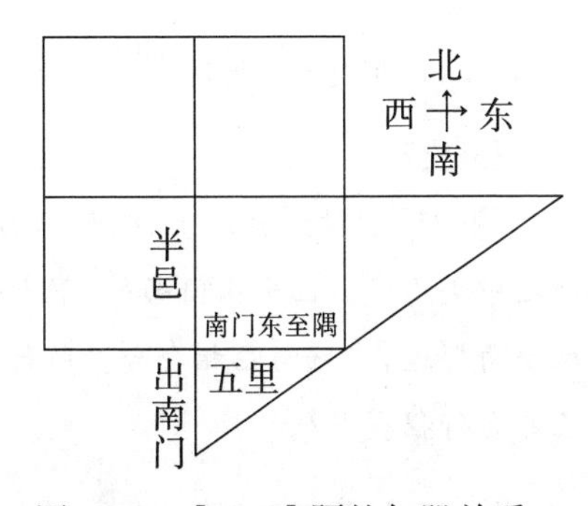

图9-23 [9-21]题的勾股关系

③半邑者，谓从邑心中停也：所谓半邑，是指南北中轴线从“邑心”处等分的下半部分。徽注指出，术文所得

南行=出南门+邑方半

其中的“半邑方”，并非城边长之半，而是中轴线之半。邑心，邑方之中心。中停，等分。

【图草】

[9-21]题依术演算如下。

(1)由股率3，勾弦并率5，计算勾、股、弦相通之率。

$$弦率=\frac{1}{2}(5^2+3^2)=17$$

$$勾率=5^2-17=8$$

$$股率=3\times5=15$$

(2)由小股=半邑方=5里=1 500步，求出南门=小勾，按今有术计算。

$$出南门=\frac{勾率\times半邑方}{股率}=\frac{8\times1\,500}{15}=800（步）$$

(3)计算甲、乙各行。

$$甲南行（大勾）=半邑方+出南门=1\,500+800=2\,300（步）$$

$$甲邪行（大弦）=\frac{17\times2\,300}{8}=4\,887\frac{1}{2}（步）$$

$$乙东行(大股)=\frac{15\times 2\,300}{8}=4\,312\frac{1}{2}(步)$$

【译文】

[9-21]假设方城边长10里,各方中央开一城门。甲、乙二人同时从城之中央出发。乙出东门而行;甲出南门,不知出门多少步后,斜向东北从城角擦过,正好与乙相会合。所行路程之比率:甲行5;乙行3。问甲、乙各自行程多少?

答:甲出南门800步,斜向东北行4 887$\frac{1}{2}$步而追及乙;乙向东行4 312$\frac{1}{2}$步。

算法:令5自乘,3也自乘,两数相加而除以2,作为斜行率。以邪行率去减5自乘,余数为南行率。以3乘5,作为乙之东行率。求3个行率的意义与上面([9-14]题中)关于甲、乙的三行率相同。取$\frac{1}{2}$邑方,用南行率乘它,除以东行率,即得“出南门”步数。现今将邑方除以2,得南门向东至城角的长5里;而“邑方”之半,即是所谓的小股。求其所当之出南门步数,故取邑方除以2,以南行率(即勾率)乘它,除以股率。所得之数加“$\frac{1}{2}$邑方”,即得甲南行步数。所谓半邑,是以城之中心而等分城的中轴线。取南行步数而求弦长,即以斜行率乘它;求东行步数即以东行率乘它,各自作为被除数。用南行率去除被除数便得所求步数。此算法与上面([9-14]题中)求甲、乙二人所行相同。

[9-22]今有木去人不知远近。立四表,相去各一丈。令左两表与所望参相直。从后右表望之,入前右表三寸①。问木去人几何?

答曰:三十三丈三尺三寸、少半寸。

术曰：令一丈自乘为实，以三寸为法，实如法而一。此以入前右表三寸为勾率。右两表相去一丈为股率，左右两表相去一丈为见勾，所问木去人者，见勾之股。股率当乘见勾，此二率俱一丈，故曰自乘。以三寸为法，实如法得一寸。

【注释】

①立四表，相去各一丈。令左两表与所望参相直。从后表望之，入前右表三寸："四表望木"是用连索法作间接测量的一种方法。即立四根标竿，使其在地面构成边长为1丈的正方形，且使左边两标竿与观测目标在一条直线上，如图9-24所示。表，标竿。所望，所观测的目标。参相直，三点共在一直线上。参，同叁（三）。入前右表三寸，测望到目标进入"前右表"的内部（左方）3寸，即观测视线与连索的交会点在"右前表"左方3寸处。

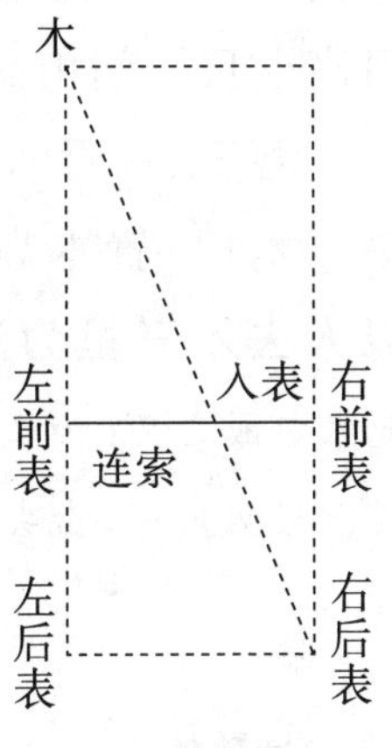

图9-24　[9-22]题的勾股关系

【译文】

[9-22]假设有树与人相距不知其多远。立4根标竿，前后左右四方相距各为1丈。令左方两标竿与所观测的目标树三者在一条直线上。又从后右方的标竿观测目标，测得其"入前右表"3寸。问树与人相距多远？

答：33丈3尺$3\frac{1}{3}$寸。

算法：令1丈之寸数自乘作为被除数，以"入前右表"寸数3为除数，用除数去除被除数即得。这里以“入前右表”寸数3为勾率,右方两标竿相距1丈之寸数为股率,左右两标竿相距1丈之寸数为已知勾长,所求木与人的距离即是已知勾长所对应的股。股率应当乘以已知勾长,此二数皆为1丈,故称为“自乘”。用“入前右表”寸数3为除数,以除数去除被除数,即得所求寸数。

[9-23]今有山居木西,不知其高。山去木五十三里,木高九丈五尺。人立木东三里,望木末适与山峰斜平。人目高七尺。问山高几何?

答曰:一百六十四丈九尺六寸、太半寸。

术曰:置木高减人目高七尺,余,以乘五十三里为实。以人去木三里为法。实如法而一,所得,加木高即山高①。此术勾股之义:以木高减人目高七尺,余有八丈八尺为勾率,木去人目三里为股率,山去木五十三里为见股,以求勾;加木之高,故为山高也。

【注释】

①置木高减人目高七尺,余,以乘五十三里为实。以人去木三里为法。实如法而一,所得,加木高即山高:如图9-25所示,术文给出公式,进行推算

$$山高=\frac{山去木\times(木高-人目高)}{人去木}+木高$$

即得

$$山高=\frac{53\times(95-7)}{3}+95=1\,649\frac{2}{3}(尺)$$

此计算中,股与股率以里为单位,而勾与勾率以尺为单位,这在刘徽前面的注文中早已阐明,这犹如不同类的事物相比一样,在比率算法中是允许的。

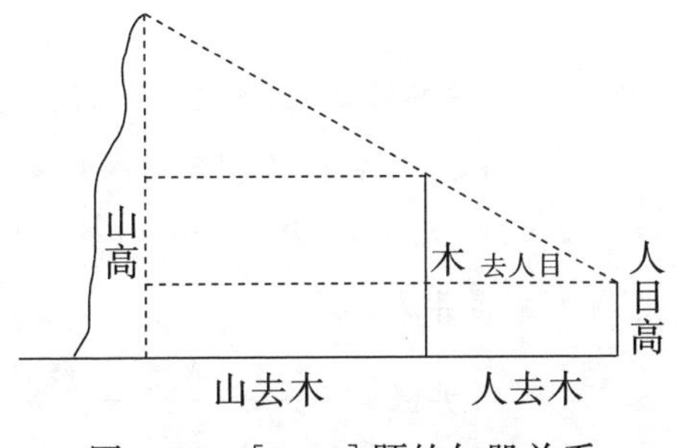

图9-25　[9-23]题的勾股关系

【译文】

[9-23]假设有山处于树的西边，不知其高度。山与树相距53里，树高9丈5尺。人站在树之东方3里处，观察到树梢正好与山峰在一条斜线上。人眼离地7尺。问山高多少？

答：164丈9尺6$\frac{2}{3}$寸。

算法：取树高减去人目之高，所余尺数去乘“山去木”的里数53，作为被除数。以人与树相距里数3为除数。用除数去除被除数，所得商数加树高即为山高。此算法依照勾股的意义：用树高减去“人目高”7尺，所余8丈8尺（化为尺数）作为勾率，树相距人目里数3作为股率，山与人相距里数53作为已知股长，用以求勾长；加上树之高，所以是山高。

[9-24]今有井径五尺，不知其深。立五尺木于井上，从木末望水岸，入径四寸[①]。问井深几何？

答曰：五丈七尺五寸。

术曰：置井径五尺，以入径四寸减之，余，以乘立木五尺为实。以入径四寸为法。实如法得一寸。此以入径四寸为勾率，立木五尺为股率，井径之余四尺六寸为见勾。问井深者，见勾之股也。

【注释】

①立五尺木于井上,从木末望水岸,入径四寸:如图9-26所示,此种立表法测井深,乃据不失本率原理知

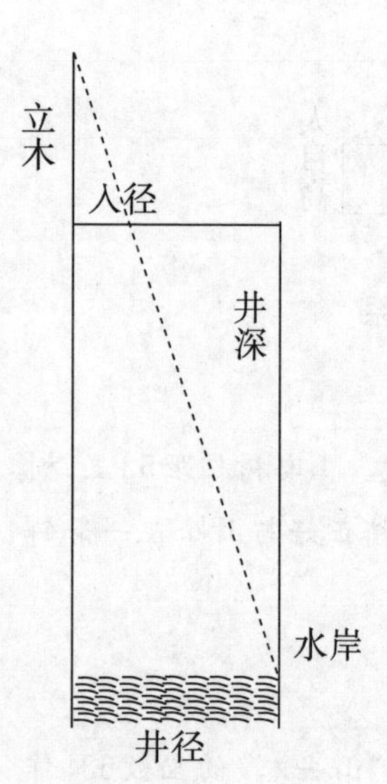

图9-26 [9-24]题的勾股关系

立木∶入径=井深∶(井径-入径)

故得井深公式

$$井深=\frac{立木\times(井径-入径)}{入径}$$

入径,即在观测平面内,视线与直径的交会点距"立木"之本的距离。

【译文】

[9-24]假设井之直径5尺,不知井深。立5尺长的木棍于井上,从木棍末端观测井中水岸,测得"入径"为4寸。问井深多少?

答:井深5丈7尺5寸。

算法:取井之直径5尺,用"入径"4寸去减它,所余寸数,去乘"立木"5尺之寸数作为被除数。以入径寸数4作为除数。用除数去除被除数即得所求寸数。这里以"入径"寸数4为勾率,立木5尺寸数为股率,井之直径减去"入径"所余4尺6寸之寸数为已知勾长。所求井深,即是已知勾长相应之股长。

附录

海岛算经

【题解】

刘徽在《九章算术注》的序言中说："辄造重差，并为注解，以究古人之意，缀于勾股之下。"故刘徽《九章算术注》除对《九章算术》原文中的九章作了注解外，还另撰重差一章作为第十章。唐代李淳风编辑《算经十书》时，《重差》一卷和《九章算术》分离，单独成书。因《重差》的第一题是测算海岛的高、远问题，因而被命名为《海岛算经》。可惜《海岛算经》中的刘徽注解及《隋书·经籍志》中曾经记载的刘徽《九章重差图》一卷在宋代时均已失传，现今传世的《海岛算经》是由戴震从《永乐大典》中辑录出来的九个问题编订而成，其中仅存有李淳风等人的注释，且只是根据问题的已知数据计算所求量的演算步骤，而未对造术原理给出解释。

刘徽在《九章算术注》的序言中说明，测量高远时，在计算中要用两个差数来代替勾股测量公式中的勾率和股率，所以将这类测望问题的解法称为重差术。因而，重差术是刘徽在勾股比率论基础上的重大发展。

《海岛算经》共9个问题，第1题测量海岛用重表法，第3题测量方邑用连索法，第4题测量深谷用累矩法，均是进行两次测望推算结果。重表法、连索法与累矩法是由《周髀算经》中的日高术测算太阳高、远的方法推衍变化而得，成为刘徽重差术的三个基本测量方法。增添测望的数据可使重表法、连索法和累矩法发展成三望和四望问题。第2、5、6、8题是“三望”问题,第7、9题是“四望”问题。其中第7题望清渊白石是累矩四望的例子,从物理学的观点看,由于解题时未考虑到光线进入水中产生的折射现象,因此得到的答数是不准确的。除第7题外的其余问题的答案均是正确的。

[10-1]今有望海岛,立两表齐高三丈,前后相去千步,令后表与前表参相直[①]。从前表却行一百二十三步,人目著地取望岛峰,与表末参合[②]。从后表却行一百二十七步,人目著地取望岛峰,亦与表末参合。问岛高及去表各几何?

答曰:岛高四里五十五步;去表一百二里一百五十步。

术曰:以表高乘表间为实。相多为法,除之。所得加表高,即得岛高[③]。臣淳风等谨按此术意,宜云:“岛峰”,谓山之顶上[④]。两表齐,谓立表末之端直[⑤]。以人目于表末望岛参平[⑥]。人去表一百二十三步为前表之始至人目[⑦]。立后表于表末相望,去表一百二十七步。二去表相减为相多,以为法。前后表相去千步为表间。以表高乘之为实。以法除之,加表高,即是岛高积步[⑧],得一千二百五十五步。以里法三百步除之,得四里,余五十五步。是岛高之步数也。求前表去岛远近者,以前表却行乘表间为实。相多为法,除之,得岛去表里数[⑨]。臣淳风等谨按此术意,宜云:前去表乘表间[⑩],得一十二万三千步。以相多四步为法,除之,得三万七百五十步。又以里法三百步除之,得一百二里一百五十步,是岛去表里数。

【注释】

①令后表与前表参(sān)相直:使后表与前表及岛峰三者在同一平面内。表,标杆。参相直,原意是使三点在一条直线上,此处是说使后表、前表与岛峰,三者在一个与地面垂直的平面内。参,同"叁",即三。

②从前表却行一百二十三步,人目著(zhuó)地取望岛峰,与表末参合:从前标杆退行123步,人眼着地观测岛峰,使人眼、岛峰、标杆末端三者在一直线上。却行,退行。却,退却。著,即"着",接触到。取望,对准目标观测。取,捕捉。参合,人目、岛峰、表末三者相合于一条直线。

③以表高乘表间为实。相多为法,除之。所得加表高,即得岛高:术文给出岛高公式

$$岛高=\frac{表高\times表间}{后表却行-前表却行}+表高$$

④宜云:"岛峰",谓山之顶上:李淳风认为题云"望海岛"不够确切,应当说"望岛峰",即观测岛上的山顶。宜云,应当说。宜,应当。

⑤两表齐,谓立表末之端直:两表相齐,是说所立两表顶端在一水平线上。齐,本义为上平。《说文解字》:"齐,禾麦吐穗上平也。"引申为整齐,皆,全,等等。直,不弯曲。李淳风以本义释"齐",认为所谓立两表齐,即是所以立两表末端相平直。按李注,本题问应断句为"立两表齐,高三丈"。

⑥参平:即参直,三点在一直线上。平,当作直解。李注上文之"端直"与此处之"参平"中,"直"与"平"取作同义。

⑦人去表一百二十三步为前表之始至人目:人去表123步是前表下端至人目的距离。始,与末相对。用"表末"与"表始"来称呼表的上、下两端。李淳风解释"人去表"的涵义为表的下端到人目的距离,这是准确的。

⑧积步：指由相乘而得且未化为“里”的步数。由积步化为里，当用“里法”300步除之；反之，由里数化为积步，当用“里法”300步乘之。

⑨求前表去岛远近者，以前表却行乘表间为实。相多为法，除之，得岛去表里数：术文给出前表与岛的距离公式

$$前表去岛=\frac{前表却行\times表间}{相多}$$

⑩宜云：前去表乘表间：李注认为“前表却行”改用“前去表”更为简当。

【图草】

望海岛术当如图10-1所示，依术推演即

$$岛高=\frac{表高\times表间}{后表却行-前表却行}+表高=\frac{(30\div6)\times1\,000}{127-123}+(30\div6)$$

$$=1\,255\ (步)$$

$$前表去岛=\frac{前表却行\times表间}{相多}=\frac{123\times1\,000}{127-123}=30\,750\ (步)$$

用“里法”300（步／里）除之，即化“积步”为里数，便合所问。

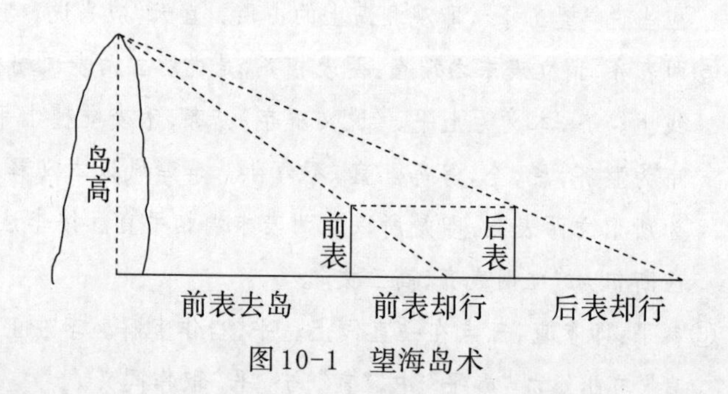

图10-1 望海岛术

【译文】

[10-1]假设测量海岛，立两根标竿（表）皆高3丈，前后相距1 000步，令后表与前表及岛峰三者在同一平面内。从前表退行123步，人目着地观测岛峰，与表顶端相“参合”。从后表退行127步，人目着地观测

岛峰，也与表顶端相“参合”。问岛高及与前表相距各是多少？

答：岛高4里55步；岛与前表相距102里150步。

算法：用表高去乘表间作为被除数。相多作为除数，两数相除。所得之数加表高，即得岛高。李淳风等按：依此算法的用意，应当说观测岛峰，即为山之顶上。两表齐，是说所立两表顶端在一水平线上。以人目于表顶端观测岛峰三者在一直线上。人去表123步是前表下端至人目的距离。立后表于表顶端相观测，人去表为127步。两个“去表”之数相减所得为“相多”，用它作除数。前后两表相距1 000步称为“表间”。用表高乘它作为被除数。用除数去除它，所得之数加表高，即是岛高步数，得1 255步。用“里法”300步去除它，得4里，余55步。此即岛高之步数。求前表与岛的距离，用前表退行之数去乘表间作为被除数。相多作为除数，两数相除，便得岛与前表相距里数。李淳风等按：依此算法之意，应当说，“前去表”乘表间，得123 000步。用相多步数4为除数，去除它，得30 750步。又用“里法”300步去除它，得102里55步，这即是岛与前表相距里数。

[10-2] 今有望松生山上，不知高下①。立两表齐高二丈，前后相去五十步，令后表与前表参相直。从前表却行七步四尺，薄地遥望松末②，与表端参合。又望松本，入表二尺八寸③。复从后表却行八步五尺，薄地遥望松末，亦与表端参合。问松高及山去表各几何？

答曰：松高一十二丈二尺八寸；山去表一里二十八步、七分步之四。

术曰：以入表乘表间为实，相多为法，除之。加入表，即得松高④。臣淳风等谨按此术意，宜云：前后去表相减，余七尺是相多，以为法。表间步通之为尺，以入表乘之，退位一等以为实。以法除之，更加入表，得一百二十二尺八寸，以为松高⑤。退位一等，得一十二丈二尺八寸也。求表去山远近者，置表间，以前表却行乘

之为实。相多为法,除之,得山去表⑥。臣淳风等谨按此术意,宜云:表间以步尺法通之得三百尺⑦。以前去表四十六尺乘之为实。以相多七尺为法。实如法而一,得一千九百七十一尺、七分尺之三。以里尺法除之⑧,得一里。不尽以步尺法除之,得二十八步。不尽三还以七因之,得数内子三得二十四。复置步尺法,以分母七乘六,得四十二为步法。俱半之,副置,平约等数。即是于山去前表一里二十八步、七分步之四也。

【注释】

①不知高下:即山不知高下的省略说法,意思是不知山的高度。高下,指地势的高低。《国语·楚上》:"地有高下,天有晦明。"

②薄地遥望松末:伏地遥望松顶。薄地遥望,其意与[10-1]题"人目著地取望"相近。薄地,伏在地上。薄,迫近。李密《陈情表》:"日薄西山,气息奄奄。"

③又望松本,入表二尺八寸:又观测松根,其由上方进入表内2尺8寸。本,根部。入表,观测线与表的交会点至表之顶端的距离。从观测者的视角而言,观测目标(松本)像是从上方进入表内一样,故称"入表"。

④以入表乘表间为实,相多为法,除之。加入表,即得松高:术文给出松高公式

$$松高=\frac{入表\times表间}{相多}+入表$$

⑤前后去表相减,余7尺是相多,以为法。表间步通之为尺,以入表乘之,退一等以为实。以法除之,更加入表,得一百二十二尺八寸,以为松高:李注详述松高的推算过程。表间步通之为尺,是说将表间之步数(50)化成尺数

表间 $=50\times6=300$（尺）

通之，在此指用“步尺法”之数6相乘。

因为入表=2尺8寸=28寸，是以寸为单位，所以依式计算所得之结果，为尺数与寸数相乘积；要将其化为平方尺，便应“退位一等”，将寸化为尺，即除以10

$(300\times28)\div10=8\,400\div10=840$（平方尺）

在十进位值制记数法中，除以10是很方便的，只须退位一等即可。李淳风的这一算法，相当于将 $300\times\frac{28}{10}$ 化作 $(300\times28)\div10$，即化“先除后乘”为“先乘后退位”，这是很简捷的。由此得

$$松高=\frac{840}{7}尺+2尺8寸=122尺8寸$$

⑥求表去山远近者，置表间，以前表却行乘之为实。相多为法，除之，得山去表：术文给出计算山与前表距离公式

$$山去表=\frac{表间\times前表却行}{相多}$$

⑦步尺法：由尺数折算为步数时当除以定数，此除数称为“步尺法”。秦汉制度1步=6尺，故步尺法为6。

⑧里尺法：由尺数折算为里数时当除以定数，此除数称为“里尺法”。秦汉制度1里=1 800尺，故“里尺法”为1 800。

【图草】

望松术当如图10-2所示，依术文及李注，其推演如下。

$$松高=\frac{入表\times表间}{相多}+入表=\frac{\frac{28}{10}\times(50\times6)}{(8\times6+5)-(7\times6+4)}+\frac{28}{10}$$

$$=\frac{(28\times300)\div10}{53-46}+\frac{28}{10}=\frac{840}{7}+\frac{28}{10}=122\frac{8}{10}（尺）$$

$$山去表=\frac{表间\times前表却行}{相多}=\frac{(50\times6)\times(7\times6+4)}{(8\times6+5)-(7\times6+4)}$$

$$=\frac{300\times46}{53-46}=\frac{13\,800}{7}=1\,971\frac{3}{7}\text{（尺）}$$

以里尺法1 800除之，化为里，即得

$$1\,971\frac{3}{7}\div1\,800=1\text{（里）}\cdots\cdots\text{余}171\frac{3}{7}\text{（尺）}$$

余尺用步尺法6除之，化为步，即得

$$171\frac{3}{7}\div6=28\text{（步）}\cdots\cdots\text{余}3\frac{3}{7}\text{（尺）}$$

$$3\frac{3}{7}\div6=\frac{3\times7+3}{7\times6}=\frac{24}{42}=\frac{12}{21}=\frac{12\div3}{21\div3}=\frac{4}{7}\text{（步）}$$

即得山去表=1里$28\frac{4}{7}$步。

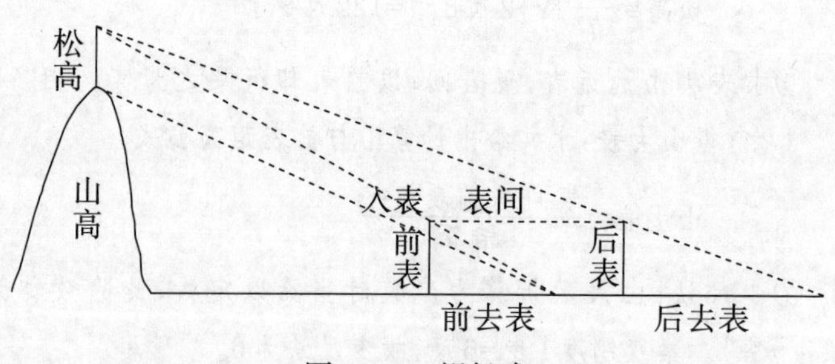

图10-2　望松术

【译文】

[10-2]假设观测生长在山顶上的一棵松，而不知山的高低。立两表皆高2丈，前后相距50步，使后表与前表及松三者在同一平面内。从前表退行7步4尺，伏地遥望松顶，与前表顶相“参合”。又观测松根，“入表”2尺8寸。再从后表退行8步5尺，伏地遥望松顶，也与后表顶相“参合”。问松高及山与前表相距各是多少？

答：松高12丈2尺8寸；山与前表相距1里$28\frac{4}{7}$步。

算法：用“入表”乘表间作为被除数，相多作为除数，两数相除。所

得加入表,即得松高。李淳风等按:依此算法之意,应当说,前、后去表之数相减,所余7尺为相多,以它作除数。表间之步数化为尺数,用入表之寸数乘它,除以10后作为被除数。以除数去除它,再加入表之数,得122尺8寸,此为松高。将尺数除以10,得12丈2尺8寸。**求前表与山之距离,取表间,用前表退行之数乘它作为被除数。相多作为除数,两数相除,便得山与前表的距离。**李淳风等按:按此算法之意,应当说,表间用"步尺法"去乘它化为300尺。用前去表尺数46去乘它作为被除数。用相多之尺数7作为除数。用除数去除被除数,得1 971$\frac{3}{7}$尺。用"里尺法"去除它,得1里。不尽之余数用"步尺法"去除它,得28步。不尽之余数3再用7去乘它,所得之数加分子3得所余步数之分子24。再取"步尺法"之数(6),用分母7去乘6,得42作为步数之分母。分母、分子皆同除以2,再另取其数同以等数约之。即为山与前表相距1里28$\frac{4}{7}$步。

[10-3]今有南望方邑,不知大小①。立两表东、西去六丈,齐人目,以索连之。令东表与邑东南隅及东北隅参相直。当东表之北却行五步,遥望邑西北隅,入索东端二丈二尺六寸半②。又却北行去表一十三步二尺,遥望邑西北隅,适与西表相参合。问邑方及邑去表各几何?

答曰:邑方三里四十三步、四分步之三;邑去表四里四十五步。

术曰:以入索乘后去表,以两表相去除之,所得为景长,以前去表减之,不尽以为法。置后去表,以前去表减之,余以乘入索为实。实如法而一,得邑方③。臣淳风等谨按:此术置入索乘后去表,得一千八百一十二尺。以两表相去除之,得三丈二寸为景长,以前去表减之,余二寸以为法。前、后去表相减之余以乘入索,得一万一千三百二十五寸为实。以法除之,得五千六百六十二尺,不尽二分尺之一。以里法除之,得三里,不尽尺以步法除之,得四十三步。不尽四以分母乘之,内子一,得九。以分母乘六得十二。以三约母得四,约子得三。即得邑方三里四十三步、四分步之三也。**求去表远近者,置后去表,以景长减之,余以乘前去表为实。实如法而一,得邑去表**④。臣淳风等谨按此术,置后去表,以景长尺数减之,余尺以乘前去表,得一千四百九十四尺为实。以法除之,得七千四百七十尺。以里尺法除之,得四里。不尽二百七十尺。以步法除之,得四十五步。即是邑去前表四里四十五步也。

【注释】

①南望方邑,不知大小:观测正南的方城,不知城边大小。南望,向正南方向观测。不知大小,即不知方邑大小的省略说法。

②入索东端二丈二尺六寸半:此题用连索法测邑方。连索取东西水平方向。观测线与连索的交会点距索之东端的距离,称为“入索东端”。此谓,入索东端=2丈2尺$6\frac{1}{2}$寸。

③以入索乘后去表,以两表相去除之,所得为景(yǐng)长。以前去表减之,不尽以为法。置后去表,以前去表减之,余以乘入索为实。实如法而一,得邑方:术文分步给出邑方的计算公式,

$$景长=\frac{后去表\times 入索}{两表相去}$$

而

$$邑方=\frac{(后去表-前去表)\times 入索}{景长-前去表}$$

景,通“影”。

④求去表远近者,置后去表,以景长减之,余以乘前去表为实。实如法而一,得邑去表:术文给出计算城与表距离的公式,

$$邑去前表=\frac{(后去表-景长)\times 前去表}{景长-前去表}$$

【图草】

南望方邑术当如图10-3所示，依术文及李注，其推演如下。

$$景长=\frac{后去表\times 入索}{两表相去}$$

$$=\frac{(13\times 6+2)\times 22\frac{65}{100}}{60}$$

$$=\frac{1\ 812}{60}=30\frac{2}{10}（尺）$$

$$邑方=\frac{(后去表-前去表)\times 入索}{景长-前去表}$$

$$=\frac{[(13\times 6+2)-5\times 6]\times 226\frac{1}{2}}{2}（尺\times 寸/寸）$$

$$=\frac{11\ 325}{2}（尺\times 寸/寸）=5\ 662\frac{1}{2}（尺）$$

李注："得一万一千三百二十五寸为实"，是表示宽度为1尺的长方形，其长为11 325寸。

用里尺法除之，化为里得

$$5\ 662\frac{1}{2}\div 1\ 800=3（里）\cdots\cdots 余 262\frac{1}{2}（尺）$$

余尺用步尺法除之，化为步，即

$$262\frac{1}{2}\div 6=43（步）\cdots\cdots 余 4\frac{1}{2}尺$$

$$4\frac{1}{2}\div 6=\frac{8+1}{2\times 6}=\frac{9}{12}=\frac{9\div 3}{12\div 3}=\frac{3}{4}（步）$$

即得邑方3里$43\frac{3}{4}$步。

$$邑去前表=\frac{(后去表-景长)\times 前去表}{景长-前去表}$$

$$=\frac{\left[(13\times 6+2)-30\frac{2}{10}\right]\times(5\times 6)}{30\frac{2}{10}-5\times 6}(\text{尺}^2/\text{尺})$$

$$=\frac{1\,494}{\frac{2}{10}}(\text{尺}^2/\text{尺})=7\,470\ (\text{尺})$$

以里尺法1 800除之,化为里,即得

7 470÷1 800=4(里)……余270(尺)

余尺用步尺法6除之,化为步,即得

270÷6=45(步)

即得邑去前表=4里45步。

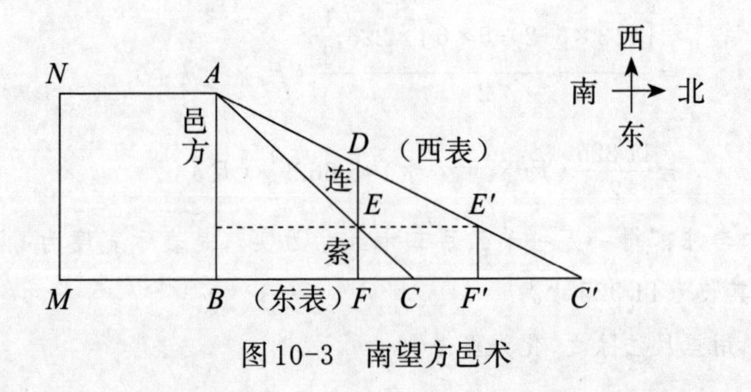

图10-3 南望方邑术

【译文】

[10-3]假设观测正南的方城,不知城边大小。立两表东、西相距6丈,齐人眼高处用索连结。使东表和城的东南角及东北角三者在一直线上。从东表向北退行5步,遥望城的西北角,在东端“入索”2丈2尺$6\frac{1}{2}$寸。再向北退行到距离东表13步2尺处,遥望城的西北角,恰好与西表相“参合”。问方城每边之长及城与表之距离各是多少?

答:城的每边长3里$43\frac{3}{4}$步;城与表的距离为4里45步。

算法：用入索去乘后去表，用两表间距离去除它，所得之数即景长，减去前去表，以余数作为除数。取后去表，用前去表去减它，所得余数去乘入索作为被除数。用除数去除被除数，所得为城之边长。李淳风等按：此算法取入索乘后去表，得1 812尺。用两表间距离去除它，得3丈2寸为景长，减去前去表，所得余数2寸作为除数。用前去表减后去表之余数去乘入索，得11 325（寸×尺）作为被除数。以除数去除它，得5 662尺，有余数$\frac{1}{2}$尺。用里尺法（1 800）去除它，得3里，剩余尺数用步尺法（6）除之，得43步。余数4用分母乘之，加分子1，得分子9。用分母乘以6得化为余步之分母12。用等数3约分母得4，约分子得3。即得城之边长3里43$\frac{3}{4}$步。求城与邑的距离，取后去表，用景长去减它，所得余数乘前去表作为被除数。用同上的除数去除被除数，即得城与表的距离。李淳风等按：此算法，取后去表，用景长之数去减它，所余尺数去乘前去表，得1 494尺作为被除数。用除数去除它，得7 470尺。用里尺法（1 800）除之，得4里。剩余270尺。用步尺法（6）去除它，得45步。即得城与表的距离4里45步。

[10-4] 今有望深谷，偃矩岸上[①]，令勾高六尺。从勾端望谷底，入下股九尺一寸[②]。又设重矩于上，其矩间相去三丈[③]。更从勾端望谷底，入上股八尺五寸。问谷深几何？

答曰：四十一丈九尺。

术曰：置矩间，以上股乘之，为实。上、下股相减，余为法，除之。所得以勾高减之，即得谷深[④]。臣淳风等谨按此术，置矩间，上股乘之为实。又置上、下股尺寸，相减余六寸，以为法。除实，得数退位一等，以勾高减之，余四十一丈九尺，即是谷深。又一法，置矩间，以下股乘之为实。置上、下股尺数，相减余六寸以为法。除之，得四百五十五尺。以勾高并矩间，得三十六尺，减之，余退位一等，即是谷深也[⑤]。

【注释】

①今有望深谷,偃(yǎn)矩岸上:假设观测深谷,将矩仰放在谷岸上。谷,两山之间的夹道或流水道。偃矩,将矩尺之一边竖立,另一边卧平而放。《周髀算经》卷上:"偃矩以望高,覆矩以测深,卧矩以知远,环矩以为圆,合矩以为方。"记叙了矩尺的种种测绘用途。此为偃矩测谷深之术。偃,仰卧。《诗经·小雅·北山》:"或息偃在床。"

②从勾端望谷底,入下股九尺一寸:从勾顶观测谷底,观测线与下股边的交会点距直角顶点的距离为9尺1寸。谷底,山谷最低处。入下股,观测线与股边的交会点距直角顶点之距离称为"入股";此为重矩测深,所以为区分此股边是属上、下哪个矩尺的,而加"上"或"下"的字样以示区别。此矩为下矩,故用"入下股"。

③又设重矩于上,其矩间相去三丈:又设置重叠之矩于上方,其两矩之间相距为3丈。重矩,重叠之矩。矩间,上下两矩之间隔,即从上矩之角隅到下矩之角隅的间隔。

④置矩间,以上股乘之,为实。上、下股相减,余为法,除之。所得以勾高减之,即得谷深:术文给出谷深公式,

$$谷深=\frac{矩间\times 入下股}{入下股-入上股}-勾高$$

⑤又一法,置矩间,以下股乘之为实。置上、下股尺数,相减余六寸以为法。除之,得四百五十五尺。以勾高并矩间,得三十六尺,减之,余退位一等,即是谷深也:李淳风注补充了另一谷深算法,

$$谷深=\frac{矩间\times 入上股}{入下股-入上股}-(勾高+矩间)$$

$$=\frac{30\times 91}{91-85}(尺\times 寸/寸)-(6+30)(尺)=419(尺)$$

退位一等,化尺为丈,即得谷深41丈9尺。

【图草】

谷深术当如图10-4所示,依术文及李注,其推演如下。

$$谷深=\frac{矩间\times入上股}{入下股-入上股}-勾高$$

$$=\frac{30\times85}{91-85}（尺\times寸/寸）-6（尺）$$

$$=419（尺）$$

退位一等，化尺为丈，即得谷深41丈9尺。

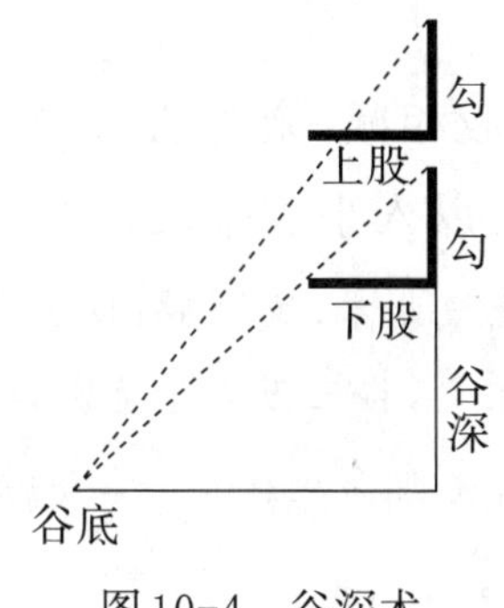

图10-4　谷深术

【译文】

[10-4]假设观测深谷，将矩仰放在谷岸上，使勾高长6尺。从勾顶观测谷底，“入下股”为9尺1寸。又设置“重矩”于上方，其两矩之间即“矩间”相距为3丈。再从勾顶观测谷底，“入上股”为8尺5寸。问谷深多少？

答：41丈9尺。

算法：取矩间之数，用“入上股”乘它，作为被除数。入上、下股二数相减，余数作为除数，两数相除。所得之数减去勾高，即得谷深。李淳风等按：此算法，取矩间，用入上股乘它作为被除数。又取入上、下股之尺寸数相减，所余寸数6，作为除数。用它去除被除数，所得之数退后一位（除以10），再用勾高减它，余41丈9尺，即是谷深。另一种算法，取矩间之数，用入下股乘它作为被除数。取入上、下股之尺数，相减余6寸，以它为除数。两数相除，得455尺。用勾高加上矩间，得36尺，去减它，所得余数退后一位（除以10，化尺为丈），即得谷深之数。

[10-5]今有登山望楼,楼在平地。偃矩山上,令勾高六尺。从勾端斜望楼足,入下股一丈二尺。又设重矩于上,令其间相去三丈。更从勾端斜望楼足,入上股一丈一尺四寸。又立小表于入股之会,复从勾端斜望楼岑端,入小表八寸①。问楼高几何?

答曰:高八丈。

术曰:上、下股相减,余为法。置矩间,以下股乘之,如勾高而一。所得,以入小表乘之,为实。实如法而一,即是楼高。臣淳风等谨按此术,置下股,以上股相减,余六寸以为法。又置矩间,以下股乘之,得三万六千寸。以勾高六尺除之,得六百寸。以入小表乘之,得四千八百寸。以法除之,得八百寸。退位二等,即是楼高八丈也。

【注释】

①又立小表于入股之会,复从勾端斜望楼岑(cén)端,入小表八寸:又在"入上股"的交点处立一小"表",再从勾顶观测楼之顶楼,入小表8寸。小表,附设于矩尺之上的小标竿。入股之会,观测线与股边的交点。会,会合。此处作交点解。岑端,尖顶之端。岑,小而高的山。入小表,观测线与小表的交会点于小表上的高度。

【图草】

登山望楼术当如图10-5所示,依术文及李注,其推演如下。

$$楼高=\frac{\frac{矩间\times 入下股}{勾高}\times 入小麦}{入下股-入上股}$$

$$=\frac{\frac{(3\times 100)\times(12\times 10)}{6\times 10}\times 8}{(12\times 10)-(11\times 10+4)}(寸^2/寸)$$

$$=\frac{\frac{36\,000}{610}\times 8}{120-114}（寸^2/寸）=\frac{600\times 8}{6}（寸^2/寸）=800（寸）$$

退下二等，化寸为丈，即得楼高8丈。

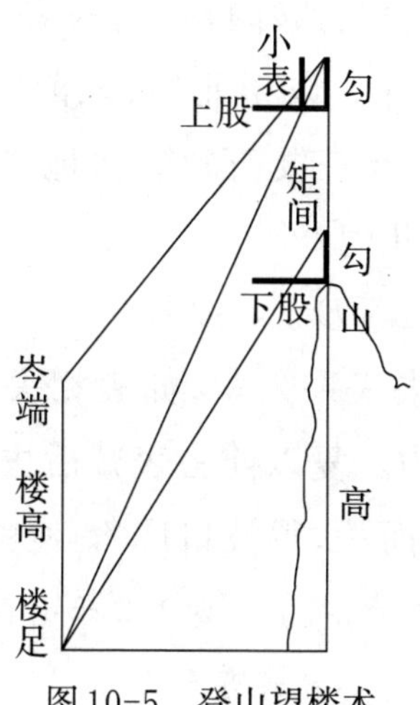

图10-5　登山望楼术

【译文】

［10-5］假设登山顶观测楼高，楼建在平地上。将矩仰放在山上，使勾高长6尺。从勾顶沿斜向观测楼足，“入下股”1丈2尺。又设“重矩”于上方，令矩间相距3丈。又从勾顶沿斜向观测楼足，“入上股”1丈1尺4寸。又在“入上股”的交点处立一小“表”，再从勾顶观测楼之顶楼，入小表8寸。问楼高多少？

答：楼高8丈。

算法：入上、下股之数相减，其余数作为除数。取矩间，用入下股乘之，除以勾高。所得之数，乘以入小表，作为被除数。用除数去除被除数，即为楼高。李淳风等按：此算法，取入下股之数，用入上股相减，余之寸数6作为除数。又取矩间，用入下股乘它，得36 000平方寸。用勾高6尺之寸数除之，得600寸。用入小表之数乘之，得4 800平方寸。以除数去除它，得800寸。后退两位

(化为丈),即是楼高为8丈。

[10-6]今有东南望波口,立两表南、北相去九丈,以索薄地连之。当北表之西却行去表六丈,薄地遥望波口南岸,入索北端四丈二寸。以望北岸,入前所望表里一丈二尺[①]。又却行,后去表一十三丈五尺。薄地遥望波口南岸,与南表参合。问波口广几何?

答曰:一里二百步。

术曰:以后去表乘入索,如表相去而一。所得,以前去表减之,余以为法。复以前去表减后去表,余以乘入所望表里为实。实如法而一,得波口广[②]。臣淳风等谨按此术,置后去表,以乘入索四百二寸,得五十四万二千七百寸。以两表相去除之,得六百三寸。又以前去表六百寸减之,余有三寸为法。又置前、后却行去表寸数相减,余以乘入所望表里一百二十寸,得九万寸为实。以法除之,得三万寸。以寸里法除之,得一里。余以步法除之,得二百步。即是波口广一里二百步也。

【注释】

①入前所望表里一丈二尺:观测北岸的视线与索之交会点在前一点交会的北侧而相距1丈2尺处。前所望,指前面观测中所得观测线与连索的交会点。表里,和上面的“南端”等类似地用来指示交会点的方位,即新交会点在前一交会点之北侧。因前面的交会点“入索北端”是以北表为计算起点的,故在连索上向北移动即是向“表里”。

②以后去表乘入索,如表相去而一。所得,以前去表减之,余以为

法。复以前去表减后去表，余以乘入所望表里为实。实如法而一，得波口广：术文给出波口公式，

$$波口=\frac{(后去表-前去表)\times 入所望表里}{\frac{后去表\times 入索}{表相去}-前去表}$$

【图草】

望波口术当如图10-6所示，依术文及李注，其推演如下。

$$波口=\frac{(后去表-前去表)\times 入所望表里}{\frac{后去表\times 入索}{表相去}-前去表}$$

$$=\frac{(1\,350-600)\times 120}{\frac{1\,350\times 402}{900}-600}(寸^2/寸)$$

$$=\frac{750\times 120}{603-600}(寸^2/寸)=\frac{90\,000}{3}(寸^2/寸)=30\,000(寸)$$

用寸里法18 000除之，化为里，得

30 000÷18 000=1（里）……余12 000（寸）

用寸步法60除之，化为步，得

12 000÷60=200（步）

故得港口之宽为1里200步，合问。

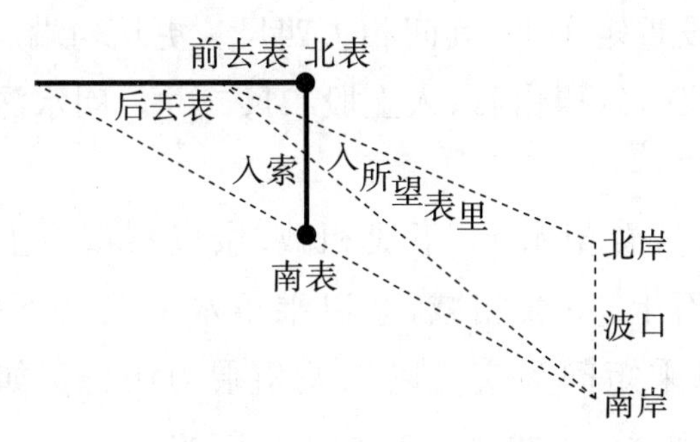

图10-6　望波口术

【译文】

[10-6]假设观测东南方向的港口,立两表南、北相距9丈,以绳索紧贴地面连结。从北表向西退行到距表6丈处,伏地观测港口南岸,在北端“入索”4丈2寸。观测北岸,与绳索的交会点在前一交会点之北相距1丈2尺处(“入所望表里”)。再退行,到距后表13丈5尺处。伏地观测港口南岸,与南表相“参合”。问港口宽多少?

答:1里200步。

算法:用后去表乘入索,除以两表相去。所得之数,减去前去表,其余数作为除数。再用前去表去减后去表,所得余数乘“入所望表里”作为被除数。用除数去除被除数,即得港口之宽。李淳风等按:此算法,取后去表之寸数,乘以入索寸数420,得542 700平方寸。用两表相去寸数除之,得603寸。又用前去表600寸减之,余得寸数3作为除数。又取前、后退行去表寸数相减,余数去乘“入所望表里”120寸,得90 000平方寸作为被除数。用除数除之,得30 000寸。用寸里法除之,得1里。余数用寸步法除之,得200步。就是港口宽1里200步。

[10-7]今有望清渊,渊下有白石[①]。偃矩岸上,令勾高三尺。斜望水岸,入下股四尺五寸。望白石,入下股二尺四寸。又设重矩于上,其间相去四尺。更从勾端斜望水岸,入上股四尺。以望白石,入上股二尺二寸。问水深几何?

答曰:一丈二尺。

术曰:置望水上、下股相减,余以乘望石上股为上率。又以望石上、下股相减,余以乘望水上股为下率。两率相减,余以乘矩间为实。以二差相乘为法。实如法而一,得水深[②]。臣淳风等谨按此术,以望水上、下股相减,余五寸,以乘望石上股二十二寸,得一百一十寸,即是上率。又置望石上股减望石下股，余有二寸，以乘望水上股四十寸，得八十寸，即是下率。二率相减，余有三十寸，以乘矩间四十寸，得一千二百寸为实。又以二差二、五相乘，得十为法。除实，退位二等，即是水深一丈二尺也。

【注释】

①今有望清渊，渊下有白石：假设观测清澈的深潭，潭底有白色的石块。清，水澄澈。与浊相对。渊，深潭。下，底下。

②置望水上、下股相减，余以乘望石上股为上率。又以望石上、下股相减，余以乘望水上股为下率。两率相减，余以乘矩间为实。以二差相乘为法。实如法而一，得水深：术文中的"上、下股"，即是"入上股""入下股"的省略说法。二率，指上率与下率。二差，即"望水上、下股相减"之差与"望石上、下股相减"之差。术文给出计算水深的分步公式，

$$上率=(望水下股-望水上股)\times 望石上股$$

$$下率=(望石下股-望石上股)\times 望水上股$$

$$水深=\frac{(上率-下率)\times 矩间}{(望水下股-望水上股)\times(望石下股-望石上股)}$$

【图草】

清渊白石术当如图10-7所示，依术文及李注，其推演如下。

$$\begin{aligned}上率&=(望水下股-望水上股)\times 望石上股\\&=(45-40)\times 22\ (寸^2)\\&=110\ (寸^2)\end{aligned}$$

$$\begin{aligned}下率&=(望石下股-望石上股)\times 望水上股\\&=(24-22)\times 40\ (寸^2)\\&=80\ (寸^2)\end{aligned}$$

$$水深=\frac{(上率-下率)\times 矩间}{(望水下股-望水上股)\times(望石下股-望石上股)}$$

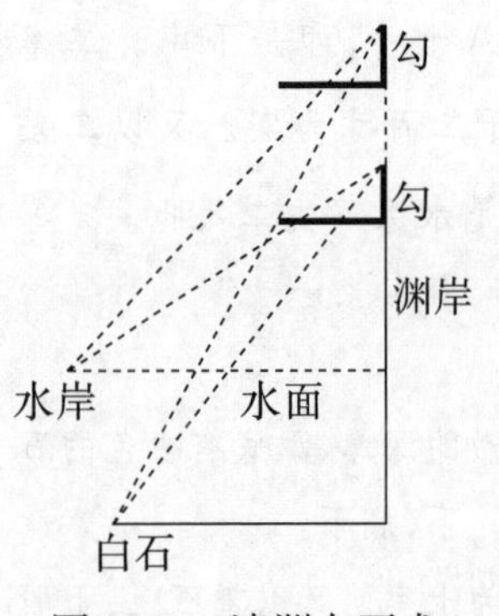

图10-7 清渊白石术

$$=\frac{(110-80)\times 40}{(45-40)\times(24-22)}(寸^3/寸^2)$$

$$=\frac{30\times 40}{5\times 2}=\frac{1\ 200}{10}(寸^3/寸^2)$$

$$=120(寸)$$

退位二等,化寸为丈,即得水深1丈2尺。

清渊白石术是“累矩四望”的一例,它是“累矩两望”的发展,可能由两次使用谷深公式而得。从物理学的观点看,由于光线从水中进入空气要发生折射现象,入眼所见水底物体的深度,较实际深度为小,因此上面所得到的答数实际上并非是精确的。

【译文】

[10-7]假设观测清澈的深潭,潭底有白色的石块。将矩仰放在岸上,使勾高长3尺。沿斜向观测水岸,“入下股”4尺5寸。观测白石,“入下股”2尺4寸。又设置“重矩”于上方,矩间相矩4尺。另从勾顶沿斜向观测水岸,“入上股”4尺。以观测白石,“入上股”2尺2寸。问水深多少?

答:水深1丈2尺。

算法:取望水上股与望水下股相减,余数去乘望石上股作为“上率”。又用望石上股与望石下股相减,余数去乘望水上股作为“下率”。上、下两率相减,余数去乘矩间作为被除数。用两个差数相乘作为除数。用除数去除被除数,即得水深。李淳风等按:此算法,用望水上股与望水下股相减,余5寸,以乘望石上股22寸,得110平方寸,即是“上率”。又取望石上股去减望石下股,余数2寸,以乘望水上股40寸,得80平方寸,即是“下率”。上、下二率相减,余数30平方寸,以乘矩间40寸,得1 200立方寸作为被除数。又用两个差数2与5相乘,得10作为除数。用以去除被除数,退位二等(化为丈),即是水深1丈2尺。

[10-8] 今有登山望津[①],津在山南。偃矩山上,令勾高一丈二尺。从勾端斜望津南岸,入下股二丈三尺一寸。又望津北岸,入前望股里一丈八寸[②]。更登高岩,北却行二十二步,上登五十一步[③],偃矩山上。更从勾端斜望津南岸,入上股二丈二尺。问津广几何?

答曰:二里一百二步。

术曰:以勾高乘下股,如上股而一。所得以勾高减之,余为法。置北行,以勾高乘之,如上股而一。所得以减上登,余以乘入股里为实。实如法而一,即得津广[④]。臣淳风等谨按此术,置勾高乘下股,得二百七十七尺二寸。以上股除之,得一丈二尺六寸。以勾高一丈二尺减之,余有六寸,以为法。又置北行步展为一百三十二尺[⑤],以勾高乘之,得一千五百八十四尺。以上股除之,得七十二尺。又置上登五十一步,以每步六尺通之,得三百六尺。以前数减之,余二百三十四尺。以乘入股里尺数,得二千五百二十七尺二寸,为实。实如法而一,得四千二百一十二尺。以步、里法除之,得二里,余一百二步,即是津广也。

【注释】

①登山望津:上山观测渡口之宽。登,上,升。津,渡口。《论语·微子》:"使子路问津焉。"

②入前所望股里一丈八寸:观测线与股的交会点在前面观测的交会点的内侧(沿股边指向矩尺直角顶一侧)1丈8寸处。

③更登高岩,北却行二十二步,上登五十一步:又登上高岩,向北沿水平方向退行22步,向上沿垂直方向上升51步。岩,山崖。上登,上升。此即高差。

④以勾高乘下股,如上股而一。所得以勾高减之,余为法。置北行,以勾高乘之,如上股而一。所得以减上登,余以乘入股里为实。实如法而一,即得津广:术文给出津广公式,

$$津广=\frac{(上登-\frac{北行\times勾高}{上股})\times入股里}{\frac{勾高\times下股}{上股}-勾高}$$

其中,北行,即上文中的“北却行”;上股,即上文中的“入上股”;入股里,即上文中的“入前望股里”;下股,即上文中的“入下股”。

⑤又置北行步展为一百三十二尺:又取北行步数化为132尺。展,展开,伸张。此作扩大解。刘徽注云“乘以散之,约以聚之”,由步数化为尺数,要用步尺法6乘之而扩大,故称“展为”。即北却行22步,化为尺得22×6=132;其数扩大了。

【图草】

登山望津术当如图10-8所示,依术文及李注,其推演如下。

$$津广=\frac{(上登-\frac{北行\times勾高}{上股})\times入股里}{\frac{勾高\times下股}{上股}-勾高}$$

$$=\frac{[(51\times6)-\frac{(22\times6)\times12}{22}]\times10\frac{8}{10}}{\frac{12\times23\frac{1}{10}}{22}-12}(尺^2/尺)$$

$$=\frac{(306-72)\times10\frac{8}{10}}{\frac{277\frac{2}{10}}{22}-12}(尺^2/尺)$$

$$=\frac{234\times 10\frac{8}{10}}{12\frac{6}{10}-12}（尺^2/尺）$$

$$=\frac{2\,527\frac{2}{10}}{\frac{6}{10}}（尺^2/尺）=4\,212（尺）$$

用步尺法除之，化为步，得

$4\,212\div 6=702$（步）

用里步法除之，化为里，得

$702\div 300=2$（里）……余102（步）

即得渡口之宽2里102步。

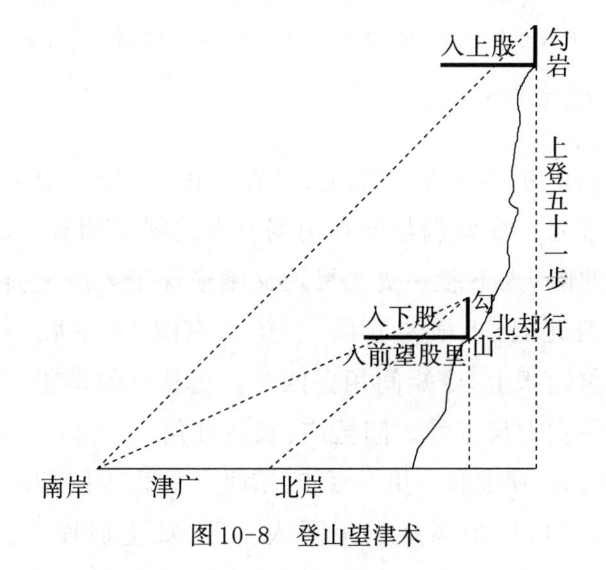

图10-8　登山望津术

【译文】

[10-8]假设登山观测渡口，渡口在山的南方。将矩仰放在山上，使

勾高为1丈2尺。从勾顶沿斜向观测渡口南岸,“入下股”2丈3尺1寸。又观测渡口北岸,“入前望股里”1丈8寸。又登上高岩,向北退行22步,向上登51步,将矩仰放在山上。另从勾顶沿斜向观测渡口南岸,“入上股”2丈2尺。问渡口宽多少?

答:2里102步。

算法:用勾高乘下股,除以上股。所得之数减去勾高,其余数作为除数。取北行之数,用勾高乘之,除以上股。所得之数去减上登,其余数去乘“入股里”作为被除数。用除数去除被除数,即得渡口之广。李淳风等按:此算法取勾高乘入下股,得277尺2寸。用入上股除之,得1丈2尺6寸。用勾高1丈2尺去减它,有余数6寸,作为除数。又取北行步数化为132尺,用勾高乘之,得1 584平方尺。用入上股除之,得72尺。又取上登51步,用每步6尺折算,得306尺。用前所得之数去减它,余234尺。去乘“入股里”之尺数,得2 527 $\frac{2}{10}$平方尺,作为被除数。用除数去除被除数,得4 212尺。顺次用步法、里法除它,得2里,余102步,即是渡口之宽。

[10-9]今有登出临邑,邑在山南[①]。偃矩山上,令勾高三尺五寸。令勾端与邑东南隅及东北隅参相直。从勾端遥望东北隅,入下股一丈二尺。又施横勾于入股之会,从立勾端望西北隅,入横勾五尺[②]。望东南隅,入下股一丈八尺。又设重矩于上,令矩间相去四丈。更从立勾端望东南隅,入上股一丈七尺五寸。问邑广、长各几何?

答曰:南北长一里一百步;东西广一里三十三步、少半步。

术曰:以勾高乘东南隅入下股,如上股而一。所得减勾高,余为法。以东北隅下股减东南隅下股,余以乘矩间为实。实如法而一,得邑南北长也[③]。求邑广,以入横勾乘矩间为实。实如法而一,即得邑东西广[④]。臣淳风等谨按此术，以勾高乘东南隅下股，得六千三百寸；又以东南隅上股一百七十五寸除之，得三十六寸；以勾高减之，余有一寸，以为法。又置东北隅下股以减东南隅下股，余有六十寸；以乘矩间得二万四千寸为实。实如法而一，即不盈不缩⑤。以寸里法除之，得一里。不尽以寸步法除之，得一百步。即是邑南北长一里一百步也。求东西广步者，置入横勾之数，以乘矩间，得二万寸为实。实如法而一，即得不盈不缩。以里法除之，得一里。余以步法除之，得三十三步。不尽二十。与法俱退位一等，半之，即是三分步之一也。

【注释】

①登山临邑，邑在山南：登上高山而面对低处的方城，方城位于山之南方。临，面对；居高处朝向低处。

②又施横勾于入股之会，从立勾端望西北隅，入横勾五尺：又在观测线与下股交会点处加一"横勾"，从"立勾"顶端观测西北角，"入横勾"5尺。施横勾于入股之会，即加上一个"横勾"，放置在前面的观测线与股边的交会点处。加横勾与立小表相类，只是一横一竖的不同。施，加，给予。《论语·颜渊》："己所不欲，勿施于人。"横勾，在矩尺之股边上另加的水平方向的小勾边，它与矩尺之股相垂直，亦与矩尺原先的勾边相垂直。立勾，即原先仰立之勾。立，竖直；与横相对，以示二勾方向的区别。

③以勾高乘东南隅入下股，如上股而一。所得减勾高，余为法。以东北隅下股减东南隅下股，余以乘矩间为实。实如法而一，得邑南北长也：术文给出城南北之长计算公式，

$$邑南北长=\frac{矩间\times(东南隅入下股-东北隅入下股)}{\dfrac{东南隅入下股\times勾高}{东南隅入上股}-勾高}$$

④求邑广,以入横勾乘矩间为实。实如法而一,即得邑东西广:术文给出城东西之宽的计算公式,

$$\text{邑东西长}=\frac{\text{矩间}\times\text{入横勾}}{\dfrac{\text{东南隅入下股}\times\text{勾高}}{\text{东南隅入上股}}-\text{勾高}}$$

术文上、下两种算法连叙,先叙述“法”的计算步骤,表示上、下两式之“法”(除数)相同,故在后一式中不加重复赘述。

⑤不盈不缩:既不扩大,也不缩小。因为此处除数为1,故相除时其值不变。盈,与缩相对,盈为伸长,缩为缩短。此处“盈”,即扩大;“缩”即缩小。

【图草】

登山临邑术当如图10-9所示,依术文及李注,其推演如下。

$$\text{法}=\frac{\text{东南隅入下股}\times\text{勾高}}{\text{东南隅入上股}}-\text{勾高}=\frac{180\times35}{175}-35$$

$$=\frac{3\,300}{175}-35=36-35=1\text{(寸)}$$

$$\text{邑南北长}=\frac{\text{矩间}\times(\text{东南隅入下股}-\text{东北隅入下股})}{\text{法}}$$

$$=\frac{400\times(180-120)}{1}=\frac{24\,000}{1}\text{(寸}^2\text{/寸)}=24\,000\text{(寸)}$$

用寸里法18 000除之,化为里,得

$$24\,000\div18\,000=1\text{(里)}\cdots\cdots\text{余}6\,000\text{(寸)}$$

所余寸数用寸步法60除之,化为步,得

$$6\,000\div60=100\text{(步)}$$

即得城南北长为1里100步。

$$\text{邑东西广}=\frac{\text{矩间}\times\text{入横勾}}{\text{法}}=\frac{400\times50}{1}\text{(寸}^2\text{/寸)}$$

$$=\frac{20\,000}{1}\text{(寸}^2\text{/寸)}=20\,000\text{(寸)}$$

用寸里法18 000除之，化为里，得

$$20\ 000 \div 18\ 000 = 1\text{（里）}\cdots\cdots\text{余}2\ 000\text{（寸）}$$

所余寸数用寸步法60除之，化为步，得

$$2\ 000 \div 60 = 33\text{（步）}\cdots\cdots\text{余}20\text{（寸）}$$

所余分数，退位约之，再同半之，得

$$\frac{20}{60} = \frac{2}{6} = \frac{1}{3}\text{（步）}$$

即得城东西宽为1里$33\frac{1}{3}$步。

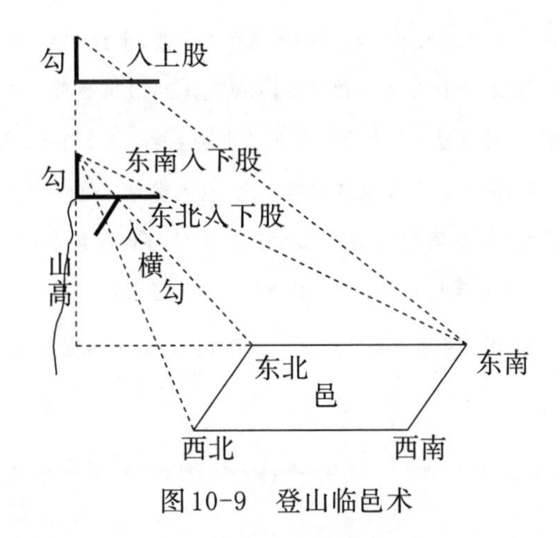

图10-9　登山临邑术

【译文】

[10-9]假设登上高山而面对方城，城在山之南方。将矩仰放山上，使勾高为3尺5寸。使勾顶和城的东南角及东北角三者在同一竖直面内。从勾顶观测东北角，“入下股”1丈2尺。又在观测线与下股交会点处加一“横勾”，从“立勾”顶端观测西北角，“入横勾”5尺。观测东南角，“入下股”1丈8尺。又设置“重矩”在它的上方，使矩间距离为4丈。另以立勾顶端观测东南角，“入上股”1丈7尺5寸。问方城的宽和长各

多少?

答:南北长1里100步;东西宽1里$33\frac{1}{3}$步。

算法:用勾高去乘东南角之入下股,除以东南角之入上股。所得之数减去勾高,其余数作为除数。用东北角之入下股去减东南角之入下股,余数去乘矩间作为被除数。用除数去除被除数,便得方城南北之长。求城之宽,用"入横勾"去乘矩间作为被除数(除数同上)。用除数去除被除数,即得方城东西之宽。李淳风等按:此算法,用勾高乘东南角之入下股,得6 300平方寸;又用东南角入上股175寸除之,得36寸;用勾高减之,余数1寸,作为除数。又取东北角之入下股去减东南角之入下股,余数60寸;去乘矩间得24 000平方寸作为被除数,用除数去除被除数,(因除数为1)其数值大小不变。用寸里法去除它(化为里),得1里。不尽之余数用寸步法去除它(化为步)得100步。即是城之南北长为1里100步。若要求城东西之宽,取入横勾之数,去乘矩间,得20 000平方寸作为被除数(除数同前)。用除数去除被除数,(因除数为1)其数值大小不变。用寸里法去除它(化为里),得1里。其余数用寸步法去除它(化为步),得33步。不尽之余数20,与除数(寸步法60)俱退位一等(除以10),再同除以2,即是$\frac{1}{3}$步。

后记

中华经典名著全本全注全译丛书（以下简称三全本）之《九章算术（附海岛算经）》是根据恩师李继闵教授（1938—1993）的遗著《〈九章算术〉导读与译注》（陕西科学技术出版社，1998）以中华书局三全本的体例重新编辑整理而成的。原著分上下两编，上编为“导读九讲”，下编为“译注与图草”。本书的前言依据“导读九讲”压缩摘编而成，因篇幅限制和为科普读者考虑，仅涵盖了主要的总结性内容，舍弃了原著中大量的论证推理和研究方法论的阐述。而三全本主体基本沿用了“译注与图草”的全部内容，为了符合丛书体例，曲安京与袁敏为每章补写了“题解”。

《〈九章算术〉导读与译注》是李继闵教授的“《九章》三部曲”之一，另外两部遗著分别为《〈九章算术〉及其刘徽注研究》（陕西人民教育出版社，1990）、《九章算术校证》（陕西科学技术出版社，1993），这两本著作均由台湾九章出版社出版了繁体字版（1992、1996）。

李继闵教授，1938年3月5日出生于江西九江。1958年考入西北大学数学系，在函数论专门化方向师从刘书琴教授（1909—1994），他的毕业论文发表在《中国科学》（俄文版，1965），成为中国西北地区第一篇刊发在《中国科学》上的数学论文。遗憾的是，由于那个时代的原因，1962年大学毕业后他未能留校，基本上中断了数学研究。1972年，李继闵教授调入西安师范学校，初涉中国数学史的研究。1979年，在刘书琴教授的多方奔走呼吁下,李继闵教授调回西北大学数学系任教,并于1984年受聘为西北大学数学系主任。1990年,李继闵教授联合北京师范大学、杭州大学、中科院系统所与数学所,成功申请了中国高校首个数学史博士点,定点西北大学;与此同时,国务院学位委员会批准了李继闵教授博士生导师资格。在这之后的几年中,李继闵教授潜心学术,专心致志于西北大学数学史博士点的建设与《九章算术》三部曲的撰写。可惜天妒英才,李继闵教授英年早逝,《九章算术》三部曲成为了他最后和最辉煌的乐章。

20世纪七十年代的中国数学史研究,是在一种特殊的政治氛围下展开的。粉碎“四人帮”之后,大批知识分子重返高校,聚集了十多年的学术研究热情被激发了出来,但是,对于许多人届中年的数学教师来说,如何选择合适的研究方向,成为了一个重要的问题。在近现代科学教育训练的基础上而开展的中国传统数学史的研究,始于20世纪初叶。经过李俨(1892—1963)、钱宝琮(1892—1974)等第一代数学史家半个多世纪的筚路蓝缕悉心耕耘,中国古代数学到底有哪些内容大体上已经理清楚了。因此,中国数学史是否是一个有深耕价值的专业领域,令不少人怀疑。

20世纪八十年代中国数学史研究热潮的兴起,当然首先是得益于那个时期的客观环境,由于计算机科学的崛起,让人们对东方数学的机械化算法体系又有了新的认识。但是,从后来的发展来看,有两件重要的工作,或许可以说是给当时的中国数学史研究注入了一剂强心针:一件是吴文俊教授提出的“古证复原”的研究纲领;另一件是李继闵教授对于《九章算术》中整勾股数公式的发现。

整勾股数,也称毕达哥拉斯数,是一个满足勾股定理的三元有理数组,即一个(有理)数的平方,等于另外两个(有理)数的平方和,例如(3,4,5)就是一组整勾股数。寻找这样的三元数组的通解公式,对于所有的古代文明来说,都是一个极困难的数论问题,也是衡量一种文化数论发展水平高低的标尺。李继闵教授首次发现,在《九章算术》中已经给出了这个三元数组的构造公式,而刘徽更是给出了这个公式一个严格的证明。就20世纪七十年代末的中国数学史界来说,这个孤例的发现意味重大。当时很多人认为,经过老一辈数学史家半个多世纪的研究,中国古算书中可以发现的东西几乎被发现“殆尽”,中国传统数学史研究是一个很难有大产出的“贫矿”。而《九章算术》中整勾股数公式及其证明的发现,是符合传统史学范式的一个开创性的成果,这说明中国古算典籍中还是有一些前人没有看出来的、有历史价值的东西值得人们去深入挖掘。这一点对于重振中国数学史研究的信心非常重要。

同时,吴文俊教授以《海岛算经》为例,指出数学史的研究,不仅仅要“发现”古人创造了什么,更应该揭示古人是“如何”创造出这些成果的。他因此提出了“古证复原”的研究范式。这一主张堪称石破天惊,将中国数学史研究的问题域极大地扩充了。在这样的氛围下,逐渐涌现出了几位来自高校引人注目的数学史研究的领军人物。李继闵教授以自己出色的研究成果,跻身于上一代前辈之列,与北京师范大学白尚恕(1921—1995)、杭州大学沈康身(1923—2009)、内蒙古师范大学李迪(1927—2006)一起,被称为“中国数学史界的高校四大家”,成为20世纪最后20年中国数学史研究的代表人物之一。在吴文俊先生的带领和支持下,从1977年开始,他们开展了一系列的中国传统数学史的崭新研究:他们共同编辑了《中国数学史论文集》1-4集(山东教育出版社),出版了《〈九章算术〉与刘徽》(北京师范大学出版社,1982)、《秦九韶与〈数书九章〉》(北京师范大学出版社,1987)、《刘徽研究》(陕西人民教育出版社,1993),合作编写了《中国数学史大系》(北京师范大学出版社,1998),举办了全国100多所高校派员参加的“中外数学史讲习班”(1984),并召开了两次大型的国际会议(1987、1991),盛况空前,成就了中国数学史研究最为辉煌的一个时期。

概括说来,中国传统数学史的研究在20世纪八十年代以后,主要集中在以下三个方面。其一,在传统的“发现”范式下的研究,如发现了《周髀算经》原始经文对勾股定理的证明,发现了刘徽对(代数)无理数的认定等。这类新发现当然是令人兴奋的,不过,相对而言,这样的研究成果并不是很多。其二,对中国传统数学理论体系的梳理,如李继闵教授关于“率”的概念和中算中寓理于算体系在算术计算中所起到的纲纪性作用,吴文俊关于“出入相补原理”在几何证明中的作用等。这类研究和发现否定了中国传统数学没有逻辑结构、缺乏理论体系的误解。其三,就是在“古证复原”的旗帜下,开展一系列崭新的研究,阐明那些已经发现的数学成果是“如何”被古人得到的,这是对传统史学范式的扩张,也是20世纪八十年代以来中国数学史研究的主旋律。李继闵教授在短短的20年的数学史研究生涯中,对中国传统数学的研究倾注了大量的心力,特别是在《九章算术》与《数书九章》两本著作上用力极深,在上面概括的三个方面都做出了重大的贡献。

1990年,他出版了影响巨大的专著《〈九章算术〉及其刘徽注研究》。为了将国内外《九章算术》的最新研究成果通俗地传播给大众,在责任编辑张培兰女士的邀请下,李继闵教授开始撰写《〈九章算术〉导读与译注》。这两本著作的差异是,前者可以仅仅针对某些具体的问题展开深入的论述,但后者则必须对《九章算术》的每一个字都进行仔细的推敲,这就导致在《〈九章算术〉导读与译注》的撰写过程中,要频繁地插入大量的校勘。作为中国古代算经之首,在2000多年的历史长河中,出现了众多的《九章算术》版本,大量的误校、错校因编者的误读而产生,如果要一一指出的话,就会出现连篇累牍的“校勘记”,这与该书作为一本普及读物的定位显然是不符的。因此,在《〈九章算术〉导读与译注》基本上完稿的时候,李继闵教授决定独立撰写一部《九章算术校证》,对前人在《九章算术》版本校勘方面的问题进行系统翔实的清理。他最终在病榻上完成了这部巨著,为《〈九章算术〉导读与译注》奠定了蓝本。

《九章算术》的研究，在经历了20世纪八十年代轰轰烈烈的热潮后，取得了长足的进展，其中李继闵教授功不可没。以《九章算术校证》为底本的《〈九章算术〉导读与译注》，是李继闵教授多年学术研究的倾心之作，并吸收了众多中外数学史家的研究成果，至今读来，仍然觉得扎实充盈、颠扑不破，毫无陈旧过时之感。正如前英国剑桥大学李约瑟研究所所长何丙郁教授（1926—2014）在原著序中所评价的："'译事三难信、达、雅'，本书作者恪守忠实古算原著的原则，直译《九章算术》与《刘徽注》，译文通俗，风貌依旧。由于原文古奥，算理精深，很难为初学者所理解把握。为方便初学者及文史工作者研读，作者在注释部分特别设计了注释及图草两项，将古算中的术语与算法一一详解，并对典型算法程序辅以图草演示，揭示算法的构造原理，以便读者能深入领悟中算之特色。"

2021年2月，中华书局熊瑞敏编辑联系我，希望将《〈九章算术〉导读与译注》一书收入中华书局的三全本丛书中出版，之后很快与李继闵教授的家属达成出版协议。在本次出版过程中，责任编辑李丽雅老师根据三全本体例，对书稿做了大量细致的编辑加工工作，使全书更符合三全本的体例，更适合普通读者阅读。三全本《九章算术（附海岛算经）》的出版，将使李继闵教授的研究成果为更多人所知，相信也必将为大家读懂这部中国古代数学典籍提供一个经典版本。

曲安京

2022年12月

中华经典名著
全本全注全译丛书
（已出书目）

周易
尚书
诗经
周礼
仪礼
礼记
左传
韩诗外传
春秋公羊传
春秋穀梁传
孝经·忠经
论语·大学·中庸
尔雅
孟子
春秋繁露
说文解字
释名
国语
晏子春秋
穆天子传
战国策
史记
吴越春秋
越绝书
华阳国志
水经注
洛阳伽蓝记
大唐西域记
史通
贞观政要
营造法式
东京梦华录
唐才子传
大明律
廉吏传
徐霞客游记

读通鉴论

宋论

文史通义

老子

道德经

帛书老子

鹖冠子

黄帝四经·关尹子·尸子

孙子兵法

墨子

管子

孔子家语

吴子·司马法

商君书

慎子·太白阴经

列子

鬼谷子

庄子

公孙龙子(外三种)

荀子

六韬

吕氏春秋

韩非子

山海经

黄帝内经

素书

新书

淮南子

九章算术(附海岛算经)

新序

说苑

列仙传

盐铁论

法言

方言

白虎通义

论衡

潜夫论

政论·昌言

风俗通义

申鉴·中论

太平经

伤寒论

周易参同契

人物志

博物志

抱朴子内篇

抱朴子外篇

西京杂记

神仙传

搜神记

拾遗记

世说新语
弘明集
齐民要术
刘子
颜氏家训
中说
群书治要
帝范·臣轨·庭训格言
坛经
大慈恩寺三藏法师传
长短经
蒙求·童蒙须知
茶经·续茶经
玄怪录·续玄怪录
酉阳杂俎
历代名画记
化书·无能子
梦溪笔谈
北山酒经(外二种)
容斋随笔
近思录
洗冤集录
传习录
焚书
菜根谭
增广贤文
呻吟语
了凡四训
龙文鞭影
长物志
智囊全集
天工开物
溪山琴况·琴声十六法
温疫论
明夷待访录·破邪论
陶庵梦忆
西湖梦寻
幼学琼林
笠翁对韵
声律启蒙
老老恒言
随园食单
阅微草堂笔记
格言联璧
曾国藩家书
曾国藩家训
劝学篇
楚辞
文心雕龙
文选
玉台新咏
二十四诗品·续诗品